진도 BOOK

초등 수학 실력 향상 유형서

실력편

5·1

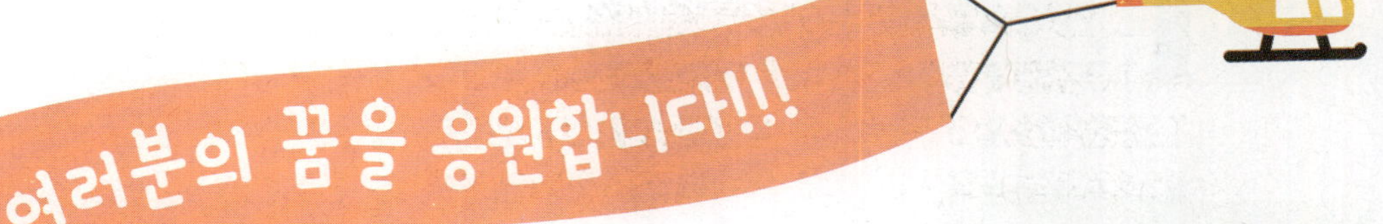

민들레에게는
하얀 씨앗을 더 멀리 퍼뜨리고 싶은 꿈이 있고,

연어에게는
고향으로 돌아가 알알이 붉은 알을 낳고 싶은 꿈이 있습니다.

여러분도 가지각색의 아름다운 꿈을 가지고 있지요?
꿈을 향한 마음으로
좋은 결과를 얻기 위해 달려 보아요.

여러분의 아름답고 소중한 꿈을 응원합니다.

구성과 특징

1단계

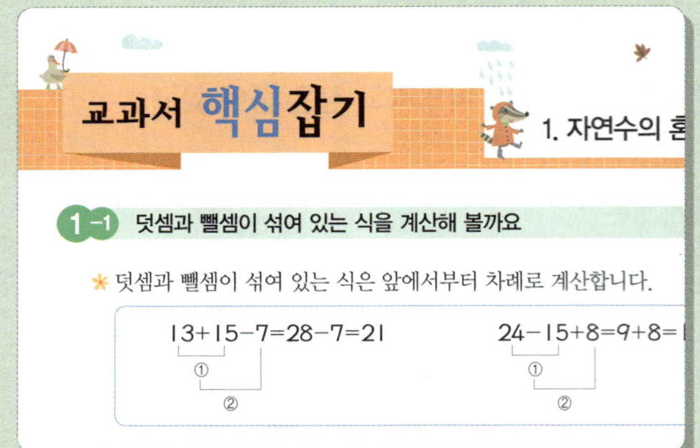

교과서 핵심 잡기

교과서 핵심 정리와 핵심 문제로 개념을 확실히 잡을 수 있습니다.

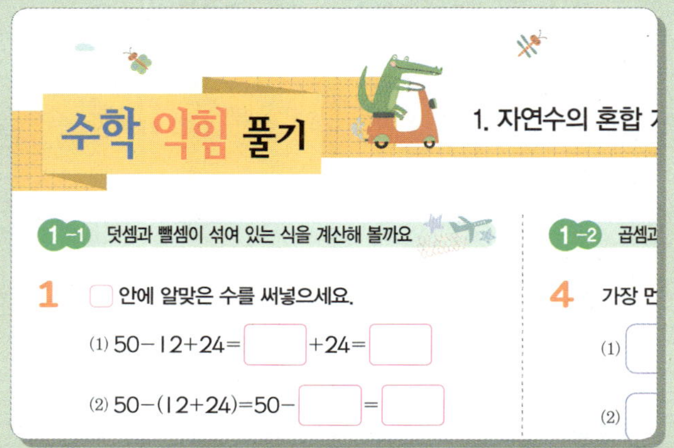

수학 익힘 풀기

차시마다 꼭 풀어야 할 익힘 문제로 기본 실력을 다질 수 있습니다.

2단계

단원 평가

각 단원별로 4회씩 문제를 풀면서 단원 평가를 완벽하게 대비할 수 있습니다.

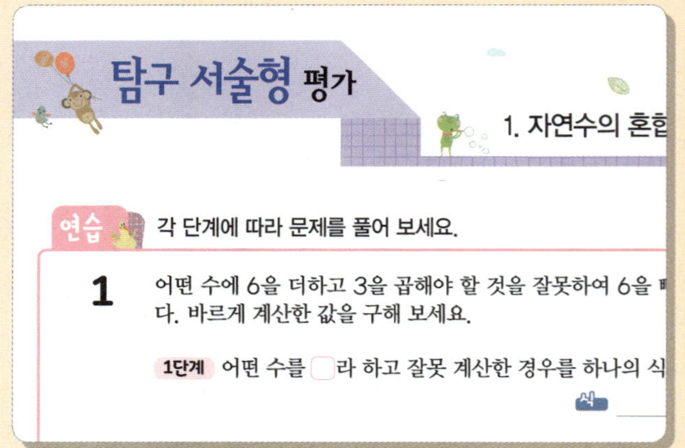

탐구 서술형 평가

각 단원의 대표적인 서술형 문제를 3단계에 걸쳐 단계별로 익힐 수 있습니다.

3단계

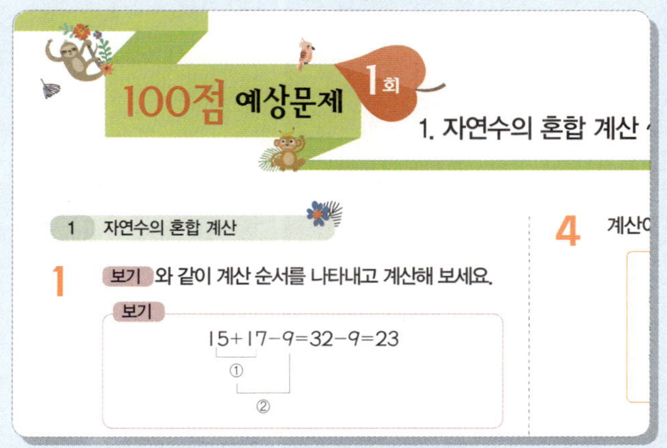

100점 예상문제

여러 단원을 묶은 문제 구성으로 여러 가지 학교 시험 형태에 완벽하게 대비할 수 있습니다.

별책 부록

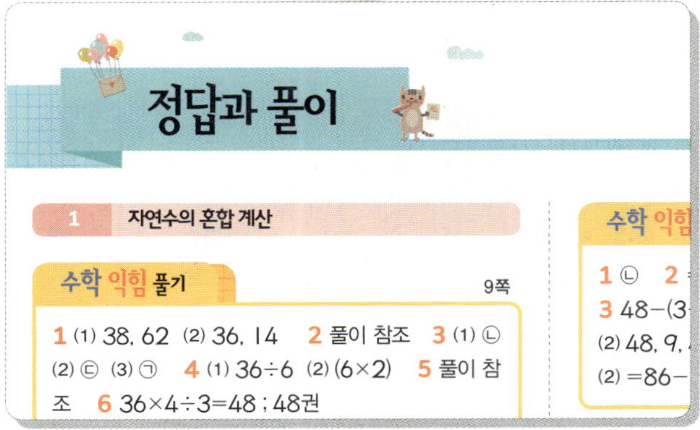

정답과 풀이

틀린 문제를 점검하고 왜 틀렸는지 확인할 수 있습니다.

특별 부록

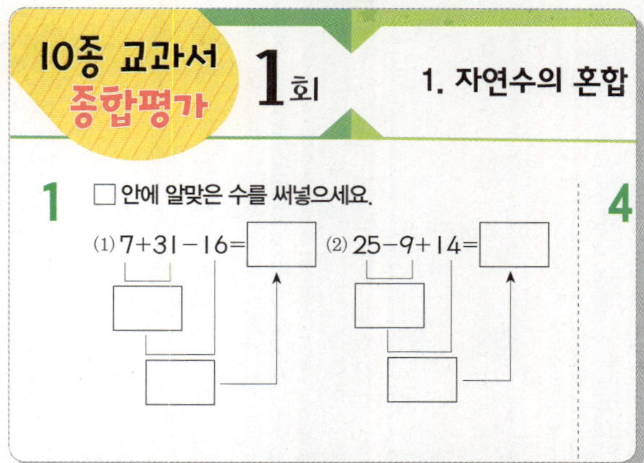

교과서 종합평가

수학 10종 검정 교과서를 완벽 분석한 종합평가를 2회씩 단원별로 풀어 볼 수 있습니다.

정답과 풀이

문제와 정답을 한 권에 수록하여 별책으로 활용할 수 있습니다.

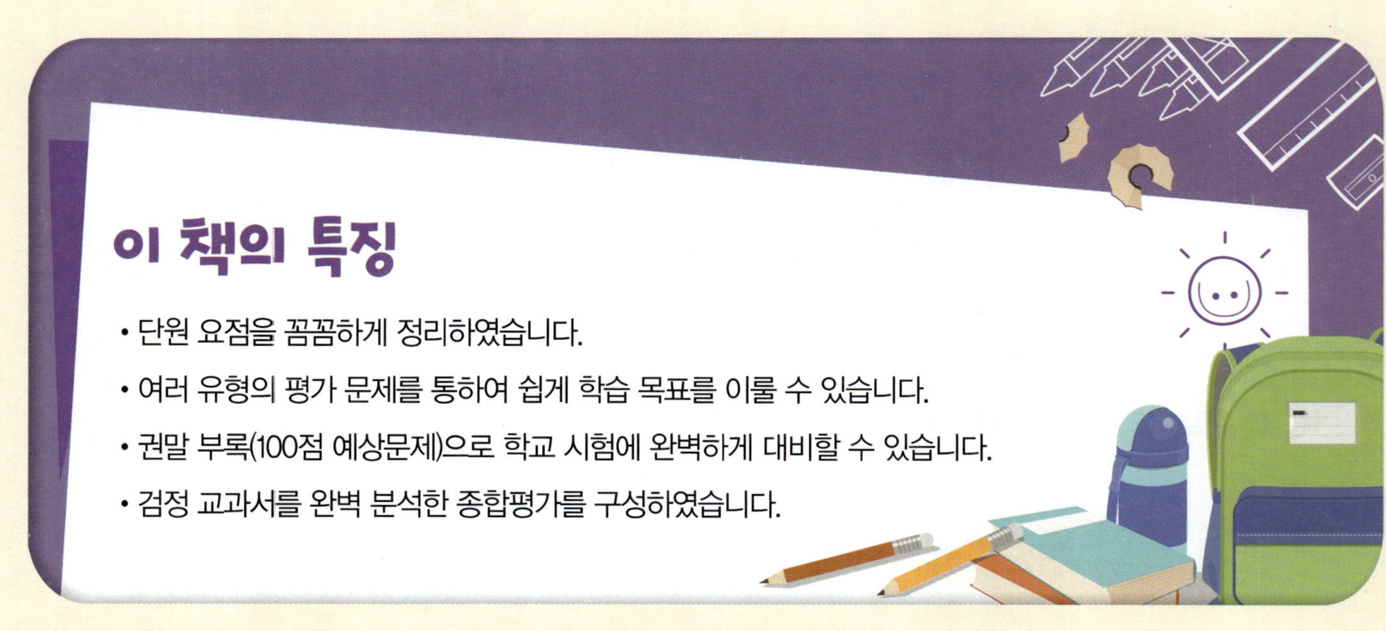

이 책의 특징

- 단원 요점을 꼼꼼하게 정리하였습니다.
- 여러 유형의 평가 문제를 통하여 쉽게 학습 목표를 이룰 수 있습니다.
- 권말 부록(100점 예상문제)으로 학교 시험에 완벽하게 대비할 수 있습니다.
- 검정 교과서를 완벽 분석한 종합평가를 구성하였습니다.

차례

요점 정리
+ 단원 평가

수학 5-1

5~6 학년군

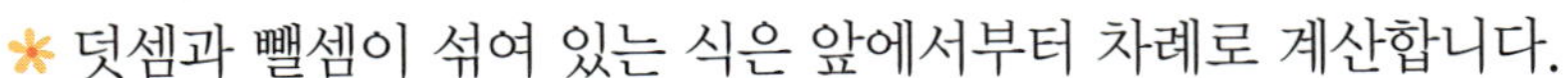

1-1 덧셈과 뺄셈이 섞여 있는 식을 계산해 볼까요

❋ 덧셈과 뺄셈이 섞여 있는 식은 앞에서부터 차례로 계산합니다.

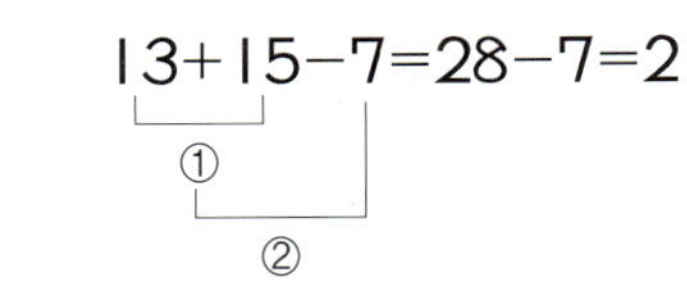

$$13+15-7=28-7=21 \qquad\qquad 24-15+8=9+8=17$$

❋ 덧셈과 뺄셈이 섞여 있고, ( )가 있는 식에서는 ( ) 안을 먼저 계산합니다. →( )가 없는 식과 ( )가 있는 식의 계산 순서는 다릅니다.

$$13+(15-7)=13+8=21 \qquad\qquad 24-(15+8)=24-23=1$$

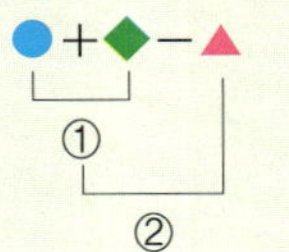

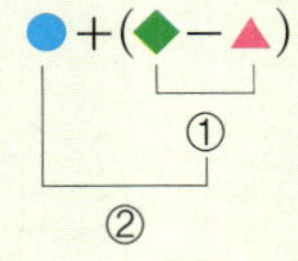

🌰 **계산 순서에 맞게 기호를 써 보세요.**

(1) $30-14+15$ (2) $30-(14+15)$

    ↑   ↑   ↑   ↑

    ㉠   ㉡   ㉠   ㉡

   (,   )   (,   )

풀이

(1) ( )가 없는 덧셈과 뺄셈이 섞여 있는 식에서는 앞에서부터 차례로 계산합니다. ➜ $30-14+15=16+15=31$

(2) ( )가 있는 덧셈과 뺄셈이 섞여 있는 식에서는 ( ) 안을 먼저 계산합니다. ➜ $30-(14+15)=30-29=1$

답 (1) ㉠, ㉡ (2) ㉡, ㉠

1-2 곱셈과 나눗셈이 섞여 있는 식을 계산해 볼까요

❋ 곱셈과 나눗셈이 섞여 있는 식은 앞에서부터 차례로 계산합니다.

$$14×5÷7=70÷7=10 \qquad\qquad 10÷5×7=2×7=14$$

❋ 곱셈과 나눗셈이 섞여 있고, ( )가 있는 식에서는 ( ) 안을 먼저 계산합니다. →( )가 없는 식과 ( )가 있는 식의 계산 결과는 다릅니다.

$$12×(40÷5)=12×8=96 \qquad\qquad 50÷(2×5)=50÷10=5$$

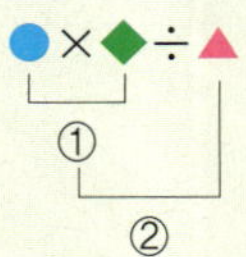

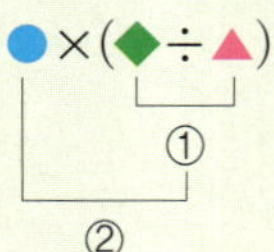

1–1 덧셈과 뺄셈이 섞여 있는 식을 계산해 볼까요 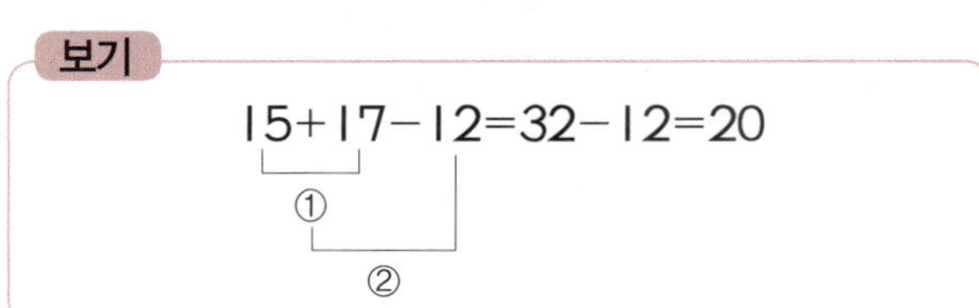

1 ☐ 안에 알맞은 수를 써넣으세요.

(1) $50-12+24=$ ☐ $+24=$ ☐

(2) $50-(12+24)=50-$ ☐ $=$ ☐

2 보기 와 같이 계산 순서를 나타내고 계산해 보세요.

보기
$$15+17-12=32-12=20$$

(1) $80+23-16$

(2) $80+(23-16)$

3 계산을 하여 답을 찾아 선으로 이어 보세요.

(1) $25-13+6$ •   • ㉠ 32

(2) $25-(13+6)$ •   • ㉡ 18

(3) $25-6+13$ •   • ㉢ 6

1–2 곱셈과 나눗셈이 섞여 있는 식을 계산해 볼까요 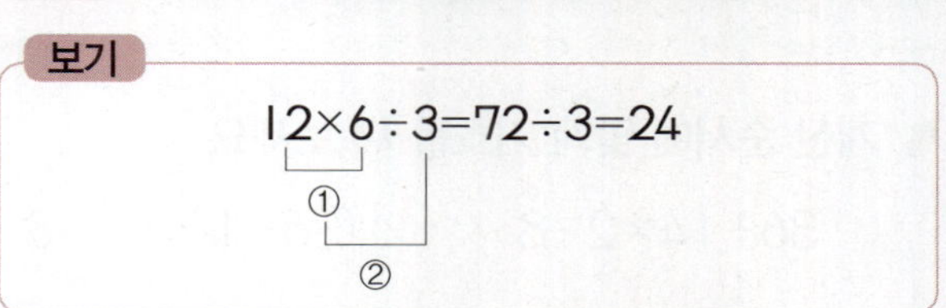

4 가장 먼저 계산해야 하는 부분에 ◯표 하세요.

(1) $36\div6\times2$

(2) $36\div(6\times2)$

5 보기 와 같이 계산 순서를 나타내고 계산해 보세요.

보기
$$12\times6\div3=72\div3=24$$

(1) $72\div6\times3$

(2) $72\div(6\times3)$

6 책을 36권씩 꽂은 책꽂이가 4개 있습니다. 책꽂이에 꽂혀 있는 책을 3상자에 똑같이 나누어 담으려고 합니다. 한 상자에 담을 책은 몇 권인지 하나의 식으로 나타내어 구해 보세요.

식 ______________________________

답 ______________________________

1-3 덧셈, 뺄셈, 곱셈이 섞여 있는 식을 계산해 볼까요

✱ (　)가 없는 덧셈, 뺄셈, 곱셈이 섞여 있는 식의 계산 순서는 다음과 같습니다.

① 곱셈을 먼저 계산합니다.
② 덧셈과 뺄셈을 앞에서부터 차례로 계산합니다.

$$10+5\times2-15=10+10-15$$
$$=20-15$$
$$=5$$

• (　)가 없는 덧셈, 뺄셈, 곱셈이 섞여 있는 식의 계산 순서

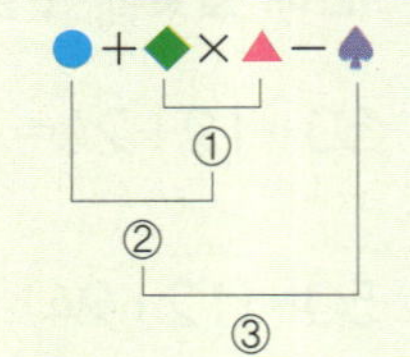

✱ (　)가 있는 덧셈, 뺄셈, 곱셈이 섞여 있는 식의 계산 순서는 다음과 같습니다.

① (　) 안을 먼저 계산합니다.
② 곱셈을 계산합니다.
③ 덧셈과 뺄셈을 앞에서부터 차례로 계산합니다.

$$24+4-(5\times4)=24+4-20$$
$$=28-20$$
$$=8$$

• (　)가 있는 덧셈, 뺄셈, 곱셈이 섞여 있는 식의 계산 순서

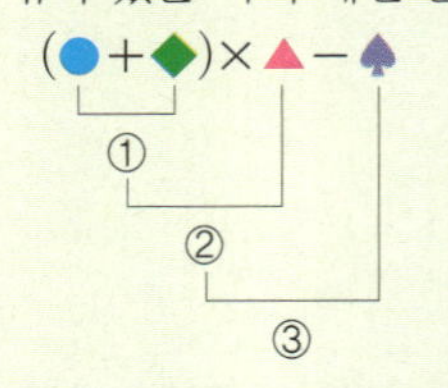

🌰 **계산 순서에 맞게 기호를 써 보세요.**

(1) $36+14\times2-8$
　　㉠　㉡　㉢
　(　, 　, 　)

(2) $(36+14)\times2-8$
　　㉠　　㉡　㉢
　(　, 　, 　)

풀이
(1) (　)가 없는 덧셈, 뺄셈, 곱셈이 섞여 있는 식에서는 곱셈을 먼저 계산하고 덧셈과 뺄셈을 앞에서부터 차례로 계산합니다.
(2) (　)가 있는 덧셈, 뺄셈, 곱셈이 섞여 있는 식에서는 (　) 안을 먼저 계산하고 곱셈을 계산한 다음 덧셈과 뺄셈을 앞에서부터 차례로 계산합니다.

답 (1) ㉡, ㉠, ㉢ (2) ㉠, ㉡, ㉢

1-4 덧셈, 뺄셈, 나눗셈이 섞여 있는 식을 계산해 볼까요

✱ (　)가 없는 덧셈, 뺄셈, 나눗셈이 섞여 있는 식의 계산 순서는 다음과 같습니다

① 나눗셈을 먼저 계산합니다.
② 덧셈과 뺄셈을 앞에서부터 차례로 계산합니다.

$$24+4-8\div4=24+4-2$$
$$=28-2$$
$$=26$$

• (　)가 없는 덧셈, 뺄셈, 나눗셈이 섞여 있는 식의 계산 순서

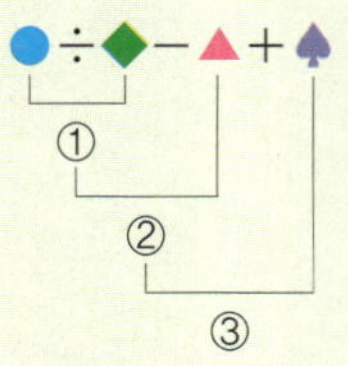

✱ (　)가 있는 덧셈, 뺄셈, 나눗셈이 섞여 있는 식의 계산 순서는 다음과 같습니다.

① (　) 안을 먼저 계산합니다.
② 나눗셈을 계산합니다.
③ 덧셈과 뺄셈을 앞에서부터 차례로 계산합니다.

$$24+(8-4)\div4=24+4\div4$$
$$=24+1$$
$$=25$$

• (　)가 있는 덧셈, 뺄셈, 나눗셈이 섞여 있는 식의 계산 순서

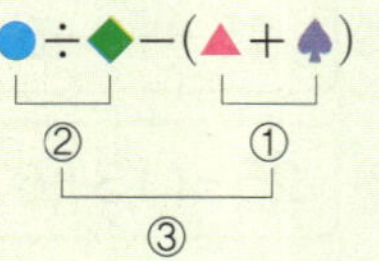

1 단원

1-3 덧셈, 뺄셈, 곱셈이 섞여 있는 식을 계산해 볼까요

1 계산 순서를 바르게 나타낸 것의 기호를 써 보세요.

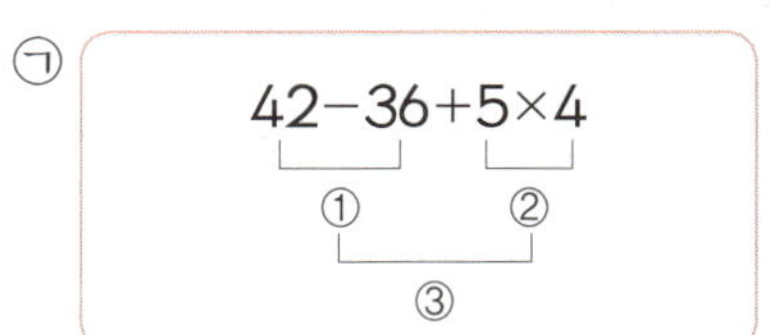

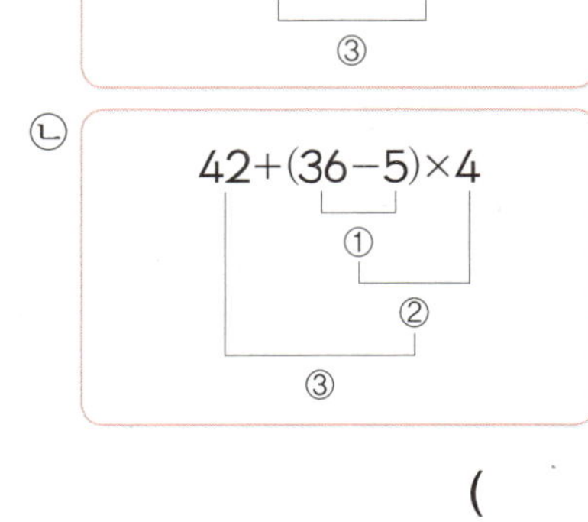

(   )

2 계산에서 <u>잘못된</u> 부분을 찾아 옳게 계산해 보세요.

$$42+(36-5)\times4=42+31\times4$$
$$=73\times4$$
$$=292$$

$$42+(36-5)\times4$$

3 색종이가 48장 있습니다. 남학생 3명과 여학생 4명이 각각 6장씩 나누었습니다. 남은 색종이는 몇 장인지 하나의 식으로 나타내어 구해 보세요.

 ________________________________

답 ________________________________

1-4 덧셈, 뺄셈, 나눗셈이 섞여 있는 식을 계산해 볼까요

4 ☐ 안에 알맞은 수를 써넣으세요.

(1) $68-24\div3+56=68-\boxed{}+56$

$$=\boxed{}+56$$

$$=\boxed{}$$

(2) $54\div6+(72-24)=54\div6+\boxed{}$

$$=\boxed{}+\boxed{}$$

$$=\boxed{}$$

5 계산해 보세요.

(1) $(84-20)\div8+5$

(2) $86-24\div8+5$

6 계산 결과가 더 큰 식에 색칠해 보세요.

$56-18+24\div6$	$28+(38-24)\div7$

1-5 덧셈, 뺄셈, 곱셈, 나눗셈이 섞여 있는 식을 계산해 볼까요

✱ ( )가 없는 덧셈, 뺄셈, 곱셈, 나눗셈이 섞여 있는 식의 계산 순서는 다음과 같습니다.
① 곱셈, 나눗셈을 앞에서부터 차례로 계산합니다.
② 덧셈과 뺄셈을 앞에서부터 차례로 계산합니다.

$$5×10-7+15÷5=50-7+15÷5$$
$$=50-7+3$$
$$=43+3$$
$$=46$$

$$100÷5+15-4×7$$
$$=20+15-4×7$$
$$=20+15-28$$
$$=35-28$$
$$=7$$

✱ ( )가 있는 덧셈, 뺄셈, 곱셈, 나눗셈이 섞여 있는 식의 계산 순서는 다음과 같습니다.
① ( ) 안을 먼저 계산합니다.
② 곱셈, 나눗셈을 앞에서부터 차례로 계산합니다.
③ 덧셈과 뺄셈을 앞에서부터 차례로 계산합니다.

$$5×(10-7)+15÷5=5×3+15÷5$$
$$=15+15÷5$$
$$=15+3$$
$$=18$$

$$100÷5+(15-4)×7$$
$$=100÷5+11×7$$
$$=20+11×7$$
$$=20+77$$
$$=97$$

- ( )가 없는 덧셈, 뺄셈, 곱셈, 나눗셈이 섞여 있는 식의 계산 순서

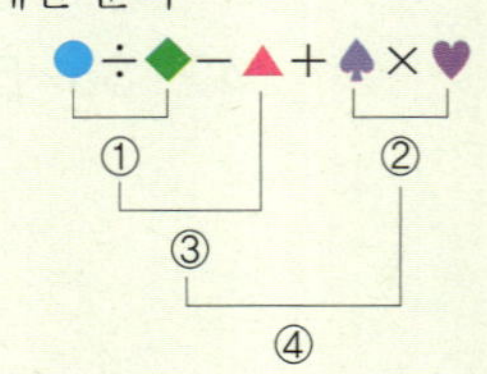

- ( )가 있는 덧셈, 뺄셈, 곱셈, 나눗셈이 섞여 있는 식의 계산 순서

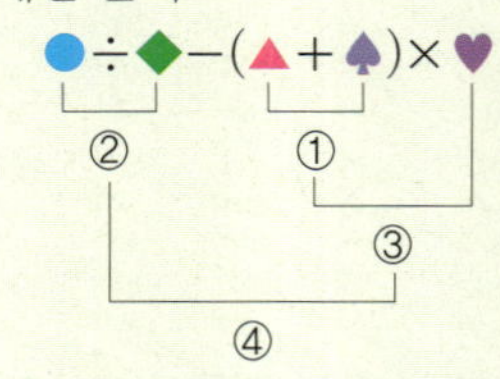

🌰 ☐ 안에 알맞은 수를 써넣으세요.

(1) $6×15-7+45÷3=$ ☐ $-7+45÷3$
$=$ ☐ $-7+$ ☐
$=$ ☐ $+$ ☐
$=$ ☐

(2) $6×(15-7)+45÷3=6×$ ☐ $+45÷3$
$=$ ☐ $+45÷3$
$=$ ☐ $+$ ☐
$=$ ☐

🌰 풀이

(1) ( )가 없는 덧셈, 뺄셈, 곱셈, 나눗셈이 섞여 있는 식에서는 곱셈, 나눗셈을 먼저 계산하고, 덧셈과 뺄셈을 앞에서부터 차례로 계산합니다.

(2) ( )가 있는 덧셈, 뺄셈, 곱셈, 나눗셈이 섞여 있는 식에서는 ( ) 안을 먼저 계산하고, 곱셈, 나눗셈을 계산한 다음, 덧셈과 뺄셈을 앞에서부터 차례로 계산합니다.

답 (1) 90 ; 90, 15 ; 83, 15 ; 98

(2) 8 ; 48 ; 48, 15 ; 63

수학 익힘 풀기

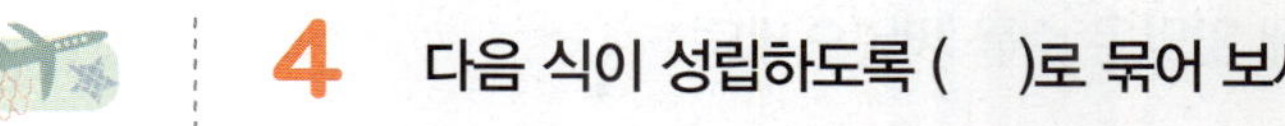

1-5 덧셈, 뺄셈, 곱셈, 나눗셈이 섞여 있는 식을 계산해 볼까요

1 계산 순서에 맞게 기호를 써 보세요.

(1)
$$(35+16) \times 2 - 36 \div 3$$
㉠ ㉡ ㉢ ㉣

(, , ,)

(2)
$$35+16 \times 2 - 36 \div 3$$
㉠ ㉡ ㉢ ㉣

(, , ,)

2 ☐ 안에 알맞은 수를 써넣으세요.

(1) $72-54\div3+26\times8$

$=72-\boxed{}+26\times8$

$=72-\boxed{}+\boxed{}$

$=\boxed{}+\boxed{}=\boxed{}$

(2) $72-54\div(3+6)\times8$

$=72-54\div\boxed{}\times8$

$=72-\boxed{}\times8$

$=72-\boxed{}=\boxed{}$

3 다음을 한 번씩 사용하여 식을 만들고 계산 결과를 구해 보세요.

$$1, 2, 3, 4, 5, +, -, \times, \div, (\quad)$$

식 ______________________

답 ______________________

4 다음 식이 성립하도록 ( )로 묶어 보세요.

$$12 + 18 \div 3 \times 36 - 28 = 332$$

5 계산에서 잘못된 부분을 찾아 옳게 계산해 보세요.

$$96\div2-(3+5)\times5=96\div2-8\times5$$
$$=48-8\times5$$
$$=40\times5$$
$$=200$$

$$96\div2-(3+5)\times5$$

6 재윤이는 10000원으로 떡볶이 3인분과 튀김 2인분을 샀습니다. 거스름돈은 얼마인지 하나의 식으로 나타내어 구해 보세요.

식 ______________________

답 ______________________

단원 평가

연습

1. 자연수의 혼합 계산

응용

1 ☐ 안에 알맞은 수를 써넣으세요.

(1) $16+44-37=$ ☐ -37

$=$ ☐

(2) $60-19+25=$ ☐ $+25$

$=$ ☐

2 계산 결과를 비교하여 ◯ 안에 >, =, <를 알맞게 써넣으세요.

$$16+14-4 \bigcirc 32-20+15$$

주의

3 등식이 성립하도록 ◯ 안에 +, −를 한 번씩만 써넣으세요.

$$25 \bigcirc (12 \bigcirc 6)=31$$

4 계산해 보세요.

(1) $96 \div 12 \times 4$

(2) $96 \div (12 \times 4)$

5 계산 결과가 같은 것끼리 선으로 이어 보세요.

(1) $60 \div 2 \times 5$ · · ㉠ $30 \div 10$

(2) $15 \times 2 \div 5$ · · ㉡ $30 \div 5$

(3) $30 \div (2 \times 5)$ · · ㉢ 30×5

서술형

6 상자 하나에 사과를 6개씩 4줄로 담으려고 합니다. 사과 72개를 상자에 모두 담으려면 상자는 몇 개가 필요한지 하나의 식으로 나타내어 구하려고 합니다. 풀이 과정을 쓰고 답을 구해 보세요.

____

____

____

____

(   )

7 계산 결과가 가장 큰 것은 어느 것인가요? (   )

① $36-10+4 \times 2$ ② $(36-10)+4 \times 2$

③ $36-(10+4) \times 2$ ④ $(36-10+4) \times 2$

⑤ $36-(10+4 \times 2)$

8 계산에서 잘못된 부분을 찾아 옳게 계산해 보세요.

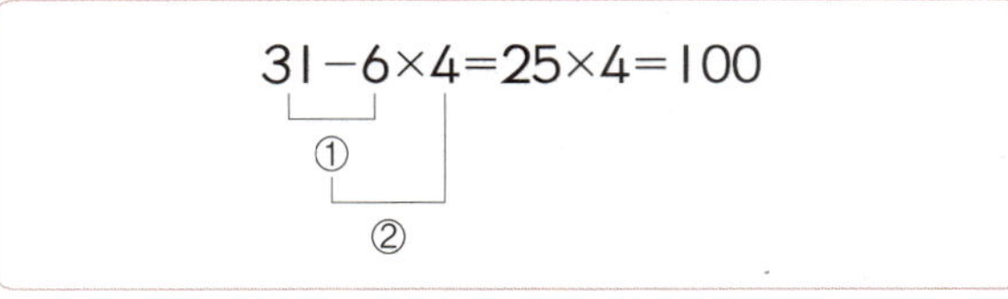

31−6×4

9 문제를 식으로 바르게 나타낸 것은 어느 것인가요?
( )

> 사과 20개를 슬기네 가족 3명과 예리네 가족 4명에게 각각 2개씩 나누어 주었습니다. 남은 사과의 수는 몇 개인가요?

① 20−3×4×2
② 20×3+4×2
③ 20−(3+4+2)
④ 20−3×2+4×2
⑤ 20−3×2−4×2

10 사과 50개를 8개씩 6상자에 넣었습니다. 상자에 넣지 않은 사과는 몇 개인지 하나의 식으로 나타내어 구해 보세요.

 _______________________

답 _______________________

 보기 와 같이 계산 순서를 나타내고 계산해 보세요. [11~12]

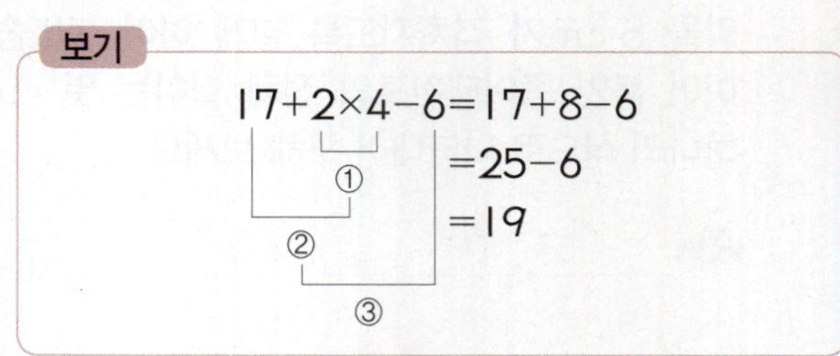

11 54−21÷7+3

12 36÷(4+5)−2

가장 먼저 계산해야 하는 부분에 ◯표 하고 계산해 보세요. [13~14]

13 50 − 3 × 9 + 12

14 17 + 4 × (6 ÷ 2) − 7

15 60 cm인 종이테이프를 4등분한 것 중의 한 도막과 96 cm인 종이테이프를 6등분한 것 중의 한 도막을 5 cm가 겹쳐지도록 길게 이어 붙였습니다. 이어 붙인 종이테이프의 전체 길이는 몇 cm인지 하나의 식으로 나타내어 구해 보세요.

식 ______________________

답 ______________________

16 ( )를 생략해도 계산 결과가 같은 것은 어느 것인가요? ( )

① $(7+11)÷6$ ② $121÷(6+5)$
③ $70-(3×4)$ ④ $(40-12)÷7$
⑤ $81÷(3×3)$

17 ☐ 안에 알맞은 수를 써넣으세요.

$$3+4×(15-3)÷6=☐$$

18 두 식의 계산 결과의 차를 구해 보세요.

> ㉠ $36+96÷6×5$
> ㉡ $(36+96)÷6×5$

( )

19 혜성이는 사탕 40개를 가지고 있었습니다. 그중에서 친구 3명에게 6개씩 나누어 주고 나머지는 동생과 똑같이 나누어 먹었습니다. 혜성이가 먹은 사탕은 몇 개인지 하나의 식으로 나타내어 구해 보세요.

식 ______________________

답 ______________________

서술형
20 지원이는 간식으로 식빵 1장과 우유 200 mL, 치즈 2장을 먹었습니다. 표를 보고 지원이가 먹은 간식의 열량은 몇 kcal인지 하나의 식으로 나타내어 구하려고 합니다. 풀이 과정을 쓰고 답을 구해 보세요.

간식	열량(kcal)
식빵(1장)	100
우유(100 mL)	60
치즈(10장)	600

____

____

____

( )

단원평가

도전

1. 자연수의 혼합 계산

1 계산해 보세요.

(1) $45-7+16$

(2) $82-(15+38)$

2 두 식의 계산 결과가 같을 때 $+$, $-$ 중 알맞은 기호를 ◯ 안에 써넣으세요

| $27-(6+5)$ | $27-6$ ◯ 5 |

3 예리는 제과점에서 2600원짜리 식빵 1개와 800원짜리 우유 1병을 사고 5000원을 냈습니다. 거스름돈으로 얼마를 받아야 하는지 하나의 식으로 나타내어 구해 보세요.

 ________________

답 ________________

4 ▢ 안에 알맞은 수를 써넣으세요.

(1) $54÷6×7=\boxed{}×7=\boxed{}$

(2) $3×12÷9=\boxed{}÷9=\boxed{}$

5 계산 결과를 비교하여 ◯ 안에 $>$, $=$, $<$를 알맞게 써넣으세요.

$$72÷9×2 \bigcirc 72÷(9×2)$$

6 연필 6타를 9명의 학생들에게 똑같이 나누어 주려고 합니다. 한 학생에게 몇 자루씩 나누어 주어야 하는지 하나의 식으로 나타내어 구해 보세요. (연필 한 타는 12자루입니다.)

 ________________

답 ________________

7 가장 먼저 계산해야 하는 부분에 ◯표 하세요.

| $21+6×9-4$ |

8 계산 결과를 찾아 선으로 이어 보세요.

(1) $11+5×8-2$ • • ㉠ 41

(2) $(11+5)×8-2$ • • ㉡ 49

(3) $11+5×(8-2)$ • • ㉢ 126

주의

9 식이 성립하도록 ( )로 묶어 보세요.

$$30 - 5 \times 2 + 3 = 5$$

서술형

10 무게가 같은 구슬 4개를 상자에 넣어 무게를 재어 보니 400 g이었습니다. 상자에서 구슬 1개를 꺼낸 후 다시 상자의 무게를 재어 보니 350 g이었습니다. 상자만의 무게는 몇 g인지 하나의 식으로 나타내어 구하려고 합니다. 풀이 과정을 쓰고 답을 구해 보세요.

____

____

____

____

( )

11 계산 결과가 가장 작은 것을 찾아 기호를 써 보세요.

㉠ $(5+6) \times 3$
㉡ $54 \div (15-9)$
㉢ $9 + (12-6) \div 3$

( )

중요

12 계산을 잘못한 사람은 누구인지 이름을 써 보세요.

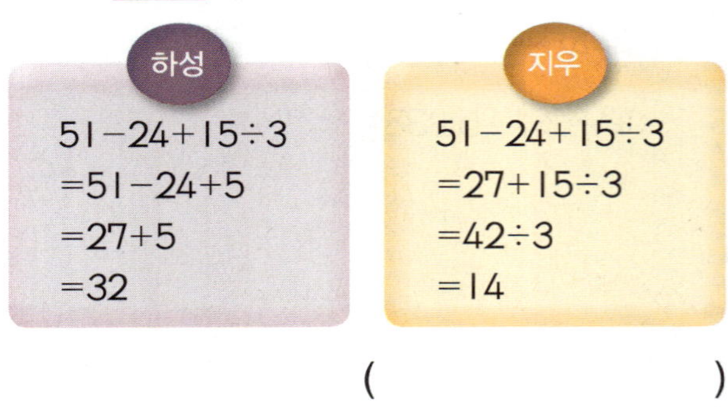

( )

13 어머니께서 귤 60개를 사 오셨습니다. 15개로 주스를 만든 후 남은 것을 똑같이 세 집에 나누어 주었습니다. 한 집에 몇 개씩 나누어 주었는지 알아보는 식은 어느 것인가요? ( )

① $60 - 15 \div 3$ 　② $60 \div 15 \div 3$
③ $60 \div 15 - 3$ 　④ $(60-15) \div 3$
⑤ $60 \div (15 \div 3)$

14 가장 먼저 계산해야 하는 부분은 어느 것인가요?

( )

$$12 + 15 \div (6-3) \times 2 - 4$$

　　① 　② 　③ 　④ 　⑤

15 보기 와 같이 계산 순서를 나타내어 보세요.

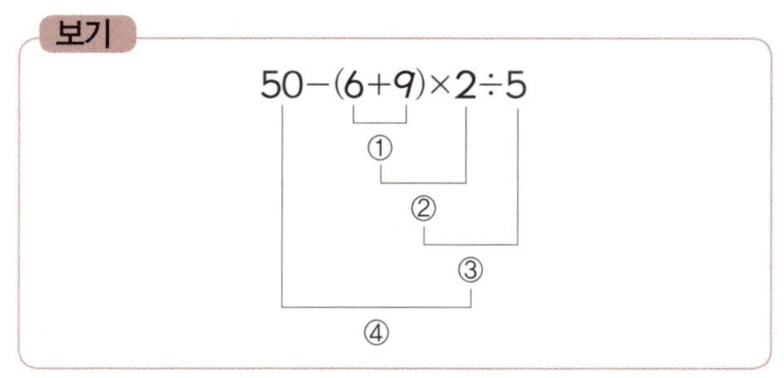

$$16+2\times(20-5)\div6$$

16 ☐ 안에 알맞은 수를 써넣으세요.

$$6+2\times(16-4)\div4=6+2\times\boxed{}\div4$$

$$=6+\boxed{}\div4$$

$$=6+\boxed{}$$

$$=\boxed{}$$

17 계산 결과가 더 큰 쪽에 ◯표 하세요.

㉠ $7+10\times3\div6$ (　　　)

㉡ $5\times(12\div4)-8+4$ (　　　)

18 ☐ 안에 알맞은 수를 써넣으세요.

$$3\times(4+5)-10\div2=50-\boxed{}$$

19 온도를 나타내는 단위에는 섭씨(°C)와 화씨(°F)가 있습니다. 다음 글을 읽고 화씨온도 50°F를 섭씨온도로 나타내면 몇 °C인지 하나의 식으로 나타내어 구해 보세요.

> 화씨온도에서 32를 뺀 수에 10을 곱하고 18로 나누면 섭씨온도가 됩니다.

식 ____________________

 답 ____________________

서술형

20 과수원에서 수확한 사과를 한 상자에 20개씩 나누어 담으면 44상자가 되고 5개 남습니다. 이 사과를 한 봉지에 5개씩 담아 팔려면 봉지는 몇 개 필요한지 하나의 식으로 나타내어 구하려고 합니다. 풀이 과정을 쓰고 답을 구해 보세요.

____

____

____

____

(　　　　　　　　)

단원 평가

기출

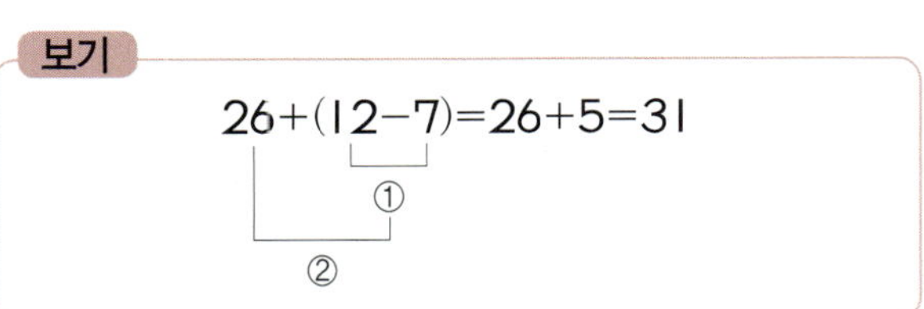

보기 와 같이 계산 순서를 나타내고 계산해 보세요. [1~2]

보기

$$26+(12-7)=26+5=31$$
①
②

1 $38+12-9$

2 $42-(19+8)$

3 버스에 12명이 타고 있었습니다. 이번 정류장에서 8명이 내리고 13명이 탔습니다. 지금 버스 안에 타고 있는 사람은 모두 몇 명인지 하나의 식으로 나타내어 구해 보세요.

식 _______________________

답 _______________________

4 두 식의 계산 결과의 차를 구해 보세요.

| ㉠ $42\div3\times2$ | ㉡ $42\div(3\times2)$ |

(　　　　　)

5 계산 결과가 큰 것부터 차례대로 (　) 안에 번호를 써넣으세요.

$64\times2\div8$	(　　)
$64\div(2\times8)$	(　　)
$64\div2\times8$	(　　)

식의 계산 순서를 나타내고 순서에 맞게 계산해 보세요. [6~7]

6 $42+9-6\times4$

7 $42+(9-6)\times4$

8 한 봉지에 8개씩 들어 있는 귤이 15봉지 있습니다. 이 귤을 다시 6봉지에 똑같이 나누어 담으려고 합니다. 한 봉지에 몇 개씩 담으면 되는지 하나의 식으로 나타내어 구해 보세요.

식 _______________________

답 _______________________

9 계산이 잘못된 곳을 찾아 옳게 고쳐 계산하고 잘못된 이유를 설명해 보세요.

$$12+4\times3-5$$
$$=16\times3-5$$
$$=48-5$$
$$=43$$

→

$$12+4\times3-5$$

이유 _______________________

____

10 효주의 나이는 12살이고, 동생은 효주보다 3살이 어립니다. 어머니의 나이는 동생 나이의 4배보다 5살이 더 많습니다. 어머니의 나이는 몇 살인지 하나의 식으로 나타내어 구해 보세요.

식 _______________________

답 _______________________

11 수 카드 1, 4, 8 을 한 번씩 사용하여 아래와 같은 식을 만들 때 계산 결과가 가장 작을 때는 얼마인지 풀이 과정을 쓰고 답을 구해 보세요.

$$5\times(\boxed{}+\boxed{})+\boxed{}$$

____

____

____

(   )

12 계산해 보세요.

(1) $27-18\div3+9$

(2) $(18+7)\times6-4$

13 과자 1봉지는 900원, 빵 2개는 1600원, 사탕 1봉지는 1500원입니다. 과자 1봉지와 빵 1개를 같이 산 값은 사탕 1봉지의 값보다 얼마나 비싼지 구하는 식은 어느 것인가요? (   )

① $900+1600+1500$
② $900+1600-1500$
③ $900+1600\times2+1500$
④ $900+1600\div2-1500$
⑤ $900+1600\div2+1500$

14 지구에서 잰 무게는 달에서 잰 무게의 약 6배입니다. 재호네 가족이 모두 달에서 몸무게를 잰다면 어머니와 재호의 몸무게의 합은 아버지의 몸무게보다 몇 kg 더 무거운지 하나의 식으로 나타내어 구해 보세요.

사람	지구에서 잰 몸무게(kg)
아버지	78
어머니	54
재호	42

식 _______________________

답 _______________________

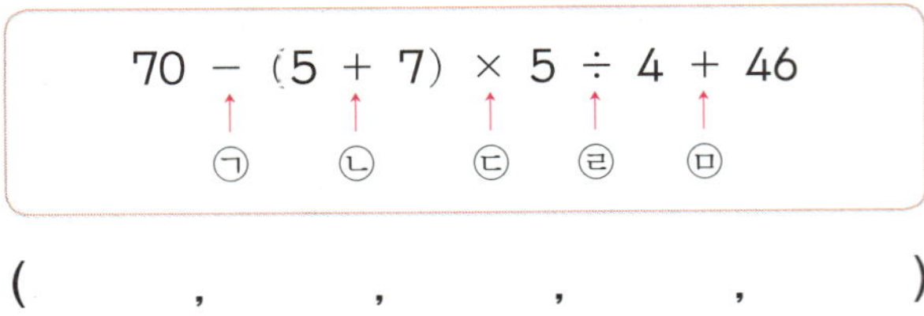

15 계산 순서에 맞게 기호를 써 보세요.

$$70 - (5 + 7) \times 5 \div 4 + 46$$

$\quad\quad\quad\ ↑\quad\quad\ ↑\quad\quad\ ↑\quad\quad\ ↑\quad\quad\ ↑$
$\quad\quad\quad\ ㉠\quad\ ㉡\quad\ ㉢\quad\ ㉣\quad\ ㉤$

(　　, 　　, 　　, 　　, 　　)

16 ☐ 안에 알맞은 수를 써넣으세요.

$$28+7\times(15-9)\div3-15=27$$

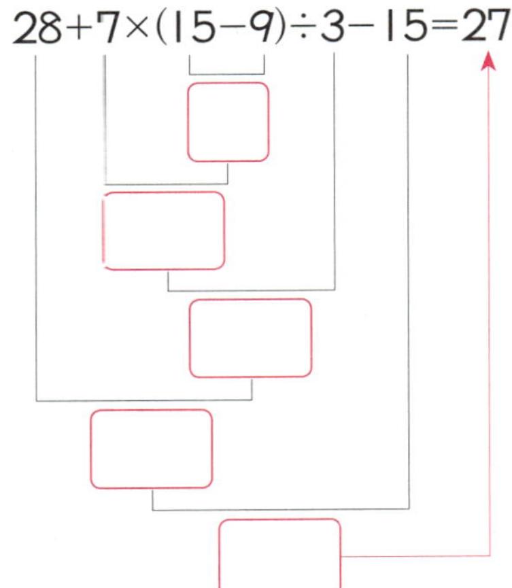

야채의 가격표를 보고 물음에 답하세요. [17~18]

> 당근 1개 500원
> 감자 5개 2000원
> 팽이버섯 2봉지 1000원

17 영희는 당근 2개와 팽이버섯 3봉지를 사고 5000 원을 냈습니다. 거스름돈을 얼마를 받아야 하는지 식으로 바르게 나타낸 것은 어느 것인가요? (　　)

① $500\times2+1000\times3$
② $500\times2+1000\div2\times3$
③ $5000-(500\times2-1000\times3)$
④ $5000-500\times2+1000\times3$
⑤ $5000-(500\times2+1000\div2\times3)$

18 예원이는 당근과 감자를 5개씩 사고 승철이는 팽이버섯 4봉지를 샀습니다. 예원이가 쓴 돈은 승철이가 쓴 돈보다 얼마 더 많은지 하나의 식으로 나타내어 구해 보세요.

식

답

19 계산 결과가 가장 크게 되도록 (　)로 알맞게 묶어 보세요.

$$12 + 8 \times 6 \div 2 - 5$$

서술형
20 야구공 1개의 무게는 145 g이고 축구공 2개의 무게는 800 g입니다. 농구공 한 개의 무게는 야구공 2개와 축구공 1개의 무게의 합보다 90 g 가볍습니다. 농구공 1개의 무게는 몇 g인지 하나의 식으로 나타내어 구하려고 합니다. 풀이 과정을 쓰고 답을 구해 보세요.

(　　　　　　　　　)

1 계산 결과가 다른 것을 찾아 기호를 써 보세요.

> ㉠ 12−6+2
> ㉡ (12−6)+2
> ㉢ 12−(6+2)

(   )

2 ☐ 안에 알맞은 수를 써넣으세요.

$$45+6-\boxed{}=34$$

식당에 있는 음식의 가격을 나타낸 것입니다. 물음에 답하세요. [3~4]

메뉴	라면	김밥	우동	떡볶이
가격(원)	3000	2500	4500	3500

3 효주는 우동을 먹었고 지솔이는 김밥과 떡볶이를 먹었습니다. 지솔이는 효주보다 얼마를 더 내야 하는지 구해 보세요.

(   )

4 승철이는 라면과 김밥을 먹고 10000원을 냈습니다. 거스름돈으로 얼마를 받아야 하나요?

(   )

두 식을 보고 물음에 답하세요. [5~6]

> ㉠ 36÷9×2   ㉡ 36÷(9×2)

5 두 식을 계산하여 계산 결과를 각각 써 보세요.

㉠: (   )

㉡: (   )

서술형

6 두 식의 계산 결과가 다른 이유를 써 보세요.

이유 ________________________________

____

7 학생들이 한 줄에 5명씩 3줄로 서 있습니다. 연필 60자루를 학생들에게 똑같이 나누어 주려고 합니다. 한 사람에게 몇 자루씩 나누어 주면 되는지 하나의 식으로 나타내어 구해 보세요.

식 ________________________________

답 ________________________________

8 보기 와 같이 계산 순서를 나타내고 계산해 보세요.

> **보기**
> $$31-(6+3)\times2=31-9\times2$$
> $$=31-18$$
> $$=13$$
> ① ② ③

> $$50-4\times(6+3)$$

9 연필이 40자루 있습니다. 남학생 3명과 여학생 4명에게 각각 5자루씩 나누어 주었습니다. 남은 연필은 몇 자루인지 하나의 식으로 나타내어 구해 보세요.

식 ______________________________

답 ______________________________

 **서술형**

10 ㉠☆㉡=㉠+(㉠÷3)−㉡라고 할 때 다음을 계산하려고 합니다. 풀이 과정을 쓰고 답을 구해 보세요.

$$12☆9$$

____

____

(　　　　　　　)

11 (　　)를 생략했을 때 계산 결과가 달라지는 것을 찾아 기호를 써 보세요.

㉠ 40−(3×5)+16
㉡ (50−14)÷2+5
㉢ 27+(45÷3)−25

(　　　　　　　)

보기 와 같이 계산 순서를 나타내고 계산해 보세요. [12~13]

보기

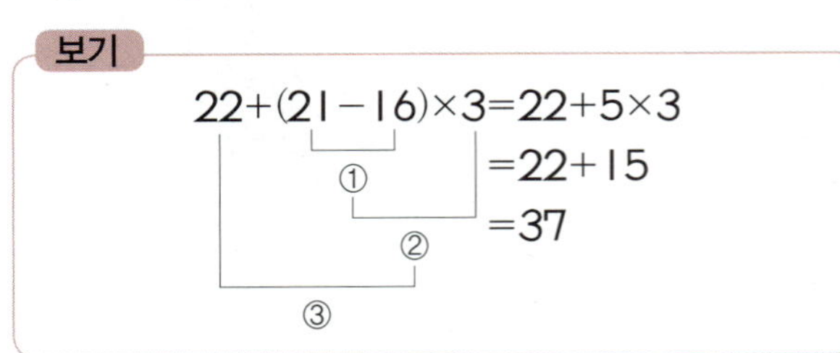

12 30+12−25÷5

13 36−(2+4)×5

서술형

14 1에서 9까지의 수 중에서 ☐ 안에 들어갈 수 있는 수는 모두 몇 개인지 풀이 과정을 쓰고 답을 구해 보세요.

$$192÷(4×6)÷2 < 72÷8−☐$$

____

____

____

(　　　　　　　)

15 ⬜ 안에 알맞은 수를 써넣으세요.

$$54÷(12-6)×4=54÷\boxed{}×4$$
$$=\boxed{}×4$$
$$=\boxed{}$$

16 계산해 보세요.

$$14+72÷(40-4×8)$$

( )

17 수 카드 $\boxed{1}$, $\boxed{3}$, $\boxed{5}$ 를 한 번씩 사용하여 아래와 같은 식을 만들려고 합니다. 계산 결과가 가장 크게 되도록 ⬜ 안에 알맞은 수를 써넣고 계산 결과를 구해 보세요.

$$36÷(\boxed{}×\boxed{})+\boxed{}$$

( )

채소의 가격표를 보고 물음에 답하세요. [18~20]

채소	가격(원)
오이 5개	2000
감자 1 kg	1250
콩나물 100 g	500
파 1단	2500

18 슬기는 오이 3개와 콩나물 200 g을 샀습니다. 슬기가 쓴 돈은 얼마인지 구하는 식을 찾아 기호를 써 보세요.

> ㉠ $2000×3+500×2$
> ㉡ $2000÷5+500×2$
> ㉢ $2000÷5×3+500×2$

( )

19 18번을 보고 슬기가 쓴 돈은 얼마인지 구해 보세요.

( )

서술형

20 예리는 감자 3 kg과 파 2단을 사고 10000원을 냈습니다. 거스름돈으로 얼마를 받아야 하는지 하나의 식으로 나타내어 구하려고 합니다. 풀이 과정을 쓰고 답을 구해 보세요.

____

____

____

( )

연습 각 단계에 따라 문제를 풀어 보세요.

1 어떤 수에 6을 더하고 3을 곱해야 할 것을 잘못하여 6을 빼고 3으로 나누었더니 3이 되었습니다. 바르게 계산한 값을 구해 보세요.

1단계 어떤 수를 □라 하고 잘못 계산한 경우를 하나의 식으로 나타내어 보세요.

식 ___________________

2단계 어떤 수를 구해 보세요.

(   )

3단계 바르게 계산한 값을 구해 보세요.

(   )

도전 위에서 푼 방법을 생각하며 풀어 보세요.

1-1 어떤 수에서 16을 빼고 4로 나눠야 할 것을 잘못하여 16을 더하고 4를 곱했더니 592가 되었습니다. 바르게 계산한 값을 구해 보세요.

풀이

____

____

____

____

답 ___________________

이렇게 술술 풀어요

① 어떤 수를 □라 하고 잘못 계산한 경우를 하나의 식으로 나타냅니다.

② 어떤 수를 구합니다.

③ 바르게 계산한 값을 구합니다.

2 1에서 9까지의 수 중에서 ☐ 안에 들어갈 수 있는 수는 모두 몇 개인지 구해 보세요.

$$56-7\times(6+8)\div2 > 21\div7+\square$$

1단계 $56-7\times(6+8)\div2$를 계산해 보세요.

(   )

2단계 1에서 9까지의 수 중에서 ☐ 안에 들어갈 수 있는 수를 모두 구해 보세요.

(   )

3단계 1에서 9까지의 수 중에서 ☐ 안에 들어갈 수 있는 수는 모두 몇 개인가요?

(   )

도전 위에서 푼 방법을 생각하며 풀어 보세요.

2-1 1에서 9까지의 수 중에서 ☐ 안에 들어갈 수 있는 수들의 합을 구해 보세요.

$$72\div(9+3)\times6-16 < \square+2\times7$$

풀이

____

____

____

____

 **답** _______________________

이렇게 술술 풀어요

① $72\div(9+3)\times6-16$을 계산합니다

② 1에서 9까지의 수 중에서 ☐ 안에 들어갈 수 있는 수를 모두 구합니다.

③ ☐ 안에 들어갈 수 있는 수들의 합을 구합니다.

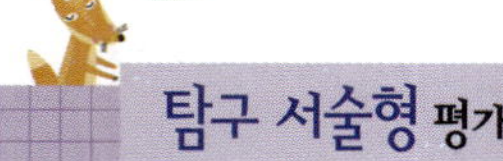

연습   각 단계에 따라 문제를 풀어 보세요.

3 어느 박물관의 입장료는 어른은 800원, 어린이는 500원입니다. 어제 이 박물관에 입장한 사람은 어른이 85명, 어린이가 120명이었습니다. 오늘은 어른 몇 명과 어린이 135명이 입장하여 입장료 수입이 어제보다 14700원 더 늘었습니다. 오늘 입장한 어른은 몇 명인지 구해 보세요.

1단계 어제의 입장료 수입은 얼마인가요?

(　　　　　　　　)

2단계 오늘의 입장료 수입은 얼마인가요?

(　　　　　　　　)

3단계 오늘 입장한 어른은 몇 명인지 하나의 식으로 나타내어 답을 구해 보세요.

(오늘 입장한 어른의 수)

= {(오늘의 입장료 수입) − (오늘의 어린이 입장료 수입)} ÷ (어른 한 사람의 입장료)

= (□ − 500 × 135) ÷ □

= (□ − 67500) ÷ □ = □ ÷ □ = □ (명)

(　　　　　　　　)

도전   위에서 푼 방법을 생각하며 풀어 보세요.

3-1 어느 어린이 놀이터의 입장료는 어른은 1000원, 어린이는 700원입니다. 어제 이 놀이터에 입장한 사람은 어른이 157명, 어린이가 241명이었습니다. 오늘은 어른 145명과 어린이 몇 명이 입장하여 입장료 수입이 어제보다 9700원 더 늘었습니다. 오늘 입장한 어린이는 몇 명인지 구해 보세요.

풀이

____

____

____

____

____

답 ________________

이렇게 술술 풀어요

① 어제의 입장료 수입을 구합니다.

② 오늘의 입장료 수입을 구합니다.

③ 오늘 입장한 어린이의 수를 구합니다.

시험처럼 문제를 풀어 보세요.

4 어떤 수에 8을 더하고 11을 곱한 후 7을 빼야 할 것을 잘못하여 8을 빼고 11로 나눈 후 7을 더했더니 16이 되었습니다. 바르게 계산한 값을 구해 보세요.

풀이

답

시험처럼 문제를 풀어 보세요.

5 1에서 9까지의 수 중에서 ☐ 안에 들어갈 수 있는 가장 큰 수와 가장 작은 수의 합을 구해 보세요.

$$12 \times 8 + \boxed{} > 23 + 121 \div (20 - 9) \times 7$$

풀이

답

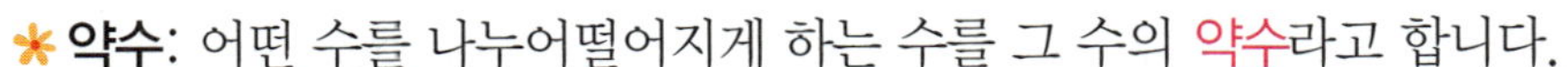

2-1 약수와 배수를 찾아볼까요

✳ **약수**: 어떤 수를 나누어떨어지게 하는 수를 그 수의 약수라고 합니다.

㉆ 12의 약수 구하기: 12를 나누어떨어지게 하는 수를 12의 약수라고 합니다.

$12 \div 1 = 12$	$12 \div 2 = 6$	$12 \div 3 = 4$
$12 \div 4 = 3$	$12 \div 6 = 2$	$12 \div 12 = 1$

➡ 12의 약수: 1, 2, 3, 4, 6, 12

✳ **배수**: 어떤 수를 1배, 2배, 3배……한 수를 그 수의 배수라고 합니다.

㉆ 3의 배수 구하기: 3을 1배, 2배, 3배……한 수를 3의 배수라고 합니다.

3을 1배한 수는 3입니다.	$3 \times 1 = 3$
3을 2배한 수는 6입니다.	$3 \times 2 = 6$
3을 3배한 수는 9입니다.	$3 \times 3 = 9$
……	……

➡ 3의 배수: 3, 6, 9, 12, 15, 18……

- **약수**: ●를 ◆로 나누었을 때 나누어떨어지면 ◆는 ●의 약수입니다.
  - ➡ 12는 1, 2, 3, 4, 6, 12로 나누었을 때 나누어떨어집니다.

- **배수**: 어떤 수의 배수는 셀 수 없이 많습니다.

2-2 곱을 이용하여 약수와 배수의 관계를 알아볼까요

✳ **두 수의 곱으로 나타내어 약수와 배수의 관계 알아보기**

㉆ 12를 두 수의 곱으로 나타내어 약수와 배수의 관계 알아보기

$12 = 1 \times 12$	$12 = 2 \times 6$	$12 = 3 \times 4$
$12 = 4 \times 3$	$12 = 6 \times 2$	$12 = 12 \times 1$

➡
- 1, 2, 3, 4, 6, 12는 12의 약수입니다.
- 12는 1, 2, 3, 4, 6, 12의 배수입니다.

✳ **여러 수의 곱으로 나타내어 약수와 배수의 관계 알아보기**

㉆ 16을 여러 수의 곱으로 나타내어 약수와 배수의 관계 알아보기

$16 = 1 \times 16$	$16 = 2 \times 8$	$16 = 4 \times 4$
$16 = 2 \times 2 \times 4$	$16 = 2 \times 2 \times 2 \times 2$	

➡
- 1, 2, 4, 8, 16은 16의 약수입니다.
- 16은 1, 2, 4, 8, 16의 배수입니다.

- $12 = 2 \times 2 \times 3$, $12 = 3 \times 2 \times 2$, $12 = 2 \times 3 \times 2$는 같은 식으로 취급합니다.

- 1은 모든 수의 약수이고 $16 = 2 \times 2 \times 2 \times 2$에서 2, $2 \times 2 = 4$, $2 \times 2 \times 2 = 8$, $2 \times 2 \times 2 \times 2 = 16$은 모두 16을 나누어떨어지게 하므로 약수가 됩니다.

- 어떤 수의 약수를 몇 배하면 어떤 수가 되므로 배수가 됩니다.

2-1 약수와 배수를 찾아볼까요

1 ☐ 안에 알맞은 수를 써넣으세요.

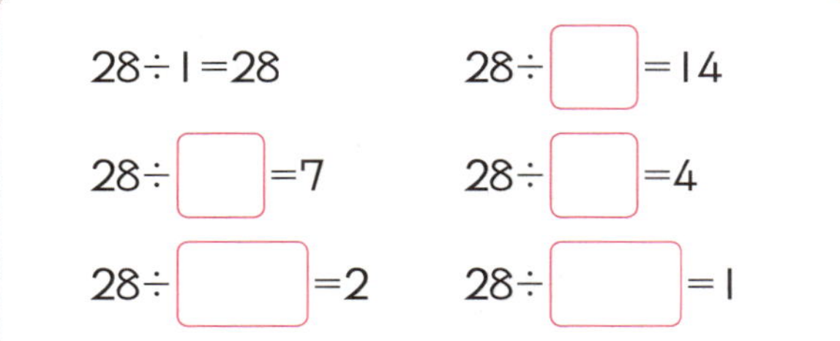

$28 \div 1 = 28$　　$28 \div \boxed{} = 14$

$28 \div \boxed{} = 7$　　$28 \div \boxed{} = 4$

$28 \div \boxed{} = 2$　　$28 \div \boxed{} = 1$

➡ 28의 약수는 1, ☐, ☐, ☐, ☐, ☐ 입니다.

2 배수를 가장 작은 것부터 차례대로 5개씩 써 보세요.

(1) ┃ 7의 배수 ┃

(　　,　　,　　,　　,　　)

(2) ┃ 12의 배수 ┃

(　　,　　,　　,　　,　　)

3 수 배열표를 보고 3의 배수에 ◯표, 7의 배수에 ☐표 하세요.

1	2	3	4	5	6	7	8	9	10
11	12	13	14	15	16	17	18	19	20
21	22	23	24	25	26	27	28	29	30

4 약수의 수가 8개인 수를 모두 고르세요.

(　　　)

① 15　　② 30　　③ 45

④ 70　　⑤ 81

2-2 곱을 이용하여 약수와 배수의 관계를 알아볼까요

5 식을 보고 ☐ 안에 '약수'와 '배수'를 알맞게 써넣으세요.

$$56 = 7 \times 8$$

(1) 56은 7과 8의 ☐ 입니다.

(2) 7과 8은 56의 ☐ 입니다.

6 두 수가 약수와 배수의 관계인 것을 모두 선으로 이어 보세요.

(1) 4 •　　• ㉠ 32

(2) 7 •　　• ㉡ 64

(3) 8 •　　• ㉢ 28

7 두 수가 약수와 배수의 관계인 것을 모두 골라 기호를 써 보세요.

| ㉠ | 8 | 56 |　| ㉡ | 9 | 28 |
| ㉢ | 10 | 25 |　| ㉣ | 12 | 72 |

(　　　　　　　)

8 18을 다음과 같이 나타낼 때, (　　) 안에 공통으로 들어갈 수를 모두 써 보세요.

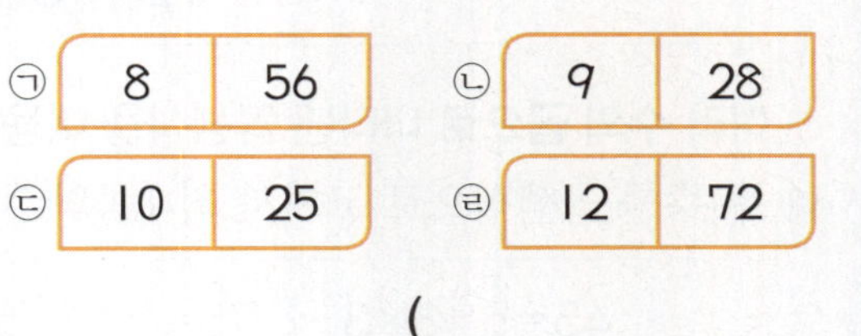

$$18 = 2 \times 3 \times 3$$

· 18은 (　　　)의 배수입니다.

· (　　　)은/는 18의 약수입니다.

(　　　　　　　)

2-3 공약수와 최대공약수를 구해 볼까요

✻ **공약수**: 두 수의 공통된 약수를 공약수라고 합니다.
✻ **최대공약수**: 두 수의 공약수 중에서 가장 큰 수를 최대공약수라고 합니다.
예 12와 16의 공약수와 최대공약수 구하기
　　　　　　　　　　　　　⌐• 가장 작은 공약수는 항상 1이므로
　　　　　　　　　　　　　　최소공약수라는 말은 의미가 없습니다.

12의 약수	1, 2, 3, 4, 6, 12
16의 약수	1, 2, 4, 8, 16

➡ 12와 16의 공약수는 1, 2, 4이고, 공약수 중에서 가장 큰 수인 최대공약수는 4입니다.

• ●와 ◆의 공약수는 ●와 ◆의 최대공약수인 수의 약수와 같습니다.
　예 12와 16의 공약수는 12와 16의 최대공약수인 4의 약수와 같습니다.

> 12와 16의 공약수: 1, 2, 4
> 4의 약수: 1, 2, 4

2-4 최대공약수를 구하는 방법을 알아볼까요

✻ **두 수의 곱으로 나타낸 곱셈식을 이용하여 최대공약수를 구하는 방법**
예 두 수를 곱셈식으로 고쳐서 최대공약수 구하기

$$12=2×6 \qquad 18=3×6$$
$$12와 18의 최대공약수$$

예 두 수의 공약수를 이용하여 최대공약수 구하기

$$12와 18의 공약수 ➡ 6) \underline{12 \quad 18}$$
$$2 \quad 3$$
6 ➡ 12와 18의 최대공약수

✻ **여러 수의 곱으로 나타낸 곱셈식을 이용하여 최대공약수를 구하는 방법**
예 두 수를 곱셈식으로 고쳐서 최대공약수 구하기

$$45=5×3×3 \qquad 75=5×3×5$$
$$15 \qquad 15 ➡ 45와 75의 최대공약수$$

예 두 수의 공약수를 이용하여 최대공약수 구하기

$$45와 75의 공약수 ➡ 5) \underline{45 \quad 75}$$
$$9와 15의 공약수 ➡ 3) \underline{9 \quad 15}$$
$$3 \quad 5$$
5×3=15 ➡ 45와 75의 최대공약수

• 12와 18을 두 수의 곱으로 나타내기
12=1×12　　18=1×18
12=2×6　　18=2×9
12=3×4　　18=3×6
➡ 곱셈식에 공통으로 들어 있는 수 중에서 가장 큰 수는 6입니다.
　⌐• 6은 두 수의 최대공약수입니다.

• 45와 75를 두 수의 곱으로 나타내기
45=1×45　　75=1×75
45=3×15　　75=3×25
45=5×9　　75=5×15
➡ 곱셈식에 공통으로 들어 있는 수 중에서 가장 큰 수는 15입니다.
　⌐• 15는 두 수의 최대공약수입니다.

• 수가 커서 두 수의 곱으로 계산하기 어려울 때는 여러 수의 곱을 이용합니다.
45=5×9
➡ 45=5×3×3
75=5×15
➡ 75=5×3×5
　⌐• 15는 두 수의 최대공약수입니다.

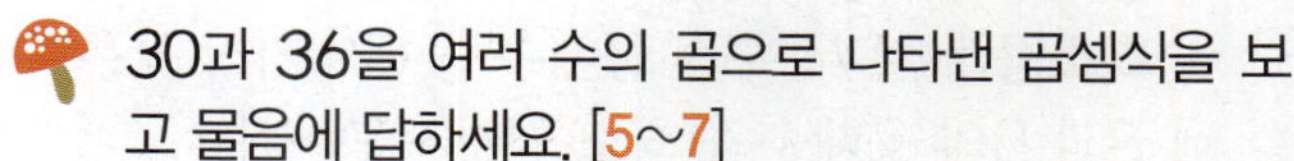

2-3 공약수와 최대공약수를 구해 볼까요

1 빈칸에 알맞은 수를 써넣으세요.

16의 약수	
40의 약수	
16과 40의 공약수	
16과 40의 최대공약수	

2 어떤 두 수의 최대공약수가 18일 때 두 수의 공약수를 모두 써 보세요.

(　　　　　　　　　)

3 21과 28을 어떤 수로 나누면 두 수 모두 나누어떨어집니다. 어떤 수 중에서 가장 큰 수를 구해 보세요.

(　　　　　　　　　)

4 풍선 48개와 사탕 60개를 최대한 많은 어린이들에게 남김없이 똑같이 나누어 주려고 합니다. 최대 몇 명의 친구들에게 나누어 줄 수 있는지 구해 보세요.

(　　　　　　　　　)

2-4 최대공약수를 구하는 방법을 알아볼까요

30과 36을 여러 수의 곱으로 나타낸 곱셈식을 보고 물음에 답하세요. [5~7]

$$30=1\times30 \qquad 30=2\times15 \qquad 30=3\times10$$
$$30=5\times6 \qquad 30=2\times3\times5$$

$$36=1\times36 \qquad 36=2\times18 \qquad 36=3\times12$$
$$36=4\times9 \qquad 36=6\times6 \qquad 36=2\times2\times3\times3$$

5 30과 36의 최대공약수를 구하기 위한 두 수의 곱셈식입니다. ☐ 안에 알맞은 수를 써넣으세요.

$$30=5\times\boxed{}$$
$$36=6\times\boxed{}$$

6 30과 36의 최대공약수를 구하기 위한 여러 수의 곱셈식입니다. ☐ 안에 알맞은 수를 써넣으세요.

$$30=\boxed{}\times\boxed{}\times5$$
$$36=\boxed{}\times\boxed{}\times2\times3$$

7 30과 36의 최대공약수를 구해 보세요.

(　　　　　　　　　)

8 ☐ 안에 알맞은 수를 써넣고, 두 수의 최대공약수를 구해 보세요.

$$\boxed{}\,)\ \underline{\ 36\quad\ 60\ }$$
$$\boxed{}\,)\ \underline{\ \ 6\quad\ 10\ }$$
$$\qquad\boxed{}\quad\boxed{}$$

➜ 36과 60의 최대공약수: (　　　　　　　　)

2-5 공배수와 최소공배수를 구해 볼까요

✳ **공배수**: 두 수의 공통된 배수를 공배수라고 합니다.
✳ **최소공배수**: 두 수의 공배수 중에서 가장 작은 수를 최소공배수라고 합니다.
⑩ 3과 5의 공배수와 최소공배수 구하기

• 두 수의 공배수는 무수히 많으므로 최대공배수는 구할 수 없습니다.

3의 배수	3, 6, 9, 12, 15, 18, 21, 24, 27, 30……
5의 배수	5, 10, 15, 20, 25, 30, 35……

➡ 3과 5의 공배수는 15, 30……이고, 공배수 중에서 가장 작은 수인 최소공배수는 15입니다.

• ●와 ◆의 공배수는 ●와 ◆의 최소공배수인 수의 배수와 같습니다.
⑩ 3과 5의 공배수는 3과 5의 최소공배수인 15의 배수와 같습니다.

> 3과 5의 공배수: 15, 30……
> 15의 배수: 15, 30……

2-6 최소공배수를 구하는 방법을 알아볼까요

✳ **두 수의 곱으로 나타낸 곱셈식을 이용하여 최소공배수를 구하는 방법**
⑩ 최대공약수가 들어 있는 곱셈식을 이용하여 최소공배수 구하기

$$12=3\times4 \qquad 20=4\times5$$
$$3\times4\times5=60 \;\;➡\;\; 12와 20의 \text{최소공배수}$$

⑩ 최대공약수를 이용하여 최소공배수 구하기

$$4\,)\,\overline{\;12\quad 20\;}$$
$$3\quad\;\;5$$

$$4\times3\times5=60 \;\;➡\;\; 12와 20의 \text{최소공배수}$$

✳ **여러 수의 곱으로 나타낸 곱셈식을 이용하여 최소공배수를 구하는 방법**
⑩ 여러 수의 곱셈식으로 고쳐서 최소공배수 구하기

$$30=3\times2\times5 \qquad 50=2\times5\times5$$
$$3\times2\times5\times5=150 \;\;➡\;\; 30과 50의 \text{최소공배수}$$

⑩ 두 수의 공약수를 이용하여 최소공배수 구하기

$$2\,)\,\overline{\;30\quad 50\;}$$
$$5\,)\,\overline{\;15\quad 25\;}$$
$$3\quad\;\;5$$

$$2\times5\times3\times5=150 \;\;➡\;\; 30과 50의 \text{최소공배수}$$

• 12와 20을 두 수의 곱으로 나타내기
$$12=1\times12 \qquad 20=1\times20$$
$$12=2\times6 \qquad 20=2\times10$$
$$12=3\times4 \qquad 20=4\times5$$
➡ 곱셈식에 공통으로 들어 있는 수 중에서 가장 큰 수는 4입니다.
4는 두 수의 최대공약수입니다.

• 수가 커서 두 수의 곱으로 계산하기 어려울 때는 여러 수의 곱을 이용합니다.
$$30=2\times15$$
➡ $$30=2\times3\times5$$
$$50=5\times10$$
➡ $$50=5\times2\times5$$
10은 두 수의 최대공약수입니다.

• 두 식에서 공통인 2와 5를 한 번씩만 곱하고, 30에서 남은 3과 50에서 남은 5를 곱하면 최소공배수가 됩니다.
• 공약수가 1이 될 때까지 나누고, ㄴ자 모양으로 곱한 값이 최소공배수입니다.

2-5 공배수와 최소공배수를 구해 볼까요

1 빈칸에 알맞은 수를 써넣으세요.

6의 배수	
8의 배수	
6과 8의 공배수	
6과 8의 최소공배수	

2 20부터 40까지의 수 중에서 4의 배수이면서 6의 배수인 수를 모두 써 보세요.

( )

3 승민이가 설명하는 수는 무엇인지 구해 보세요.

( )

2-6 최소공배수를 구하는 방법을 알아볼까요

30과 12를 여러 수의 곱으로 나타낸 곱셈식을 보고 물음에 답하세요. [4~5]

$$30=1×30 \quad 30=2×15 \quad 30=3×10$$
$$30=5×6 \quad 30=2×3×5$$

$$12=1×12 \quad 12=2×6 \quad 12=3×4$$
$$12=2×2×3$$

2 단원

4 30과 12의 최소공배수를 구하기 위한 두 수의 곱셈식입니다. ☐ 안에 알맞은 수를 써넣으세요.

$$30=5×\boxed{}$$
$$12=2×\boxed{}$$

➡ 30과 12의 최소공배수:

$$\boxed{}×\boxed{}×\boxed{}=\boxed{}$$

5 30과 12의 최소공배수를 구하기 위한 여러 수의 곱셈식입니다. ☐ 안에 알맞은 수를 써넣으세요.

$$30=\boxed{}×\boxed{}×5$$
$$12=2×\boxed{}×\boxed{}$$

➡ 30과 12의 최소공배수:

$$\boxed{}×\boxed{}×\boxed{}×\boxed{}=\boxed{}$$

6 ☐ 안에 알맞은 수를 써넣고, 두 수의 최소공배수를 구해 보세요.

$$\boxed{})\underline{30\quad 12}$$
$$\boxed{})\underline{15\quad 6}$$
$$\qquad\boxed{}\quad\boxed{}$$

➡ 30과 12의 최소공배수: ( )

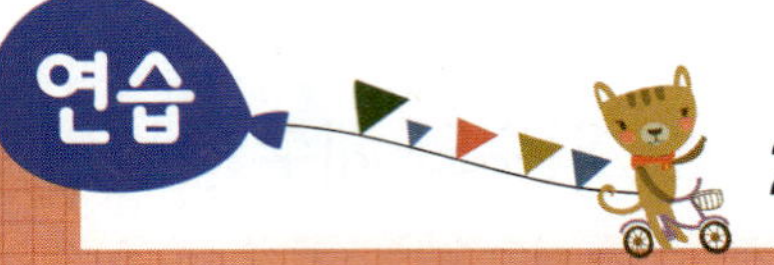

단원 평가

1 20의 약수를 구하려고 합니다. ☐ 안에 알맞은 수를 써넣고, 20의 약수를 모두 구해 보세요.

$20 \div 1 = 20$　　　$20 \div 2 = 10$

$20 \div 4 = 5$　　　$20 \div \boxed{} = \boxed{}$

$20 \div \boxed{} = \boxed{}$　　$20 \div \boxed{} = \boxed{}$

(　　　　　　　　　　)

2 다음 중 45의 약수가 <u>아닌</u> 것은 어느 것인가요?
(　　　)

① 1　　　　　　② 3
③ 5　　　　　　④ 7
⑤ 9

3 다음 중 2의 배수에 모두 ◯표 하세요.

1	2	3	4	5	6	7
8	9	10	11	12	13	14

4 주어진 수의 배수를 가장 작은 수부터 3개씩 써 보세요.

(1) 5 ➡ (　　　 , 　　　 , 　　　)

(2) 6 ➡ (　　　 , 　　　 , 　　　)

5
15의 배수 중 13번째로 작은 수는 얼마인지 풀이 과정을 쓰고 답을 구해 보세요.

____

____

____

(　　　　　　　　　　)

6 보기 를 보고 ☐ 안에 알맞은 말을 써넣으세요.

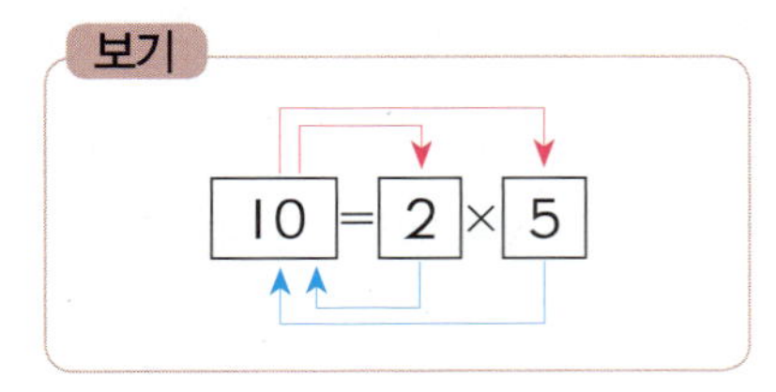

(1) 2와 5는 10의 ☐ 입니다.

(2) 10은 2와 5의 ☐ 입니다.

7 중요
다음 중 두 수가 서로 배수와 약수의 관계가 <u>아닌</u> 것은 어느 것인가요? (　　　)

① (5, 10)　　　② (4, 2)
③ (6, 52)　　　④ (15, 5)
⑤ (7, 28)

8 21과 42의 공약수에 ◯표 하고 최대공약수를 구해 보세요.

21의 약수	1, 3, 7, 21
42의 약수	1, 2, 3, 6, 7, 14, 21, 42

( )

9 두 식을 보고 12와 32의 최대공약수를 구해 보세요.

$$12=2\times2\times3$$
$$32=2\times2\times2\times2\times2$$

( )

주의

10 보기 와 같은 방법으로 두 수의 최대공약수를 구해 보세요.

보기

$$
\begin{array}{r}
2\,)\ 12\quad 30 \\
3\,)\ \ 6\quad 15 \\
\hline
2\quad 5
\end{array}
$$

최대공약수: 2 × 3 = 6

$$
\begin{array}{r}
)\ 15\quad 45
\end{array}
$$

최대공약수 ➡ __________________

11 154와 630의 공약수를 모두 구해 보세요.

$$154=2\times7\times11$$
$$630=2\times3\times3\times5\times7$$

( )

12 어떤 두 수의 최대공약수가 24일 때, 두 수의 공약수가 <u>아닌</u> 것은 어느 것인가요? ( )

① 1 ② 2
③ 3 ④ 4
⑤ 5

13 빨간색 공 16개와 파란색 공 40개를 최대한 많은 주머니에 남김없이 똑같이 나누어 담으려고 합니다. 최대 몇 개의 주머니에 담아야 하나요?

( )

14 100까지의 수 중에서 4와 5의 공배수를 모두 써 보세요.

( )

15 보기 와 같은 방법으로 두 수의 최소공배수를 구하려고 합니다. ☐ 안에 알맞은 수를 써넣고, 최소공배수를 구해 보세요.

보기

$$6 = 2 \times 3$$
$$12 = 2 \times 2 \times 3$$
최소공배수 ➡ $2 \times 3 \times 2 = 12$

$$24 = \boxed{} \times 2 \times 2 \times \boxed{}$$
$$18 = \boxed{} \times \boxed{} \times 3$$

최소공배수 ➡ _______________

중요

16 주어진 두 수의 최대공약수와 최소공배수를 구하여 ◯ 안에는 최대공약수를, △ 안에는 최소공배수를 써넣으세요.

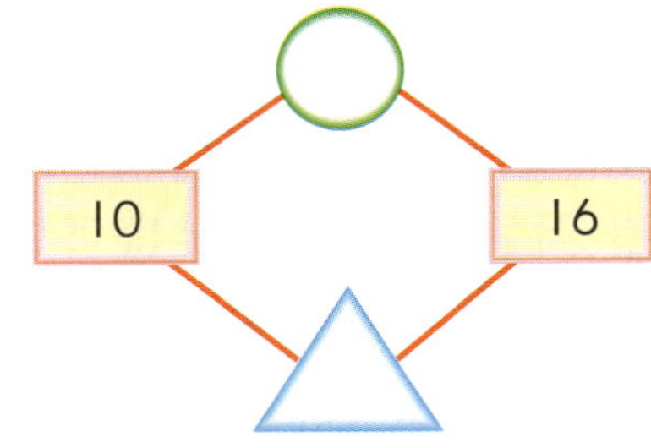

17 어떤 두 수의 최소공배수가 12입니다. 이 두 수의 공배수 중 네 번째로 작은 수는 무엇인가요?

(   )

서술형

18 두 식이 모두 나누어떨어질 때, ☐가 될 수 있는 자연수 중 가장 작은 수는 얼마인지 풀이 과정을 쓰고 답을 구해 보세요.

☐ ÷ 8   ☐ ÷ 28

____

____

____

____

(   )

19 어느 과자 공장에는 과자의 원료를 섞는 기계와 과자를 포장하는 기계가 있습니다. 과자의 원료를 섞는 기계는 20일마다, 과자를 포장하는 기계는 28일마다 정기 점검을 합니다. 오늘 두 기계를 함께 점검했다면, 다음번에 두 기계를 함께 점검하는 날은 며칠 후인가요?

(   )

응용

20 4로 나누어도 2가 남고, 6으로 나누어도 2가 남는 어떤 수 중 가장 작은 수를 구해 보세요.

(   )

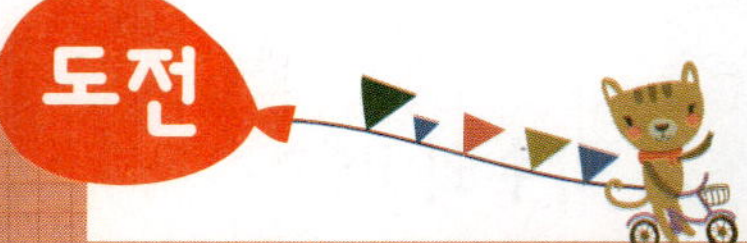

1 왼쪽에 주어진 수의 약수를 모두 찾아 선으로 이어 보세요.

9 ·

· 1
· 3
· 4
· 6
· 9

2 보기 와 같은 방법으로 32의 약수를 구하려고 합니다. □ 안에 알맞은 수를 써넣고 32의 약수를 구해 보세요.

보기

$$6=1×6$$
$$6=2×3$$

6의 약수 ➜ 1, 2, 3, 6

$$32=1×32$$
$$32=□×□$$
$$32=□×□$$

32의 약수 ➜ ____________________

3 다음 중 약수가 4개인 수를 모두 찾아 ○표 하세요.

5　　6　　9　　13　　15

4 다음 중 4의 배수는 어느 것인가요? (　　)

① 3　　② 4　　③ 5
④ 6　　⑤ 7

5 다음 중 5의 배수를 모두 찾아 ○표 하세요.

3　　5　　8　　10　　14　　15

6 수 배열표를 보고 □ 안에 알맞은 수를 써넣으세요.

1	2	3	4	5	6	7	8	9	10
11	12	13	14	15	16	17	18	19	20
21	22	23	24	25	26	27	28	29	30

(1) 파란색으로 칠한 칸의 수는 □의 배수입니다.

(2) 초록색 선으로 묶은 부분의 수는 □의 배수입니다.

7 식을 보고 □ 안에 알맞은 수를 써넣으세요.

$$18=1×18　　18=2×9　　18=3×6$$

(1) 18은 1, □, □, □, □, □ 의 배수입니다.

(2) 1, □, □, □, □, □ 은/는 18의 약수입니다.

주의

8 다음 중 옳은 것은 어느 것인가요? (　　)

① 6은 42의 배수입니다.
② 7은 42의 배수입니다.
③ 42는 6의 배수입니다.
④ 42는 6의 약수입니다.
⑤ 6과 7은 서로 약수와 배수의 관계입니다.

9 다음 중 ☐ 안에 공통으로 들어갈 수 있는 수는 어느 것인가요? ( )

> · ☐은/는 3의 배수입니다.
> · ☐의 약수는 모두 6개입니다.

① 15   ② 19
③ 27   ④ 63
⑤ 98

10 ☐ 안에 알맞은 수를 써넣으세요.

> · 16의 약수: 1, 2, 4, 8, 16
> · 28의 약수: 1, 2, 4, 7, 14, 28
> · 16과 28의 공약수: ☐ , ☐ , ☐
> · 16과 28의 최대공약수: ☐

11 두 수의 최대공약수가 더 큰 쪽에 ◯표 하세요.

> (28, 49)   (16, 24)

12 ☐ 안에 알맞은 수를 써넣으세요.

> 24와 40의 최대공약수인 ☐ 의 약수 ☐ ,
>
> ☐ , ☐ , ☐ 은/는 24와 40의 공약수와 같습니다.

13 65를 어떤 수로 나누면 5가 남고, 82를 어떤 수로 나누면 4가 남습니다. 어떤 수 중에서 가장 큰 수는 얼마인지 풀이 과정을 쓰고 답을 구해 보세요.

( )

14 연필 28자루, 지우개 32개를 최대한 많은 학생들에게 남김없이 똑같이 나누어 주려고 합니다. 최대 몇 명에게 나누어 줄 수 있나요?

( )

15 최소공배수를 구하려고 합니다. ☐ 안에 알맞은 수를 써넣으세요.

$$3\,)\,\underline{18\quad81}$$
$$3\,)\,\underline{\ 6\quad27}$$

최소공배수: $3 \times 3 \times \boxed{\ } \times \boxed{\ } = \boxed{\quad}$

16 ㉮와 ㉯의 최소공배수를 구해 보세요.

> ㉮=$2\times3\times5$
> ㉯=$2\times2\times5$

(   )

17 두 수의 최소공배수를 찾아 선으로 이어 보세요.

(1) 8, 12 ㆍ   ㆍ㉠ 24

(2) 30, 45 ㆍ   ㆍ㉡ 60

(3) 15, 20 ㆍ   ㆍ㉢ 90

18 어떤 두 수의 최소공배수가 8일 때, 이 두 수의 공배수가 <u>아닌</u> 것은 어느 것인가요? (   )

① 8   ② 12
③ 16   ④ 32
⑤ 64

19 도서관에 수연이는 3일에 한 번씩 가고, 도은이는 4일에 한 번씩 간다고 합니다. 두 어린이가 오늘 도서관에서 만났다면, 다음번에 도서관에서 만나는 날은 며칠 후인지 풀이 과정을 쓰고 답을 구해 보세요.

(   )

20 다음 조건을 보고 ㉠과 ㉡의 최소공배수를 구해 보세요.

> • ㉠과 ㉡의 곱은 240입니다.
> • ㉠과 ㉡의 최대공약수는 4입니다.

(   )

1 다음 중 9를 약수로 가지는 수가 <u>아닌</u> 것은 어느 것인가요? (　　　)

① 162　　　　　　② 207
③ 378　　　　　　④ 443
⑤ 576

2 약수의 수가 많은 수부터 순서대로 써 보세요.

9　　12　　21

(　　　,　　　,　　　)

3 60에서 90까지의 자연수 중에서 2의 배수가 아닌 수는 몇 개인가요?

(　　　　　　　　　)

4 다음 수가 7의 배수일 때 ☐ 안에 알맞은 수를 구해 보세요.

7 ☐ 2

(　　　　　　　　　)

5 다음 중 약수들의 합이 자기 자신보다 1만큼 더 큰 수는 어느 것인가요? (　　　)

① 9　　　　　　② 13
③ 26　　　　　　④ 49
⑤ 65

서술형

6 기차역에서 박물관으로 가는 버스가 오전 10시부터 12분 간격으로 출발합니다. 오전 11시까지 버스는 몇 번 출발하는지 풀이 과정을 쓰고 답을 구해 보세요.

____

____

____

____

(　　　　　　　　　)

7 다음을 만족하는 ㉮+㉯를 모두 구해 보세요.

- ㉮와 ㉯는 자연수입니다.
- ㉮와 ㉯의 곱은 18입니다.

(　　　　　　　　　)

8 80을 어떤 수로 나누었더니 나머지가 5가 되었습니다. 어떤 수를 모두 구해 보세요.

(　　　　　　　　　)

9 서로 약수와 배수의 관계가 되도록 선으로 이어 보세요.

약수

(1) 8 •
(2) 7 •
(3) 3 •
(4) 5 •

배수

• ㉠ 28
• ㉡ 88
• ㉢ 12
• ㉣ 10

10 72와 어떤 수의 최대공약수는 36입니다. 이 두 수의 공약수를 모두 써 보세요.

( )

11 어떤 두 수의 최대공약수는 18입니다. 이 두 수의 공약수들의 합은 얼마인지 풀이 과정을 쓰고 답을 구해 보세요.

____

____

( )

12 어느 놀이공원에서 풍선 175개와 행운권 140장을 준비하여 최대한 많은 어린이들에게 남김없이 똑같이 나누어 주려고 합니다. 최대 몇 명에게 나누어 줄 수 있나요?

( )

13 40보다 큰 두 자리 수 중 9와 12의 공배수는 얼마인지 풀이 과정을 쓰고 답을 구해 보세요.

____

____

( )

14 두 수의 최소공배수가 가장 큰 것은 어느 것인가요?

( )

① (9, 27) ② (12, 15)
③ (16, 20) ④ (18, 30)
⑤ (24, 36)

15 5로도 나누어떨어지고, 12로도 나누어떨어지는 수 중에서 세 번째로 작은 수를 구해 보세요.

( )

서술형

16 다음을 보고 ◯에 알맞은 수는 얼마인지 풀이 과정을 쓰고 답을 구해 보세요.

> • 50과 ◯의 최대공약수는 10입니다.
> • 50과 ◯의 최소공배수는 150입니다.

____

____

____

( )

17 어떤 두 수의 최대공약수는 12이고 이 두 수의 곱은 864입니다. 이 두 수의 최소공배수를 구해 보세요.

( )

18 학교 정문에서 버스 정류장까지 이르는 160 m의 길 한쪽에 맨드라미와 봉숭아를 심으려고 합니다. 길의 처음부터 심기 시작하여 맨드라미는 6 m마다, 봉숭아는 5 m마다 심는다면 맨드라미와 봉숭아가 같이 심어지는 곳은 모두 몇 군데인가요?

( )

19 직선 위에 시작점을 같이 하여 2 cm가 되는 지점에서 빨간색 점과 노란색 점을 동시에 찍고, 빨간색 점은 3 cm 간격으로, 노란색 점은 5 cm 간격으로 점을 찍어 나갑니다. 두 점이 네 번째로 같이 찍히는 곳은 시작점으로부터 몇 cm 떨어진 곳인가요?

( )

20 기섭이는 6일마다, 동현이는 8일마다 약수터에 가는데 월요일인 오늘 두 사람이 약수터에서 만났습니다. 다음번에 두 사람이 만나는 날은 무슨 요일인가요?

( )

1 48의 약수를 모두 써 보세요.

( )

2 모든 수의 약수가 되는 수는 무엇인가요?

( )

3 72의 약수는 모두 몇 개인가요?

( )

4 다음 식에서 ★에 들어갈 수 <u>없는</u> 수는 어느 것인가요? ( )

> 24÷★=■ (단, ★, ■는 자연수)

① 2   ② 4
③ 5   ④ 6
⑤ 8

5 100보다 작은 자연수 중에서 9의 배수이면서 짝수인 수를 모두 써 보세요.

( )

6 천의 자리 숫자가 5인 네 자리 수 중에서 가장 큰 3의 배수를 구해 보세요.

( )

7 혜진이가 생각한 세 자리 수는 6의 배수가 되는 수입니다. ㉠에 들어갈 알맞은 수 중 가장 큰 수를 구해 보세요.

( )

8 8을 약수로 가지는 가장 큰 두 자리 수는 얼마인지 풀이 과정을 쓰고 답을 구해 보세요.

____

____

____

(   )

9 두 수가 서로 약수와 배수의 관계인 것을 모두 고르세요. (   )

① (8, 42)   ② (9, 24)
③ (12, 72)   ④ (13, 52)
⑤ (15, 85)

10 혜원이와 인영이는 각자 두 수의 공약수를 모두 구하여 합을 알아보았습니다. 두 사람이 구한 공약수의 합의 크기를 비교하여 ◯안에 >, =, <를 알맞게 써넣으세요.

11 35와 어떤 수의 최대공약수는 7입니다. 두 수의 공약수의 합은 얼마인지 풀이 과정을 쓰고 답을 구해 보세요.

____

____

____

(   )

12 두 수의 최대공약수가 큰 것부터 순서대로 기호를 써 보세요.

> ㉠ (15, 20)   ㉡ (18, 24)
> ㉢ (36, 33)   ㉣ (24, 60)

(,   ,   ,   )

13 연필 27자루, 지우개 12개를 최대한 많은 학생들에게 남김없이 똑같이 나누어 주려고 합니다. 최대 몇 명에게 나누어 줄 수 있나요?

(   )

14 빵 75개와 사탕 135개를 최대한 많은 봉지에 남김없이 똑같이 나누어 담으려면, 한 봉지에 빵을 몇 개씩 담아야 하나요?

(   )

15 12와 18의 공배수 중에서 200에 가장 가까운 수는 얼마인지 풀이 과정을 쓰고 답을 구해 보세요.

____

____

____

(   )

16 15와 48의 최대공약수와 최소공배수의 합을 구해 보세요.

(   )

17 합이 42이고, 차가 6인 두 수의 최소공배수를 구해 보세요.

(   )

18 정배는 장미와 국화에 각각 2일, 5일마다 물을 줍니다. 화요일인 오늘 두 화초에 물을 주었다면, 다음 번에 두 화초 모두 물을 주게 되는 날은 무슨 요일인가요?

(   )

19 16과 어떤 수의 최대공약수는 2이고, 최소공배수는 144입니다. 어떤 수는 얼마인지 풀이 과정을 쓰고 답을 구해 보세요.

____

____

(   )

20 톱니 수가 각각 8개, 12개인 톱니바퀴가 맞물려 돌아가고 있습니다. 회전하기 전에 맞물렸던 톱니가 다시 만나기 위해서는 톱니 수가 8개인 톱니바퀴는 적어도 몇 번 돌아야 하나요?

(   )

연습 각 단계에 따라 문제를 풀어 보세요.

1 다음에서 약수의 수가 가장 많은 수는 어느 것인지 구해 보세요.

| 10 | 17 | 25 |

1단계 10의 약수는 모두 몇 개인가요?

(   )

2단계 17의 약수는 모두 몇 개인가요?

(   )

3단계 25의 약수는 모두 몇 개인가요?

(   )

4단계 약수가 가장 많은 수를 찾아 써 보세요.

(   )

도전 위에서 푼 방법을 생각하며 풀어 보세요.

1-1 다음에서 약수의 수가 가장 많은 수는 어느 것인지 구해 보세요.

| 14 | 20 | 39 |

풀이

____

____

____

답 _______________

이렇게 술술 풀어요

① 14의 약수를 구합니다.

② 20의 약수를 구합니다.

③ 39의 약수를 구합니다.

④ 약수의 수가 가장 많은 수를 구합니다.

 각 단계에 따라 문제를 풀어 보세요.

2 다음에서 설명하는 수는 어떤 수인지 구해 보세요.

> • 이 수는 10보다 크고 20보다 작습니다.
> • 6의 배수이고 24의 약수입니다.

1단계 10보다 크고 20보다 작은 수 중에서 6의 배수를 모두 써 보세요.

( )

2단계 24의 약수를 모두 써 보세요.

( )

3단계 설명하는 수는 어떤 수인가요?

( )

도전 위에서 푼 방법을 생각하며 풀어 보세요.

2-1 다음에서 설명하는 수는 어떤 수인지 구해 보세요.

> • 이 수는 10보다 크고 30보다 작습니다.
> • 7의 배수이고 42의 약수입니다.
> • 짝수입니다.

이렇게 술술 풀어요

① 10보다 크고 30보다 작은 수 중에서 7의 배수를 구합니다.

② ①에서 42의 약수를 구합니다.

③ ②에서 짝수를 구합니다.

풀이

____

____

____

 **답** _________________

연습 각 단계에 따라 문제를 풀어 보세요.

3 5의 배수인 어떤 수가 있습니다. 이 수의 약수를 모두 더하였더니 31이 되었습니다. 어떤 수를 구해 보세요.

1단계 31보다 작은 5의 배수를 모두 써 보세요.

(   )

2단계 **1단계** 에서 구한 수들의 약수의 합을 구해 보세요.

(   )

3단계 **2단계** 에서 구한 수 중에서 약수의 합이 31인 수를 써 보세요.

(   )

도전 위에서 푼 방법을 생각하며 풀어 보세요.

3-1 9의 배수인 어떤 수가 있습니다. 이 수의 약수를 모두 더하였더니 40이 되었습니다. 어떤 수를 구해 보세요.

풀이

____

____

____

____

____

답 _______________________

이렇게 술술 풀어요

① 40보다 작은 9의 배수를 구합니다.

② ①에서 구한 수의 약수의 합을 구합니다.

③ 약수의 합이 40이 되는 수를 구합니다.

실전 시험처럼 문제를 풀어 보세요.

4 48과 80을 어떤 수로 나누면 모두 나누어떨어집니다. 어떤 수가 될 수 있는 자연수 중에서 가장 큰 수를 구해 보세요.

풀이

답

실전 시험처럼 문제를 풀어 보세요.

5 어느 아마추어 관측자는 2019년에 태양의 주위를 도는 혜성 A와 B를 관측했습니다. A 혜성이 태양을 한 바퀴 도는 기간은 10년, B 혜성이 태양을 한 바퀴 도는 기간은 12년이고, 1968년에 태양과 두 혜성이 일직선으로 관측되었다고 합니다. 이 아마추어 관측자가 태양과 두 혜성이 일직선으로 놓일 때를 관측하려면 2019년부터 몇 년을 기다려야 하는지 구해 보세요.

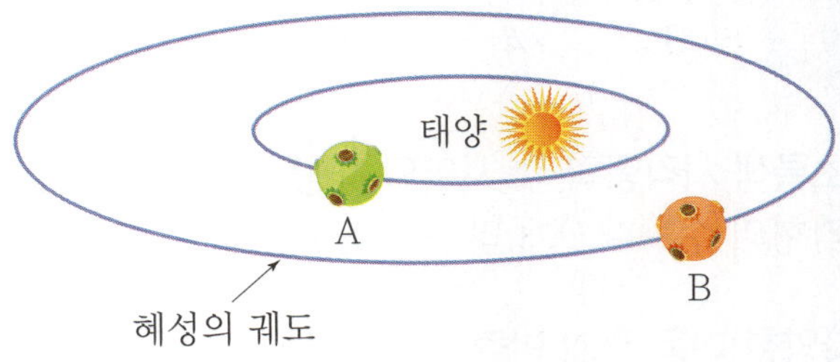

풀이

답

3-1 두 양 사이의 관계를 알아볼까요 (1)

✴ **강아지의 수와 다리 수 사이의 대응 관계 알아보기**

① 강아지가 1마리씩 늘어날 때, 다리의 수는 4개씩 늘어납니다.
② 강아지 다리의 수는 강아지의 수의 4배씩 늘어납니다.

✴ **주변에서 대응 관계인 두 양을 찾아보기** → 한 양이 변할 때 다른 양이 그에 따라 일정하게 변하는 관계를 대응 관계라고 합니다.

① 개미가 1마리씩 늘어날 때마다 다리의 수는 6개씩 늘어납니다.
② 세발자전거가 1대씩 늘어날 때마다 바퀴의 수는 3개씩 늘어납니다.

> • 한 수가 일정하게 늘어나거나 줄어들 때 다른 수의 변화를 찾아 두 수 사이의 대응 관계를 알아봅니다.

3-1 두 양 사이의 관계를 알아볼까요 (2)

✴ **노란색 사각형의 수와 초록색 사각형의 수 사이의 대응 관계**

① 노란색 사각형의 수와 초록색 사각형의 수의 관계를 표로 나타내기

노란색 사각형의 수(개)	1	2	3	4	……
초록색 사각형의 수(개)	3	4	5	6	……

└ • 표로 나타내면 두 수 사이의 대응 관계를 알아보기 쉽습니다.

② 노란색 사각형의 수와 초록색 사각형의 수 사이의 대응 관계: 예 초록색 사각형의 수는 노란색 사각형의 수보다 2개 많습니다.

✴ **모양 조각을 이용하여 다양한 대응 관계 만들기**

예 삼각형 조각의 수는 항상 마름모 조각의 수보다 1개 많습니다.

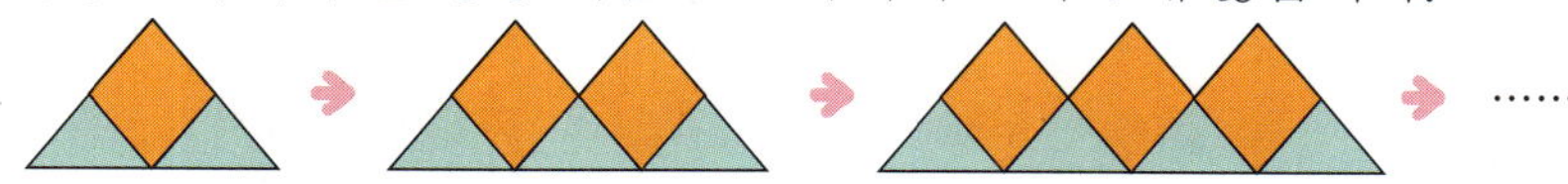

예 삼각형 조각의 수는 사각형 조각의 수의 2배입니다.

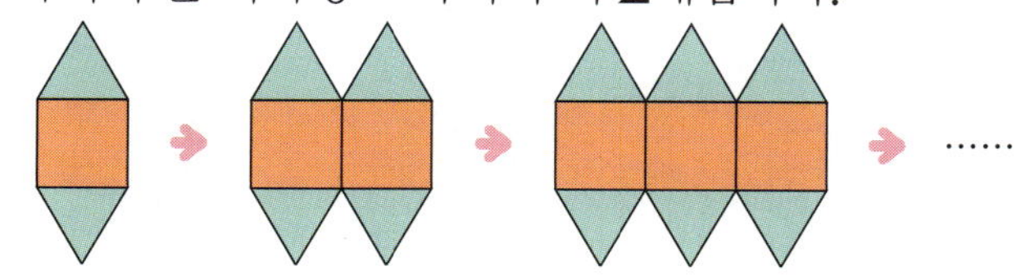

> • ♠와 ♥ 사이의 대응 관계를 말로 표현하기
>
> | ♠ | 1 | 2 | 3 | 4 |
> |---|---|---|---|---|
> | ♥ | 4 | 5 | 6 | 7 |
>
> ➤ ♠는 ♥보다 3 작습니다. (또는 ♥는 ♠보다 3 큽니다.)
>
> | ♠ | 1 | 2 | 3 | 4 |
> |---|---|---|---|---|
> | ♥ | 2 | 4 | 6 | 8 |
>
> ➤ ♠는 ♥를 2로 나눈 몫입니다. (또는 ♥는 ♠의 2배입니다.)
>
> | ♠ | 1 | 2 | 5 | 10 |
> |---|---|---|---|---|
> | ♥ | 10 | 5 | 2 | 1 |
>
> ➤ ♠와 ♥의 곱은 10입니다.

3 -1 두 양 사이의 관계를 알아볼까요 (1)

도형의 배열을 보고 물음에 답하세요. [1~3]

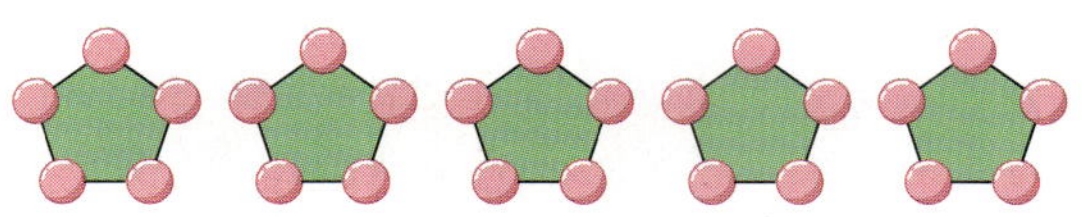

1 초록색 오각형이 6개일 때 분홍색 구슬은 몇 개인가요?

(   )

2 초록색 오각형이 100개일 때 분홍색 구슬은 몇 개인가요?

(   )

3 초록색 오각형의 수와 분홍색 구슬의 수 사이의 대응 관계를 정리한 것입니다. ☐ 안에 알맞은 수를 써넣으세요.

> • 초록색 오각형의 수를 ☐ 배 하면 분홍색 구슬의 수와 같습니다.
>
> • 분홍색 구슬의 수를 ☐ (으)로 나누면 초록색 오각형의 수와 같습니다.

3 -1 두 양 사이의 관계를 알아볼까요 (2)

어떤 장난감 공장에서 장난감 자동차를 1시간에 30대씩 만들 수 있다고 합니다. 물음에 답하세요. [4~6]

4 공장을 가동하는 시간과 만들어지는 장난감 자동차의 수 사이에는 어떤 대응 관계가 있는지 표를 완성해 보세요.

공장을 가동하는 시간(시간)	1	2	3	4
만들어지는 장난감 자동차의 수(대)				

5 공장에서 8시간 동안 장난감 자동차를 만든다면 몇 대의 장난감 자동차가 만들어지나요?

(   )

6 공장을 가동하는 시간과 만들어지는 장난감 자동차의 수 사이의 대응 관계를 정리한 것입니다. ☐ 안에 알맞은 수를 써넣으세요.

> • 공장을 가동하는 시간을 ☐ 배 하면 만들어지는 장난감 자동차의 수와 같습니다.
>
> • 만들어지는 장난감 자동차의 수를 ☐ (으)로 나누면 공장을 가동하는 시간과 같습니다.

3 단원

3−2 대응 관계를 식으로 나타내는 방법을 알아볼까요

✳ 잠자리의 수와 날개의 수 사이의 대응 관계를 식으로 나타내기

잠자리의 수(마리)	1	2	5	10	……
날개의 수(개)	4	8	20	40	……

➡ (잠자리의 수)×4=(날개의 수) 또는 (날개의 수)÷4=(잠자리의 수)

✳ 두 양 사이의 대응 관계를 식으로 간단하게 나타낼 때는 각 양을 ●, ■, ▲, ★ 등과 같은 기호로 표현할 수 있습니다.

㉋ 잠자리의 수를 ●, 날개의 수를 ★이라고 할 때,
    ●×4=★(또는 ★÷4=●)로 나타낼 수 있습니다.

✳ 달린 시간과 달린 거리 사이의 대응 관계를 식으로 나타내기

> 재경이는 1초에 약 5 m를 달립니다.

㉋ 재경이가 달린 시간을 ●(초), 달린 거리를 ★(m)라고 할 때,
    ●×5=★(또는 ★÷5=●)로 나타낼 수 있습니다.

• ♠와 ♥ 사이의 대응 관계를 식으로 나타내기
① ♠+♥=●
 ➡ ♠=●−♥
   (또는 ♥=●−♠)
② ♠−♥=●
 ➡ ♠=●+♥
   (또는 ♥=♠−●)
③ ♠×♥=●
 ➡ ♠=●÷♥
   (또는 ♥=●÷♠)
④ ♠÷♥=●
 ➡ ♠=●×♥
   (또는 ♥=♠÷●)

3−3 생활 속에서 대응 관계를 찾아 식으로 나타내어 볼까요

✳ 주변에서 볼 수 있는 대응 관계 찾아보기

㉋

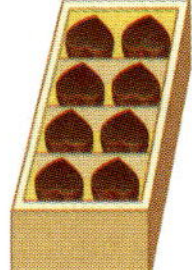
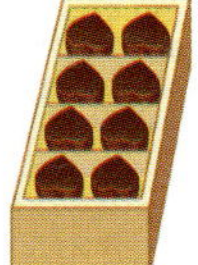
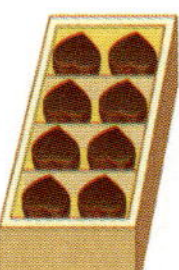
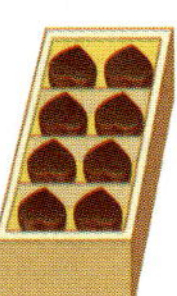

• 초콜릿 한 상자에 초콜릿이 8개씩 들어 있습니다.

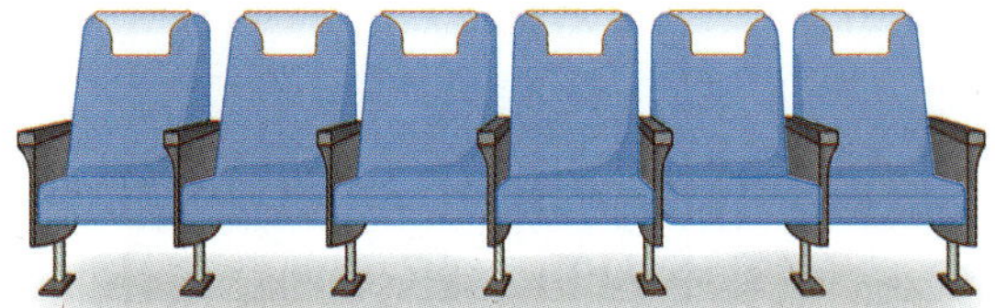

• 팔걸이의 수는 의자의 수보다 1개 많습니다.

서로 관계가 있는 두 양		대응 관계
초콜릿의 수	초콜릿 상자의 수	(초콜릿 상자의 수)×8=(초콜릿의 수)
의자의 수	팔걸이의 수	(의자의 수)+1=(팔걸이의 수)

㉋ 동생은 나보다 3살 어리므로 (내 나이)−3=(동생 나이)입니다.
    └• 또는 (동생 나이)+3=(내 나이)입니다.

• 초콜릿의 수를 ●, 초콜릿 상자의 수를 ★이라고 할 때, 두 양 사이의 대응 관계를 식으로 나타내면

> ★×8=●
> (또는 ●÷8=★)

입니다.

• 동생의 나이를 ♥, 내 나이를 ♠이라고 할 때, 두 양 사이의 대응 관계를 식으로 나타내면

> ♠−3=♥
> (또는 ♥+3=♠)

입니다.

🍄 다음 표를 보고 물음에 답하세요. [1~2]

♠	1	2	3	4	5
♥	11	12	㉠	14	㉡

1 표의 빈칸에 알맞은 수를 각각 구해 보세요.

㉠: (   )

㉡: (   )

2 알맞은 카드를 골라 표를 통해 알 수 있는 두 양 사이의 대응 관계를 식으로 나타내어 보세요.

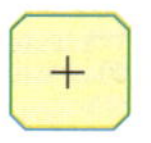 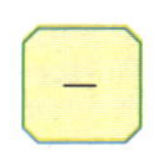 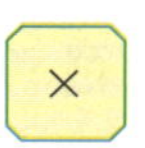 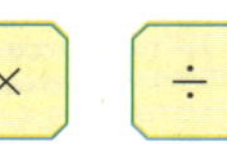 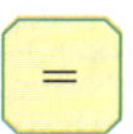

식 _______________________________________

🍄 자전거는 1시간에 약 12 km를 이동합니다. 자전거가 이동하는 시간을 ●, 이동하는 거리를 ◆라고 할 때, 물음에 답하세요. [3~4]

3 표의 빈칸을 채워 보세요.

●	1	2	3	4	5
◆					

4 ●, ◆ 사이의 대응 관계를 식으로 나타내어 보세요.

식 _______________________________________

5 자전거 수를 ●, 바퀴 수를 ◆라고 할 때, 대응 관계를 식으로 나타내어 보세요.

식 _______________________________________

6 식탁 수를 ●, 의자 수를 ◆라고 할 때, 대응 관계를 식으로 나타내어 보세요.

식 _______________________________________

7 주변에서 볼 수 있는 대응 관계 중 식에 해당하는 상황을 찾아 한 가지 써 보세요.

●+3=◆

____

개미 수와 개미 다리 수 사이에는 어떤 대응 관계가 있는지 알아보려고 합니다. 물음에 답하세요. [1~2]

1 표를 완성해 보세요.

개미 수 (마리)	1	2	3	4	5	6
개미 다리 수(개)	6	12	18			

2 개미 수와 개미 다리 수 사이의 대응 관계를 써 보세요.

( )

그림을 보고 표를 완성하고 두 수 사이의 대응 관계를 써 보세요. [3~4]

3

선풍기 날개 수(개)	4	8	12
선풍기 수(대)	1		

( )

4
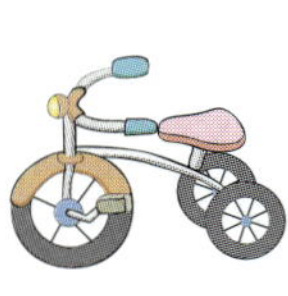

자전거 바퀴 수(개)		9	18
자전거 수(대)	1		4

( )

5 표를 보고 ■와 ▲ 사이의 대응 관계를 써 보세요.

■	0	1	2	3	4	5
▲	2	3	4	5	6	7

( )

6 ★은 ▲보다 7 큰 수입니다. 빈칸에 알맞은 수를 써넣으세요.

▲	1	2	3	4	5	
★	8	9	10			13

7 색 도화지를 납작못을 사용하여 다음과 같이 게시판에 붙이려고 합니다. 색 도화지 수와 납작못 수 사이의 대응 관계를 써 보세요.

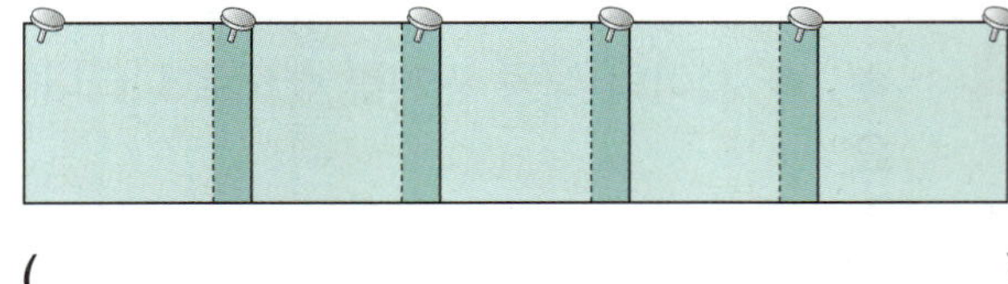

( )

🍄 무지개떡을 그림과 같은 규칙으로 자르고 있습니다. 물음에 답하세요. [8~10]

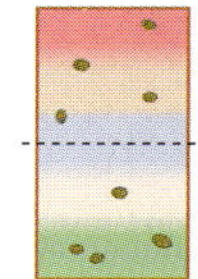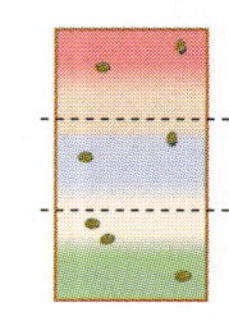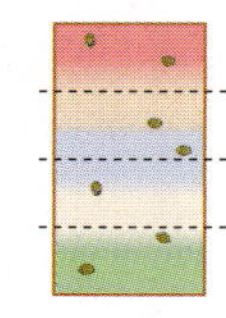

8 규칙을 찾아 표의 빈칸에 알맞은 수를 써넣으세요.

자른 횟수(회)	1	2	3	4	5	6
떡 조각 수(개)	2	3				

9 떡 조각 수를 ■, 자른 횟수를 ▲라고 할 때, ■와 ▲ 사이의 대응 관계를 식으로 나타내어 보세요.

 ________________________

응용

10 떡을 10조각으로 만들려면 몇 번 잘라야 하나요?

(   )

11 표를 보고 ■와 ▲ 사이의 대응 관계를 식으로 나타내어 보세요.

■	1	2	3	4	5	6
▲	2	4	6	8	10	12

식 ________________________

🍄 다음 글을 읽고 ■와 ▲ 사이의 대응 관계를 식으로 나타내어 보세요. [12~13]

12
> 아버지의 연세(■)는 38살이고, 내 나이(▲)는 11살입니다.

식 ________________________

13
> 예진이가 7(■)이라고 말하면 정우는 21(▲)이라고 말하고, 예진이가 4(■)라고 말하면 정우는 12(▲)라고 말합니다.

식 ________________________

주의

14 거미의 다리 수는 8개입니다. 거미의 수를 ■, 거미의 다리 수를 ▲라고 할 때, ■와 ▲ 사이의 대응 관계를 식으로 나타내어 보세요.

 ________________________

 장미 한 다발을 만드는 데 장미를 9송이씩 넣어 묶었습니다. 물음에 답하세요. [15~18]

15 장미 다발 수와 장미 수 사이의 대응 관계를 표로 나타내어 보세요.

장미 다발 수(다발)	1	2	3	4	5
장미 수(송이)					

16 장미 다발 수와 장미 수 사이의 대응 관계를 식으로 나타내어 보세요.

식 ____________________________________

중요

17 장미 7다발을 만들려면 장미는 몇 송이 필요한가요?

(   )

서술형

18 장미 108송이로는 장미 몇 다발을 만들 수 있는지 풀이 과정을 쓰고 답을 구해 보세요.

____

____

____

____

(   )

연도와 어머니의 연세 사이의 대응 관계를 나타낸 표입니다. 물음에 답하세요. [19~20]

연도(년)	2019	2020	2021	2022
어머니의 연세(세)	38	39	40	41

주의

19 어머니의 연세와 연도 사이의 대응 관계를 식으로 나타내어 보세요.

식 ____________________________________

서술형

20 어머니의 연세가 61세가 되는 때는 몇 년인지 풀이 과정을 쓰고 답을 구해 보세요.

____

____

____

(   )

미술 시간에 꽃을 만들었습니다. 꽃 수와 꽃잎 수 사이의 대응 관계를 알아보려고 합니다. 물음에 답하세요. [1~2]

1 표를 완성해 보세요.

꽃 수(송이)	1	2	3	4	5	6
꽃잎 수(장)	6	12				

2 꽃 수와 꽃잎 수 사이에는 어떤 대응 관계가 있는지 써 보세요.

(   )

서술형

3 통나무를 자른 횟수와 도막 수 사이의 대응 관계를 바르게 설명한 사람은 누구인지 풀이 과정을 쓰고 답을 구해 보세요.

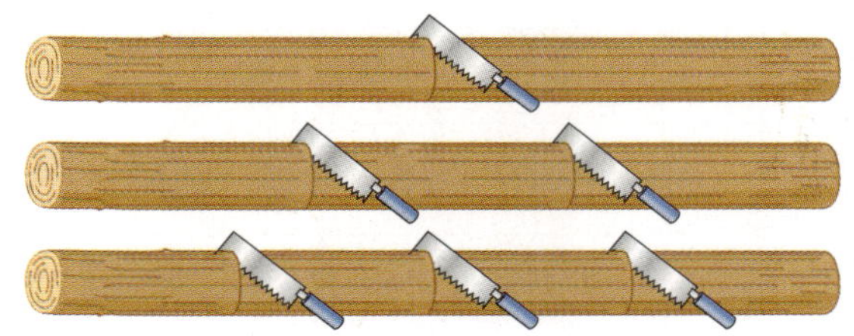

여진: 통나무를 자른 횟수와 도막 수는 같아.

의정: 통나무를 자른 횟수는 도막 수보다 1만큼 더 작은 수야.

지우: 통나무를 자른 횟수는 도막 수보다 1만큼 더 큰 수야.

____

____

(   )

4 빈칸에 알맞은 수를 써넣고 ♥와 ■ 사이의 대응 관계를 써 보세요.

♥	1	2	3	4	5	6
■	11	12	13	14		

(   )

주의

5 표를 완성하고 오각형 수와 변의 수 사이의 대응 관계를 써 보세요.

오각형 수(개)	1	2	3	4	
변의 수(개)	5	10			25

(   )

▲와 ■ 사이의 대응 관계를 설명한 것을 보고 표의 빈칸에 알맞은 수를 써넣으세요. [6~7]

6 ▲는 ■보다 15만큼 더 작은 수입니다.

■	50	60	70	80	90	100
▲						

7 ▲는 ■를 12로 나눈 몫입니다.

■	12	24	36	48	60	72
▲						

봉지 한 개에 귤이 9개씩 들어 있습니다. 물음에 답하세요. [8~9]

8 봉지의 수를 ★, 귤의 수를 ●라고 할 때, ★과 ● 사이의 대응 관계를 식으로 나타내어 보세요.

식 _______________________________

9 귤 180개를 봉지에 담는다면 봉지는 몇 개 필요한가요?

(　　　　　　　　)

 빈칸에 알맞은 수를 써넣고 ■와 ▲ 사이의 대응 관계를 식으로 나타내어 보세요. [10~11]

10

■	9	10	11	12	13	14
▲	45		55		65	

식 _______________________________

 주의
11

■	3	4	5	6	7	8	9
▲	12	13	14	15			

식 _______________________________

12 승합차 한 대에 12명이 탈 수 있습니다. 승합차 수를 ★대, 탈 수 있는 사람 수를 ■명이라 할 때, ★과 ■ 사이의 대응 관계를 식으로 나타내어 보세요.

식 _______________________________

서술형
13 한 변이 1 cm인 정사각형을 그림과 같이 계속 놓을 때 한 변의 길이를 ◀, 전체 정사각형의 네 변의 길이의 합을 ■라 하여 ◀와 ■ 사이의 대응 관계를 식으로 나타내려고 합니다. 풀이 과정을 쓰고 답을 구해 보세요.

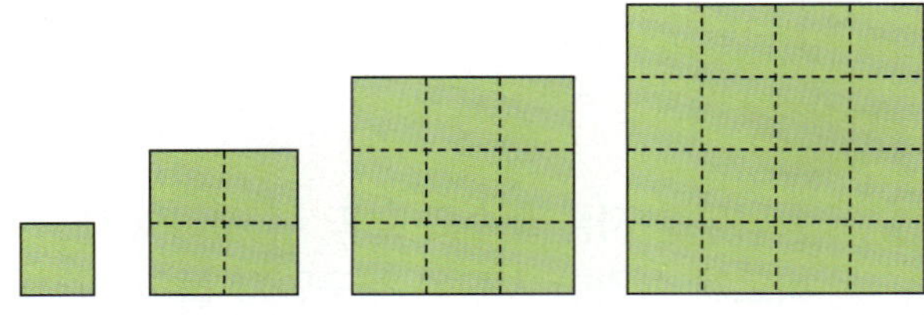

____

____

(　　　　　　　　)

중요
14 ◆와 ♥ 사이의 대응 관계가 ◆×4=♥가 되도록 표로 나타내고 예를 써 보세요.

◆	1	2	3	4	5	6	7
♥							

(　　　　　　　　)

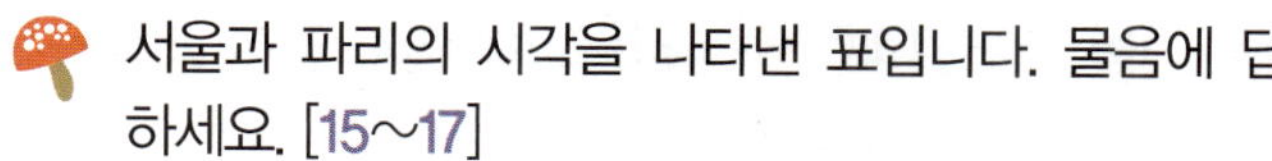

서울과 파리의 시각을 나타낸 표입니다. 물음에 답하세요. [15~17]

서울의 시각	오후 1시	오후 2시	오후 3시	오후 4시	오후 5시
파리의 시각	오전 5시	오전 6시	오전 7시	오전 8시	오전 9시

주의

15 두 도시의 시각의 관계를 써 보세요.

( )

16 서울과 파리의 시각 사이의 대응 관계를 식으로 나타내어 보세요.

식

서술형

17 파리의 시각이 오후 2시일 때 서울의 시각은 몇 시인지 풀이 과정을 쓰고 답을 구해 보세요.

( )

18 어머니의 연세가 40살일 때 윤주의 나이는 11살입니다. 어머니의 연세를 ■, 윤주의 나이를 ▲라고 할 때, ■와 ▲ 사이의 대응 관계를 식으로 나타내어 보세요.

식

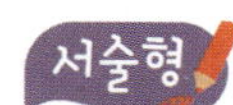 달걀 1팩에 달걀이 15개씩 들어 있습니다. 달걀 팩 수와 달걀 수 사이에는 어떤 대응 관계가 있는지 물음에 답하세요. [19~20]

19 달걀 팩 수와 달걀 수 사이의 대응 관계를 식으로 나타내어 보세요.

식

응용

20 달걀 200개를 팩으로 포장해서 1팩에 4500원씩 받고 판매했습니다. 달걀을 판매한 금액은 모두 얼마인가요?

( )

단원평가

문어 수와 문어 다리 수 사이에는 어떤 대응 관계가 있는지 알아보려고 합니다. 물음에 답하세요. [1~2]

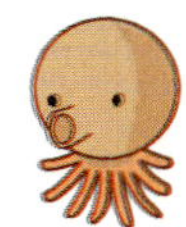 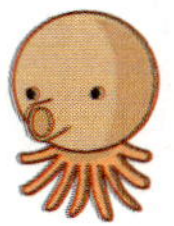  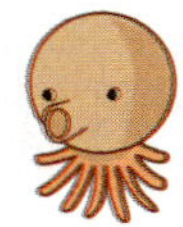 

1 표를 완성해 보세요.

문어 수(마리)	1	2	3	4	5
문어 다리 수(개)	8				

2 문어 수와 문어 다리 수 사이의 대응 관계를 바르게 말한 것을 찾아 기호를 써 보세요.

> ㉠ 문어 수는 문어 다리 수의 8배입니다.
> ㉡ 문어 다리 수는 문어 수의 8배입니다.

( )

대응표를 보고 물음에 답하세요. [3~4]

■	10	11	12	13	14	15
★	7	8	9	10	11	12

3 ■와 ★ 사이의 대응 관계를 써 보세요.

( )

4 ★=16일 때 ■의 값은 얼마인지 풀이 과정을 쓰고 답을 구해 보세요.

( )

5 대응표를 보고 장난감을 만드는 데 걸리는 시간과 장난감 수 사이의 대응 관계를 써 보세요.

걸리는 시간(시간)	1	2	3	4
장난감 수(개)	30	60	90	120

( )

6 다음은 서진이가 대응표를 보고 ■와 ● 사이의 관계를 설명한 것입니다. 대응표를 완성해 보세요.

> ■는 ●를 8로 나눈 몫입니다.

■	10	11	12	13	14
●					

7 바둑돌을 그림과 같이 놓을 때 순서와 바둑돌 수 사이의 대응 관계를 써 보세요.

( )

잠자리 수와 잠자리 날개 수 사이에는 어떤 대응 관계가 있는지 알아보려고 합니다. 물음에 답하세요. [8~9]

8 표를 완성해 보세요.

잠자리 수(마리)	1	2	3	4	5	6
잠자리 날개 수(개)	4	8				

9 잠자리 수(■)와 잠자리 날개 수(▲) 사이의 대응 관계를 식으로 나타내어 보세요.

10 표의 빈칸에 알맞은 수를 써넣고, ■와 ▲ 사이의 대응 관계를 식으로 나타내어 보세요.

■	1	2	3	5	6	15
▲	30		10		5	2

11 1시간에 90 km를 달리는 자동차가 있습니다. 자동차가 달린 시간(■)과 자동차가 달린 거리(●) 사이의 대응 관계를 식으로 나타내어 보세요.

12 표를 보고 ■가 192일 때 ▲의 값은 얼마인지 풀이 과정을 쓰고 답을 구해 보세요.

■	12	24	36	48	……	192
▲	1	2	3	4	……	

(   )

그림과 같이 정육각형을 그려 나갈 때 순서와 도형의 바깥쪽을 둘러싸고 있는 변의 수 사이에는 어떤 대응 관계가 있는지 알아보세요. [13~14]

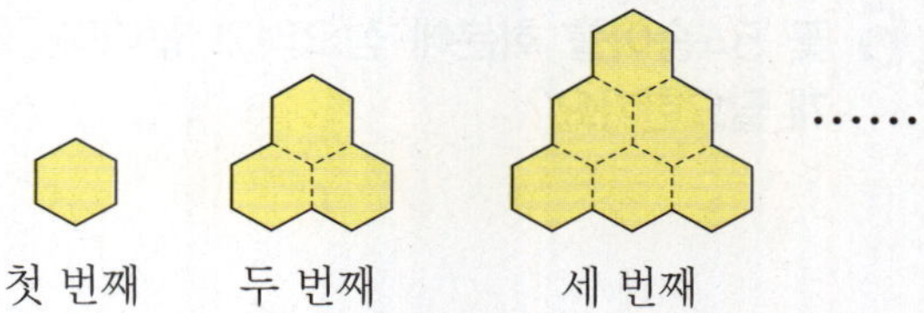

13 순서(■)와 도형의 바깥쪽을 둘러싸고 있는 변의 수 (▲) 사이의 대응 관계를 식으로 나타내어 보세요.

14 위와 같은 규칙으로 정육각형을 그릴 때 일곱 번째 도형의 바깥쪽을 둘러싸고 있는 변의 수는 모두 몇 개인지 풀이 과정을 쓰고 답을 구해 보세요.

(   )

꽃집에서 화분에 꽃을 3송이씩 심어서 판매하고 있습니다. 화분의 수와 꽃의 수 사이에는 어떤 관계가 있는지 알아보려고 합니다. 물음에 답하세요. [15~16]

15 화분의 수를 ▲, 꽃의 수를 ●라고 할 때, ▲와 ● 사이의 대응 관계를 식으로 나타내어 보세요.

16 꽃 54송이를 화분에 심으려고 합니다. 화분은 몇 개 필요한가요?

(　　　　　　　　)

17 2018년에 호현이의 나이는 11살이었습니다. 호연이의 나이 ■와 연도 ▲ 사이의 대응 관계를 식으로 나타내어 보세요.

서울과 런던의 시각 사이의 대응 관계를 나타낸 표입니다. 물음에 답하세요. [18~19]

서울의 시각	오후 7시	오후 8시	오후 9시	오후 10시
런던의 시각	오전 10시	오전 11시	낮 12시	오후 1시

18 런던의 시각이 오후 8시일 때 서울의 시각은 몇 시인가요?

(　　　　　　　　)

19 서울의 시각을 ◆, 런던의 시각을 ▼라고 할 때, ◆와 ▼ 사이의 대응 관계를 식으로 나타내어 보세요.

20 케이크 1개를 만드는 데 달걀 11개가 필요합니다. 달걀 100개로 케이크는 최대 몇 개까지 만들 수 있나요?

(　　　　　　　　)

🍄 코끼리 수와 코끼리 다리 수 사이에는 어떤 대응 관계가 있는지 알아보려고 합니다. 물음에 답하세요. [1~2]

1 표를 완성해 보세요.

코끼리 수(마리)	1	2	3	4	5	6
코끼리 다리 수(개)	4	8	12	16		

2 코끼리 수와 코끼리 다리 수 사이의 관계를 설명한 것입니다. ☐ 안에 알맞은 수를 써넣으세요.

코끼리 다리 수는 코끼리 수의 ☐ 배입니다.

🍄 ■와 ● 사이의 대응 관계를 나타낸 표입니다. 표를 완성하고 ■와 ● 사이의 대응 관계를 써 보세요.

[3~4]

3

■	9	18	27	36	45	54
●	1	2	3			

(   )

4

■	15	16	17	18	19	20
●		8	9		11	13

(   )

🍄 휘발유 1 L로 12 km 갈 수 있는 자동차가 있습니다. 물음에 답하세요. [5~6]

5 휘발유 양과 갈 수 있는 거리 사이의 대응 관계를 써 보세요.

(   )

서술형

6 이 자동차로 180 km 간다면 필요한 휘발유는 몇 L인지 풀이 과정을 쓰고 답을 구해 보세요.

____

____

____

(   )

7 그림을 보고 옷의 수와 빨래집게 수 사이에는 어떤 대응 관계가 있는지 써 보세요.

(   )

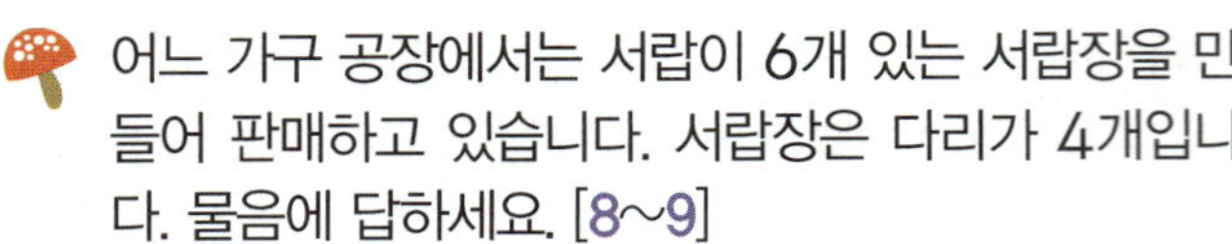

어느 가구 공장에서는 서랍이 6개 있는 서랍장을 만들어 판매하고 있습니다. 서랍장은 다리가 4개입니다. 물음에 답하세요. [8~9]

8 서랍장 수와 서랍 수 사이의 대응 관계를 써 보세요.

(　　　　　　　　　　　　　)

9 서랍장 수를 ■, 서랍장 다리 수를 ●라고 할 때, ■와 ● 사이의 대응 관계를 식으로 나타내어 보세요.

식 ________________________________

10 삼각형 수를 ▲, 삼각형 변의 수를 ♥라고 할 때, ▲와 ♥ 사이의 대응 관계를 식으로 나타내어 보세요.

식 ________________________________

11 연필은 한 타에 12자루씩 들어 있습니다. 연필 ★타에 들어 있는 연필의 수를 ◆라고 할 때, ★과 ◆ 사이의 대응 관계를 식으로 나타내어 보세요.

식 ________________________________

두 수 ▲와 ■ 사이의 관계를 나타낸 표입니다. 물음에 답하세요. [12~13]

▲	25	24	23	22	21	20	19
■	18	17	16	15	14	13	12

12 ▲와 ■ 사이의 대응 관계를 식으로 나타내어 보세요.

식 ________________________________

13 ■가 321일 때 ▲의 값은 얼마인가요?

(　　　　　　　　　　　　　)

서술형

14 유진이가 19살일 때 어머니의 연세는 51살입니다. 유진이의 나이를 ▲, 어머니의 연세를 ■라고 할 때, ▲와 ■ 사이의 대응 관계를 식으로 나타내려고 합니다. 풀이 과정을 쓰고 답을 구해 보세요.

____

____

(　　　　　　　　　　　　　)

어느 과일 가게에서 배를 1개에 1200원에 사서 1500원에 팔아 이익을 남깁니다. 물음에 답하세요. [15~17]

15 판매한 배의 수와 판매 이익금 사이의 대응 관계를 표로 완성해 보세요.

판매한 배의 수(개)	1	2	3	4
판매 이익금(원)				

16 판매한 배의 수를 ■, 판매 이익금을 ▲라고 할 때, ■와 ▲ 사이의 대응 관계를 식으로 나타내어 보세요.

식 ___________________________________

서술형

17 판매 이익금이 5400원이 되려면 배를 몇 개 팔아야 하는지 풀이 과정을 쓰고 답을 구해 보세요.

____

____

____

(   )

 나무를 도로의 처음부터 심기 시작하여 10 m 간격으로 심으려고 합니다. 나무를 심는 간격 수를 ●, 나무 수를 ■라고 할 때, 물음에 답하세요. [18~20]

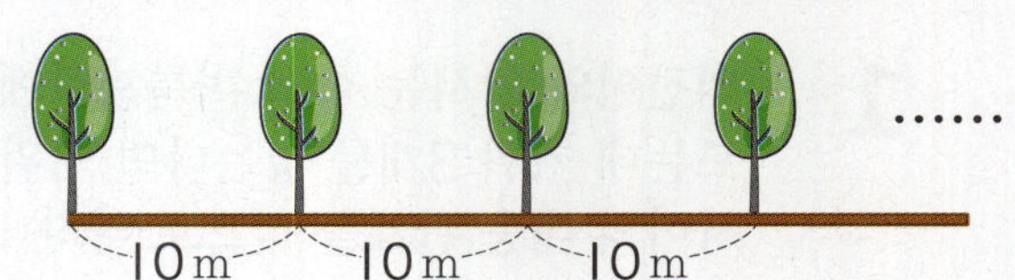

18 표를 완성하고 ■와 ● 사이의 대응 관계를 식으로 나타내어 보세요.

●	1	2	3	4	5
■	2	3	4		

식 ___________________________________

서술형

19 도로의 길이가 80 m이면 나무는 몇 그루를 심어야 하는지 풀이 과정을 쓰고 답을 구해 보세요.

____

____

____

(   )

20 나무를 모두 12그루 심었다면 도로의 길이는 몇 m인가요?

(   )

연습 각 단계에 따라 문제를 풀어 보세요.

1 의진이와 영서는 학교 벼룩시장에서 키위주스를 만들어 판매하려고 합니다. 키위주스 1병을 만드는데 키위 3개를 넣는다면 키위주스 병의 수를 ■, 필요한 키위의 수를 ▲라고 할 때, ■와 ▲ 사이의 대응 관계를 식으로 나타내어 보세요.

1단계 키위주스 병의 수와 필요한 키위의 수 사이의 대응 관계를 표로 나타내어 보세요.

■	1	2	3	4	5	6
▲						

2단계 키위주스 병의 수와 필요한 키위의 수 사이의 대응 관계를 ■와 ▲를 사용하여 식으로 나타내어 보세요.

( )

도전 위에서 푼 방법을 생각하며 풀어 보세요.

1-1 연필 1자루의 값은 400원입니다. 연필의 수를 ■, 연필의 값을 ▲라고 할 때, ■와 ▲ 사이의 대응 관계를 식으로 나타내어 보세요.

풀이

____

____

____

____

답 _______________________________________

2 어느 문구점에서 지우개 1개를 320원에 사서 400원에 팔아 이익을 남깁니다. 지우개를 팔아서 2080원의 이익을 남겼을 때 판매한 지우개는 몇 개인지 구해 보세요.

1단계 판매한 지우개의 수를 ■, 이익금을 ▲라고 할 때, ■와 ▲ 사이의 대응 관계를 식으로 나타내어 보세요.

( )

2단계 지우개를 팔아서 2080원의 이익을 남겼을 때 판매한 지우개는 몇 개인가요?

( )

3
단원

도전 위에서 푼 방법을 생각하며 풀어 보세요.

2-1 어느 과일 가게에서 사과 1개를 450원에 사서 500원에 팔아 이익을 남깁니다. 사과를 팔아서 2000원의 이익을 남겼을 때, 판매한 사과는 몇 개인지 답을 구해 보세요.

 **풀이**

———————————————————

———————————————————

———————————————————

———————————————————

답 ___________

이렇게 술술 풀어요

① 판매한 사과의 수와 이익금 사이의 대응 관계를 식으로 나타냅니다.

② 이익금이 2000원일 때 판매한 사과의 수를 구합니다.

연습 각 단계에 따라 문제를 풀어 보세요.

3 ▲와 ● 사이의 대응 관계를 나타낸 식을 보고 표로 나타낸 것입니다. ㉠과 ㉡의 합을 구해 보세요.

$$▲ \div 6 = ●$$

▲	6	12		42	㉠	66
●	1	2	5		9	㉡

1단계 ㉠에 알맞은 수는 얼마인가요?

(　　　　　　)

2단계 ㉡에 알맞은 수는 얼마인가요?

(　　　　　　)

3단계 ㉠과 ㉡의 합은 얼마인가요?

(　　　　　　)

도전 위에서 푼 방법을 생각하며 풀어 보세요.

3-1 ♥와 ★ 사이의 대응 관계를 나타낸 식을 보고 표로 나타낸 것입니다. ㉠과 ㉡의 차를 구해 보세요.

$$♥ + 8 = ★$$

♥	1	3		9	12	㉡
★	9	11	14		㉠	23

이렇게 술술 풀어요

① ㉠을 구합니다.
② ㉡을 구합니다.
③ ㉠과 ㉡의 차를 구합니다.

풀이

____

____

____

____

답 _______________________

 시험처럼 문제를 풀어 보세요.

4 정육각형의 한 변의 길이를 ◆, 여섯 변의 길이의 합을 ●라고 할 때, ◆와
● 사이의 대응 관계를 식으로 나타내어 보세요.

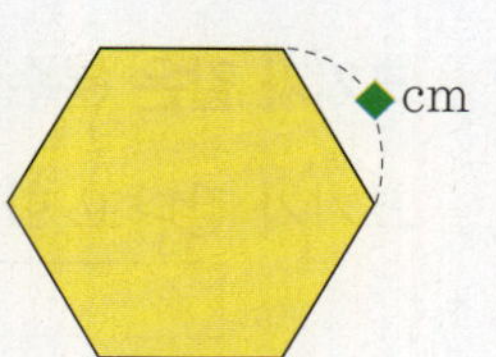

풀이

답

 시험처럼 문제를 풀어 보세요.

5 나무를 13도막으로 잘라 물건을 만들려고 합니다. 나무를 한 번 자르는 데 5분이 걸리고, 4번
자를 때마다 3분씩 쉬어야 합니다. 나무를 13도막으로 자르는 데 걸리는 시간은 몇 분인지 구
해 보세요.

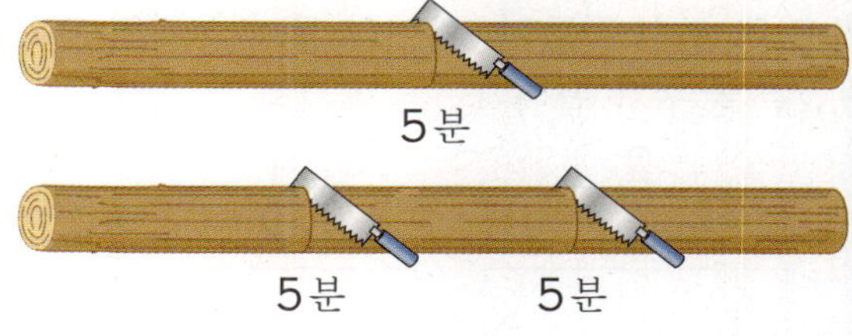

풀이

답 

4 −1 크기가 같은 분수를 알아볼까요 (1)

✽ **크기가 같은 분수**: $\dfrac{1}{5}$, $\dfrac{2}{10}$, $\dfrac{3}{15}$ 은 색칠한 부분의 크기가 서로 같으므로 크기가 같다고 할 수 있습니다.

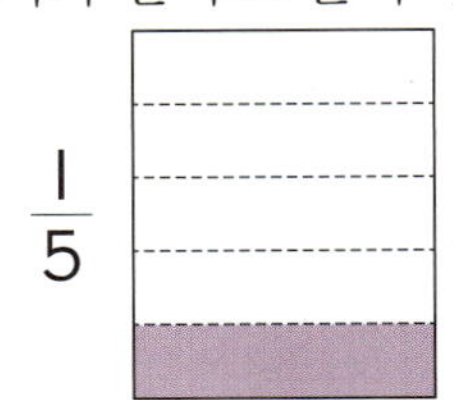 $\dfrac{1}{5}$

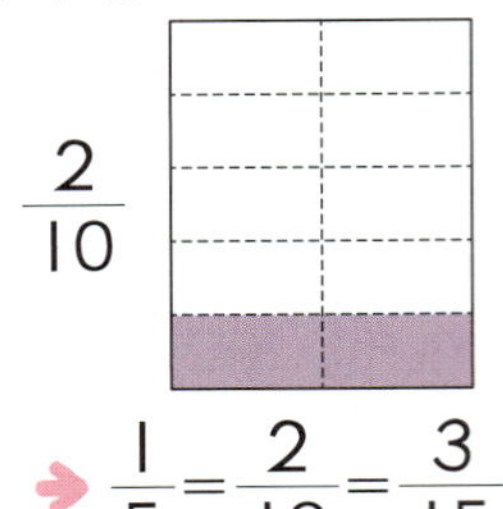 $\dfrac{2}{10}$

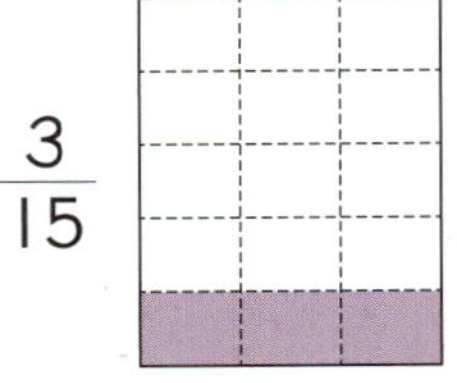 $\dfrac{3}{15}$

$$\dfrac{1}{5} = \dfrac{2}{10} = \dfrac{3}{15}$$

・$\dfrac{1}{3}$ 과 $\dfrac{3}{9}$ 의 크기 알아보기

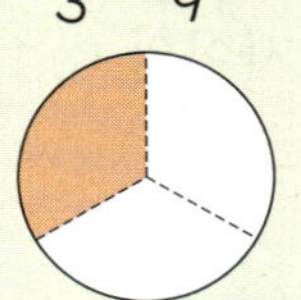 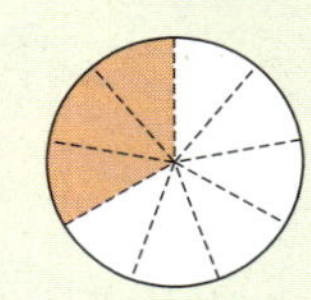

➡ 전체를 나눈 개수는 다르지만 색칠한 부분의 크기가 서로 같으므로 $\dfrac{1}{3} = \dfrac{3}{9}$ 입니다.

---

4 −2 크기가 같은 분수를 알아볼까요 (2)

✽ **곱셈을 이용하여 크기가 같은 분수 만들기**: 분모와 분자에 각각 0이 아닌 같은 수를 곱하면 크기가 같은 분수가 됩니다.

(예)

$\dfrac{1}{2}$ $\dfrac{2}{4}$ $\dfrac{3}{6}$

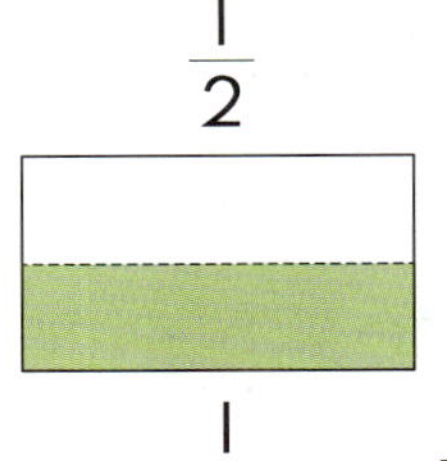

$$\dfrac{1}{2} = \dfrac{1\times2}{2\times2} = \dfrac{1\times3}{2\times3}$$

✽ **나눗셈을 이용하여 크기가 같은 분수 만들기**: 분모와 분자를 각각 0이 아닌 같은 수로 나누면 크기가 같은 분수가 됩니다.

(예)

$\dfrac{4}{8}$ $\dfrac{2}{4}$ $\dfrac{1}{2}$

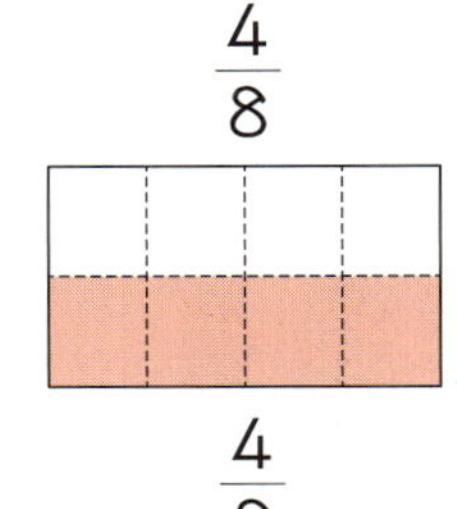

$$\dfrac{4}{8} = \dfrac{4\div2}{8\div2} = \dfrac{4\div4}{8\div4}$$

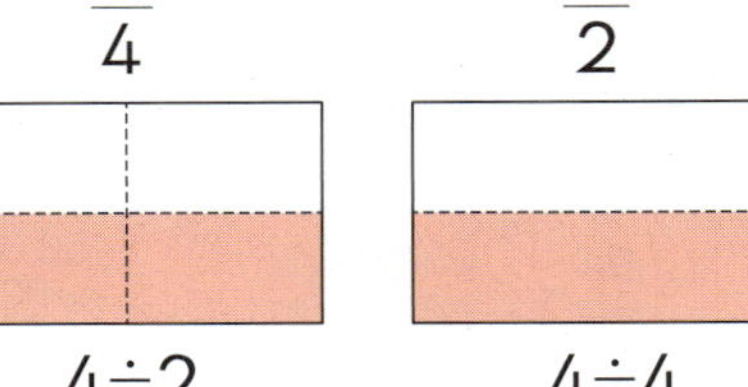

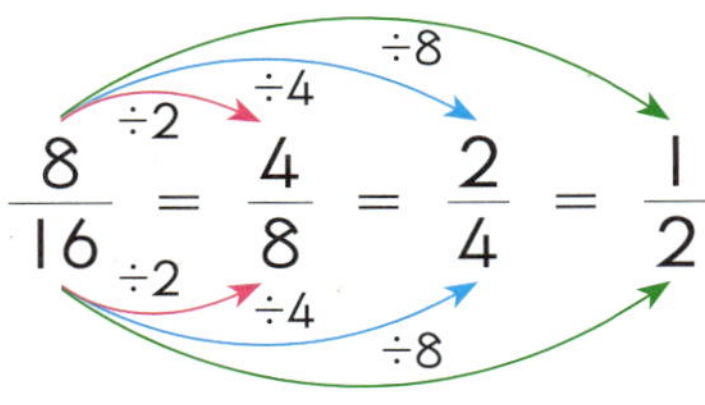

・분모와 분자에 각각 0을 곱하면 모두 0이 되므로 0이 아닌 같은 수를 곱해야 합니다.

・**분모와 분자를 나눌 때**
① 0으로 나눌 수 없습니다.
② 1로 나누면 자기 자신이 되기 때문에 1을 제외한 공약수로 나누어야 합니다.
(예) 분자 4와 분모 8의 공약수는 1, 2, 4이므로 1을 제외한 2와 4로 나눌 수 있습니다.
┗ ・나누어떨어져야 하므로 분자와 분모의 공약수로 나눕니다.

4. 약분과 통분

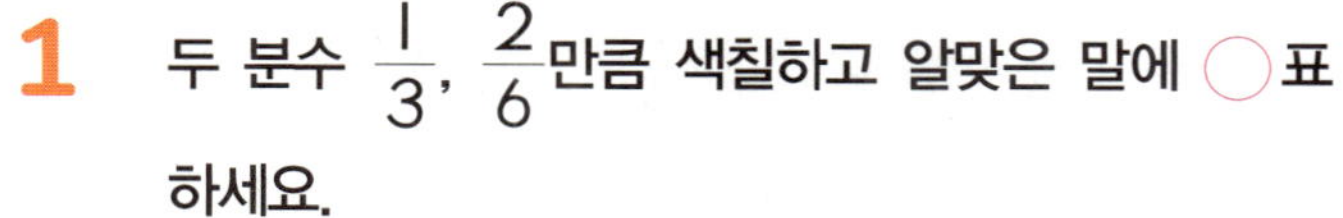

4-1 크기가 같은 분수를 알아볼까요 (1)

1 두 분수 $\dfrac{1}{3}$, $\dfrac{2}{6}$ 만큼 색칠하고 알맞은 말에 ◯표 하세요.

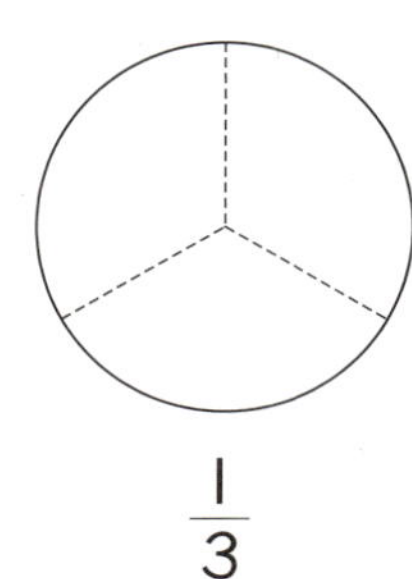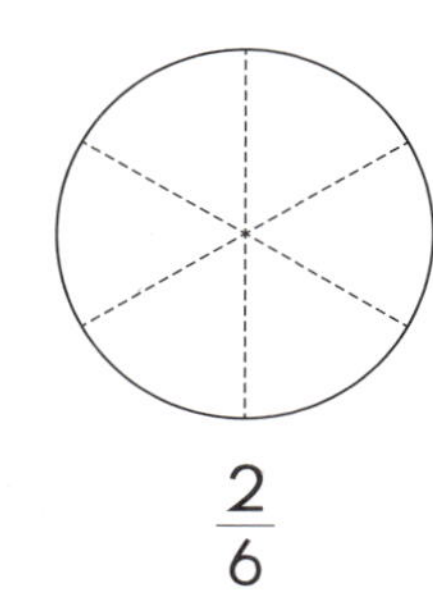

$$\dfrac{1}{3} \qquad \dfrac{2}{6}$$

$\dfrac{1}{3}$ 과 $\dfrac{2}{6}$ 는 크기가 (같은 , 다른) 분수입니다.

2 분수만큼 수직선에 나타내고 크기가 같은 두 분수를 써 보세요.

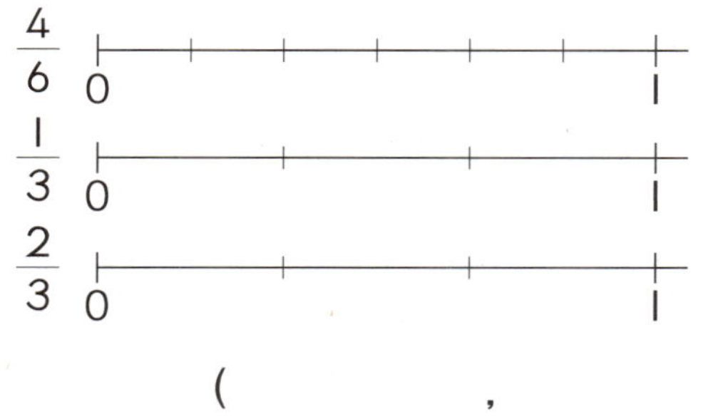

(,   )

3 ☐ 안에 알맞은 분수를 쓰고 분수만큼 색칠해 보세요.

$$\dfrac{3}{5} \ = \ \dfrac{6}{10} \ = \ \boxed{}$$

4-2 크기가 같은 분수를 알아볼까요 (2)

4 그림을 보고 크기가 같은 분수가 되도록 ☐ 안에 알맞은 수를 써넣으세요.

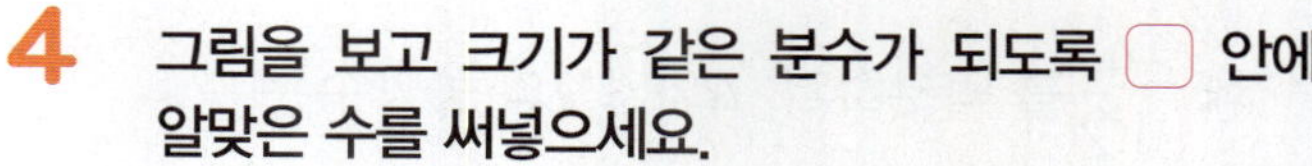

$$\dfrac{2}{3} \qquad \dfrac{2\times\boxed{}}{3\times 2} \qquad \dfrac{2\times\boxed{}}{3\times 3}$$

5 ☐ 안에 알맞은 수를 써넣어 크기가 같은 분수를 만들어 보세요.

(1) $\dfrac{2}{5} = \dfrac{\boxed{}}{10} = \dfrac{6}{\boxed{}} = \dfrac{8}{\boxed{}}$

(2) $\dfrac{24}{32} = \dfrac{\boxed{}}{16} = \dfrac{\boxed{}}{8} = \dfrac{3}{\boxed{}}$

6 다음 조건에 맞는 분수를 구해 보세요.

> • $\dfrac{3}{4}$ 과 크기가 같은 분수입니다.
>
> • 분모와 분자의 합이 10보다 크고 20보다 작은 분수입니다.

(   )

4-3 분수를 간단하게 나타내어 볼까요

✳ **약분**: 분모와 분자를 공약수로 나누어 간단히 하는 것을 **약분한다**고 합니다.

(예) $\dfrac{4}{12}$를 약분하기: 4와 12의 공약수는 1, 2, 4이므로 2, 4로 분모와 분자를 나눕니다.

$$\dfrac{\overset{2}{\cancel{4}}}{\underset{6}{\cancel{12}}}=\dfrac{2}{6} \qquad \dfrac{\overset{1}{\cancel{4}}}{\underset{3}{\cancel{12}}}=\dfrac{1}{3}$$

- 약분할 때에는 먼저 분모와 분자의 공약수를 구합니다.

✳ **기약분수**: 분모와 분자의 공약수가 1뿐인 분수를 **기약분수**라고 합니다.

(예) $\dfrac{6}{18}$을 기약분수로 나타내기

방법1 6과 18을 더 이상 약분이 되지 않을 때까지 그들의 공약수로 계속 나누어 기약분수로 만듭니다.

$$\dfrac{\overset{3}{\underset{9}{\cancel{6}}}}{\overset{}{\underset{}{\cancel{18}}}}=\dfrac{\overset{1}{\cancel{3}}}{\underset{3}{\cancel{9}}}=\dfrac{1}{3}$$

방법2 6과 18의 최대공약수인 6으로 분모와 분자를 나눕니다.

$$\dfrac{\overset{1}{\cancel{6}}}{\underset{3}{\cancel{18}}}=\dfrac{1}{3}$$

방법1 분모와 분자의 공약수가 1뿐일 때까지 약분하면 기약분수를 만들 수 있습니다.

방법2 최대공약수로 약분을 하면 한 번에 기약분수를 만들 수 있습니다.

$$\begin{array}{r|cc} 2 & 6 & 18 \\ 3 & 3 & 9 \\ \hline & 1 & 3 \end{array}$$

➜ 최대공약수: $2\times3=6$

4-4 분모가 같은 분수로 나타내어 볼까요

✳ **통분**: 분수의 분모를 같게 하는 것을 **통분한다**고 하고, 통분한 분모를 **공통분모**라고 합니다.

방법1 두 분모의 곱을 공통분모로 하여 통분하기: 분모의 곱인 $4\times6=24$로 통분합니다.

$$\dfrac{3}{4}=\dfrac{3\times6}{4\times6}=\dfrac{18}{24} \qquad \dfrac{5}{6}=\dfrac{5\times4}{6\times4}=\dfrac{20}{24}$$

└ • 두 분모의 공통분모는 두 분모의 공배수입니다.

방법1 쉽게 통분할 수 있습니다.

화살표 방향으로 곱하여 분자에 적습니다.

$$\left(\dfrac{3}{4},\dfrac{5}{6}\right)\ ➡\ \left(\dfrac{18}{24},\dfrac{20}{24}\right)$$

분모끼리 곱하여 적습니다.

방법2 두 분모의 최소공배수를 공통분모로 하여 통분하기: 분모인 4와 6의 최소공배수인 12로 통분합니다.

$$\dfrac{3}{4}=\dfrac{3\times3}{4\times3}=\dfrac{9}{12} \qquad \dfrac{5}{6}=\dfrac{5\times2}{6\times2}=\dfrac{10}{12}$$

└ • 두 분모의 최소공배수는 12입니다.

$$\left(\dfrac{3}{4},\dfrac{5}{6}\right)\ ➡\ \left(\dfrac{3\times3}{4\times3},\dfrac{5\times2}{6\times2}\right)\ ➡\ \left(\dfrac{9}{12},\dfrac{10}{12}\right)$$

방법2 분모와 분자가 작아서 계산이 간단해집니다.

$$\left(\dfrac{3}{4},\dfrac{5}{6}\right)\ ➡\ \left(\dfrac{9}{12},\dfrac{10}{12}\right)$$

4-3　분수를 간단하게 나타내어 볼까요 

1 분수를 약분하여 써 보세요.

(1) $\dfrac{8}{24} = \dfrac{\boxed{}}{12}$ 　　(2) $\dfrac{15}{25} = \dfrac{3}{\boxed{}}$

(3) $\dfrac{12}{36} = \dfrac{3}{\boxed{}}$ 　　(4) $\dfrac{21}{56} = \dfrac{\boxed{}}{8}$

2 분수를 기약분수로 나타내려고 합니다. ☐ 안에 알맞은 수를 써넣으세요.

(1) $\dfrac{12}{16} = \dfrac{12 \div \boxed{}}{16 \div \boxed{}} = \dfrac{\boxed{}}{\boxed{}}$

(2) $\dfrac{18}{24} = \dfrac{18 \div \boxed{}}{24 \div \boxed{}} = \dfrac{\boxed{}}{\boxed{}}$

3 $\dfrac{12}{36}$ 에 대하여 옳게 말한 사람은 누구인가요?

(　　　　)

4-4　분모가 같은 분수로 나타내어 볼까요 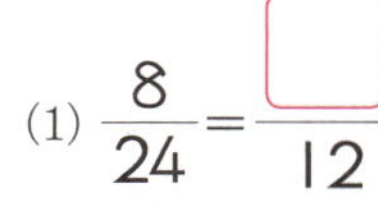

4 분모의 곱을 공통분모로 하여 통분해 보세요.

(1) $\left(\dfrac{3}{4}, \dfrac{5}{8} \right) \Rightarrow \left(\dfrac{\boxed{}}{32}, \dfrac{\boxed{}}{32} \right)$

(2) $\left(\dfrac{4}{14}, \dfrac{5}{6} \right) \Rightarrow \left(\dfrac{\boxed{}}{84}, \dfrac{\boxed{}}{84} \right)$

5 분모의 최소공배수를 공통분모로 하여 통분해 보세요.

(1) $\left(\dfrac{3}{4}, \dfrac{5}{8} \right) \Rightarrow \left(\dfrac{\boxed{}}{8}, \dfrac{\boxed{}}{8} \right)$

(2) $\left(\dfrac{4}{14}, \dfrac{5}{6} \right) \Rightarrow \left(\dfrac{\boxed{}}{42}, \dfrac{\boxed{}}{42} \right)$

6 가장 작은 수를 공통분모로 하여 통분한 것을 찾아 선으로 이어 보세요.

(1) $\dfrac{3}{6}, \dfrac{2}{9}$ ・　　・㉠ $\dfrac{9}{18}, \dfrac{4}{18}$

(2) $\dfrac{3}{10}, \dfrac{5}{8}$ ・　　・㉡ $\dfrac{21}{72}, \dfrac{22}{72}$

(3) $\dfrac{7}{24}, \dfrac{11}{36}$ ・　　・㉢ $\dfrac{12}{40}, \dfrac{25}{40}$

4 단원

4. 약분과 통분

4-5 분수의 크기를 비교해 볼까요

★ **두 분수의 크기 비교하기**: 분모가 다른 두 분수의 크기를 비교할 때에는 두 분수를 통분하여 분자의 크기를 비교합니다.

㉠ $\dfrac{3}{4}$, $\dfrac{5}{6}$의 크기 비교하기

$$\left(\dfrac{3}{4},\ \dfrac{5}{6}\right) \Rightarrow \left(\dfrac{9}{12},\ \dfrac{10}{12}\right) \Rightarrow \dfrac{3}{4} < \dfrac{5}{6}$$

★ **세 분수의 크기 비교하기**: 두 분수끼리 통분하여 차례대로 크기를 비교합니다.

㉠ $\dfrac{3}{4}$, $\dfrac{5}{6}$, $\dfrac{7}{9}$의 크기 비교하기

$$\left(\dfrac{3}{4},\ \dfrac{5}{6}\right) \Rightarrow \left(\dfrac{9}{12},\ \dfrac{10}{12}\right) \Rightarrow \dfrac{3}{4} < \dfrac{5}{6}$$

$$\left(\dfrac{5}{6},\ \dfrac{7}{9}\right) \Rightarrow \left(\dfrac{15}{18},\ \dfrac{14}{18}\right) \Rightarrow \dfrac{5}{6} > \dfrac{7}{9}$$

$$\left(\dfrac{3}{4},\ \dfrac{7}{9}\right) \Rightarrow \left(\dfrac{27}{36},\ \dfrac{28}{36}\right) \Rightarrow \dfrac{3}{4} < \dfrac{7}{9}$$

$$\dfrac{3}{4} < \dfrac{7}{9} < \dfrac{5}{6}$$

• **세 분수의 크기 비교하기**

방법1 두 분수씩 통분하여 차례로 크기를 비교합니다.

방법2 세 분수를 한꺼번에 통분하여 분자의 크기를 비교합니다.

$$\left(\dfrac{3}{4},\ \dfrac{5}{6},\ \dfrac{7}{9}\right)$$
$$\Rightarrow \left(\dfrac{27}{36},\ \dfrac{30}{36},\ \dfrac{28}{36}\right)$$

└ 세 분모의 최소공배수는 36입니다.

$$\Rightarrow \dfrac{3}{4} < \dfrac{7}{9} < \dfrac{5}{6}$$

🌰 분수의 크기를 비교하여 ◯ 안에 >, =, <를 알맞게 써넣으세요.

$$\dfrac{3}{5} \bigcirc \dfrac{2}{3}$$

풀이

$$\left(\dfrac{3}{5},\ \dfrac{2}{3}\right) \Rightarrow \left(\dfrac{9}{15},\ \dfrac{10}{15}\right) \Rightarrow \dfrac{3}{5} < \dfrac{2}{3}$$

답  <

4-6 분수와 소수의 크기를 비교해 볼까요

방법1 분수를 소수로 나타내어 크기를 비교합니다.

$$\dfrac{2}{5} = \dfrac{4}{10} = 0.4 \qquad \dfrac{2}{5} < 0.6$$

방법2 소수를 분수로 나타내어 크기를 비교합니다.

$$\dfrac{2}{5} < 0.6 \qquad 0.6 = \dfrac{6}{10} = \dfrac{3}{5}$$

방법1 분수를 소수로 나타낼 때에는 분모를 10으로 고친 다음 소수로 나타냅니다.

방법2 소수를 분수로 나타낼 때에는 분모가 10인 분수로 고치거나 약분을 합니다.

 **4-5** 분수의 크기를 비교해 볼까요

1 두 분수를 최소공배수로 통분하여 크기를 비교해 보세요.

(1) $\left(\dfrac{2}{3},\ \dfrac{3}{5}\right)$ ➡ $\left(\dfrac{\boxed{}}{\boxed{}},\ \dfrac{\boxed{}}{\boxed{}}\right)$

➡ $\dfrac{2}{3}\ \bigcirc\ \dfrac{3}{5}$

(2) $\left(\dfrac{2}{4},\ \dfrac{5}{10}\right)$ ➡ $\left(\dfrac{\boxed{}}{\boxed{}},\ \dfrac{\boxed{}}{\boxed{}}\right)$

➡ $\dfrac{2}{4}\ \bigcirc\ \dfrac{5}{10}$

2 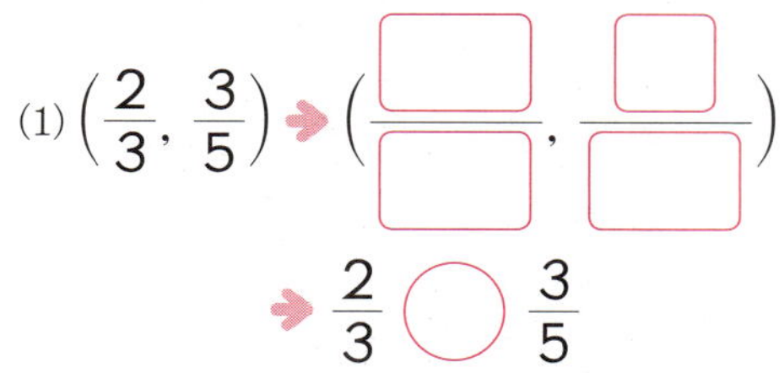 세 분수 $\dfrac{3}{4},\ \dfrac{5}{6},\ \dfrac{7}{10}$ 의 크기를 최소공배수로 통분하여 비교한 뒤 큰 수부터 차례대로 써 보세요.

$\left(\dfrac{3}{4},\ \dfrac{5}{6}\right)$ ➡ $\left(\dfrac{\boxed{}}{\boxed{}},\ \dfrac{\boxed{}}{\boxed{}}\right)$ ➡ $\dfrac{3}{4}\ \bigcirc\ \dfrac{5}{6}$

$\left(\dfrac{5}{6},\ \dfrac{7}{10}\right)$ ➡ $\left(\dfrac{\boxed{}}{\boxed{}},\ \dfrac{\boxed{}}{\boxed{}}\right)$ ➡ $\dfrac{5}{6}\ \bigcirc\ \dfrac{7}{10}$

$\left(\dfrac{3}{4},\ \dfrac{7}{10}\right)$ ➡ $\left(\dfrac{\boxed{}}{\boxed{}},\ \dfrac{\boxed{}}{\boxed{}}\right)$ ➡ $\dfrac{3}{4}\ \bigcirc\ \dfrac{7}{10}$

(,   ,   )

3 $\boxed{}$ 안에 들어갈 수 있는 자연수를 모두 써 보세요.

$$\dfrac{1}{5}\ >\ \dfrac{\boxed{}}{15}$$

(   )

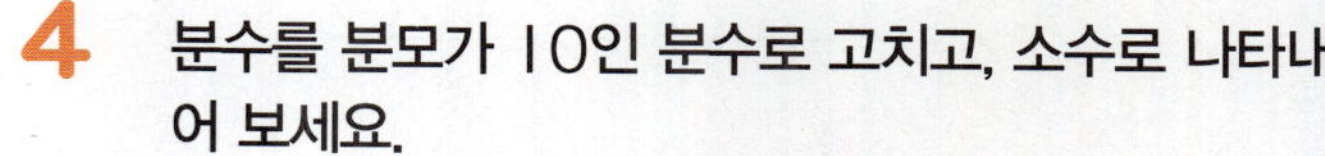 **4-6** 분수와 소수의 크기를 비교해 볼까요

4 분수를 분모가 10인 분수로 고치고, 소수로 나타내어 보세요.

(1) $\dfrac{1}{2}$ ➡ $\dfrac{\boxed{}}{10}$ ➡ $\boxed{}$

(2) $\dfrac{2}{5}$ ➡ $\dfrac{\boxed{}}{10}$ ➡ $\boxed{}$

5 두 수의 크기를 비교하여 ◯ 안에 >, =, <를 알맞게 써넣으세요.

(1) $2.57\ \bigcirc\ 2\dfrac{3}{5}$

(2) $\dfrac{2}{5}\ \bigcirc\ 0.6$

6 다음 조건에 맞는 분모가 10인 대분수를 써 보세요.

민지   재희

(   )

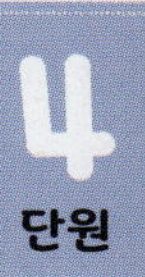

단원 평가

4. 약분과 통분

1 $\dfrac{3}{4}$과 크기가 같은 분수가 되도록 색칠하고, ☐ 안에 알맞은 수를 써넣으세요.

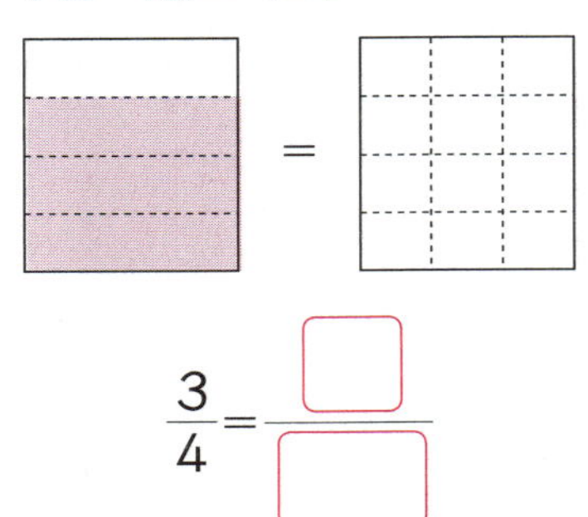

$$\dfrac{3}{4} = \dfrac{\boxed{}}{\boxed{}}$$

2 $\dfrac{2}{7}$와 크기가 같은 분수를 만들려고 합니다. ☐ 안에 알맞은 수를 써넣으세요.

$$\dfrac{2}{7} = \dfrac{2\times2}{7\times2} = \dfrac{\boxed{}}{14}$$

$$\dfrac{2}{7} = \dfrac{2\times3}{7\times\boxed{}} = \dfrac{\boxed{}}{\boxed{}}$$

3 ☐ 안에 알맞은 수를 써넣어 크기가 같은 분수를 만들어 보세요.

$$\dfrac{32}{48} = \dfrac{\boxed{}}{24} = \dfrac{\boxed{}}{12} = \dfrac{4}{\boxed{}} = \dfrac{\boxed{}}{3}$$

4 왼쪽의 분수와 크기가 같은 분수를 모두 찾아 써 보세요.

$$\dfrac{2}{3} \rightarrow \quad \dfrac{3}{5} \quad \dfrac{4}{6} \quad \dfrac{5}{6} \quad \dfrac{6}{9}$$

(   )

5 다음 중 크기가 나머지 넷과 다른 분수는 어느 것인가요? (   )

① $\dfrac{1}{2}$ ② $\dfrac{2}{4}$

③ $\dfrac{3}{6}$ ④ $\dfrac{4}{8}$

⑤ $\dfrac{6}{10}$

6 $\dfrac{12}{36}$를 약분하려고 합니다. 분모와 분자를 모두 나눌 수 없는 수는 어느 것인가요? (   )

① 2   ② 3   ③ 4
④ 5   ⑤ 6

7 $\dfrac{12}{18}$를 약분하여 나타낼 수 있는 분수를 모두 써 보세요.

(   )

8 다음 중 기약분수를 모두 찾아 써 보세요.

$$\frac{2}{3} \qquad \frac{5}{15} \qquad \frac{6}{8} \qquad \frac{12}{33} \qquad \frac{2}{7}$$

(   )

9 다음 분수를 기약분수로 나타내어 보세요.

$$\frac{12}{15} \;\rightarrow\; (\qquad\qquad)$$

10 진분수 $\dfrac{\square}{12}$ 가 기약분수라고 할 때 $\square$ 안에 들어갈 수 있는 수는 모두 몇 개인지 풀이 과정을 쓰고 답을 구해 보세요.

____

____

____

(   )

11 $1\dfrac{1}{4}$ 과 $2\dfrac{2}{3}$ 를 통분하려고 합니다. $\square$ 안에 알맞은 수를 써넣으세요.

$$\left(1\frac{1}{4},\ 2\frac{2}{3}\right) \rightarrow \left(1\frac{1\times3}{4\times\square},\ 2\frac{2\times4}{3\times\square}\right)$$

$$\rightarrow \left(\square\frac{\square}{\square},\ \square\frac{\square}{\square}\right)$$

12 분모의 곱을 공통분모로 하여 통분해 보세요.

$$\left(\frac{1}{2},\ \frac{3}{8}\right) \rightarrow (\qquad ,\qquad)$$

13 두 분모의 최소공배수를 구하고, 이 최소공배수를 공통분모로 하여 통분해 보세요.

$$\frac{5}{12} \qquad\qquad \frac{3}{8}$$

㉠ 최소공배수: (   )

㉡ 통분: (,   )

주의

14 $\dfrac{5}{9}$와 $\dfrac{1}{6}$을 통분하려고 합니다. 공통분모가 될 수 없는 수는 어느 것인가요? ( )

① 18   ② 36   ③ 54
④ 63   ⑤ 72

15 그림을 보고 ☐ 안에 알맞은 수를 써넣고, 두 분수의 크기를 비교하여 ◯ 안에 >, =, <를 알맞게 써넣으세요.

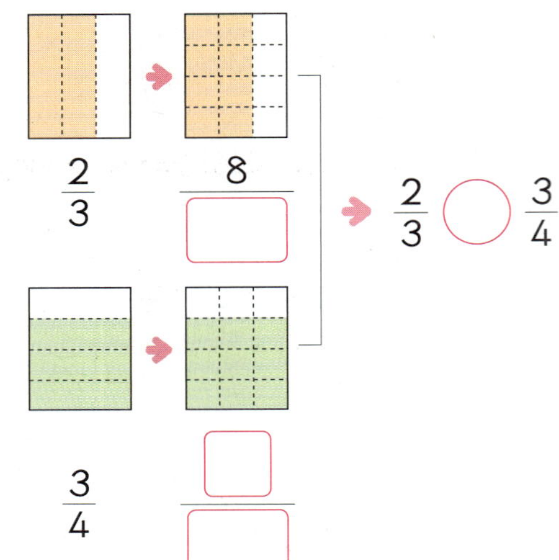

$$\dfrac{2}{3} \qquad \dfrac{8}{\boxed{}} \qquad \dfrac{2}{3} \bigcirc \dfrac{3}{4}$$

$$\dfrac{3}{4} \qquad \dfrac{\boxed{}}{\boxed{}}$$

16 두 분수를 분모의 최소공배수를 공통분모로 하여 통분한 후, 크기를 비교하여 ◯ 안에 >, =, <를 알맞게 써넣으세요.

$$\left(\dfrac{5}{6},\ \dfrac{7}{9}\right) \Rightarrow \left(\dfrac{\boxed{}}{\boxed{}},\ \dfrac{\boxed{}}{\boxed{}}\right)$$

$$\Rightarrow \dfrac{5}{6} \bigcirc \dfrac{7}{9}$$

응용

17 다음 중에서 가장 큰 분수를 구해 보세요.

$$\dfrac{8}{15} \qquad \dfrac{6}{13} \qquad \dfrac{12}{25}$$

( )

18 분수를 소수로 나타내어 보세요.

(1) $\dfrac{3}{4}$

(2) $\dfrac{5}{8}$

중요

19 두 수의 크기를 비교하여 ◯ 안에 >, =, <를 알맞게 써넣으세요.

$$1\dfrac{4}{5} \bigcirc 1.7$$

서술형

20 수 카드가 3장 있습니다. 이 중에서 2장을 뽑아 진분수를 만들려고 합니다. 만들 수 있는 진분수 중 가장 큰 수를 소수로 나타내면 얼마인지 풀이 과정을 쓰고 답을 구해 보세요.

[2]   [4]   [5]

( )

단원 평가

4. 약분과 통분

1 분수만큼 색칠하고 크기가 같은 분수를 써 보세요.

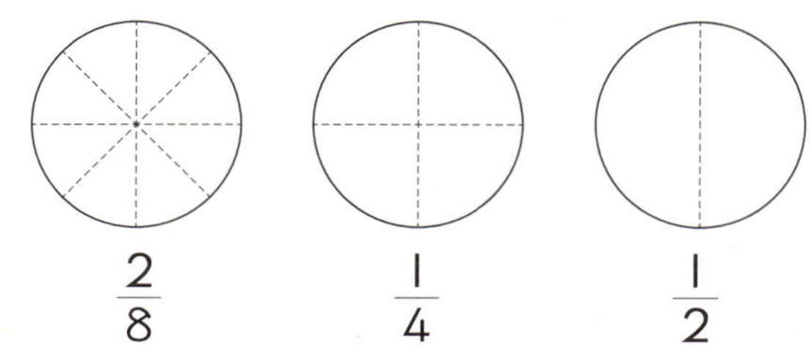

$$\frac{2}{8} \qquad \frac{1}{4} \qquad \frac{1}{2}$$

크기가 같은 분수는 ▢ 와/과 ▢ 입니다.

2 ▢ 안에 알맞은 수를 써넣어 크기가 같은 분수를 만들어 보세요.

$$\frac{16}{32} = \frac{8}{\Box} = \frac{\Box}{8} = \frac{\Box}{4} = \frac{1}{\Box}$$

3 $\frac{1}{3}$ 과 크기가 같은 분수를 분모가 가장 작은 것부터 차례로 3개 써 보세요.

(,   ,   )

4 보기 와 같이 크기가 같은 분수끼리 ◯로 묶어 보세요.

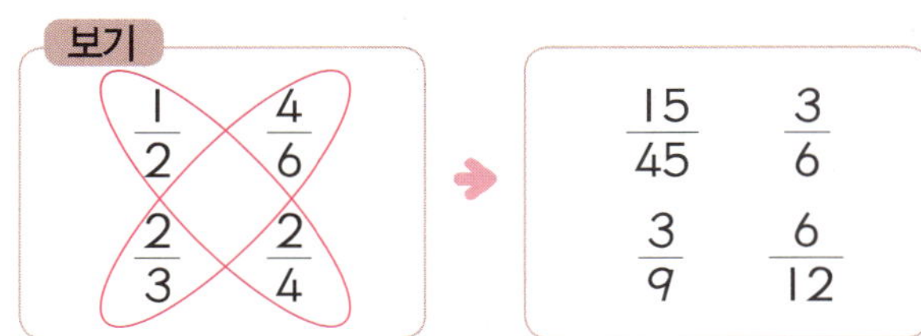

5 $\frac{5}{6}$ 와 크기가 같은 분수에 모두 ◯표 하세요.

$$\frac{2}{3} \qquad \frac{10}{8} \qquad \frac{5}{12} \qquad \frac{15}{18} \qquad \frac{20}{24}$$

6 ▢ 안에 알맞은 수를 써넣으세요.

$$2\frac{18}{30} = 2\frac{3}{\Box}$$

7 $\frac{40}{48}$ 을 약분하여 만들 수 있는 분수 중에서 분모가 20보다 작은 분수를 모두 구하려고 합니다. 풀이 과정을 쓰고 답을 구해 보세요.

(   )

8 다음을 기약분수로 나타내어 보세요.

$$1\frac{16}{20} \Rightarrow (\qquad\qquad)$$

9 다음 중 기약분수가 <u>아닌</u> 것은 어느 것인가요?

( )

① $\dfrac{2}{3}$ ② $\dfrac{3}{4}$ ③ $\dfrac{2}{5}$

④ $\dfrac{4}{6}$ ⑤ $\dfrac{3}{7}$

서술형

10 분모가 14인 진분수 중에서 기약분수는 모두 몇 개인지 풀이 과정을 쓰고 답을 구해 보세요.

____

____

____

( )

주의

11 다음 중 $\dfrac{1}{2}$ 과 $\dfrac{3}{5}$ 을 바르게 통분한 것은 어느 것인가요? ( )

① $\left(\dfrac{3}{6}, \dfrac{3}{5}\right)$ ② $\left(\dfrac{2}{4}, \dfrac{6}{10}\right)$

③ $\left(\dfrac{2}{10}, \dfrac{6}{10}\right)$ ④ $\left(\dfrac{3}{10}, \dfrac{2}{10}\right)$

⑤ $\left(\dfrac{5}{10}, \dfrac{6}{10}\right)$

12 두 분모의 최소공배수를 공통분모로 하여 통분해 보세요.

$\left(1\dfrac{5}{8}, 2\dfrac{3}{10}\right)$ → (,)

13 다음은 어떤 두 분수를 통분한 것입니다. ☐ 안에 알맞은 수를 써넣으세요.

$\left(\dfrac{5}{\boxed{}}, \dfrac{\boxed{}}{5}\right)$ → $\left(\dfrac{25}{60}, \dfrac{24}{60}\right)$

14 $\dfrac{1}{3}$, $\dfrac{2}{7}$, $\dfrac{2}{5}$ 의 크기를 비교하려고 합니다. ◯ 안에 >, =, <를 알맞게 써넣고, 세 분수를 작은 분수부터 차례대로 써 보세요.

$\left(\dfrac{1}{3}, \dfrac{2}{7}\right)$ → $\left(\dfrac{\boxed{}}{21}, \dfrac{\boxed{}}{21}\right)$ → $\dfrac{1}{3} \bigcirc \dfrac{2}{7}$

$\left(\dfrac{2}{7}, \dfrac{2}{5}\right)$ → $\left(\dfrac{10}{\boxed{}}, \dfrac{14}{\boxed{}}\right)$ → $\dfrac{2}{7} \bigcirc \dfrac{2}{5}$

$\left(\dfrac{1}{3}, \dfrac{2}{5}\right)$ → $\left(\dfrac{\boxed{}}{\boxed{}}, \dfrac{\boxed{}}{\boxed{}}\right)$ → $\dfrac{1}{3} \bigcirc \dfrac{2}{5}$

(, ,)

15 짝 지은 두 분수의 크기를 비교하여 더 큰 분수를 위의 ☐ 안에 써넣으세요.

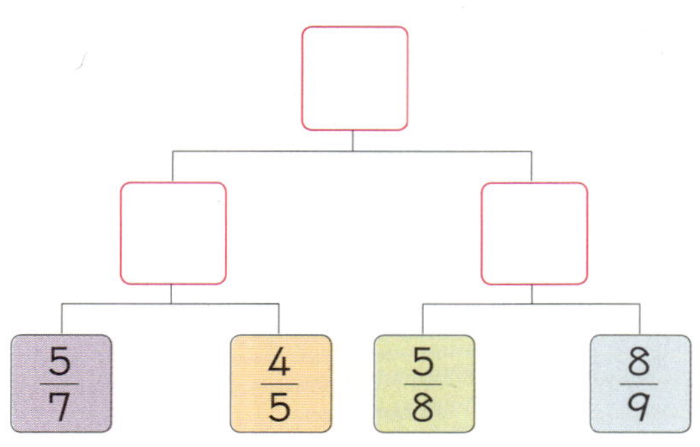

$\dfrac{5}{7}$ $\dfrac{4}{5}$ $\dfrac{5}{8}$ $\dfrac{8}{9}$

서술형

16 지웅이는 어제 독서를 $1\dfrac{3}{4}$ 시간, 숙제를 $1\dfrac{4}{5}$ 시간 하였습니다. 지웅이는 어제 독서와 숙제 중 어느 것을 더 오래 하였는지 풀이 과정을 쓰고 답을 구해 보세요.

____

____

____

(   )

응용

17 ☐ 안에 들어갈 수 있는 자연수를 모두 구해 보세요.

$$\dfrac{1}{4} < \dfrac{\square}{6} < 1$$

(   )

18 분수를 분모가 100인 분수로 고치고, 소수로 나타내어 보세요.

$$\dfrac{7}{20} = \dfrac{7 \times \square}{20 \times 5} = \dfrac{\square}{\square} = \square$$

19 두 수 중 더 큰 수에 ◯표 하세요.

$$1.82 \qquad 1\dfrac{3}{4}$$

주의

20 분수와 소수의 크기를 비교하여 큰 수부터 차례대로 써 보세요.

$$1\dfrac{3}{5} \qquad 0.8 \qquad 1\dfrac{1}{4} \qquad 1.2$$

(,   ,   ,   )

4. 약분과 통분 

1 다음 중 크기가 같은 분수를 바르게 나타낸 것은 어느 것인가요? (   )

① $\dfrac{2}{3}=\dfrac{5}{6}=\dfrac{8}{9}$

② $\dfrac{4}{5}=\dfrac{8}{10}=\dfrac{12}{20}$

③ $\dfrac{6}{7}=\dfrac{12}{14}=\dfrac{24}{35}$

④ $\dfrac{3}{8}=\dfrac{9}{24}=\dfrac{24}{64}$

⑤ $\dfrac{7}{9}=\dfrac{21}{27}=\dfrac{49}{54}$

---

2 다음 식에서 ㉠, ㉡, ㉢에 알맞은 수의 합은 얼마인지 풀이 과정을 쓰고 답을 구해 보세요.

$$4\dfrac{5}{6}=4\dfrac{10}{㉠}=4\dfrac{㉡}{18}=4\dfrac{㉢}{24}$$

(   )

---

3 다음 중 나머지 넷과 크기가 다른 분수는 어느 것인가요? (   )

① $\dfrac{2}{5}$ ② $\dfrac{6}{15}$ ③ $\dfrac{4}{10}$

④ $\dfrac{7}{20}$ ⑤ $\dfrac{10}{25}$

---

4 $\dfrac{30}{45}$ 과 크기가 같은 분수를 모두 찾아 써 보세요.

$$\dfrac{2}{3} \qquad \dfrac{3}{5} \qquad \dfrac{6}{9} \qquad \dfrac{10}{15} \qquad \dfrac{20}{25}$$

(   )

---

5 나눗셈을 이용하여 $5\dfrac{36}{54}$ 과 크기가 같은 분수를 분모가 가장 작은 것부터 차례로 2개 써 보세요.

(,   )

---

6 다음 중 $\dfrac{40}{56}$ 을 약분한 분수가 아닌 것을 모두 고르세요. (   )

① $\dfrac{2}{3}$ ② $\dfrac{5}{7}$ ③ $\dfrac{5}{8}$

④ $\dfrac{10}{14}$ ⑤ $\dfrac{20}{28}$

---

7 $\dfrac{45}{75}$ 를 약분하여 나타낼 수 있는 분수를 모두 써 보세요.

(   )

8 다음 중 기약분수는 어느 것인지 모두 고르세요.

( )

① $\dfrac{6}{7}$ ② $\dfrac{5}{15}$ ③ $\dfrac{16}{20}$

④ $\dfrac{26}{33}$ ⑤ $\dfrac{14}{35}$

9 다음을 보고 ㉠+㉡의 값을 구해 보세요.

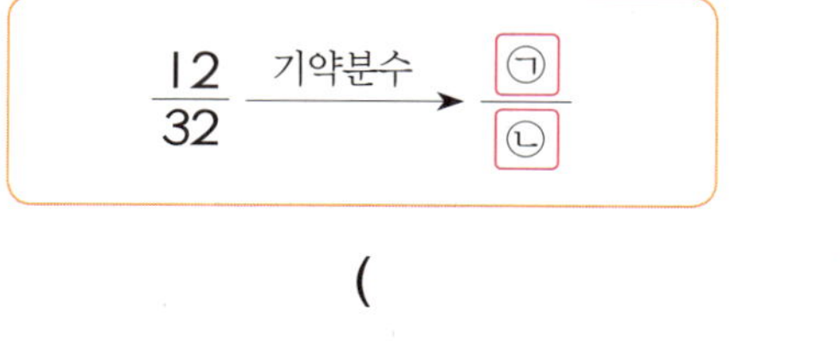

( )

10 다음 중 $\dfrac{5}{8}$와 $\dfrac{1}{6}$을 통분한 분수가 <u>아닌</u> 것은 어느 것인가요? ( )

① $\left(\dfrac{15}{24}, \dfrac{4}{24}\right)$ ② $\left(\dfrac{20}{36}, \dfrac{6}{36}\right)$

③ $\left(\dfrac{30}{48}, \dfrac{8}{48}\right)$ ④ $\left(\dfrac{45}{72}, \dfrac{12}{72}\right)$

⑤ $\left(\dfrac{60}{96}, \dfrac{16}{96}\right)$

11 분모의 최소공배수를 공통분모로 하여 두 분수를 통분해 보세요.

$$\dfrac{7}{36} \qquad \dfrac{5}{48}$$

(,)

12 다음은 어떤 두 분수를 통분한 것인지 ☐ 안에 알맞은 수를 써넣으세요.

$$\left(\dfrac{7}{\Box}, \dfrac{\Box}{15}\right) \;\blacktriangleright\; \left(\dfrac{35}{45}, \dfrac{39}{45}\right)$$

13 두 분수를 통분하려고 합니다. 공통분모가 될 수 있는 수 중에서 100보다 작은 수를 모두 찾아 써 보세요.

$$\dfrac{5}{9} \qquad \dfrac{7}{12}$$

( )

14 $\dfrac{1}{4}$ 보다 크고 $\dfrac{3}{7}$ 보다 작은 분수 중에서 분모가 28 인 분수는 모두 몇 개인지 풀이 과정을 쓰고 답을 구해 보세요.

____

____

( )

15 두 분수의 크기를 비교하여 ○ 안에 >, =, <를 알맞게 써넣으세요.

$$7\dfrac{3}{5} \bigcirc 7\dfrac{3}{4}$$

16 영희의 몸무게는 $40\dfrac{5}{7}$ kg이고, 수영이의 몸무게 는 $40\dfrac{2}{3}$ kg입니다. 몸무게가 더 무거운 사람은 누 구인가요?

( )

17 ㉮, ㉯, ㉰ 3개의 컵에 물이 각각 $\dfrac{2}{3}$ L, $\dfrac{7}{12}$ L, $\dfrac{3}{5}$ L 씩 들어 있습니다. 물이 많이 들어 있는 컵부터 차 례대로 기호를 써 보세요.

(, ,)

18 0.54와 크기가 다른 분수를 찾아 써 보세요.

$\dfrac{54}{100}$	$\dfrac{27}{50}$	$\dfrac{14}{25}$

( )

19 노란색 끈의 길이는 $2\dfrac{2}{5}$ m이고, 파란색 끈의 길이 는 2.05 m입니다. 어느 색 끈이 더 긴가요?

( )

20 수진이네 집 근처에는 주유소, 공원, 우체국이 있습 니다. 수진이네 집에서 가장 먼 곳은 어디인지 풀이 과정을 쓰고 답을 구해 보세요.

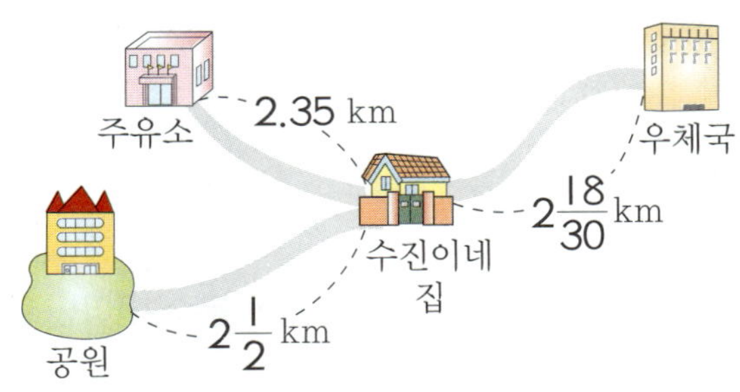

____

____

( )

1 분수만큼 색칠하고 크기가 같은 분수에 ◯표 하세요.

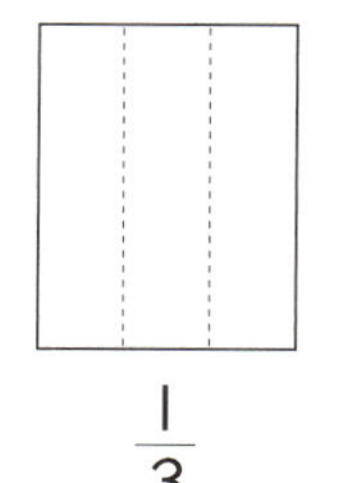 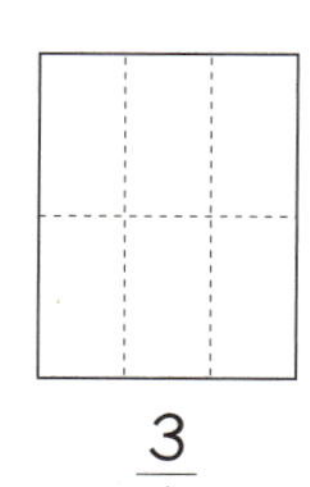 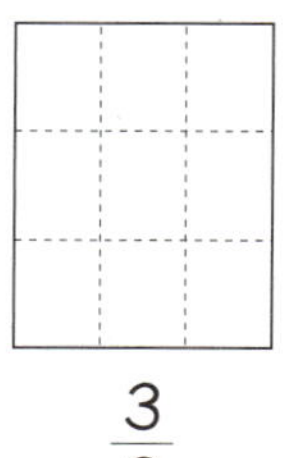

$$\dfrac{1}{3} \qquad \dfrac{3}{6} \qquad \dfrac{3}{9}$$

2 ☐ 안에 알맞은 수를 써넣으세요.

(1) $\dfrac{2}{7} = \dfrac{\boxed{}}{28} = \dfrac{26}{\boxed{}}$

(2) $\dfrac{\boxed{}}{54} = \dfrac{24}{27} = \dfrac{8}{\boxed{}}$

3 나머지 넷과 크기가 <u>다른</u> 분수는 어느 것인가요?

(　　)

① $\dfrac{10}{35}$　　② $\dfrac{12}{42}$　　③ $\dfrac{8}{28}$

④ $\dfrac{39}{91}$　　⑤ $\dfrac{32}{112}$

4 서술형 분모가 10보다 크고 30보다 작은 분수 중에서 $\dfrac{2}{3}$와 크기가 같은 분수는 모두 몇 개인지 풀이 과정을 쓰고 답을 구해 보세요.

____

____

____

____

(　　)

5 분수를 기약분수로 나타내어 보세요.

(1) $\dfrac{27}{63}$　　　　(2) $2\dfrac{36}{45}$

6 ☐ 안에 알맞은 수를 써넣으세요.

$$\dfrac{\boxed{}+9}{24} = \dfrac{5}{6}$$

7 분모가 분자의 4배이고, 분모와 분자의 합이 30인 분수가 있습니다. 이 분수를 기약분수로 나타내어 보세요.

(　　)

8 약분하여 $\dfrac{3}{5}$ 이 되는 분수 중에서 분모가 가장 작은 것부터 차례대로 3개만 써 보세요.

(,   ,   )

9 분모와 분자의 차가 18이고, 기약분수로 나타내면 $\dfrac{2}{5}$ 가 되는 분수를 구해 보세요.

(   )

10 3보다 크고 5보다 작은 분수 중 분모가 6인 기약분수는 모두 몇 개인가요?

(   )

서술형

11 어떤 분수의 분자에서 7을 빼고, 4로 약분하였더니 $1\dfrac{5}{7}$ 가 되었습니다. 처음 분수는 얼마인지 풀이 과정을 쓰고 답을 구해 보세요.

____

____

____

(   )

12 왼쪽의 두 분수를 분모의 최소공배수를 공통분모로 하여 통분해 보세요.

$$\left(\dfrac{5}{9}, \dfrac{3}{11} \right) \rightarrow \left(\quad\quad , \quad\quad \right)$$

13 분모의 최소공배수를 구하고, 분모의 최소공배수를 공통분모로 하여 통분해 보세요.

$$\dfrac{7}{20} \qquad \dfrac{3}{16}$$

㉠ 최소공배수: (   )

㉡ 통분: (,   )

14 수 카드 2장으로 만들 수 있는 분수 중에서 가장 큰 가분수와 가장 작은 진분수를 공통분모가 가장 작게 되도록 통분해 보세요.

   3   4   5      

(,   )

15 $\dfrac{19}{24}$와 $\dfrac{5}{6}$ 사이에 있는 분수 중 분모가 96인 분수는 모두 몇 개인지 풀이 과정을 쓰고 답을 구해 보세요.

____

____

____

(   )

16 두 분수의 크기를 바르게 비교한 것을 모두 고르세요. (   )

① $\dfrac{6}{25} > \dfrac{8}{50}$ ② $\dfrac{7}{8} < \dfrac{5}{6}$

③ $\dfrac{5}{8} < \dfrac{7}{26}$ ④ $\dfrac{10}{13} > \dfrac{9}{11}$

⑤ $\dfrac{3}{4} > \dfrac{7}{15}$

17 두 수의 크기를 비교하여 ◯ 안에 >, =, <를 알맞게 써넣으세요.

(1) $\dfrac{33}{44}$ ◯ $\dfrac{5}{8}$

(2) $\dfrac{12}{25}$ ◯ 0.48

18 분수의 크기를 비교하여 큰 수부터 차례대로 써 보세요.

$$\dfrac{3}{4} \qquad \dfrac{5}{6} \qquad \dfrac{17}{18}$$

(,   ,   )

19 ☐ 안에 들어갈 수 있는 자연수는 모두 몇 개인지 풀이 과정을 쓰고 답을 구해 보세요.

$$\dfrac{4}{9} < \dfrac{\square}{36} < \dfrac{11}{18}$$

____

____

____

(   )

20 3개의 주전자 ㉠, ㉡, ㉢이 있습니다. ㉠에는 $\dfrac{7}{10}$ L, ㉡에는 0.53 L, ㉢에는 $\dfrac{3}{5}$ L의 물이 들어 있습니다. 물이 가장 많이 들어 있는 주전자는 어느 것인가요?

(   )

 **연습** 각 단계에 따라 문제를 풀어 보세요.

1 어떤 두 기약분수를 통분하였더니 $\left(\dfrac{8}{24},\ \dfrac{15}{24}\right)$가 되었습니다. 통분하기 전의 두 기약분수를 구해 보세요.

1단계 $\dfrac{8}{24}$을 기약분수로 나타내어 보세요.

(   )

2단계 $\dfrac{15}{24}$를 기약분수로 나타내어 보세요.

(   )

3단계 통분하기 전의 두 기약분수를 구해 보세요.

(,   )

도전 위에서 푼 방법을 생각하며 풀어 보세요.

1-1 어떤 두 기약분수를 통분하였더니 $\left(\dfrac{35}{42},\ \dfrac{18}{42}\right)$이 되었습니다. 통분하기 전의 두 기약분수를 구해 보세요.

풀이

____

____

____

____

답  _____________ , _____________

 이렇게 술술 풀어요

① $\dfrac{35}{42}$를 기약분수로 나타냅니다.

② $\dfrac{18}{42}$을 기약분수로 나타냅니다.

③ 통분하기 전의 두 기약분수를 구합니다.

연습 각 단계에 따라 문제를 풀어 보세요.

2 $\dfrac{5}{9}$ 와 크기가 같은 분수 중에서 분모와 분자의 합이 56인 분수를 구해 보세요.

1단계 $\dfrac{5}{9}$ 와 크기가 같은 분수를 분모가 가장 작은 분수부터 차례대로 4개 써 보세요.

(,   ,   ,   )

2단계 위 **1단계** 에서 구한 분수의 분모와 분자의 합을 각각 구하여 차례대로 써 보세요.

(,   ,   ,   )

3단계 위 **1단계** 에서 구한 분수 중에서 분모와 분자의 합이 56인 분수를 써 보세요.

(   )

4 단원

도전 위에서 푼 방법을 생각하며 풀어 보세요.

2-1 $\dfrac{3}{8}$ 과 크기가 같은 분수 중에서 분모와 분자의 합이 33인 분수를 구해 보세요.

풀이

이렇게 술술 풀어요

① $\dfrac{3}{8}$ 과 크기가 같은 분수를 구합니다.

② ①에서 구한 분수의 분모와 분자의 합을 구합니다.

③ ①에서 구한 분수 중에서 분모와 분자의 합이 33인 분수를 찾습니다.

답

연습 각 단계에 따라 문제를 풀어 보세요.

3 ●에 들어갈 수 있는 자연수는 모두 몇 개인지 구해 보세요.

$$\frac{1}{4} < \frac{●}{12} < \frac{5}{6}$$

1단계 12를 공통분모로 하여 두 분수를 통분해 보세요.

$$\left(\frac{1}{4}, \frac{5}{6}\right) \rightarrow \left(\frac{\boxed{}}{12}, \frac{\boxed{}}{12}\right)$$

2단계 $\dfrac{●}{12}$의 수의 범위를 구해 보세요.

$$\frac{\boxed{}}{12} < \frac{●}{12} < \frac{\boxed{}}{12}$$

3단계 ●에 들어갈 수 있는 자연수는 모두 몇 개인가요?

(   )

도전 위에서 푼 방법을 생각하며 풀어 보세요.

3-1 ☐ 안에 들어갈 수 있는 자연수는 모두 몇 개인지 구해 보세요.

$$\frac{3}{5} < \frac{\boxed{}}{30} < \frac{7}{10}$$

풀이

____

____

____

____

답  _______________________

이렇게 술술풀어요

① 분수를 공통분모가 30이 되도록 통분합니다.

② $\dfrac{\boxed{}}{30}$ 의 수의 범위를 구합니다.

③ ☐ 안에 들어갈 수 있는 수를 구합니다.

4 혜주의 가방 무게는 $2\frac{3}{4}$ kg이고 정우의 가방 무게는 2.82 kg입니다. 누구의 가방이 더 무거운지 구해 보세요.

풀이

답

4
단원

5 어떤 분수의 분자에서 5를 빼고 8로 약분하였더니 $1\frac{4}{9}$가 되었습니다. 처음 분수는 얼마인지 구해 보세요.

풀이

답

5–1 분수의 덧셈을 해 볼까요 (1)

✱ $\dfrac{1}{4}+\dfrac{1}{6}$ 의 계산 → 받아올림이 없는 분모가 다른 진분수의 덧셈

방법 1 분모의 곱을 이용하여 통분한 후 계산합니다.

$$\frac{1}{4}+\frac{1}{6}=\frac{1\times6}{4\times6}+\frac{1\times4}{6\times4}=\frac{6}{24}+\frac{4}{24}=\frac{10}{24}=\frac{5}{12}$$

└→ 계산 결과는 기약분수로 나타냅니다.

방법 2 분모의 최소공배수를 이용하여 통분한 후 계산합니다.

$$\frac{1}{4}+\frac{1}{6}=\frac{1\times3}{4\times3}+\frac{1\times2}{6\times2}=\frac{3}{12}+\frac{2}{12}=\frac{5}{12}$$

└• 4와 6의 최소공배수: 12

방법 1 분모끼리 곱하면 되므로 공통분모를 구하기 쉽습니다.

방법 2 분모의 최소공배수를 공통분모로 하여 통분하므로 분자끼리의 덧셈이 쉽고, 계산한 결과를 약분할 필요가 없거나 간단합니다.

□ 안에 알맞은 수를 써넣으세요.

$$\frac{1}{6}+\frac{1}{9}=\frac{1\times\boxed{}}{6\times3}+\frac{1\times2}{9\times\boxed{}}$$

$$=\frac{3}{\boxed{}}+\frac{\boxed{}}{18}=\frac{\boxed{}}{18}$$

풀이

분모의 최소공배수를 이용하여 통분한 후 계산합니다. 6과 9의 최소공배수는 18입니다.

답 3, 2, 18, 2, 5

5–2 분수의 덧셈을 해 볼까요 (2)

✱ $\dfrac{3}{4}+\dfrac{5}{6}$ 의 계산 → 받아올림이 있는 분모가 다른 진분수의 덧셈

방법 1 분모의 곱을 이용하여 통분한 후 계산합니다.

$$\frac{3}{4}+\frac{5}{6}=\frac{3\times6}{4\times6}+\frac{5\times4}{6\times4}=\frac{18}{24}+\frac{20}{24}=\frac{38}{24}=1\frac{14}{24}=1\frac{7}{12}$$

└→ 계산 결과는 대분수로 나타냅니다.

방법 2 분모의 최소공배수를 이용하여 통분한 후 계산합니다.

$$\frac{3}{4}+\frac{5}{6}=\frac{3\times3}{4\times3}+\frac{5\times2}{6\times2}=\frac{9}{12}+\frac{10}{12}=\frac{19}{12}=1\frac{7}{12}$$

└• 4와 6의 최소공배수: 12

방법 1 분모의 곱을 이용하여 통분하면 공통분모를 구하기 쉽습니다.

방법 2 분모의 최소공배수를 이용하여 통분하면 분자끼리의 덧셈이 쉽고, 계산한 결과를 약분할 필요가 없거나 간단합니다.

수학 익힘 풀기

5–1 분수의 덧셈을 해 볼까요(1)

1 계산해 보세요.

(1) $\dfrac{1}{4} + \dfrac{3}{5}$

(2) $\dfrac{1}{6} + \dfrac{5}{12}$

2 ㉠, ㉡에 알맞은 수를 구해 보세요.

+	$\dfrac{2}{10}$	$\dfrac{2}{5}$
$\dfrac{1}{2}$	㉠	㉡

㉠: (　　　　　　　　　)

㉡: (　　　　　　　　　)

3 준모가 말한 수를 구해 보세요.

(　　　　　　　　　)

5–2 분수의 덧셈을 해 볼까요(2)

4 계산해 보세요.

(1) $\dfrac{2}{3} + \dfrac{3}{5}$

(2) $\dfrac{5}{6} + \dfrac{5}{12}$

5 다음 계산에서 <u>잘못된</u> 곳을 옳게 고쳐 계산해 보세요.

$$\frac{5}{6} + \frac{3}{8} = \frac{5\times 8}{6\times 4} + \frac{3\times 6}{8\times 3} = \frac{40}{24} + \frac{18}{24}$$
$$= \frac{58}{24} = 2\frac{10}{24} = 2\frac{5}{12}$$

$\dfrac{5}{6} + \dfrac{3}{8} = $ _______________________

____

5 단원

6 재경이가 딴 자두와 재윤이가 딴 블루베리의 무게의 합은 얼마인지 구해 보세요.

- 재경이는 자두를 $\dfrac{3}{4}$ kg 땄습니다.

- 재윤이는 블루베리를 $\dfrac{7}{8}$ kg 땄습니다.

(　　　　　　　　　)

5-3 분수의 덧셈을 해 볼까요(3)

$\ast$ $1\dfrac{3}{4}+3\dfrac{5}{6}$ 의 계산 → 받아올림이 있는 분모가 다른 대분수의 덧셈

방법1 자연수는 자연수끼리, 분수는 분수끼리 계산합니다.

$$1\frac{3}{4}+3\frac{5}{6}=1\frac{9}{12}+3\frac{10}{12}=(1+3)+\left(\frac{9}{12}+\frac{10}{12}\right)$$
$$=4+\frac{19}{12}=4+1\frac{7}{12}=5\frac{7}{12}$$

방법2 대분수를 가분수로 고쳐서 계산합니다.

$$1\frac{3}{4}+3\frac{5}{6}=\frac{7}{4}+\frac{23}{6}=\frac{21}{12}+\frac{46}{12}=\frac{67}{12}=5\frac{7}{12}$$

방법1 자연수는 자연수끼리, 분수는 분수끼리 계산하므로 분수 부분의 계산이 간편합니다.

방법2 대분수를 가분수로 고쳐서 계산하므로 자연수 부분과 분수 부분을 따로 떼어 계산하지 않아도 됩니다.

🌰 ☐ 안에 알맞은 수를 써넣으세요.

$$1\frac{8}{9}+2\frac{1}{6}=1\frac{16}{\boxed{}}+2\frac{\boxed{}}{18}=(1+2)+\left(\frac{16}{18}+\frac{\boxed{}}{18}\right)$$
$$=3+\frac{\boxed{}}{18}=3+1\frac{\boxed{}}{18}=4\frac{\boxed{}}{18}$$

풀이 분수끼리의 합이 가분수이면 대분수로 고친 다음 자연수끼리의 합과 더합니다.

답 18, 3, 3, 19, 1, 1

5-4 분수의 뺄셈을 해 볼까요(1)

$\ast$ $\dfrac{1}{4}-\dfrac{1}{6}$ 의 계산 → 받아내림이 없는 분모가 다른 진분수의 뺄셈

방법1 분모의 곱을 이용하여 통분한 후 계산합니다.

$$\frac{1}{4}-\frac{1}{6}=\frac{1\times6}{4\times6}-\frac{1\times4}{6\times4}=\frac{6}{24}-\frac{4}{24}=\frac{2}{24}=\frac{1}{12}$$

방법2 분모의 최소공배수를 이용하여 통분한 후 계산합니다.

$$\frac{1}{4}-\frac{1}{6}=\frac{1\times3}{4\times3}-\frac{1\times2}{6\times2}=\frac{3}{12}-\frac{2}{12}=\frac{1}{12}$$

방법1 분모끼리 곱하면 되므로 공통분모를 구하기 쉽습니다.

방법2 분모의 최소공배수를 공통분모로 하여 통분하므로 분자끼리의 뺄셈이 쉽고, 계산한 결과를 약분할 필요가 없거나 간단합니다.

5-3 분수의 덧셈을 해 볼까요(3)

1 ☐ 안에 알맞은 수를 써넣으세요.

방법 1 자연수는 자연수끼리, 분수는 분수끼리 계산하기

$$1\frac{2}{3}+2\frac{5}{9}=1\frac{\Box}{\Box}+2\frac{5}{9}=(1+2)+\left(\frac{\Box}{\Box}+\frac{5}{9}\right)$$

$$=3+\frac{\Box}{\Box}=3+1\frac{\Box}{\Box}=\Box\frac{\Box}{\Box}$$

방법 2 대분수를 가분수로 고쳐서 계산하기

$$1\frac{2}{3}+2\frac{5}{9}=\frac{\Box}{3}+\frac{\Box}{9}$$

$$=\frac{\Box}{9}+\frac{\Box}{9}=\frac{\Box}{9}=\Box\frac{\Box}{\Box}$$

2 다음을 자연수는 자연수끼리, 분수는 분수끼리 계산해 보세요.

$$1\frac{5}{6}+2\frac{3}{4}=\underline{\hspace{4cm}}$$

3 다음 계산에서 잘못된 곳을 옳게 고쳐 계산해 보세요.

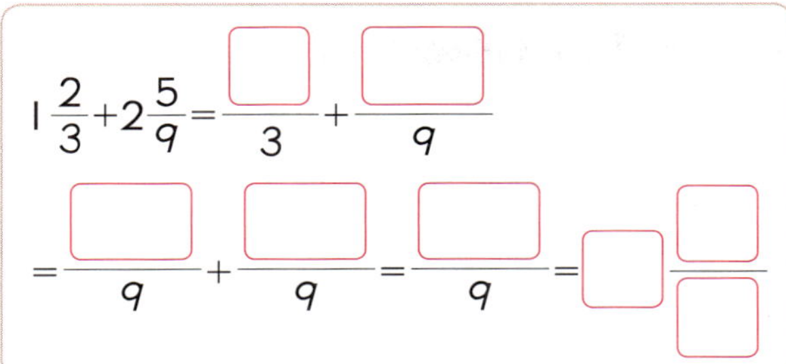

$$1\frac{7}{9}+3\frac{3}{6}=\frac{16}{9}+\frac{21}{6}=\frac{16}{18}+\frac{21}{18}=\frac{37}{18}=2\frac{1}{18}$$

$$1\frac{7}{9}+3\frac{3}{6}=\underline{\hspace{4cm}}$$

5-4 분수의 뺄셈을 해 볼까요(1)

4 ☐ 안에 알맞은 수를 써넣으세요.

방법 1 분모의 곱을 이용하여 통분한 후 계산하기

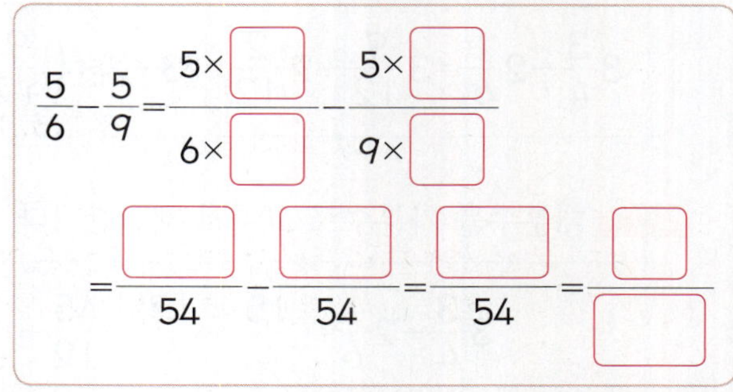

$$\frac{5}{6}-\frac{5}{9}=\frac{5\times\Box}{6\times\Box}-\frac{5\times\Box}{9\times\Box}$$

$$=\frac{\Box}{54}-\frac{\Box}{54}=\frac{\Box}{54}=\frac{\Box}{\Box}$$

방법 2 분모의 최소공배수를 이용하여 통분한 후 계산하기

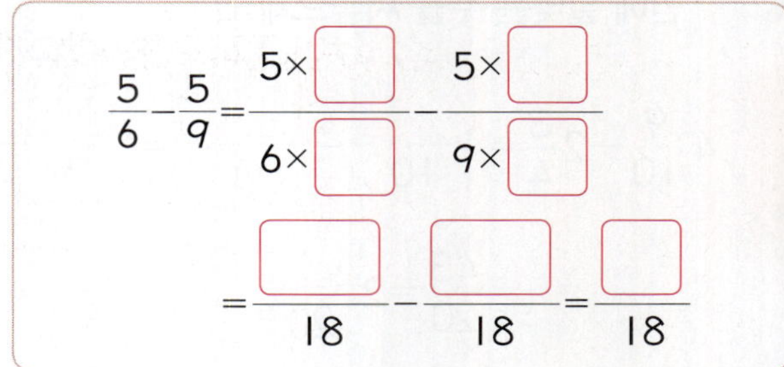

$$\frac{5}{6}-\frac{5}{9}=\frac{5\times\Box}{6\times\Box}-\frac{5\times\Box}{9\times\Box}$$

$$=\frac{\Box}{18}-\frac{\Box}{18}=\frac{\Box}{18}$$

5 빈칸에 알맞은 수를 써넣으세요.

6 냉장고에 $\frac{7}{8}$ L의 우유가 있었습니다. 그중 $\frac{1}{4}$ L를 마셨다면 몇 L의 우유가 남았는지 구해 보세요.

(　　　　　　　　　)

5-5 분수의 뺄셈을 해 볼까요 (2)

✳ $3\dfrac{3}{4}-2\dfrac{1}{6}$ 의 계산 → 받아내림이 없는 분모가 다른 대분수의 뺄셈

방법 1 자연수는 자연수끼리, 분수는 분수끼리 계산합니다.

$$3\dfrac{3}{4}-2\dfrac{1}{6}=3\dfrac{9}{12}-2\dfrac{2}{12}=(3-2)+\left(\dfrac{9}{12}-\dfrac{2}{12}\right)=1+\dfrac{7}{12}=1\dfrac{7}{12}$$

방법 2 대분수를 가분수로 고쳐서 계산합니다.

$$3\dfrac{3}{4}-2\dfrac{1}{6}=\dfrac{15}{4}-\dfrac{13}{6}=\dfrac{45}{12}-\dfrac{26}{12}=\dfrac{19}{12}=1\dfrac{7}{12}$$

방법 1 자연수는 자연수끼리, 분수는 분수끼리 계산하므로 분수 부분의 계산이 쉽습니다.

방법 2 대분수를 가분수로 고쳐서 계산하므로 자연수 부분과 분수 부분을 분리하여 계산하지 않아도 됩니다.

🌰 ☐ 안에 알맞은 수를 써넣으세요.

$$4\dfrac{9}{10}-2\dfrac{3}{4}=\dfrac{\boxed{}}{10}-\dfrac{\boxed{}}{4}=\dfrac{\boxed{}}{20}-\dfrac{\boxed{}}{20}$$

$$=\dfrac{43}{20}=2\dfrac{\boxed{}}{20}$$

풀이
대분수를 가분수로 고쳐서 계산합니다.

답 49, 11, 98, 55, 3

5-6 분수의 뺄셈을 해 볼까요 (3)

✳ $4\dfrac{1}{6}-2\dfrac{1}{4}$ 의 계산 → 받아내림이 있는 분모가 다른 대분수의 뺄셈

방법 1 자연수는 자연수끼리, 분수는 분수끼리 계산합니다.

$$4\dfrac{1}{6}-2\dfrac{1}{4}=4\dfrac{2}{12}-2\dfrac{3}{12}=3\dfrac{14}{12}-2\dfrac{3}{12}$$
$$=(3-2)+\left(\dfrac{14}{12}-\dfrac{3}{12}\right)=1+\dfrac{11}{12}=1\dfrac{11}{12}$$

방법 2 대분수를 가분수로 고쳐서 계산합니다.

$$4\dfrac{1}{6}-2\dfrac{1}{4}=\dfrac{25}{6}-\dfrac{9}{4}=\dfrac{50}{12}-\dfrac{27}{12}=\dfrac{23}{12}=1\dfrac{11}{12}$$

방법 1 자연수는 자연수끼리, 분수는 분수끼리 계산하므로 분수 부분의 계산이 쉽습니다.

방법 2 대분수를 가분수로 고쳐서 계산하므로 자연수 부분과 분수 부분을 분리하거나 받아내림을 하지 않고 계산할 수 있습니다.

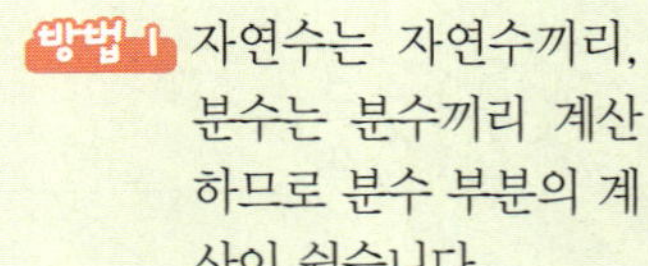

5-5 분수의 뺄셈을 해 볼까요(2)

1 ☐ 안에 알맞은 수를 써넣으세요.

방법1 자연수는 자연수끼리, 분수는 분수끼리 계산하기

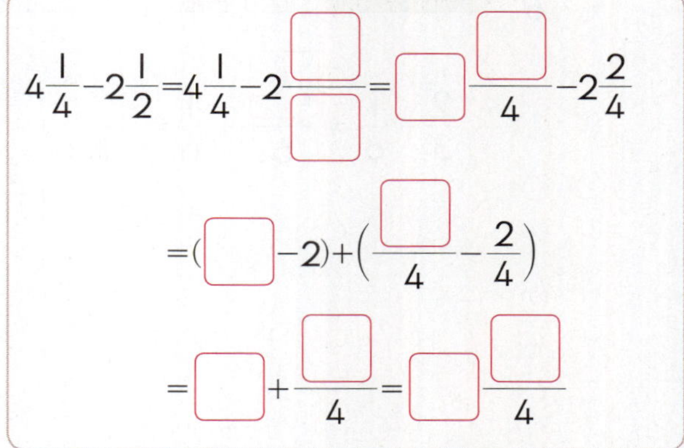

$$2\dfrac{3}{12}-1\dfrac{1}{8}=2\dfrac{\boxed{}}{24}-1\dfrac{\boxed{}}{24}$$

$$=(2-1)+\left(\dfrac{\boxed{}}{24}-\dfrac{\boxed{}}{24}\right)$$

$$=1+\dfrac{\boxed{}}{24}=\boxed{}\dfrac{\boxed{}}{\boxed{}}=1\dfrac{1}{8}$$

방법2 대분수를 가분수로 고쳐서 계산하기

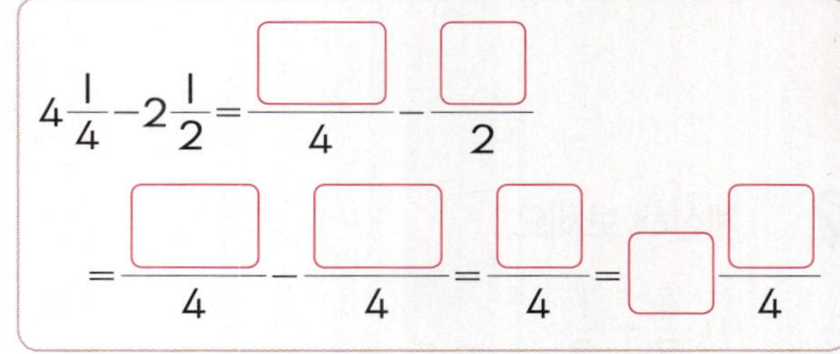

$$2\dfrac{3}{12}-1\dfrac{1}{8}=\dfrac{\boxed{}}{12}-\dfrac{\boxed{}}{8}=\dfrac{54}{24}-\dfrac{\boxed{}}{24}$$

$$=\dfrac{\boxed{}}{24}=1\dfrac{\boxed{}}{\boxed{}}=1\dfrac{1}{8}$$

2 다음을 자연수는 자연수끼리, 분수는 분수끼리 계산해 보세요.

$$4\dfrac{5}{8}-2\dfrac{5}{16}=\underline{\hspace{4cm}}$$

$$\underline{\hspace{5cm}}$$

3 두 사람이 마신 물의 양의 차를 구해 보세요.

( )

5-6 분수의 뺄셈을 해 볼까요(3)

4 ☐ 안에 알맞은 수를 써넣으세요.

방법1 자연수는 자연수끼리, 분수는 분수끼리 계산하기

$$4\dfrac{1}{4}-2\dfrac{1}{2}=4\dfrac{1}{4}-2\dfrac{\boxed{}}{\boxed{}}=\boxed{}\dfrac{\boxed{}}{4}-2\dfrac{2}{4}$$

$$=\left(\boxed{}-2\right)+\left(\dfrac{\boxed{}}{4}-\dfrac{2}{4}\right)$$

$$=\boxed{}+\dfrac{\boxed{}}{4}=\dfrac{\boxed{}}{4}$$

방법2 대분수를 가분수로 고쳐서 계산하기

$$4\dfrac{1}{4}-2\dfrac{1}{2}=\dfrac{\boxed{}}{4}-\dfrac{\boxed{}}{2}$$

$$=\dfrac{\boxed{}}{4}-\dfrac{\boxed{}}{4}=\dfrac{\boxed{}}{4}=\boxed{}\dfrac{\boxed{}}{4}$$

5 계산 결과를 비교하여 ◯ 안에 >, =, <를 알맞게 써넣으세요.

$$2\dfrac{1}{6}-1\dfrac{1}{3}\ \bigcirc\ 2\dfrac{1}{3}-1\dfrac{1}{2}$$

6 3장의 수 카드를 한 번씩 사용하여 만들 수 있는 대분수 중에서 가장 큰 수와 가장 작은 수의 차를 구해 보세요.

( )

단원 평가

1 그림을 보고 ☐ 안에 알맞은 수를 써넣어 계산해 보세요.

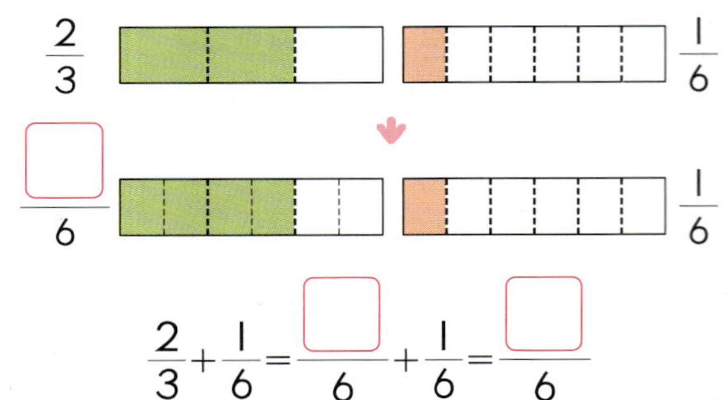

$$\dfrac{2}{3} + \dfrac{1}{6} = \dfrac{\boxed{}}{6} + \dfrac{1}{6} = \dfrac{\boxed{}}{6}$$

2 계산해 보세요.

(1) $\dfrac{4}{7} + \dfrac{1}{3}$

(2) $\dfrac{2}{9} + \dfrac{7}{15}$

3 물 $\dfrac{3}{4}$ L에 포도 원액 $\dfrac{1}{5}$ L를 넣어 포도주스를 만들었습니다. 만든 포도주스는 몇 L인가요?

(   )

 $\dfrac{3}{8} + \dfrac{5}{6}$ 를 두 가지 방법으로 계산하려고 합니다. ☐ 안에 알맞은 수를 써넣으세요. [4~5]

4 분모의 곱을 이용하여 통분한 후 계산해 보세요.

$$\dfrac{3}{8} + \dfrac{5}{6} = \dfrac{3 \times \boxed{}}{8 \times 6} + \dfrac{5 \times \boxed{}}{6 \times 8}$$

$$= \dfrac{\boxed{}}{48} + \dfrac{\boxed{}}{48} = \dfrac{\boxed{}}{48}$$

$$= \dfrac{\boxed{}}{48} = \boxed{} \dfrac{\boxed{}}{24}$$

5 분모의 최소공배수를 이용하여 통분한 후 계산해 보세요.

$$\dfrac{3}{8} + \dfrac{5}{6} = \dfrac{3 \times \boxed{}}{8 \times 3} + \dfrac{5 \times \boxed{}}{6 \times 4}$$

$$= \dfrac{\boxed{}}{24} + \dfrac{\boxed{}}{24}$$

$$= \dfrac{\boxed{}}{24} = \boxed{} \dfrac{\boxed{}}{24}$$

6 ◯ 안에 >, =, <를 알맞게 써넣으세요.

$$\dfrac{5}{8} + \dfrac{7}{10} \bigcirc 1$$

7 대분수를 가분수로 고쳐서 계산해 보세요.

$$1\dfrac{2}{3} + 2\dfrac{3}{5} = \underline{\hspace{5cm}}$$

8 두 수의 합을 구해 보세요.

$$3\frac{3}{4} \qquad 2\frac{5}{6}$$

( )

9 빈칸에 알맞은 수를 써넣으세요.

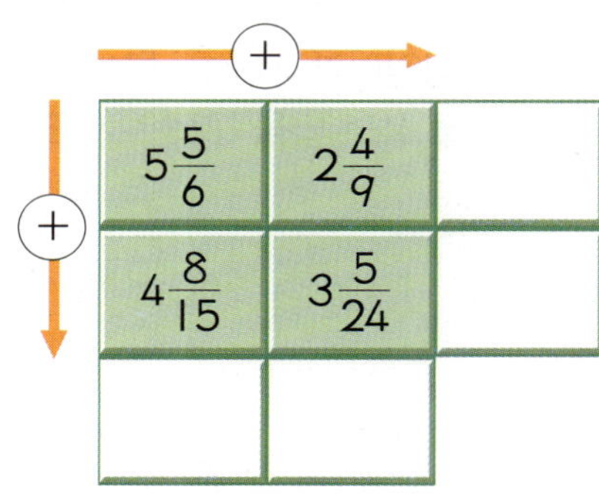

10 팥빵을 만들기 위해 필요한 팥은 $1\frac{1}{6}$ 컵이고 팥죽을 만들기 위해 필요한 팥은 $2\frac{2}{3}$ 컵입니다. 팥빵과 팥죽을 만드는데 필요한 팥의 양은 몇 컵인가요?

( )

11 빈 곳에 두 수의 차를 써넣으세요.

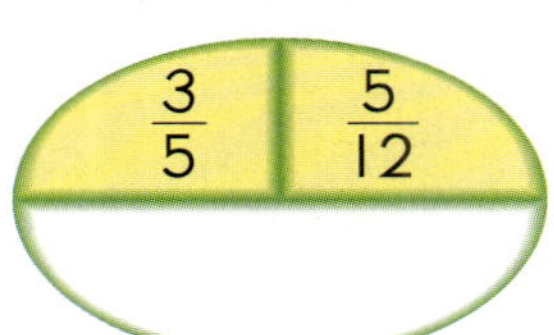

12 색 테이프가 $\frac{3}{4}$ m 있었습니다. 선물을 포장하는 데 사용하고 남은 색 테이프가 $\frac{1}{6}$ m라면 선물을 포장하는 데 사용한 색 테이프의 길이는 몇 m인가요?

( )

13 잘못된 곳을 찾아 옳게 고쳐 계산해 보세요.

$$5\frac{4}{5}-1\frac{2}{3}=5\frac{4}{15}-1\frac{2}{15}=(5-1)+\left(\frac{4}{15}-\frac{2}{15}\right)$$
$$=4+\frac{2}{15}=4\frac{2}{15}$$

$$5\frac{4}{5}-1\frac{2}{3}=\underline{\hspace{5cm}}$$

14 어떤 수에서 $2\frac{2}{3}$ 를 빼야 할 것을 잘못하여 더했더니 $4\frac{3}{4}$ 이 되었습니다. 어떤 수를 구해 보세요.

( )

보기 와 같은 방법으로 계산해 보세요. [15~16]

15 보기

$$3\frac{5}{12}-1\frac{7}{8}=3\frac{10}{24}-1\frac{21}{24}=2\frac{34}{24}-1\frac{21}{24}$$
$$=(2-1)+\left(\frac{34}{24}-\frac{21}{24}\right)$$
$$=1+\frac{13}{24}=1\frac{13}{24}$$

$$4\frac{3}{10}-2\frac{3}{4}=$$ ________

____

16 보기

$$4\frac{1}{5}-2\frac{1}{3}=\frac{21}{5}-\frac{7}{3}=\frac{63}{15}-\frac{35}{15}$$
$$=\frac{28}{15}=1\frac{13}{15}$$

$$3\frac{1}{3}-1\frac{3}{8}=$$ ________

____

17 소영이네 집에서 문구점까지의 거리는 $1\frac{5}{8}$ km입니다. 소영이가 집에서 출발하여 문구점 방향으로 $\frac{4}{5}$ km를 걸었다면 몇 km를 더 걸어야 문구점에 도착할 수 있나요?

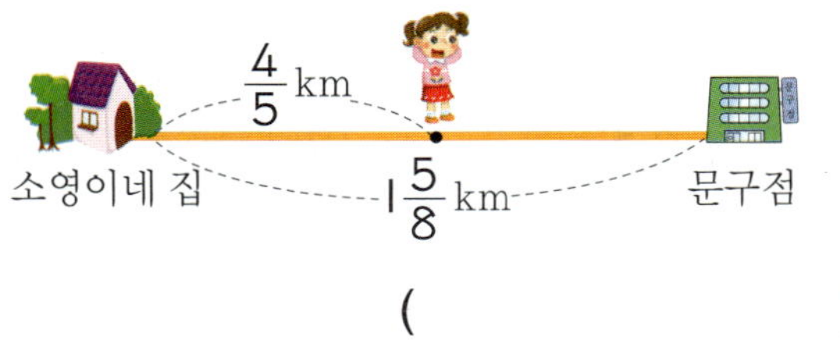

(   )

18 계산 결과를 비교하여 ◯ 안에 >, =, <를 알맞게 써넣으세요.

$$\frac{7}{12}+\frac{13}{18} \bigcirc 2\frac{1}{4}-\frac{7}{9}$$

서술형

19 의진이는 미술 시간에 철사를 $1\frac{3}{5}$ m 사용하였고 성일이는 의진이보다 $\frac{2}{3}$ m 적게 사용하였습니다. 의진이와 성일이가 사용한 철사는 모두 몇 m인지 풀이 과정을 쓰고 답을 구해 보세요.

____

____

____

____

(   )

서술형

20 ㉠에 알맞은 수는 얼마인지 풀이 과정을 쓰고 답을 구해 보세요.

$$㉠-2\frac{5}{6}=㉡, \quad ㉡+1\frac{5}{9}=5\frac{1}{3}$$

____

____

____

____

(   )

1 ☐ 안에 알맞은 수를 써넣으세요.

$$\frac{2}{5}+\frac{3}{10}=\frac{2\times\boxed{}}{5\times\boxed{}}+\frac{3}{10}$$

$$=\frac{\boxed{}}{10}+\frac{3}{10}=\frac{\boxed{}}{10}$$

중요

2 빈칸에 알맞은 수를 써넣으세요.

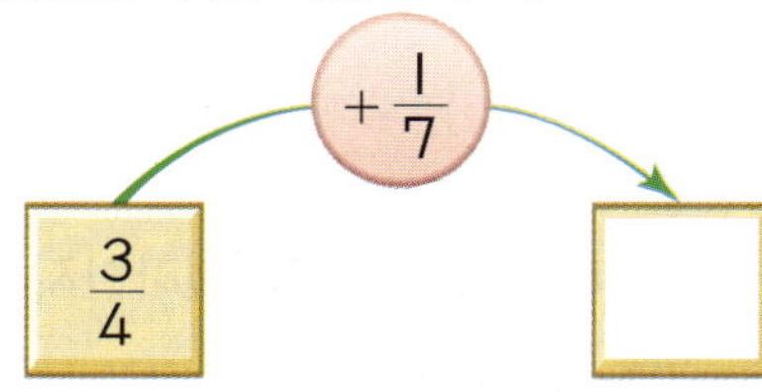

3 합이 1보다 더 큰 쪽에 ◯표 하세요.

$\frac{1}{6}+\frac{4}{5}$	$\frac{1}{3}+\frac{3}{4}$
( )	( )

4 다음 수를 구해 보세요.

$$\frac{3}{8}\text{보다 }\frac{5}{7}\text{만큼 더 큰 수}$$

( )

5 분홍색 페인트를 만들기 위해 빨간색 페인트 $\frac{2}{3}$컵과 흰색 페인트 $\frac{3}{4}$컵을 넣었습니다. 넣은 페인트는 모두 몇 컵인가요?

( )

🍄 $2\frac{1}{4}+3\frac{2}{5}$를 두 가지 방법으로 계산해 보세요.

[6~7]

6 자연수는 자연수끼리, 분수는 분수끼리 계산해 보세요.

$$2\frac{1}{4}+3\frac{2}{5}=\underline{\hspace{4cm}}$$

$$\underline{\hspace{5cm}}$$

7 대분수를 가분수로 고쳐서 계산해 보세요.

$$2\frac{1}{4}+3\frac{2}{5}=\underline{\hspace{4cm}}$$

$$\underline{\hspace{5cm}}$$

8 빈 곳에 알맞은 수를 써넣으세요.

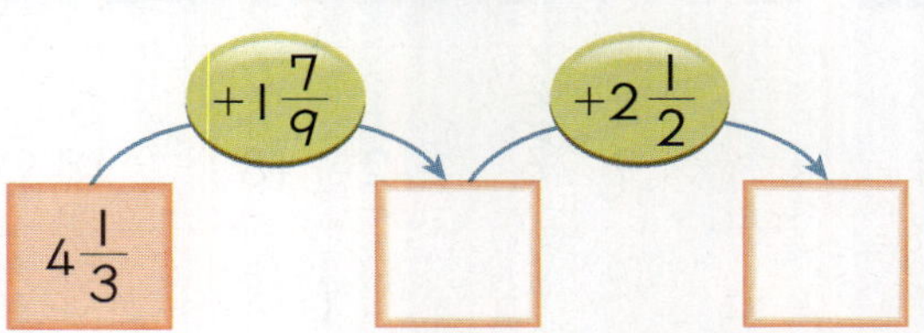

9 길이가 $1\dfrac{2}{9}$ m인 막대와 $1\dfrac{11}{12}$ m인 막대를 겹치는 부분없이 길게 이어 붙였습니다. 이어 붙인 막대의 길이는 몇 m인가요?

(　　　　　　　　　)

10 그림을 이용하여 통분하고 $\dfrac{3}{4}-\dfrac{1}{3}$ 을 계산해 보세요.

$$\dfrac{3}{4}-\dfrac{1}{3}=\dfrac{\boxed{}}{12}-\dfrac{\boxed{}}{12}=\dfrac{\boxed{}}{12}$$

11 계산 결과가 다른 하나를 찾아 기호를 써 보세요.

$$\textcircled{\scriptsize ㄱ}\ \dfrac{8}{9}-\dfrac{5}{6}\qquad \textcircled{\scriptsize ㄴ}\ \dfrac{1}{2}-\dfrac{7}{18}\qquad \textcircled{\scriptsize ㄷ}\ \dfrac{5}{18}-\dfrac{2}{9}$$

(　　　　　　　　　)

12 그림을 보고 ☐ 안에 알맞은 수를 써넣으세요.

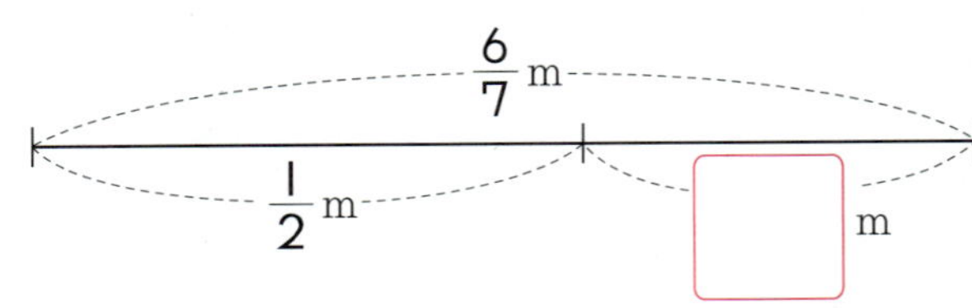

13 합이 $\dfrac{27}{35}$ 인 두 분수가 있습니다. 두 분수 중 한 수가 $\dfrac{4}{7}$ 일 때 두 수의 차는 얼마인지 풀이 과정을 쓰고 답을 구해 보세요.

（　　　　　　　　　）

14 두 수의 차를 구해 보세요.

$$1\dfrac{3}{8}\qquad 4\dfrac{2}{3}$$

(　　　　　　　　　)

15 계산해 보세요.

(1) $3\dfrac{7}{12}+1\dfrac{5}{6}$

(2) $4\dfrac{1}{8}-1\dfrac{5}{12}$

16 빈 곳에 알맞은 수를 써넣으세요.

$3\dfrac{2}{7}$ → $-1\dfrac{3}{4}$ → ◯

17 우유가 $1\dfrac{2}{3}$ L 있었습니다. 그중에서 재호가 $\dfrac{7}{10}$ L, 정원이가 $\dfrac{1}{3}$ L 마셨습니다. 남은 우유는 몇 L인가요?

( )

18 가장 큰 수와 가장 작은 수의 차를 구해 보세요.

$$2\dfrac{5}{6} \qquad 1\dfrac{11}{12} \qquad 2\dfrac{7}{8}$$

( )

19 직사각형의 가로와 세로의 합은 $7\dfrac{5}{12}$ cm입니다. 직사각형의 가로와 세로의 차는 몇 cm인지 풀이 과정을 쓰고 답을 구해 보세요.

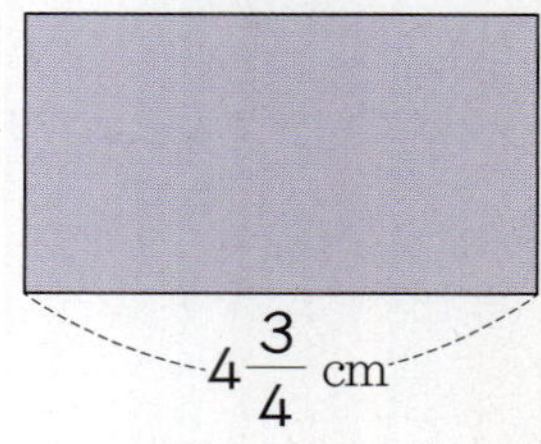

( )

20 ㉠에서 ㉣까지의 거리는 몇 km인가요?

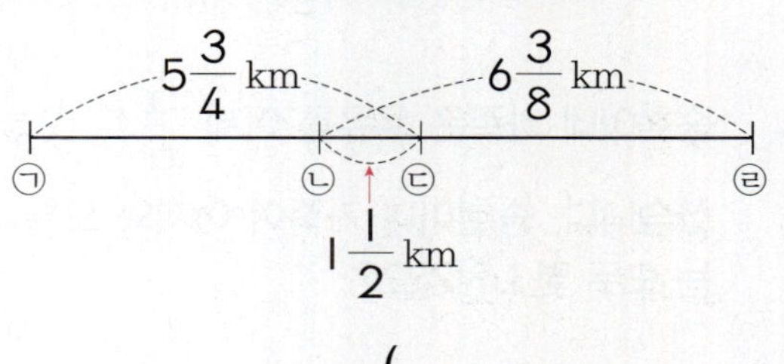

( )

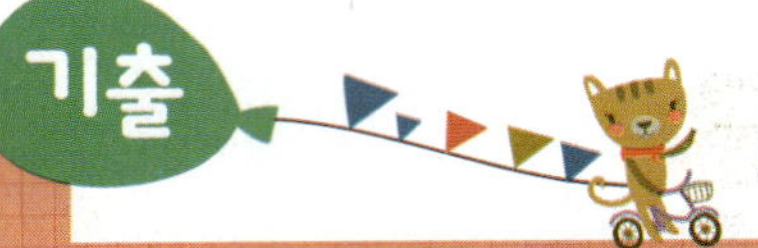

1 그림에서 선분 ㄱㄷ의 길이를 구해 보세요.

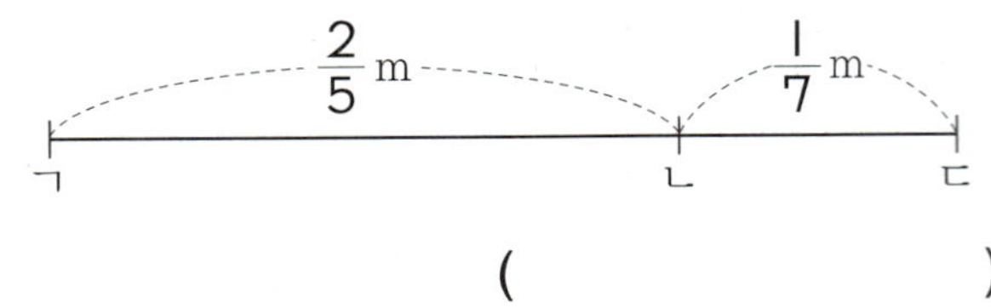

$\dfrac{2}{5}$ m $\dfrac{1}{7}$ m

(   )

2 ☐ 안에 알맞은 수를 써넣으세요.

$$\dfrac{3}{4}+\dfrac{1}{3}=\dfrac{\boxed{}}{12}+\dfrac{\boxed{}}{12}$$

$$=\dfrac{\boxed{}}{12}=\boxed{}\dfrac{\boxed{}}{12}$$

3 두 수의 합을 구해 보세요.

$$\dfrac{7}{12} \qquad \dfrac{5}{8}$$

(   )

4 승철이네 가족은 우유를 어제 $\dfrac{5}{6}$ L, 오늘 $\dfrac{7}{9}$ L 마셨습니다. 승철이네 가족이 어제와 오늘 마신 우유는 모두 몇 L인가요?

(   )

5 ☐ 안에 알맞은 수를 써넣으세요.

$$1\dfrac{4}{5}+2\dfrac{2}{3}=\boxed{}\dfrac{\boxed{}}{15}+\boxed{}\dfrac{\boxed{}}{15}$$

$$=3\dfrac{\boxed{}}{15}=\boxed{}\dfrac{\boxed{}}{15}$$

6 빈칸에 알맞은 수를 써넣으세요.

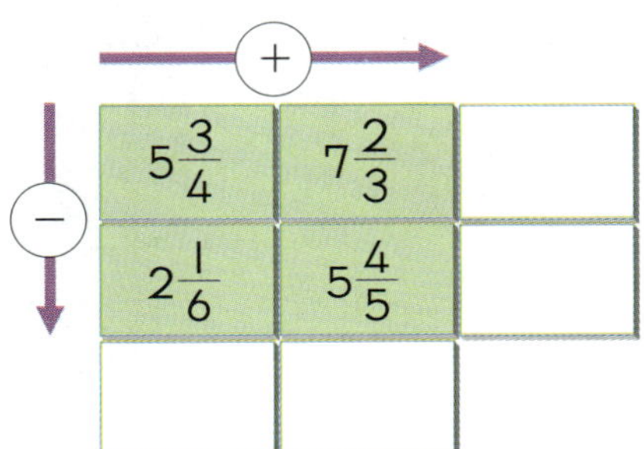

7 두 끈을 겹치는 부분이 없게 길게 이었을 때 이은 끈의 길이는 몇 cm인가요?

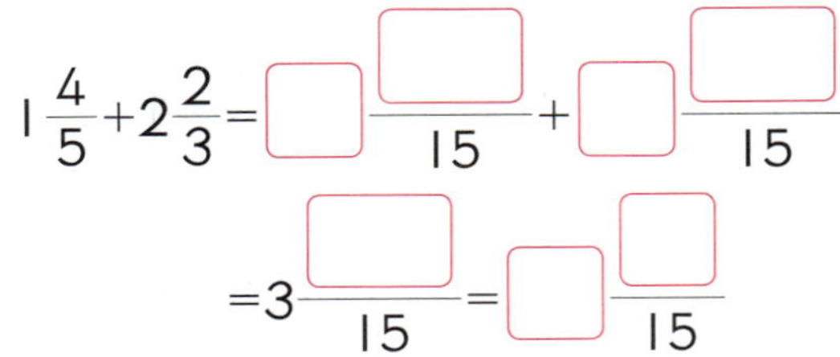

$4\dfrac{1}{4}$ cm $3\dfrac{2}{7}$ cm

(   )

8 ☐ 안에 알맞은 수를 구해 보세요.

$$\boxed{}-2\dfrac{1}{2}=1\dfrac{1}{6}+1\dfrac{11}{12}$$

( )

 $\dfrac{3}{4}-\dfrac{1}{6}$ 을 서로 다른 방법으로 계산한 것입니다. 어떤 방법으로 계산했는지 설명해 보세요. [11~12]

11
$$\dfrac{3}{4}-\dfrac{1}{6}=\dfrac{3\times6}{4\times6}-\dfrac{1\times4}{6\times4}=\dfrac{18}{24}-\dfrac{4}{24}$$
$$=\dfrac{14}{24}=\dfrac{7}{12}$$

➡ ___________________________

____

서술형

9 다음 대분수 중에서 두 수를 선택하여 합이 가장 작은 덧셈식을 만들 때 두 수의 합은 얼마인지 풀이 과정을 쓰고 답을 구해 보세요.

$$3\dfrac{1}{2}\qquad 1\dfrac{4}{5}\qquad 3\dfrac{7}{10}\qquad 2\dfrac{2}{3}$$

____

____

____

____

( )

12
$$\dfrac{3}{4}-\dfrac{1}{6}=\dfrac{3\times3}{4\times3}-\dfrac{1\times2}{6\times2}=\dfrac{9}{12}-\dfrac{2}{12}=\dfrac{7}{12}$$

➡ ___________________________

____

13 빈 곳에 알맞은 수를 써넣으세요.

$$\dfrac{5}{9}\;-\;\dfrac{2}{5}\;=\;\bigcirc$$

10 ☐ 안에 알맞은 수를 써넣으세요.

$$\dfrac{5}{6}-\dfrac{1}{2}=\dfrac{\boxed{}}{6}-\dfrac{\boxed{}}{6}=\dfrac{\boxed{}}{6}=\dfrac{\boxed{}}{3}$$

14 ☐ 안에 알맞은 수를 써넣으세요.

$$4\dfrac{2}{3}-\boxed{}=1\dfrac{2}{7}$$

15 ㉮ 주전자에는 물이 $2\frac{7}{10}$ L 들어 있고, ㉯ 주전자에는 ㉮ 주전자보다 물이 $\frac{2}{15}$ L만큼 더 적게 들어 있습니다. ㉯ 주전자에 들어 있는 물의 양은 몇 L인가요?

(　　　　　　　　)

16 계산해 보세요.

(1) $5\frac{2}{3} - 1\frac{1}{2}$

(2) $4\frac{5}{12} - 2\frac{7}{8}$

서술형

17 삼각형의 세 변의 길이의 합이 $7\frac{7}{18}$ cm일 때 ☐ 안에 알맞은 수는 얼마인지 풀이 과정을 쓰고 답을 구해 보세요.

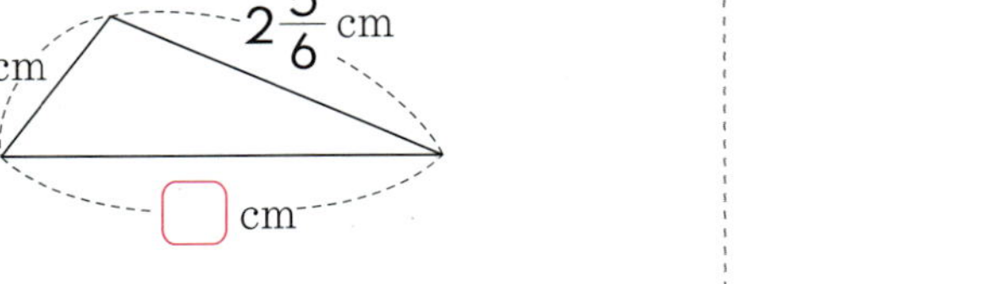

____

____

____

(　　　　　　　　)

18 지솔이는 찰흙 2 kg 중 $1\frac{1}{4}$ kg을 사용했습니다. 남은 찰흙의 무게는 몇 kg인가요?

(　　　　　　　　)

19 다음 계산에서 처음 잘못 계산한 부분을 찾아 ◯표 하고, 옳게 고쳐 계산해 보세요.

$$5\frac{1}{2} - 2\frac{3}{4} = 5\frac{2}{4} - 2\frac{3}{4} = 5\frac{6}{4} - 2\frac{3}{4}$$
$$= (5-2) + \left(\frac{6}{4} - \frac{3}{4}\right) = 3 + \frac{3}{4} = 3\frac{3}{4}$$

$5\frac{1}{2} - 2\frac{3}{4} =$ _______________

____

서술형

20 가 마을에서 나 마을을 거쳐 다 마을까지 갔었는데, 가 마을에서 다 마을까지 바로 갈 수 있는 길이 새로 만들어졌습니다. 얼마나 가까워졌는지 풀이 과정을 쓰고 답을 구해 보세요.

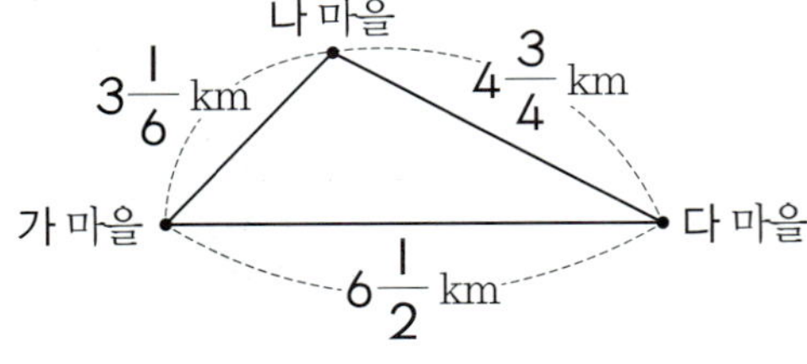

____

____

____

(　　　　　　　　)

1 ☐ 안에 알맞은 수를 써넣으세요.

$$\frac{1}{4}+\frac{1}{10}=\frac{\boxed{}}{20}+\frac{\boxed{}}{20}=\frac{\boxed{}}{20}$$

2 아래 두 분수의 합을 위의 ☐ 안에 써넣으세요.

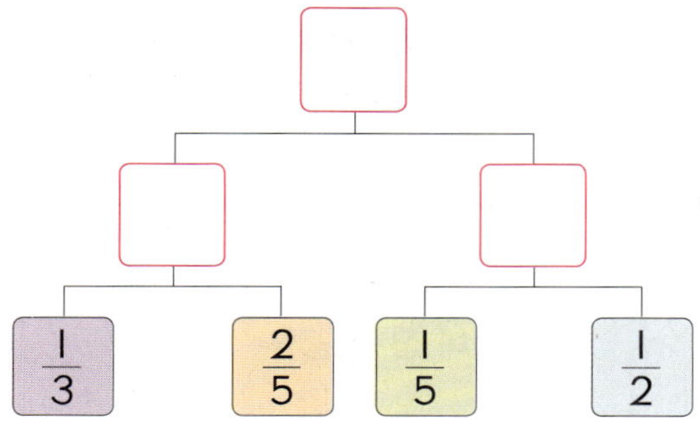

서술형

3 효주네 집에서 도서관까지 가는 길을 나타낸 것입니다. 효주네 집에서 도서관까지의 거리가 1 km보다 가까우면 걸어가고, 1 km가 넘으면 자전거를 타고 가려고 합니다. 효주네 집에서 도서관까지 어떤 방법으로 가면 좋을지 풀이 과정을 쓰고 답을 구해 보세요.

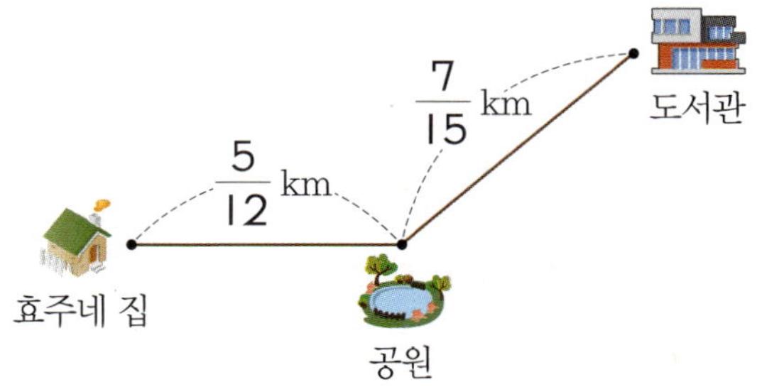

____

____

(   )

4 계산 결과가 더 큰 쪽에 ◯표 하세요.

$\frac{1}{6}+\frac{7}{8}$	$\frac{5}{8}+\frac{7}{12}$

(   )   (   )

5 재호는 시장에서 딸기 $\frac{3}{4}$ kg과 방울토마토 $\frac{4}{5}$ kg을 샀습니다. 재호가 산 딸기와 방울토마토의 무게는 몇 kg인가요?

(   )

5
단원

🍄 $2\frac{4}{9}+1\frac{5}{6}$ 를 서로 다른 방법으로 계산한 것입니다. 어떤 방법으로 계산했는지 설명해 보세요. [6~7]

6

$$2\frac{4}{9}+1\frac{5}{6}=2\frac{8}{18}+1\frac{15}{18}$$
$$=(2+1)+\left(\frac{8}{18}+\frac{15}{18}\right)$$
$$=3+\frac{23}{18}=3+1\frac{5}{18}=4\frac{5}{18}$$

➡ __________________________

7

$$2\frac{4}{9}+1\frac{5}{6}=\frac{22}{9}+\frac{11}{6}$$
$$=\frac{44}{18}+\frac{33}{18}=\frac{77}{18}=4\frac{5}{18}$$

➡ __________________________

서술형

8 수 카드를 한 번씩만 사용하여 만들 수 있는 대분수 중에서 가장 큰 수와 가장 작은 수의 합은 얼마인지 풀이 과정을 쓰고 답을 구해 보세요.

$$2 \quad 3 \quad 8$$

( )

9 보기 와 같은 방법으로 계산해 보세요.

보기

$$\frac{3}{4} - \frac{3}{10} = \frac{3\times5}{4\times5} - \frac{3\times2}{10\times2}$$
$$= \frac{15}{20} - \frac{6}{20} = \frac{9}{20}$$

$$\frac{5}{6} - \frac{3}{4} = $$

10 빈 곳에 두 수의 차를 써넣으세요.

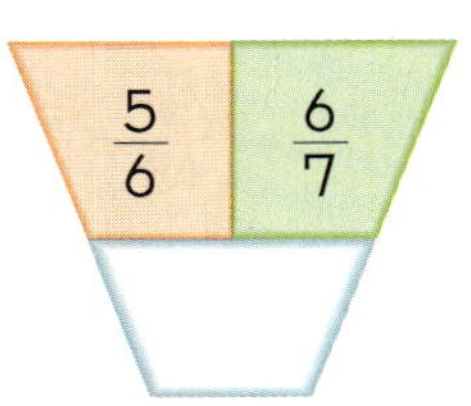

11 ㉠과 ㉡ 중 어느 것이 얼마나 더 큰가요?

$$㉠ \ \frac{3}{5} - \frac{1}{3} \qquad ㉡ \ \frac{4}{5} - \frac{1}{2}$$

(,)

12 경인이네 집에서 공원과 놀이터까지의 거리를 나타낸 것입니다. 경인이네 집에서 어느 곳이 몇 km 더 먼가요?

구간	거리
경인이네 집 ~ 공원	$\frac{7}{10}$ km
경인이네 집 ~ 놀이터	$\frac{2}{3}$ km

(,)

13 계산해 보세요.

(1) $\dfrac{3}{10} + \dfrac{7}{8}$

(2) $2\dfrac{7}{9} - \dfrac{5}{12}$

14 강아지의 무게는 $2\dfrac{1}{4}$ kg, 고양이의 무게는 $2\dfrac{2}{5}$ kg 입니다. 강아지와 고양이 중 어느 것의 무게가 몇 kg 더 무거운가요?

(,)

15 ☐ 안에 알맞은 수를 써넣으세요.

$$3\frac{1}{6}-1\frac{1}{3}=3\frac{1}{6}-1\frac{\boxed{}}{6}=2\frac{\boxed{}}{6}-1\frac{\boxed{}}{6}$$

$$=(2-1)+\left(\frac{\boxed{}}{6}-\frac{\boxed{}}{6}\right)$$

$$=\boxed{}\frac{\boxed{}}{6}$$

16 값이 같은 것끼리 선으로 이어 보세요.

(1) $7\dfrac{5}{12}-6\dfrac{3}{8}$ • • ㉠ $1\dfrac{3}{8}$

(2) $1\dfrac{1}{2}-\dfrac{1}{8}$ • • ㉡ $1\dfrac{5}{24}$

(3) $\dfrac{5}{8}+\dfrac{7}{12}$ • • ㉢ $1\dfrac{1}{24}$

17 ㉠에 들어갈 수를 구해 보세요.

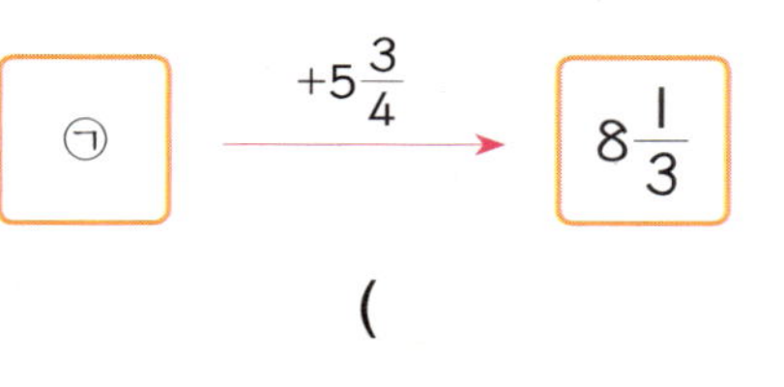

( )

18 $2\dfrac{1}{2}$ 에 어떤 수를 더했더니 $5\dfrac{1}{6}$ 보다 $1\dfrac{3}{4}$ 작은 수가 되었습니다. 어떤 수를 구해 보세요.

( )

서술형

19 ㉡에서 ㉢까지의 거리는 몇 km인지 풀이 과정을 쓰고 답을 구해 보세요.

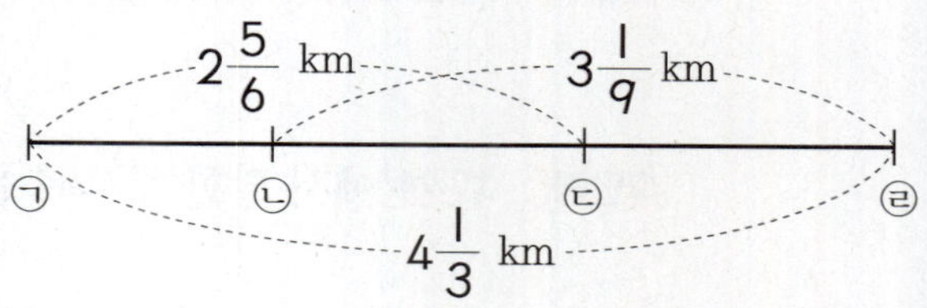

( )

서술형

20 길이가 $3\dfrac{2}{5}$ m인 색 테이프 3개를 그림과 같이 겹쳐지도록 길게 이었습니다. 이은 색 테이프의 길이는 몇 m인지 풀이 과정을 쓰고 답을 구해 보세요.

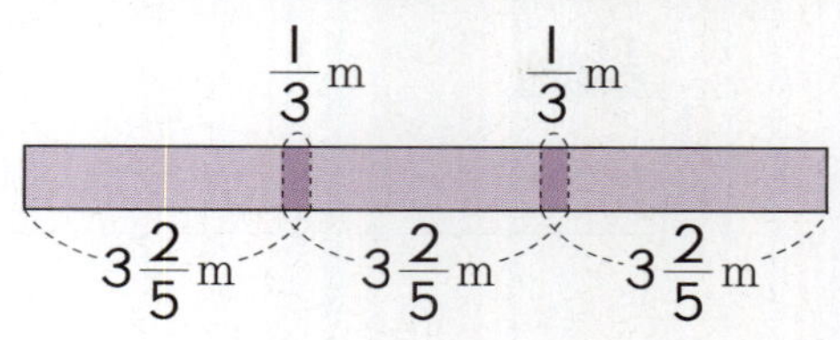

( )

연습 각 단계에 따라 문제를 풀어 보세요.

1 다음 중 두 분수를 골라 두 분수의 차를 구할 때 두 분수의 차가 가장 크게 되는 식을 쓰고, 차를 구해 보세요.

$$\frac{5}{6} \qquad \frac{1}{3} \qquad \frac{1}{15} \qquad \frac{3}{4}$$

1단계 두 분수의 차가 가장 크려면 어떤 두 수를 찾아 차를 구해야 하나요?

(   )

2단계 **1단계** 에서 말한 두 분수를 써 보세요.

(,   )

3단계 두 분수의 차가 가장 크게 되는 식을 쓰고, 차를 구해 보세요.

식 ___________ **답** ___________

도전 위에서 푼 방법을 생각하며 풀어 보세요.

1-1 다음 중 두 분수를 골라 두 분수의 합을 구할 때 두 분수의 합이 가장 크게 되는 식을 쓰고, 합을 구해 보세요.

$$2\frac{1}{2} \qquad 2\frac{5}{9} \qquad 2\frac{3}{4} \qquad 2\frac{5}{6}$$

풀이

____

____

____

____

식 ___________ **답** ___________

이렇게 술술풀어요

① 두 분수의 합이 가장 크려면 어떤 두 수를 찾아야 하는지 설명합니다.

② ①에서 말한 두 분수를 구합니다.

③ 두 분수의 합이 가장 크게 되는 식을 쓰고 합을 구합니다.

각 단계에 따라 문제를 풀어 보세요.

2 수 카드 중 2장을 사용하여 만들 수 있는 가장 큰 진분수보다 $\frac{3}{4}$만큼 더 작은 수는 얼마인지 구해 보세요.

1단계 만들 수 있는 진분수를 모두 써 보세요.

(   )

2단계 만들 수 있는 진분수 중 가장 큰 진분수를 써 보세요.

(   )

3단계 만들 수 있는 가장 큰 진분수보다 $\frac{3}{4}$만큼 더 작은 수는 얼마인지 써 보세요.

(   )

위에서 푼 방법을 생각하며 풀어 보세요.

2-1 수 카드 중 2장을 사용하여 만들 수 있는 가장 작은 진분수보다 $\frac{3}{4}$만큼 더 큰 수는 얼마인지 구해 보세요.

풀이

____

____

____

____

 답 ___________________________________

이렇게 술술 풀어요

① 만들 수 있는 진분수를 모두 구합니다.

② ①에서 구한 진분수 중 가장 작은 수를 구합니다.

③ ②에서 구한 수보다 $\frac{3}{4}$만큼 더 큰 수를 구합니다.

연습 각 단계에 따라 문제를 풀어 보세요.

3 주스가 가득 들어 있는 병의 무게가 $3\frac{4}{5}$ kg입니다. 효주가 주스의 반을 마셨더니 주스가 들어 있는 병의 무게가 $2\frac{1}{3}$ kg이 되었습니다. 병만의 무게를 구해 보세요.

1단계 효주가 마신 주스의 무게는 몇 kg인가요?

(   )

2단계 병만의 무게는 몇 kg인가요?

(   )

도전 위에서 푼 방법을 생각하며 풀어 보세요.

3-1 꿀이 가득 들어 있는 항아리의 무게가 $5\frac{1}{3}$ kg입니다. 의란이가 꿀의 반을 꿀차를 만드는 데 사용하였더니 꿀이 들어 있는 항아리의 무게가 $3\frac{2}{5}$ kg이 되었습니다. 항아리만의 무게를 구해 보세요.

이렇게 술술 풀어요

① 꿀차를 만드는 데 사용한 꿀의 무게를 구합니다.

② 항아리만의 무게를 구합니다.

풀이

답 _______________

실전 시험처럼 문제를 풀어 보세요.

4 다음 중 두 분수를 골라 두 분수의 차를 구할 때 두 분수의 차가 가장 크게 되는 식을 쓰고 차를 구해 보세요.

$$4\frac{3}{8} \qquad 2\frac{11}{12} \qquad 4\frac{1}{3} \qquad 2\frac{5}{6}$$

풀이

식 ____________________　　　답 ____________________

실전 시험처럼 문제를 풀어 보세요.

5 수 카드 중 2장을 사용하여 만들 수 있는 가장 큰 진분수보다 $2\frac{2}{3}$ 만큼 더 큰 수는 얼마인지 구해 보세요.

3	5	8

풀이

답 ____________________

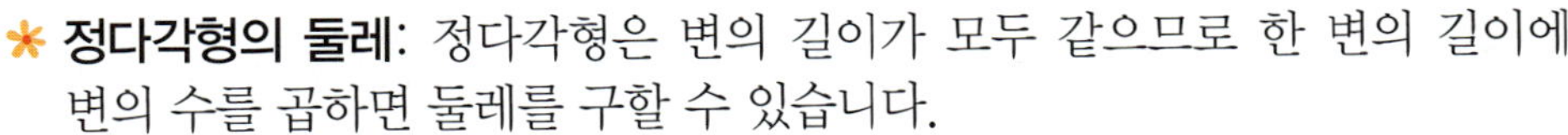

6-1 정다각형의 둘레를 구해 볼까요

✱ **정다각형의 둘레**: 정다각형은 변의 길이가 모두 같으므로 한 변의 길이에 변의 수를 곱하면 둘레를 구할 수 있습니다.

	한 변의 길이(cm)	변의 수(개)	둘레(cm)
정삼각형	예 3	3	9
정사각형	예 3	4	12
정오각형	예 3	5	15

> (정다각형의 둘레)=(한 변의 길이)×(변의 수)

- **정다각형**: 변의 길이가 모두 같고 각의 크기가 모두 같은 다각형을 정다각형이라고 합니다.

- **정다각형의 이름**: 정다각형은 변의 수에 따라 정삼각형, 정사각형, 정오각형, 정육각형, 정칠각형, 정팔각형 등으로 부릅니다.

6-2 사각형의 둘레를 구해 볼까요

✱ **직사각형의 둘레와 평행사변형의 둘레를 구하는 방법**

> (직사각형의 둘레)=(가로)×2+(세로)×2={(가로)+(세로)}×2

> (평행사변형의 둘레)=(한 변의 길이)×2+(다른 한 변의 길이)×2
> ={(한 변의 길이)+(다른 한 변의 길이)}×2

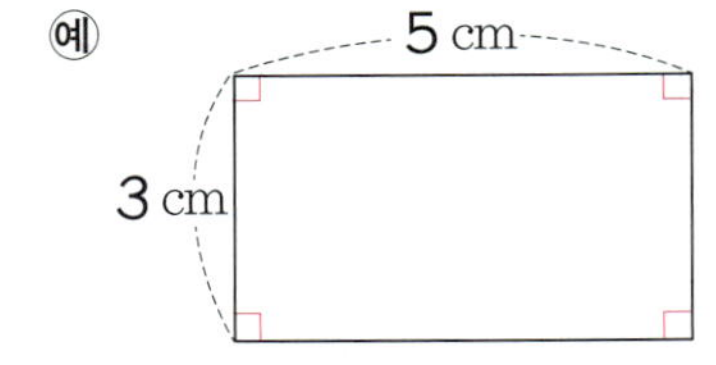

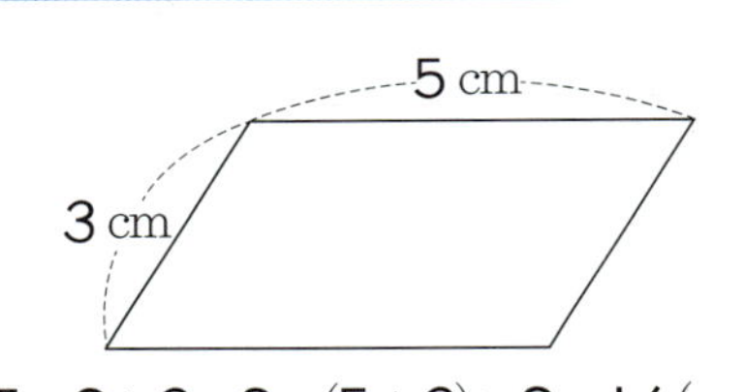

5×2+3×2=(5+3)×2=16(cm)   5×2+3×2=(5+3)×2=16(cm)

✱ **마름모의 둘레와 정사각형의 둘레를 구하는 방법**: 네 변의 길이가 같기 때문에 한 변의 길이를 4배 하면 됩니다.

> (마름모의 둘레)=(한 변의 길이)×4   (정사각형의 둘레)=(한 변의 길이)×4

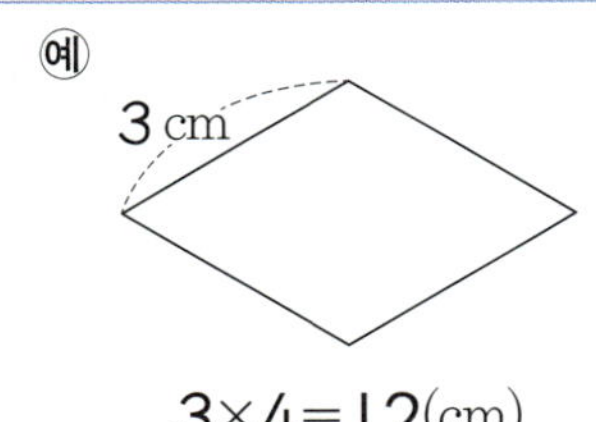

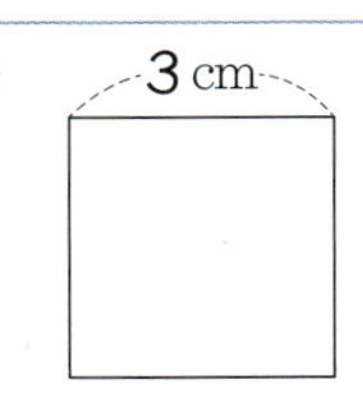

3×4=12(cm)   3×4=12(cm)

- **사각형**: 직사각형, 평행사변형, 마름모, 정사각형 등과 같이 네 개의 선분으로만 둘러싸인 도형을 사각형이라고 합니다.

- **사각형의 둘레를 구하는 방법**: 각 변의 길이를 모두 더하면 됩니다.

- **직사각형과 평행사변형의 성질**: 마주 보는 두 변의 길이가 같습니다.

- **마름모와 정사각형의 성질**: 네 변의 길이가 모두 같습니다.

- 정사각형은 직사각형이라고 할 수 있으므로 직사각형의 둘레를 구하는 방법으로 구해도 됩니다.

  정다각형의 둘레를 구해 볼까요   

1 정오각형의 둘레를 구하려고 합니다. ☐ 안에 알맞은 수를 써넣으세요.

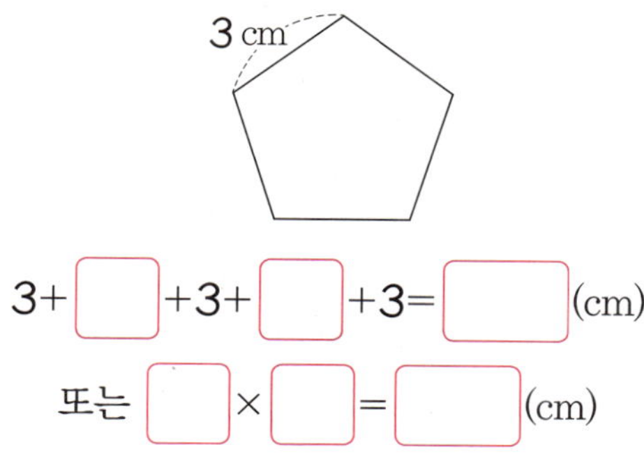

$$3 + \boxed{} + 3 + \boxed{} + 3 = \boxed{} \ (\text{cm})$$

또는 $\boxed{} \times \boxed{} = \boxed{} \ (\text{cm})$

2 정육각형의 둘레가 48 cm일 때 ☐ 안에 알맞은 수를 써넣으세요.

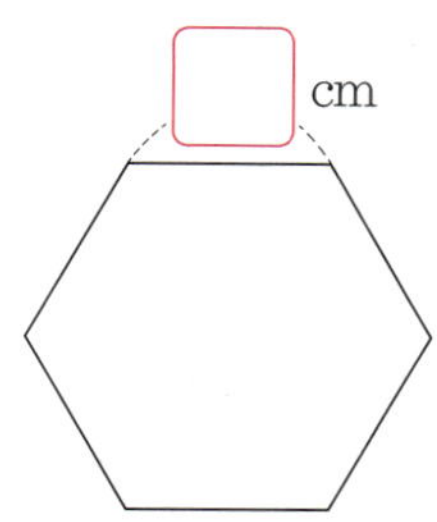

3 색종이는 한 변의 길이가 15 cm인 정사각형 모양입니다. 색종이의 둘레를 구해 보세요.

(   )

 사각형의 둘레를 구해 볼까요

4 평행사변형의 둘레를 구하려고 합니다. ☐ 안에 알맞은 수를 써넣으세요.

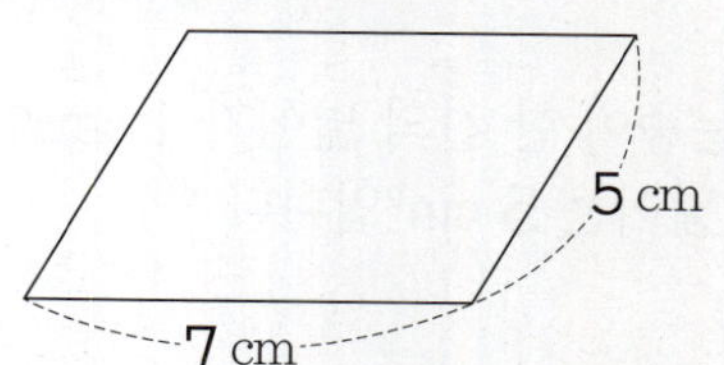

(평행사변형의 둘레)

$$= \boxed{} \times 2 + \boxed{} \times 2$$

$$= \left(\boxed{} + \boxed{} \right) \times 2$$

$$= \boxed{} \ (\text{cm})$$

5 사각형의 둘레를 구해 보세요.

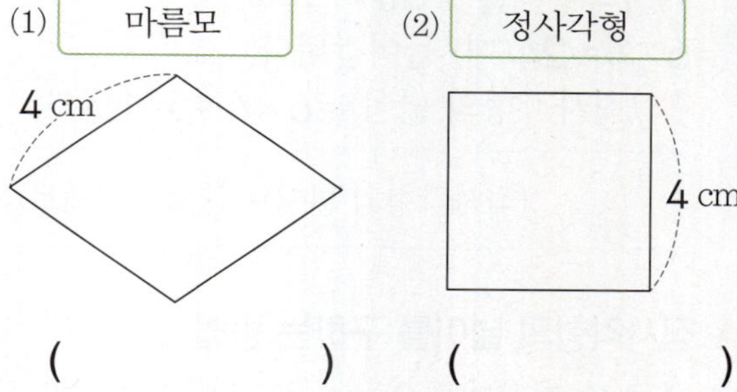

(1) 마름모   (2) 정사각형

(   )   (   )

6 둘레가 22 cm인 직사각형을 그려 보세요.

6 단원

6-3 | cm²를 알아볼까요

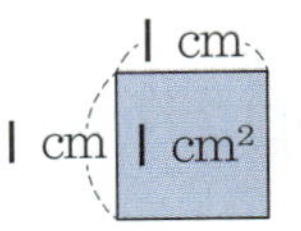

❋ | cm²: 한 변의 길이가 | cm인 정사각형의 넓이를 | cm²라 쓰고 | 제곱센티미터라고 읽습니다.

ㆍ| cm² 읽기와 쓰기
읽기 | 제곱센티미터

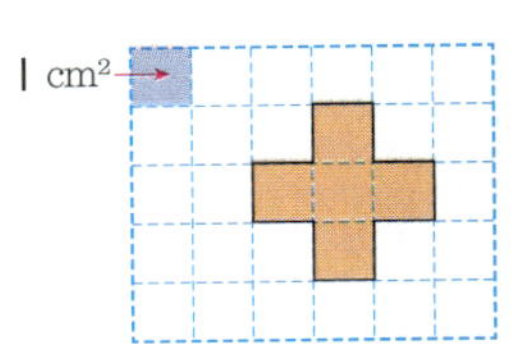
쓰기 $1\,cm^2$

→ cm는 중심선과 세 번째 선 사이에 크게 쓰고 2는 첫 번째 선과 중심선 사이에 작게 씁니다.

(예) 모눈종이 한 칸의 넓이가 | cm²이므로 오른쪽 도형의 넓이는 5 cm²입니다.

🌰 오른쪽 도형의 넓이를 구해 보세요.

(   )

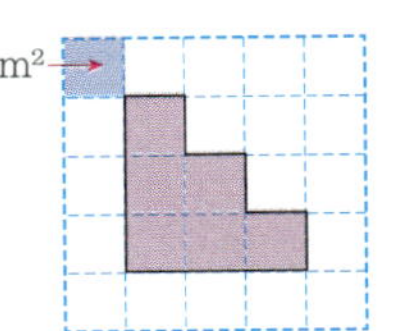

풀이
모눈종이 한 칸의 넓이가 | cm²이므로 도형의 넓이는 6 cm²입니다.

답 🥕 6 cm²

6-4   직사각형의 넓이를 구해 볼까요

❋ **직사각형의 넓이를 구하는 방법**

넓이를 잴 때 기준이 되는 것

(예) 오른쪽 직사각형은 | cm²인 단위넓이가 가로와 세로에 각각 6개, 4개가 있으므로 직사각형에는 | cm²가 모두 6×4=24(개) 들어갑니다.
➡ (직사각형의 넓이)=6×4=24(cm²)

(직사각형의 넓이)=(가로)×(세로)

❋ **정사각형의 넓이를 구하는 방법**

(예) 오른쪽 정사각형은 | cm²인 단위넓이가 한 변에 5개씩 있으므로 정사각형에는 | cm²가 모두 5×5=25(개) 들어갑니다.
➡ (정사각형의 넓이)=5×5=25(cm²)

(정사각형의 넓이)=(한 변의 길이)×(한 변의 길이)

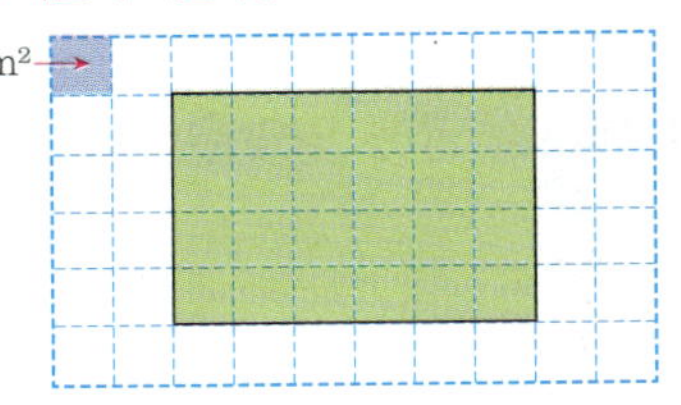

ㆍ**정사각형의 넓이를 간단하게 구하는 방법**
정사각형도 직사각형이라고 할 수 있고, 정사각형은 네 변의 길이가 같은 사각형이므로 가로와 세로의 길이가 같습니다. 그러므로 (정사각형의 넓이)=(한 변의 길이)×(한 변의 길이)라고 할 수 있습니다.

ㆍ**직사각형과 정사각형 넓이를 구하는 방법의 같은 점과 다른 점**
① 직각을 이루는 두 변의 길이를 곱해 주는 것이 같은 점입니다.
② 직각을 이루는 두 변의 길이가 정사각형은 같고, 직사각형은 다릅니다.

🌰 오른쪽 도형의 넓이를 구해 보세요.

(   )

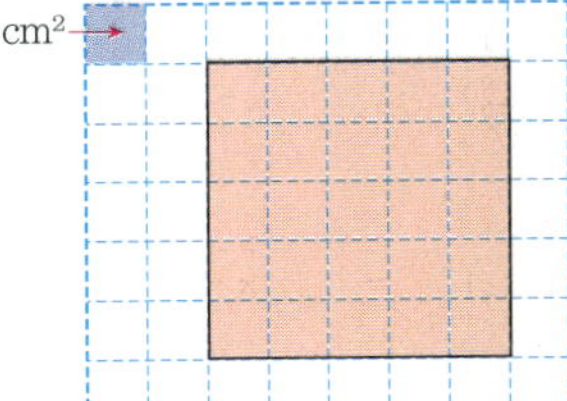

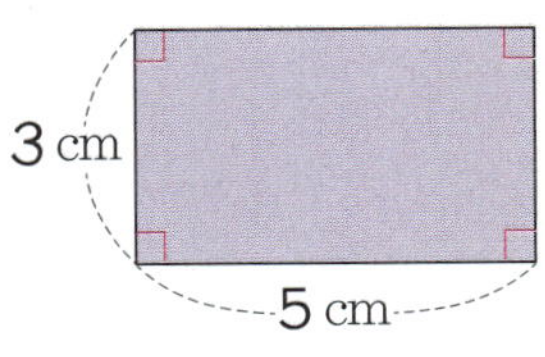

풀이
(직사각형의 넓이)=(가로)×(세로)이므로 5×3=|5(cm²)입니다.

답 🥕 |5 cm²

수학 익힘 풀기

6-3 1 cm²를 알아볼까요

1 주어진 넓이를 읽고 써 보세요.

$$3 \text{ cm}^2$$

읽기 ______________________

쓰기 ______________________

2 넓이가 가장 넓은 것의 기호를 써 보세요.

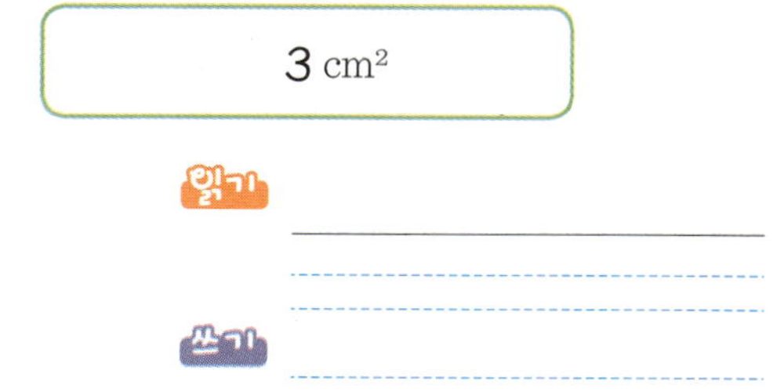

(   )

3 두 도형의 넓이를 구해 보세요.

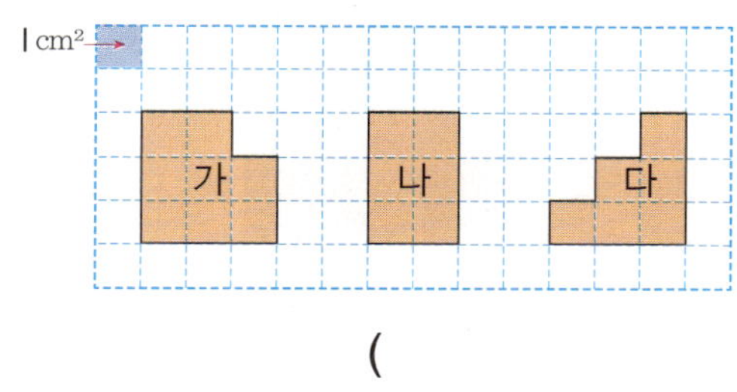

가: (   )

나: (   )

6-4 직사각형의 넓이를 구해 볼까요

4 ◻ 안에 알맞은 수를 써넣으세요.

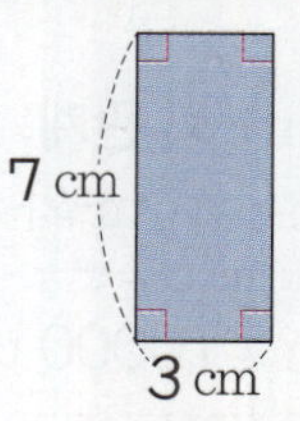

5 직사각형의 넓이를 구해 보세요.

가로(cm)	15	42	61
세로(cm)	16	23	56
넓이(cm²)	㉠	㉡	㉢

㉠: (   )

㉡: (   )

㉢: (   )

6 정사각형의 넓이를 구해 보세요.

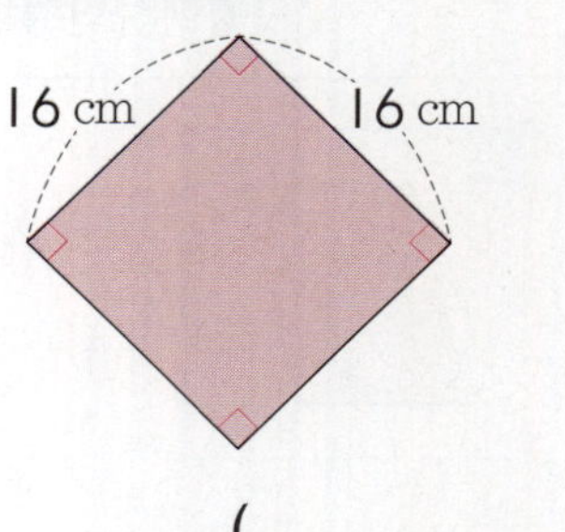

(   )

6-5 I cm²보다 더 큰 넓이의 단위를 알아볼까요

✻ I m²: 한 변의 길이가 I m인 정사각형의 넓이를 I m²라 쓰고 **제곱미터**라고 읽습니다.

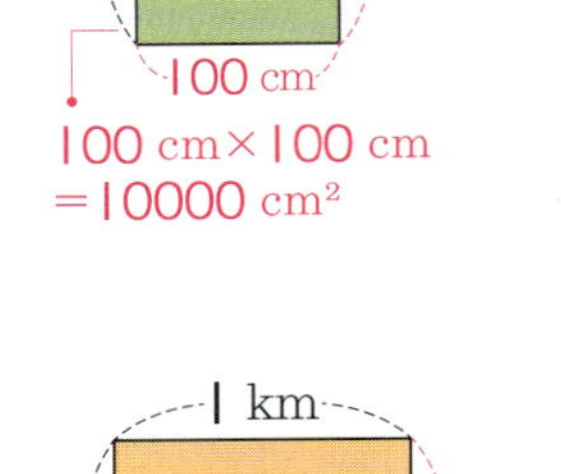

✻ I cm²와 I m²의 관계: I00 cm= I m이므로 I0000 cm²는 I m²와 같습니다.

> I0000 cm²= I m²

✻ I km²: 한 변의 길이가 I km인 정사각형의 넓이를 I km²라 쓰고 **제곱킬로미터**라고 읽습니다.

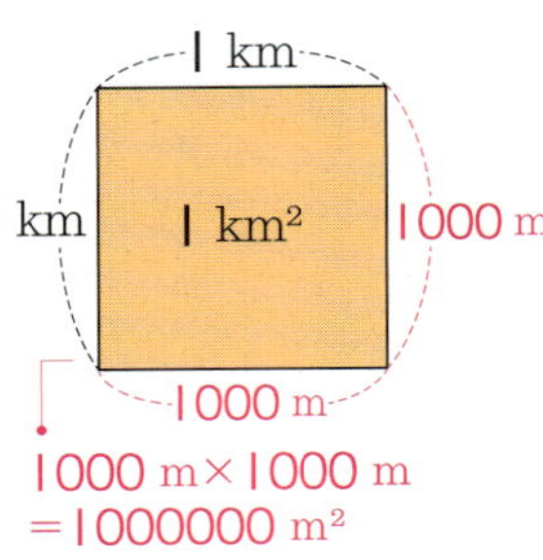

✻ I m²와 I km²의 관계: I000 m= I km이므로 I000000 m²는 I km²와 같습니다.

> I000000 m²= I km²

• I m² 읽기와 쓰기
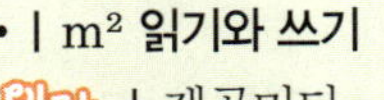 **읽기** I 제곱미터
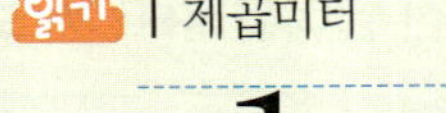 **쓰기** $1\,m^2$

• I km² 읽기와 쓰기
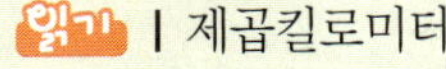 **읽기** I 제곱킬로미터
 **쓰기** $1\,km^2$

6-6 평행사변형의 넓이를 구해 볼까요

✻ 평행사변형에서 평행한 두 변을 **밑변**이라 하고, 두 밑변 사이의 거리를 **높이**라고 합니다.

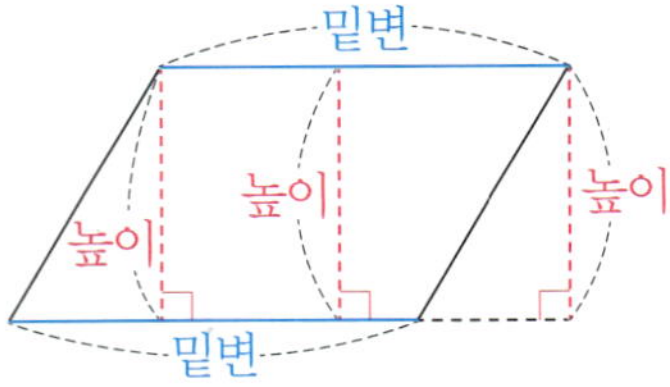

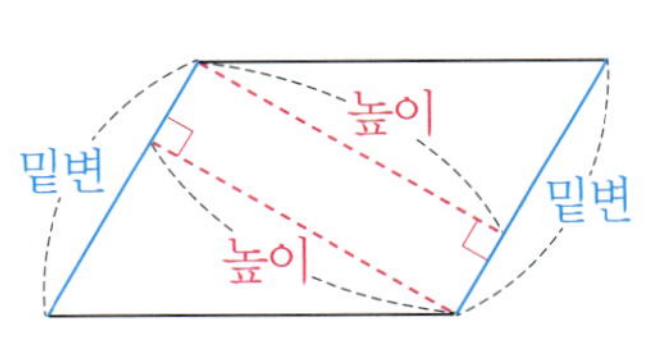

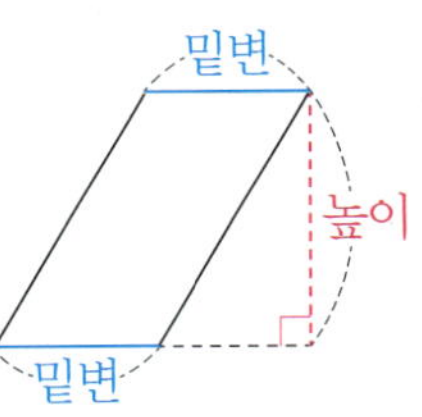

• 평행사변형의 높이를 재는 방법
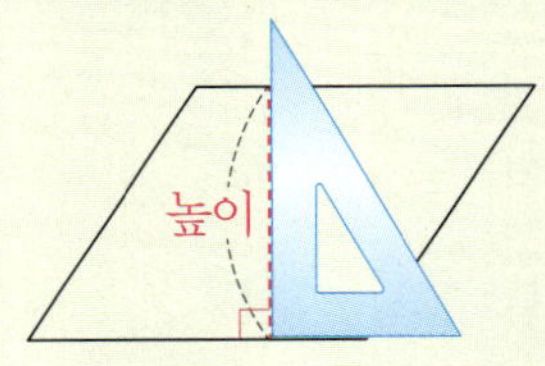

✻ **평행사변형의 넓이를 구하는 방법** → 평행사변형의 모양은 다르더라도 밑변의 길이와 높이가 같으면 그 넓이도 같습니다.

> (평행사변형의 넓이)=(밑변의 길이)×(높이)

예 I cm²
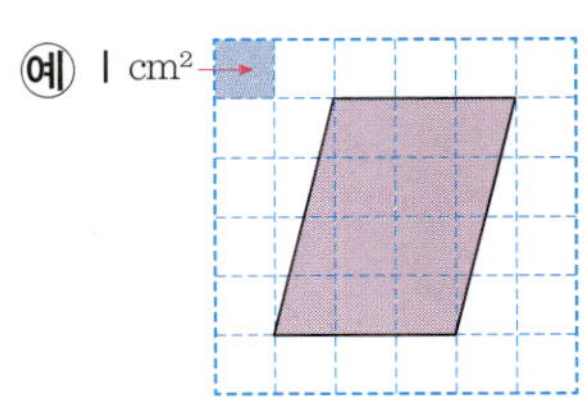

(평행사변형의 넓이)=(밑변의 길이)×(높이)
$$=3\times4=12\,(cm^2)$$

• 평행사변형을 직사각형으로 만들어 넓이를 구하는 방법
I cm²
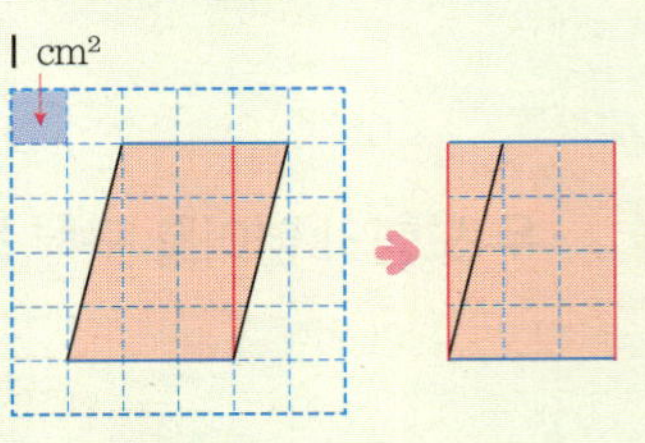

(평행사변형의 넓이)
=(만들어진 직사각형의 넓이)
=(가로)×(세로)
$=3\times4=12\,(cm^2)$

수학 익힘 풀기

6-5 | cm²보다 더 큰 넓이의 단위를 알아볼까요

1 주어진 넓이를 읽고 써 보세요.

$$5 \text{ km}^2$$

읽기 __________________

쓰기 __________________

2 직사각형의 넓이를 구해 보세요.

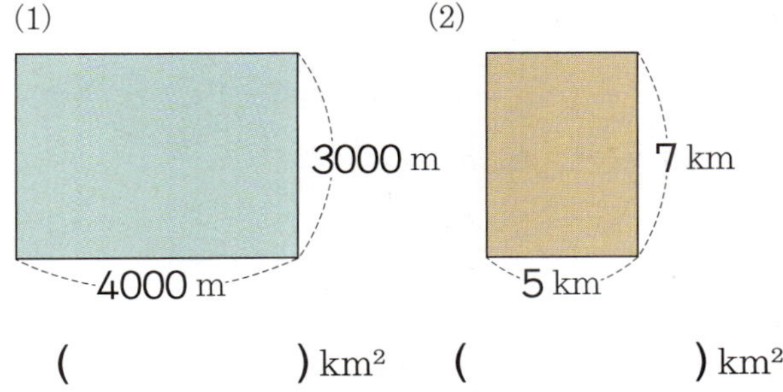

(1) 3000 m, 4000 m
( ) km²

(2) 7 km, 5 km
( ) km²

3 ☐ 안에 알맞은 수를 써넣으세요.

(1) $2 \text{ m}^2 = $ ☐ cm^2

(2) ☐ $\text{m}^2 = 40000 \text{ cm}^2$

(3) $6 \text{ km}^2 = $ ☐ m^2

(4) $3 \text{ km}^2 = $ ☐ cm^2

6-6 평행사변형의 넓이를 구해 볼까요

4 평행사변형의 높이는 몇 cm인지 써 보세요.

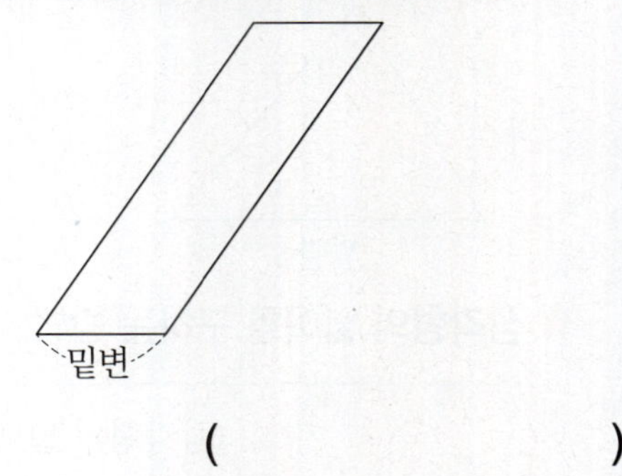

( )

5 평행사변형의 넓이를 구해 보세요.

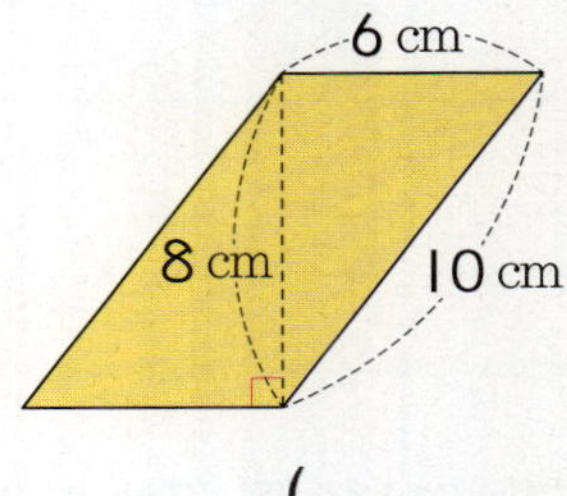

( )

6 주어진 평행사변형과 넓이가 같은 평행사변형을 오른쪽에 | 개 그려 보세요.

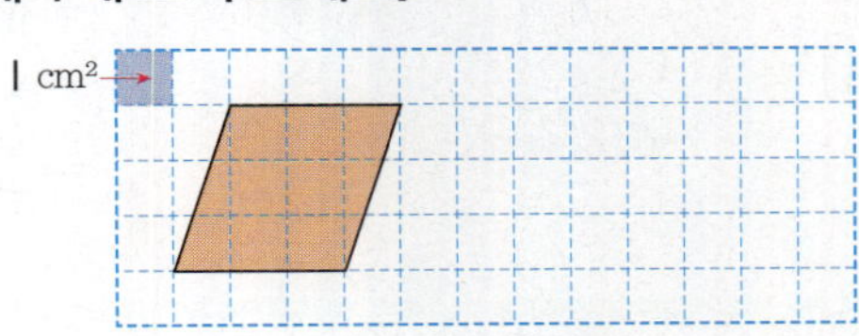

6-7 삼각형의 넓이를 구해 볼까요

❋ 삼각형의 한 변을 **밑변**이라고 하면, 밑변과 마주 보는 꼭짓점에서 밑변에 수직으로 그은 선분의 길이를 **높이**라고 합니다.

평행사변형의 넓이는 삼각형의 넓이의 **2**배가 됩니다.

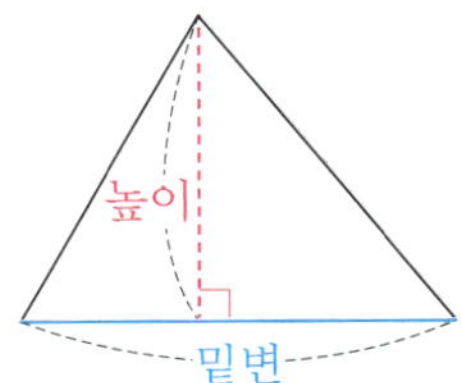 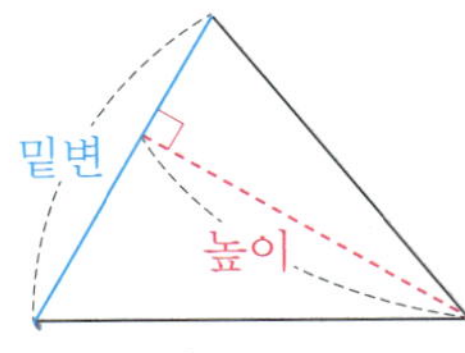 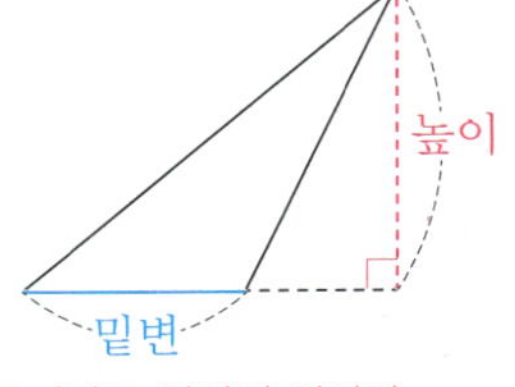

❋ 삼각형의 넓이를 구하는 방법

• 삼각형의 모양은 다르더라도 밑변의 길이와 높이가 같으면 그 넓이도 같습니다.

(삼각형의 넓이)=(밑변의 길이)×(높이)÷2

• 삼각형 2개를 이용하여 넓이를 구하는 방법

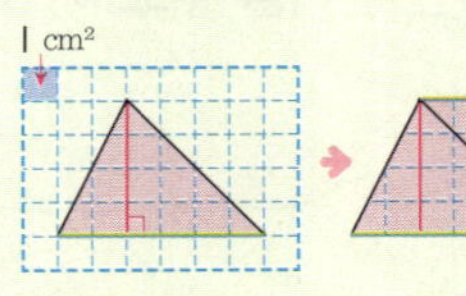

(삼각형의 넓이)
=(만들어진 평행사변형의 넓이)÷2
=(밑변의 길이)×(높이)÷2
=6×4÷2=12(cm²)

6-8 마름모의 넓이를 구해 볼까요

❋ 마름모의 넓이를 구하는 방법

(마름모의 넓이)=(한 대각선의 길이)×(다른 대각선의 길이)÷2

(예) 1 cm²

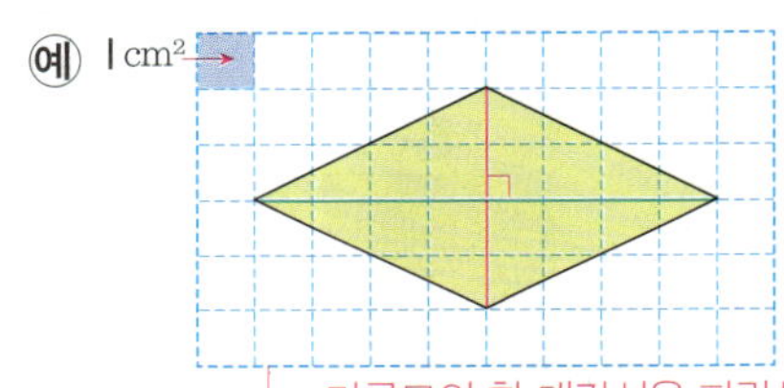

(마름모의 넓이)
=(한 대각선의 길이)×(다른 대각선의 길이)
÷2
=8×4÷2=16(cm²)

→ 마름모의 한 대각선을 파란색, 다른 대각선을 빨간색으로 표시한 것입니다.

• 마름모의 한 대각선을 따라 잘라서 넓이를 구하는 방법

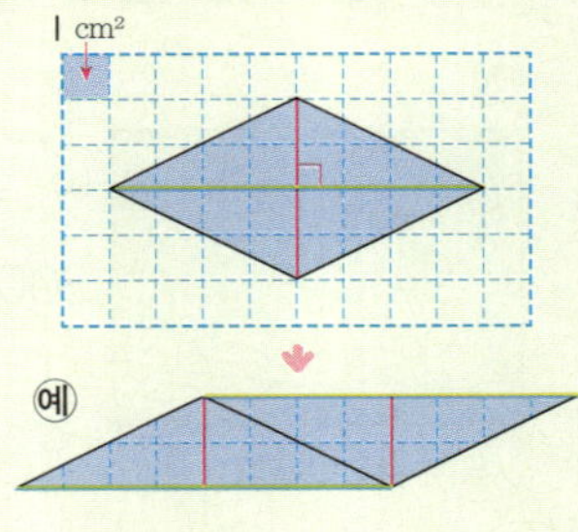

(예)

6-9 사다리꼴의 넓이를 구해 볼까요

❋ 사다리꼴에서 평행한 두 변을 **밑변**이라 하고, 한 밑변을 **윗변**, 다른 밑변을 **아랫변**이라고 합니다. 이때 두 밑변 사이의 거리를 **높이**라고 합니다.

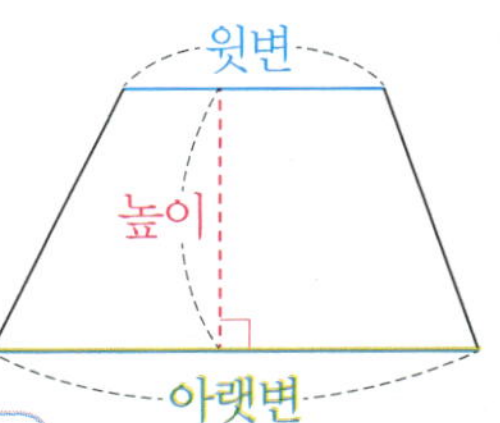

❋ 사다리꼴의 넓이를 구하는 방법

(사다리꼴의 넓이)={(윗변의 길이)+(아랫변의 길이)}×(높이)÷2

(예) 1 cm²

(사다리꼴의 넓이)
={(윗변의 길이)+(아랫변의 길이)}
×(높이)÷2
=(2+8)×4÷2=20(cm²)

• 사다리꼴 2개를 붙여서 넓이를 구하는 방법

(예) 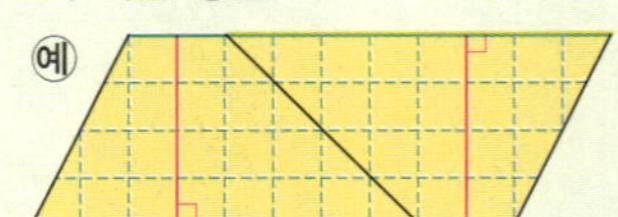

• 평행사변형을 만들어서 넓이를 구하는 방법

(예) 

• 삼각형으로 나누어서 넓이를 구하는 방법 (예)

수학 익힘 풀기

6-7 삼각형의 넓이를 구해 볼까요

1 평행사변형의 넓이를 이용하여 삼각형의 넓이를 구하려고 합니다. 그림을 보고 ☐ 안에 알맞은 수를 써넣으세요.

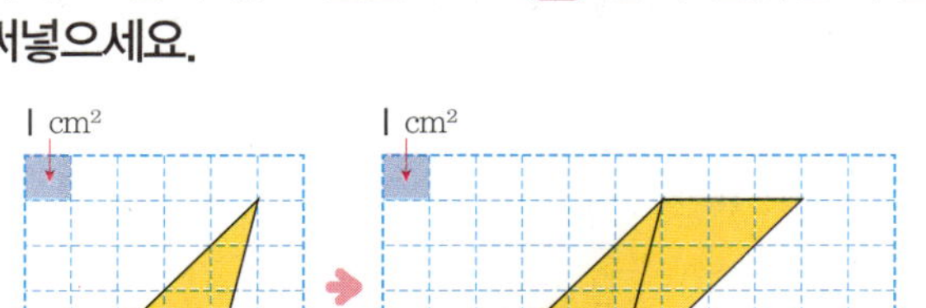

(삼각형의 넓이)=(만들어진 평행사변형의 넓이)÷2
=(밑변의 길이)×(높이)÷2
= ☐ × ☐ ÷ ☐
= ☐ (cm²)

2 삼각형의 넓이를 구해 보세요.

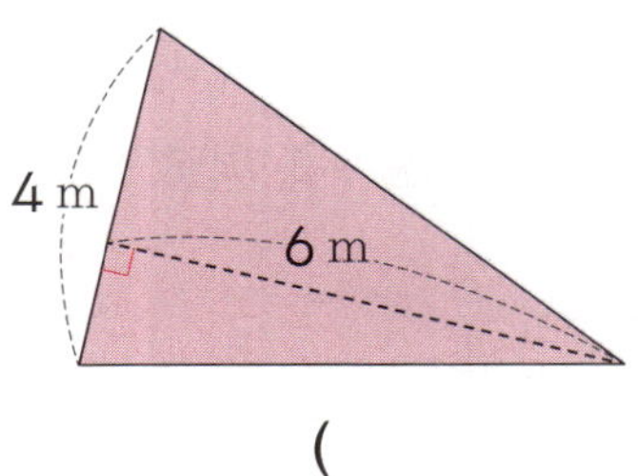

(   )

6-8 마름모의 넓이를 구해 볼까요

3 마름모의 넓이를 구해 보세요.

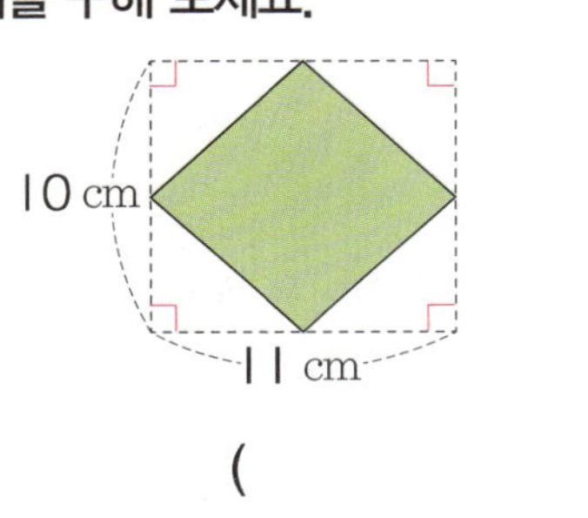

(   )

4 마름모의 넓이가 56 m²일 때 ☐ 안에 알맞은 수를 써넣으세요.

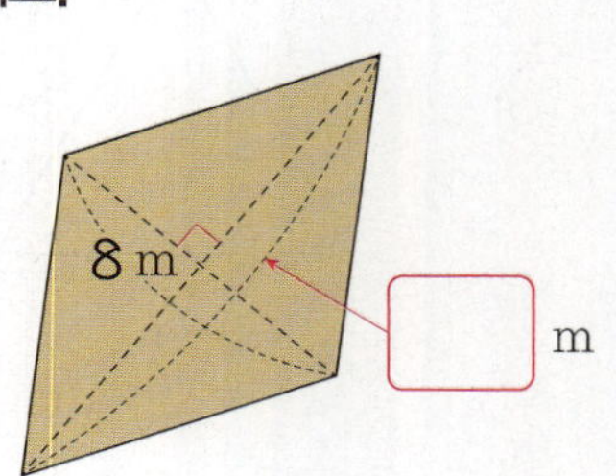

6-9 사다리꼴의 넓이를 구해 볼까요

5 사다리꼴의 넓이를 구하는 식입니다. 그림을 보고 ☐ 안에 알맞은 말이나 수를 써넣으세요.

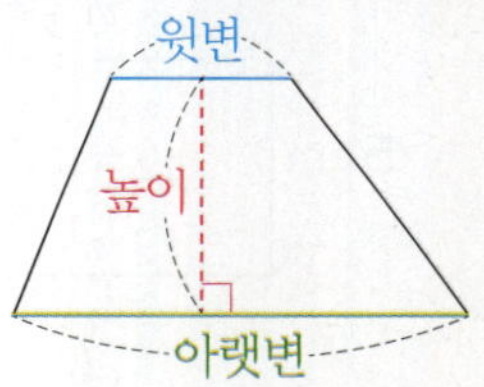

(사다리꼴의 넓이)
={(☐의 길이)+(☐의 길이)}
×(높이)÷ ☐

6 사다리꼴의 넓이를 구해 보세요.

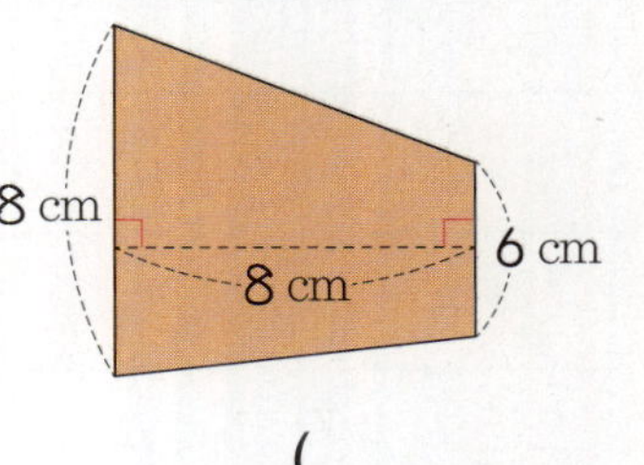

(   )

단원 평가

연습

---

1 정삼각형의 둘레를 구해 보세요.

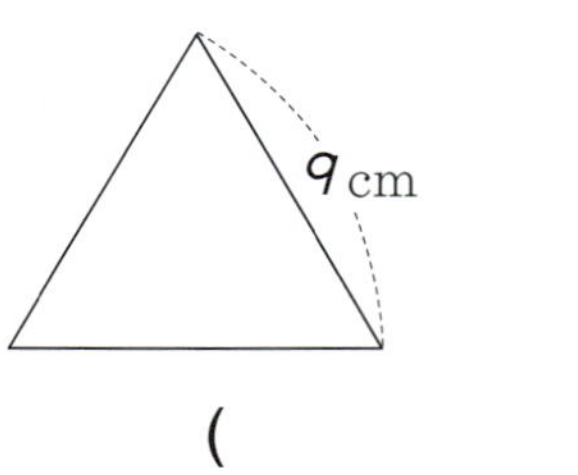

( )

2 직사각형의 둘레를 구해 보세요.

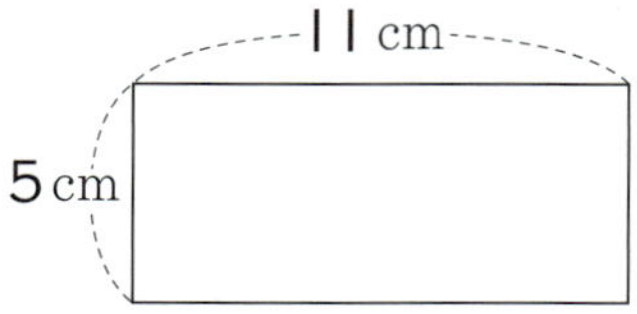

11 cm
5 cm

( )

3 둘레가 144 cm인 정사각형의 한 변의 길이는 몇 cm인지 풀이 과정을 쓰고 답을 구해 보세요.

____

____

____

( )

---

4 다음 직사각형에 1 m²가 몇 번 들어가는지 ☐ 안에 알맞은 수를 써넣으세요.

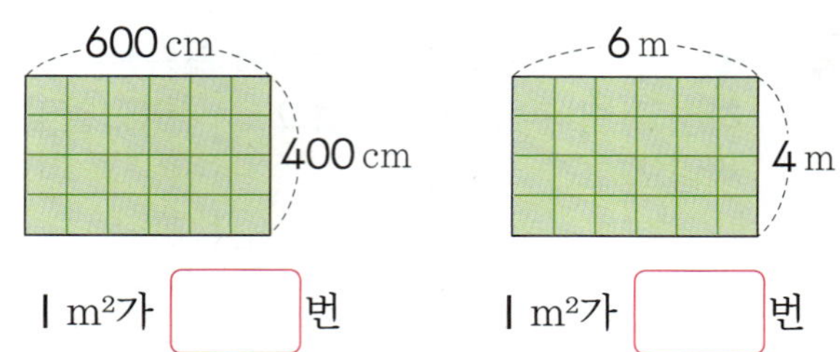

600 cm
400 cm

6 m
4 m

1 m²가 ☐ 번   1 m²가 ☐ 번

5 직사각형을 보고 ☐ 안에 알맞은 수를 써넣으세요.

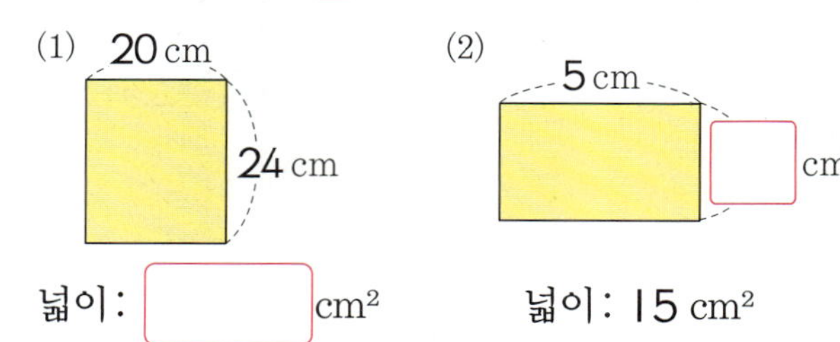

(1) 20 cm
24 cm

(2) 5 cm
☐ cm

넓이: ☐ cm²   넓이: 15 cm²

6 ☐ 안에 알맞은 수를 써넣으세요.

(1) 400000 cm² = ☐ m²

(2) 2000000 m² = ☐ km²

7 보기 에서 알맞은 단위를 골라 ☐ 안에 써넣으세요.

보기

m²   cm²   km²

(1) 교실의 넓이는 54 ☐ 입니다.

(2) 서울시의 넓이는 605 ☐ 입니다.

8 다음을 만족하는 도형의 넓이를 구해 보세요.

> • 정사각형입니다.
> • 둘레가 84 cm입니다.

(   )

9 색칠한 부분의 넓이를 구해 보세요.

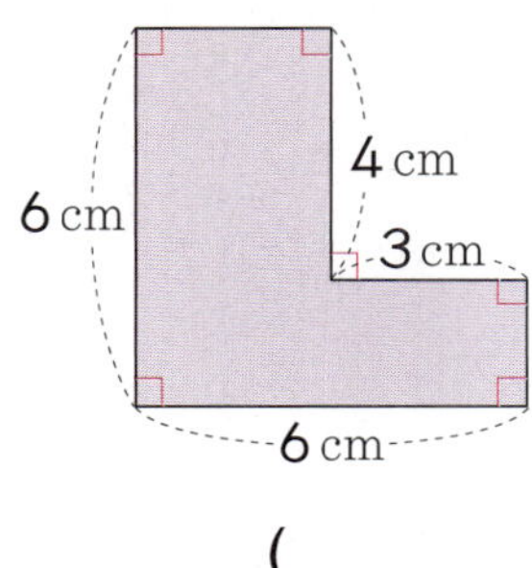

(   )

10 평행사변형의 넓이를 구해 보세요.

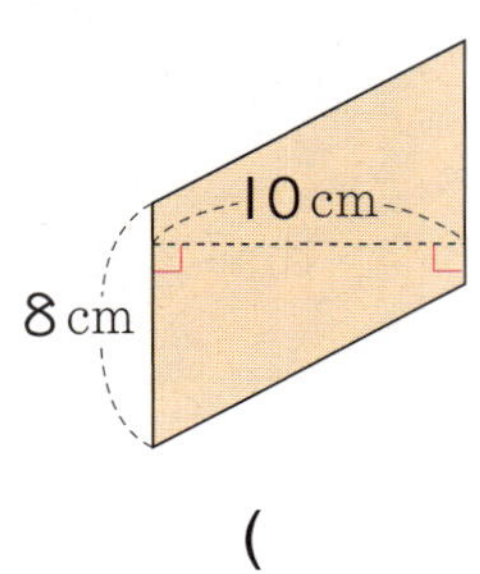

(   )

11 ☐ 안에 알맞은 수를 써넣으세요.

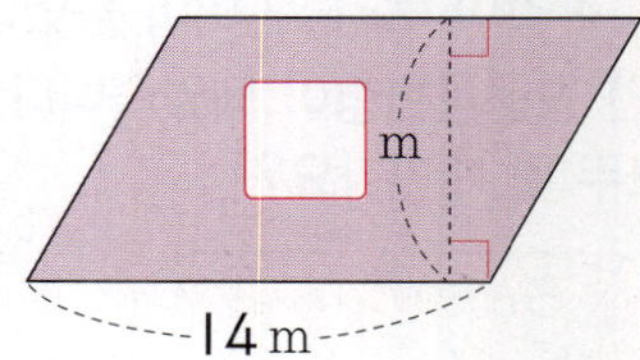

넓이: 112 m²

12 삼각형의 넓이를 구해 보세요.

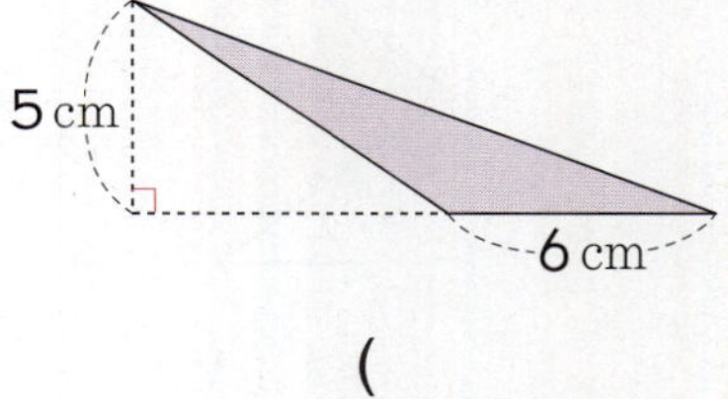

(   )

13 ☐ 안에 알맞은 수를 써넣으세요.

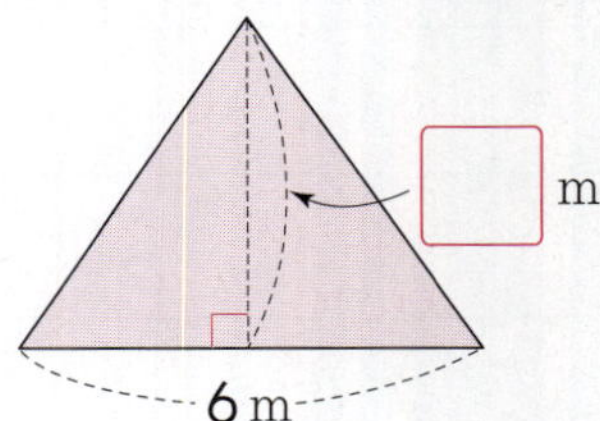

넓이: 15 m²

응용

14 밑변의 길이가 6 cm, 높이가 5 cm인 이등변삼각형을 다음 그림과 같이 여러 개 이어 붙였더니 넓이가 180 cm²인 평행사변형이 되었습니다. 이어 붙인 삼각형은 모두 몇 개인가요?

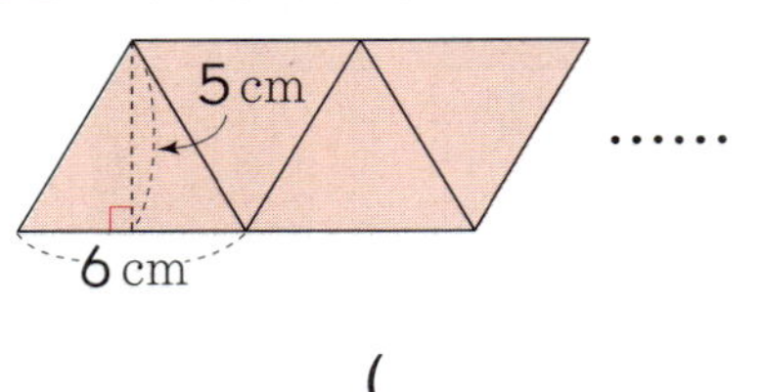

(　　　　　　　)

15 다음 그림과 같이 모눈종이 위에 그려진 마름모의 넓이는 몇 cm²인가요?

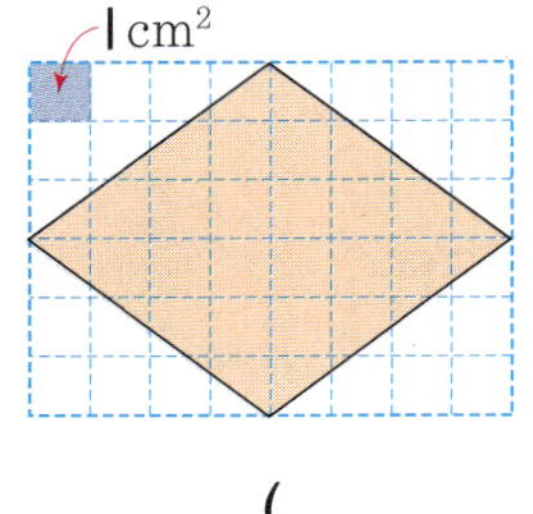

(　　　　　　　)

서술형

16 마름모의 넓이가 70 cm²일 때, ☐ 안에 알맞은 수는 얼마인지 풀이 과정을 쓰고 답을 구해 보세요.

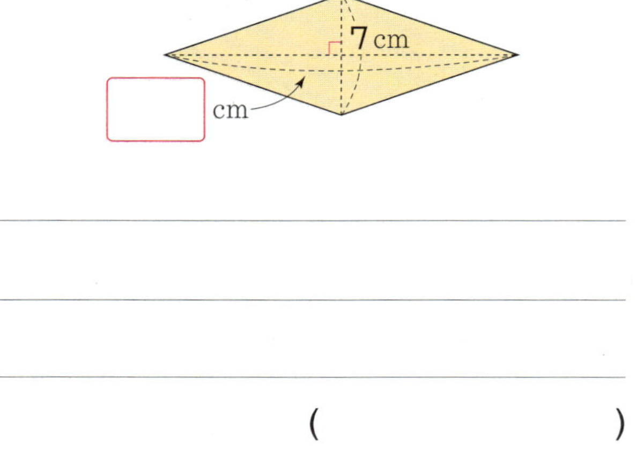

____

____

____

(　　　　　　　)

17 다음 정사각형에서 색칠한 부분의 넓이를 구해 보세요.

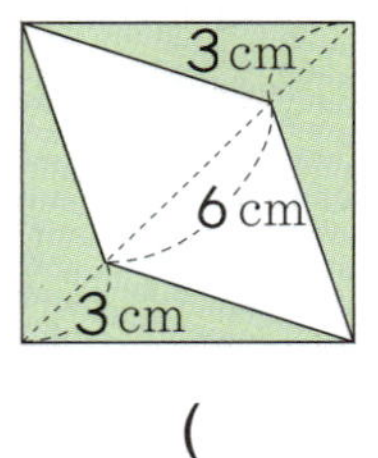

(　　　　　　　)

18 다음 도형의 넓이를 구해 보세요.

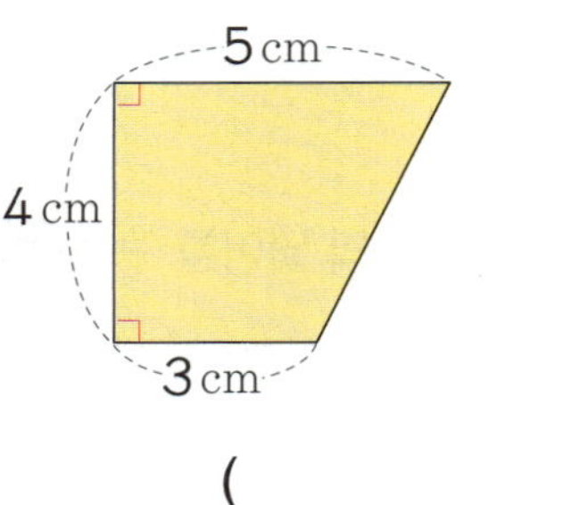

(　　　　　　　)

주의

19 두 도형의 넓이를 비교하여 ◯ 안에 >, =, <를 알맞게 써넣으세요.

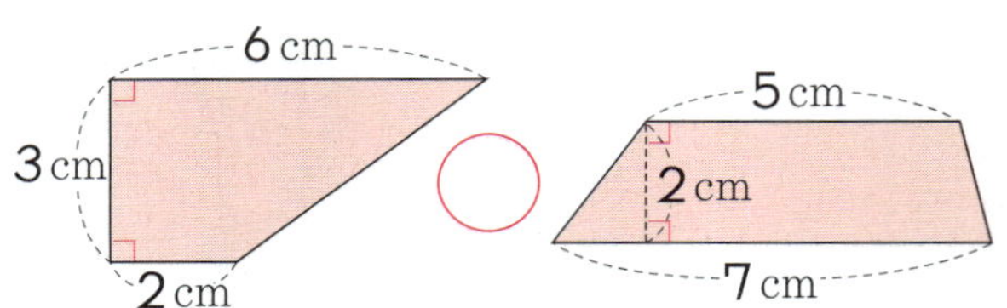

20 다각형의 넓이를 구해 보세요.

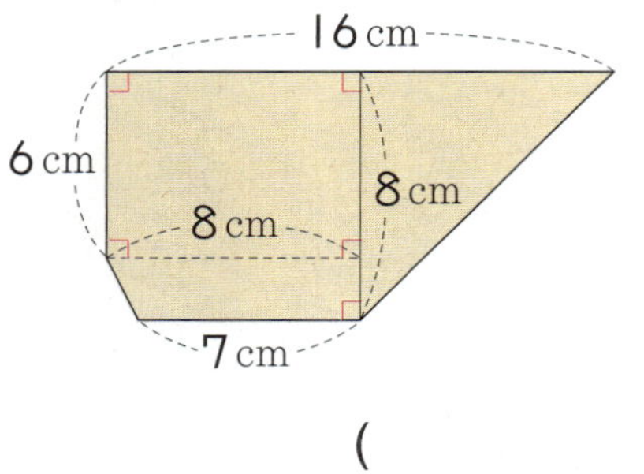

(　　　　　　　)

2회 단원 평가 도전

1 정오각형의 둘레를 구해 보세요.

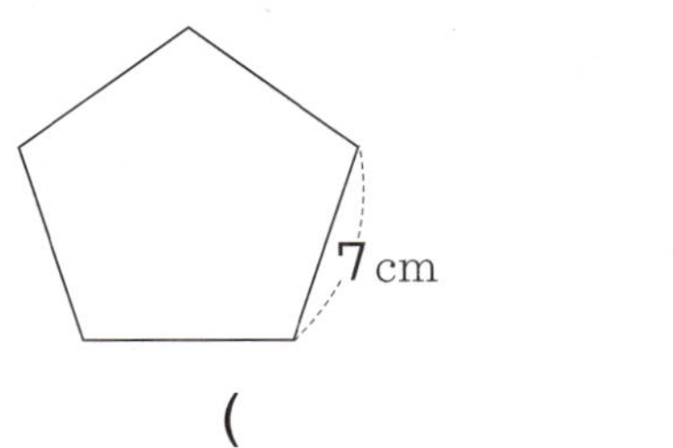

( )

서술형

2 그림과 같은 두 직사각형 가, 나가 있습니다. 어느 것의 둘레가 더 긴지 풀이 과정을 쓰고 도형의 기호를 써 보세요.

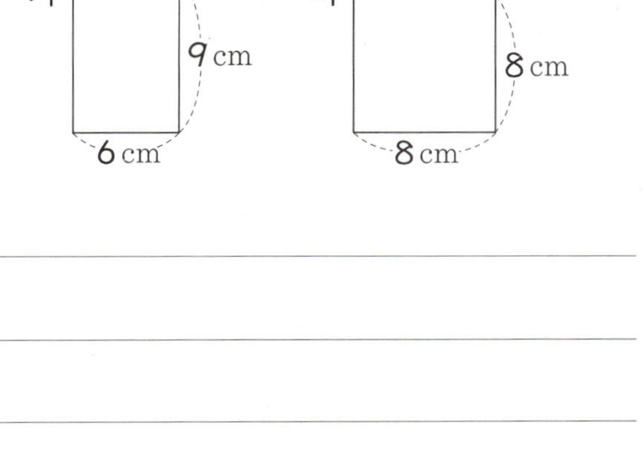

____

____

( )

3 직사각형 가, 나, 다의 넓이의 합을 구해 보세요.

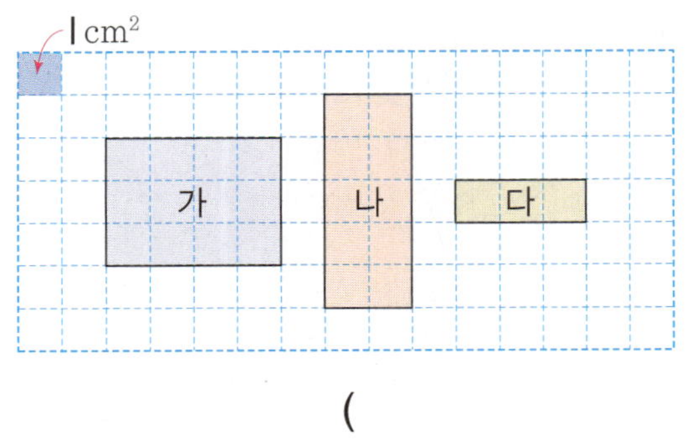

( )

4 ☐ 안에 알맞은 수를 써넣으세요.

(1) 0.3 m² = ☐ cm²

(2) 7000 cm² = ☐ m²

(3) 6 km² = ☐ m²

(4) 4900000 m² = ☐ km²

5 건형이가 새로 산 공책은 가로가 18 cm, 세로가 23 cm인 직사각형 모양입니다. 이 공책의 넓이는 몇 cm²인가요?

( )

6 다음 정사각형의 가로를 7 cm, 세로를 5 cm씩 각각 더 늘여 직사각형을 만들었습니다. 처음 정사각형의 넓이보다 몇 cm² 더 늘어났나요?

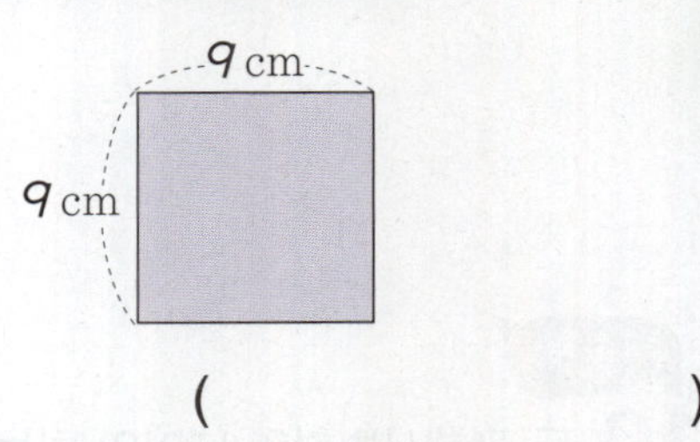

( )

중요

7 넓이가 100 cm²인 정사각형 모양의 노란색 종이가 있습니다. 이 노란색 종이의 둘레를 따라 폭이 2 cm인 파란색 종이를 겹치지 않게 이어 붙였습니다. 이어 붙인 파란색 종이의 넓이를 구해 보세요.

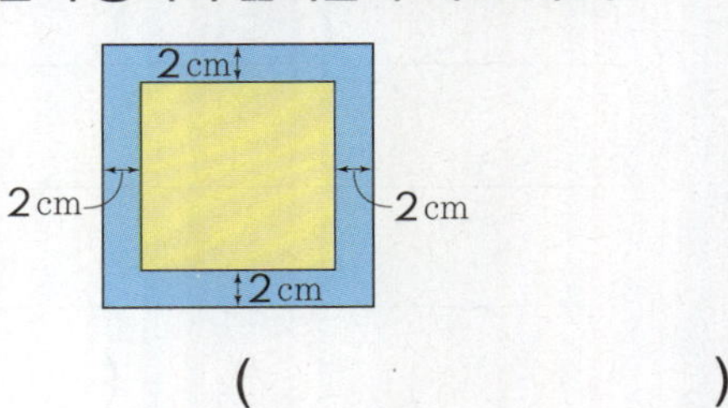

( )

8 직사각형에 1 km²가 몇 번 들어가는지 ☐ 안에 알맞은 수를 써넣으세요.

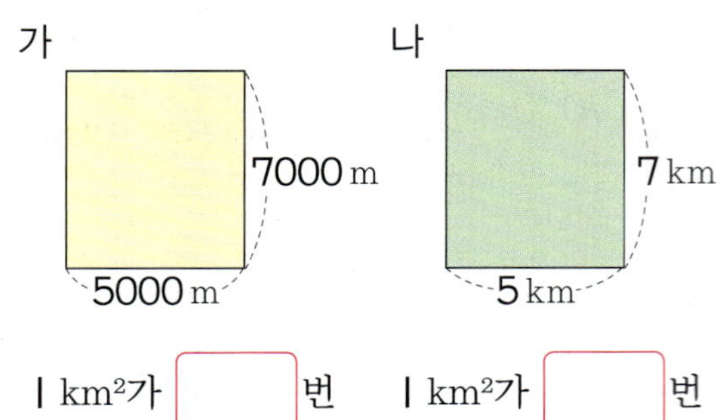

1 km²가 ☐ 번　　　1 km²가 ☐ 번

11 삼각형의 넓이를 구해 보세요.

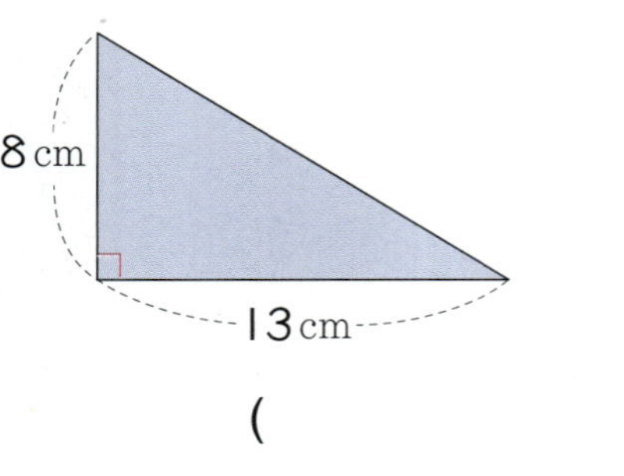

(　　　　　　　)

9 평행사변형의 넓이를 구해 보세요.

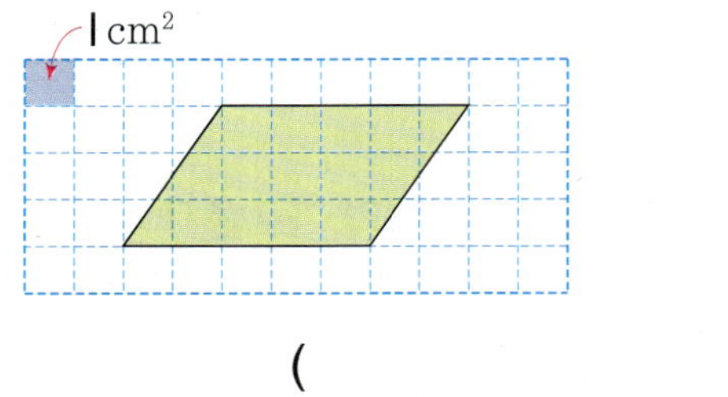

(　　　　　　　)

12 ㉮와 넓이가 같고 모양이 다른 삼각형을 한 개만 그려 보세요.

13 그림을 보고 ☐ 안에 알맞은 수를 써넣으세요.

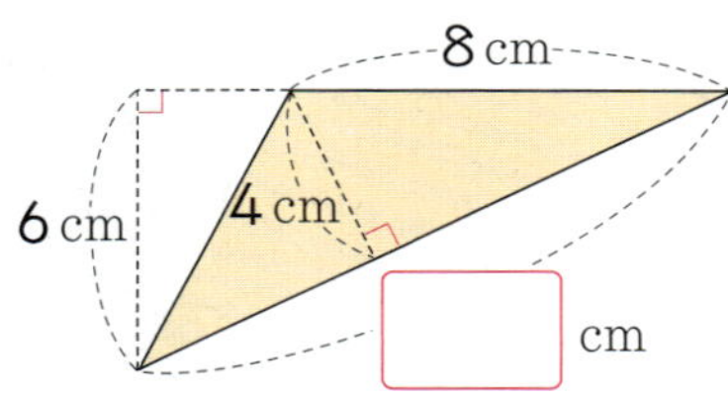

10 두 평행사변형의 넓이의 차는 몇 cm²인지 풀이 과정을 쓰고 답을 구해 보세요.

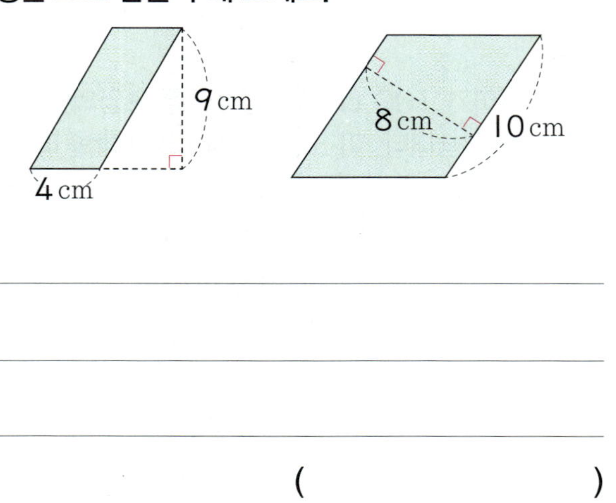

____

____

____

(　　　　　　　)

14 평행사변형과 삼각형의 넓이는 같습니다. 삼각형의 밑변의 길이는 몇 cm인가요?

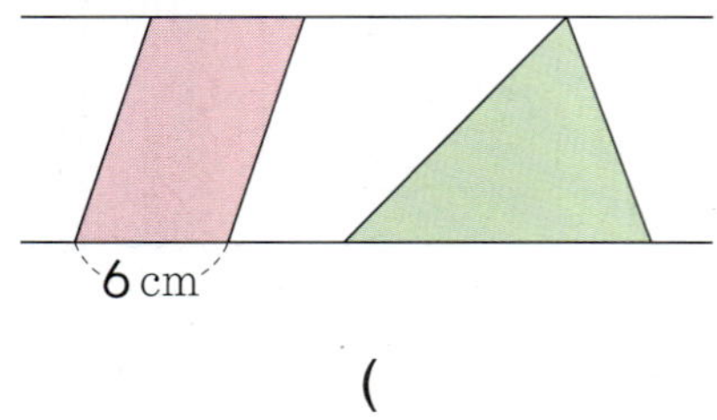

(　　　　　　　)

15 도형의 넓이를 구해 보세요.

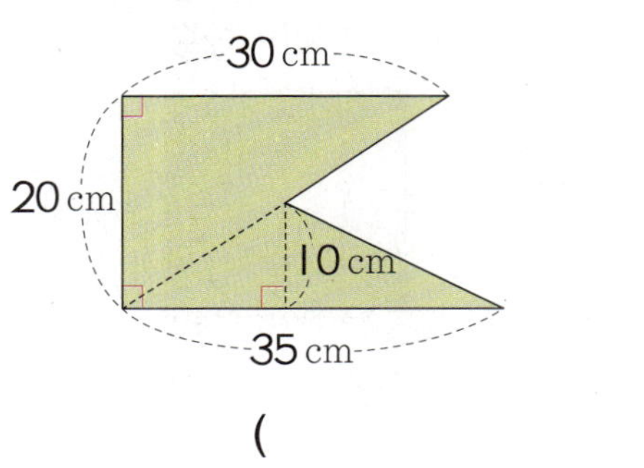

( )

16 직사각형의 넓이를 이용하여 마름모의 넓이를 구하려고 합니다. ☐ 안에 알맞은 수를 써넣으세요.

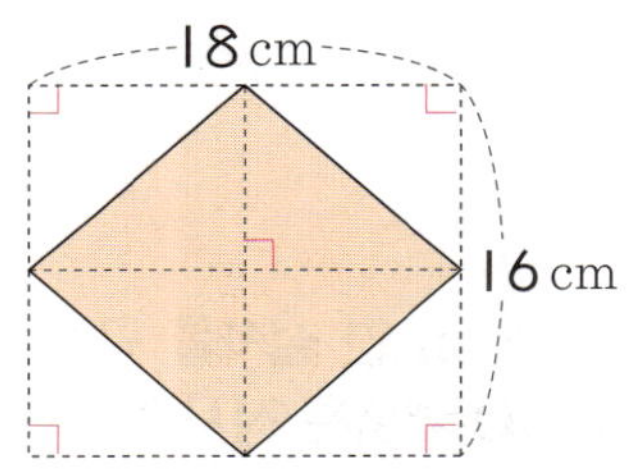

(마름모의 넓이)

= (직사각형의 넓이) ÷ ☐

= (☐ × ☐) ÷ ☐

= ☐ (cm²)

17 색칠한 부분이 더 넓은 것의 기호를 써 보세요.

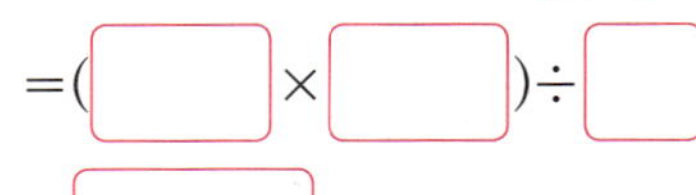
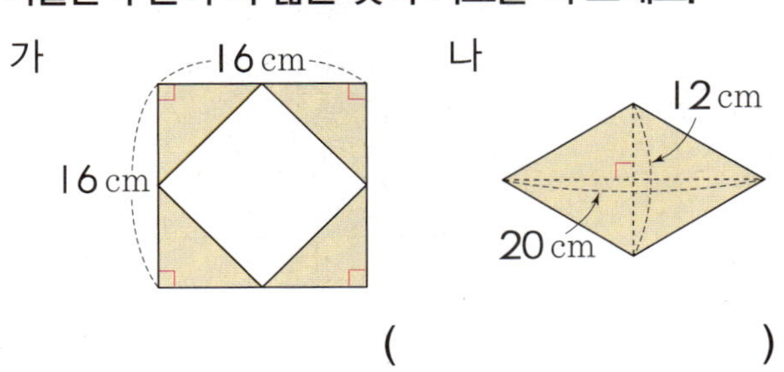

( )

18 사다리꼴의 넓이를 구해 보세요.

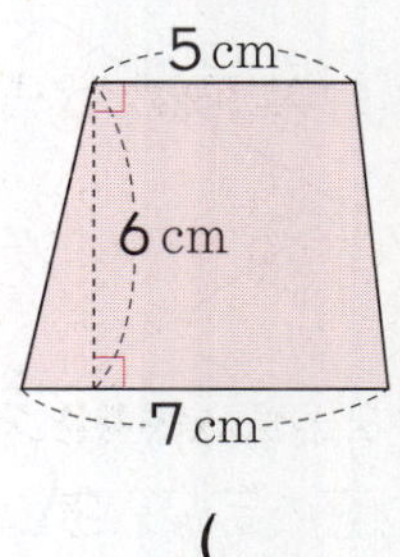

( )

19 다음 사다리꼴 ㄱㄴㄷㄹ을 선분 ㄱㅁ으로 나누었더니 삼각형 ㄱㄴㅁ과 사다리꼴 ㄱㅁㄷㄹ의 넓이가 같아졌습니다. 선분 ㅁㄷ의 길이는 몇 cm인지 풀이 과정을 쓰고 답을 구해 보세요.

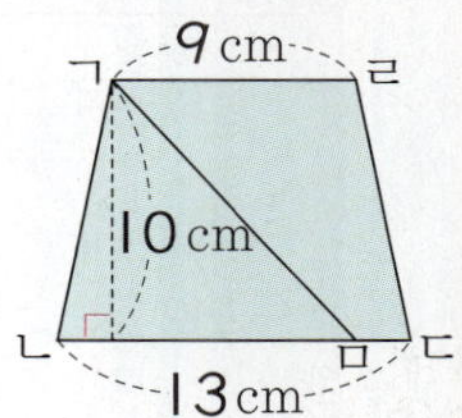

( )

20 색칠한 부분의 넓이를 구해 보세요.

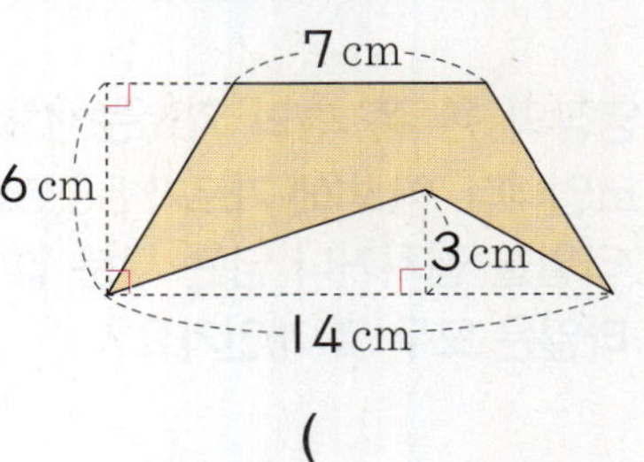

( )

1 마름모의 둘레를 구해 보세요.

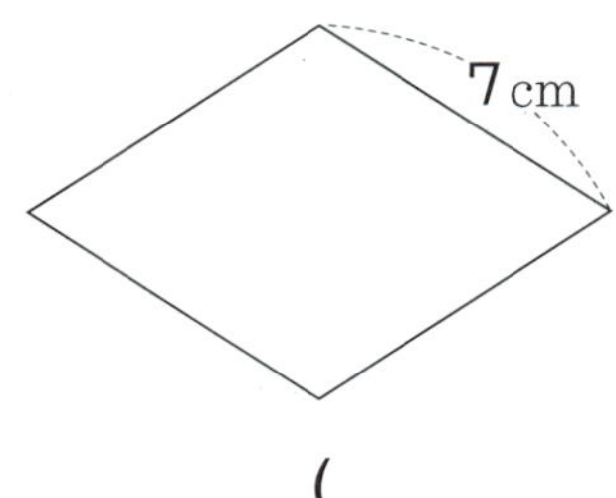

(   )

2 둘레가 16 cm인 정사각형 5개를 겹치지 않게 이어 붙였습니다. 빨간색 선의 길이의 합을 구해 보세요.

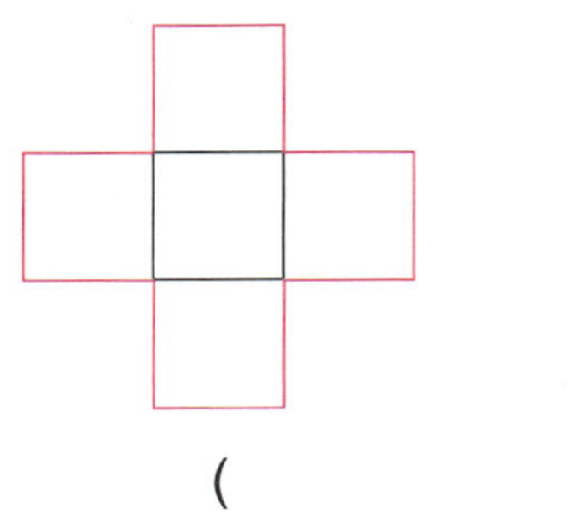

(   )

3 색칠한 도형 가의 넓이가 162 cm²라고 할 때 ☐ 안에 알맞은 수를 구해 보세요.

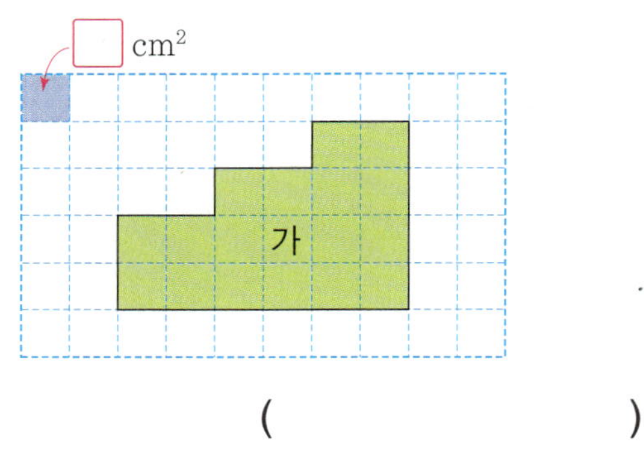

(   )

4 수영장의 한 쪽 벽의 가로는 14 m이고, 세로는 5 m입니다. 이 벽에 가로가 50 cm, 세로가 25 cm인 타일을 겹치거나 남는 부분 없이 붙인다면 필요한 타일은 모두 몇 개인가요?

(   )

서술형

5 가로가 4 m, 세로가 250 cm인 직사각형의 넓이는 몇 m²인지 풀이 과정을 쓰고 답을 구해 보세요.

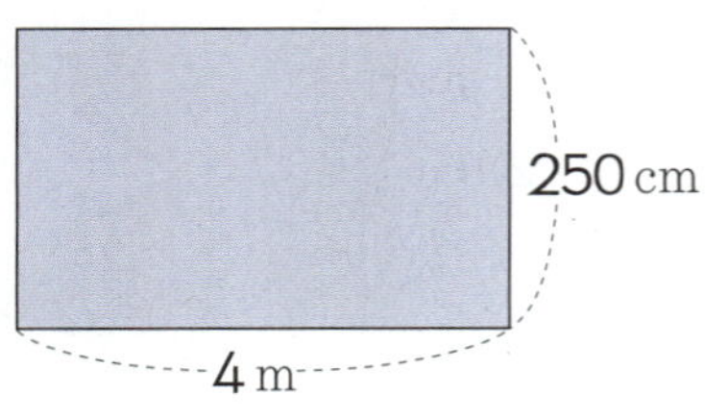

____

____

(   )

6 길이가 20 cm인 철사를 구부려 직사각형을 만들었습니다. 가장 넓은 직사각형을 만들었다면 넓이는 몇 cm²인가요?

(   )

7 가로, 세로가 20 cm, 15 cm인 직사각형 모양의 종이에 폭이 1 cm인 테이프를 그림과 같이 붙였습니다. 테이프를 붙인 부분을 제외한 종이의 넓이는 몇 cm²인가요?

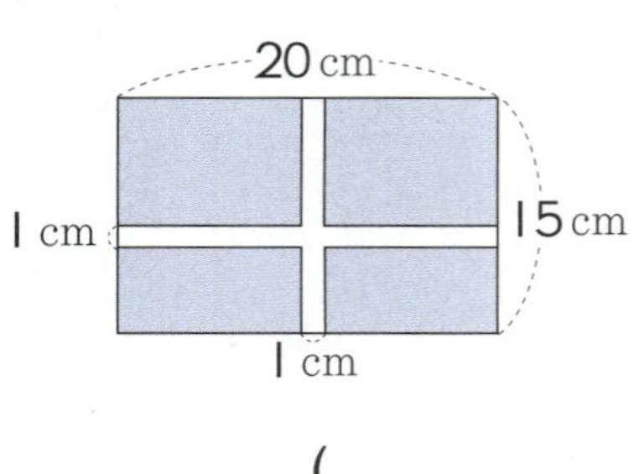

(   )

8 직사각형의 넓이는 몇 km²인지 풀이 과정을 쓰고 답을 구해 보세요.

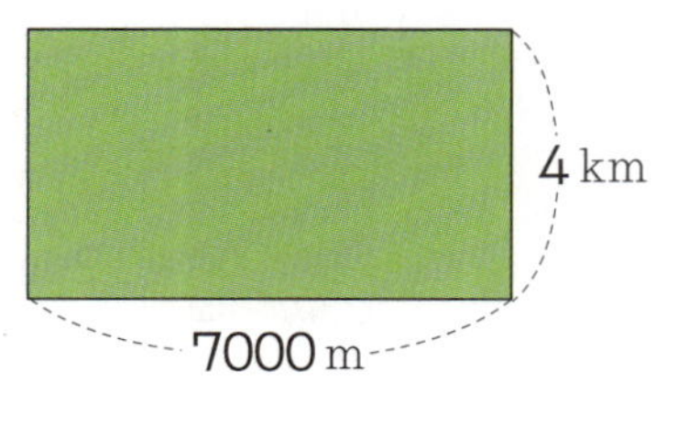

(   )

9 넓이가 다른 평행사변형은 어느 것인지 기호를 써 보세요.

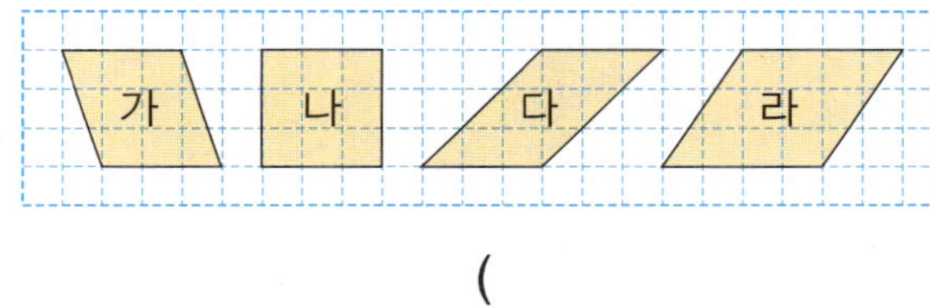

(   )

10 ☐ 안에 알맞은 수를 써넣으세요.

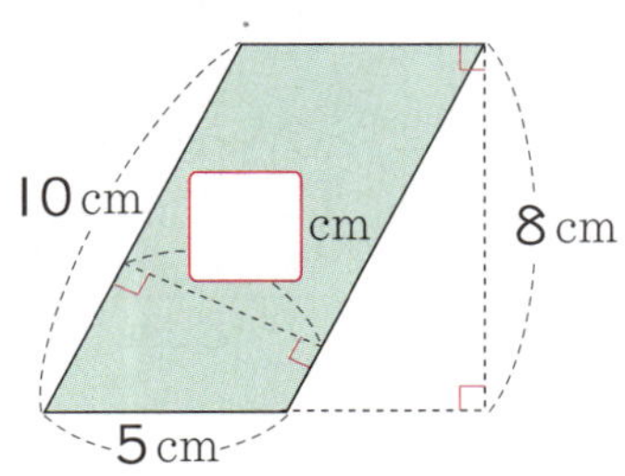

11 다음 평행사변형의 넓이는 한 변의 길이가 8 cm인 정사각형의 넓이와 같습니다. 이 평행사변형의 높이는 몇 cm인지 풀이 과정을 쓰고 답을 구해 보세요.

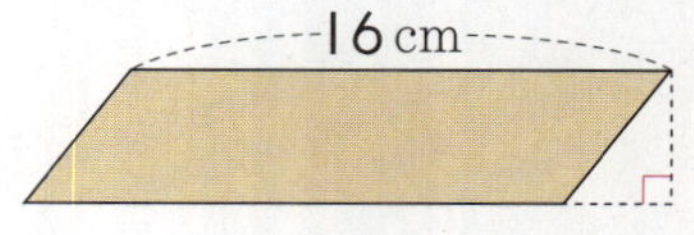

(   )

12 삼각형의 넓이를 구해 보세요.

(1)
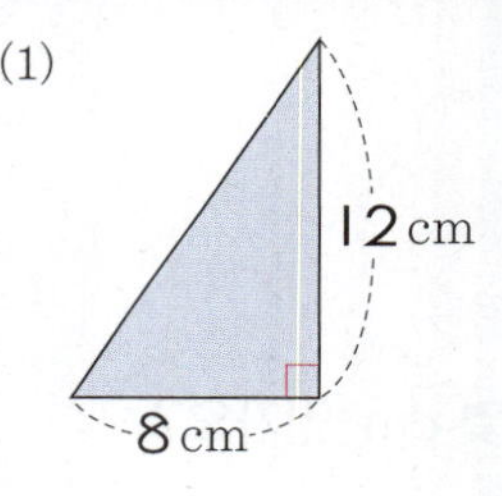

(   )

(2)
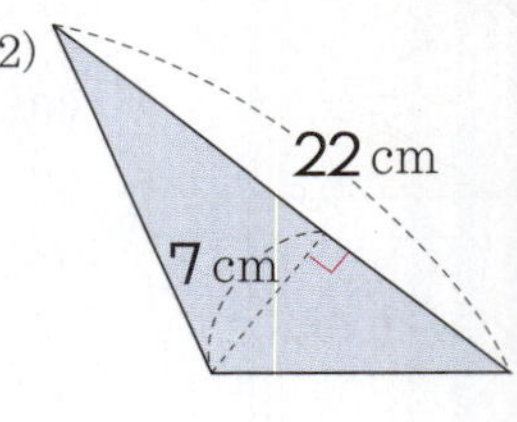

(   )

13 삼각형 ㄱㄴㄷ의 넓이는 72 cm²입니다. 변 ㄴㄷ의 길이를 구해 보세요.

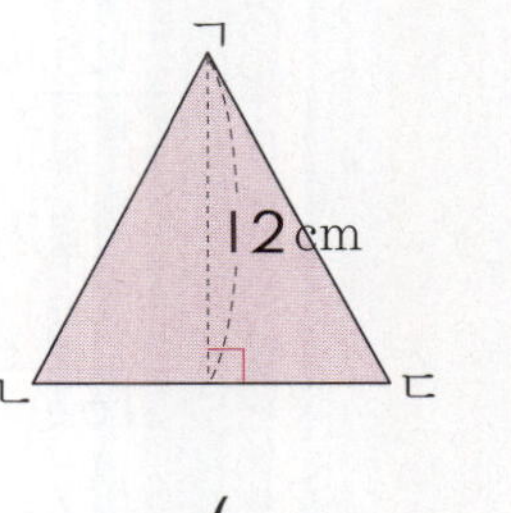

(   )

14 둘레가 32 cm인 정사각형의 각 변의 한가운데 점을 이어 그린 마름모의 넓이는 몇 cm²인가요?

(　　　　　)

15 마름모의 넓이는 100 cm²입니다. ◯ 안에 알맞은 수를 써넣으세요.

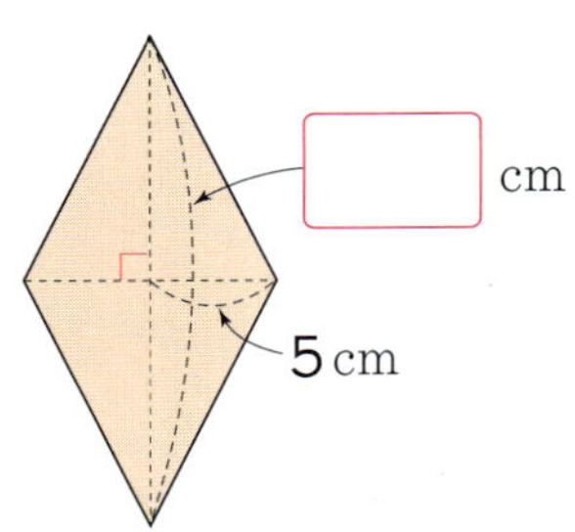

16 색칠한 부분의 넓이는 몇 cm²인가요?

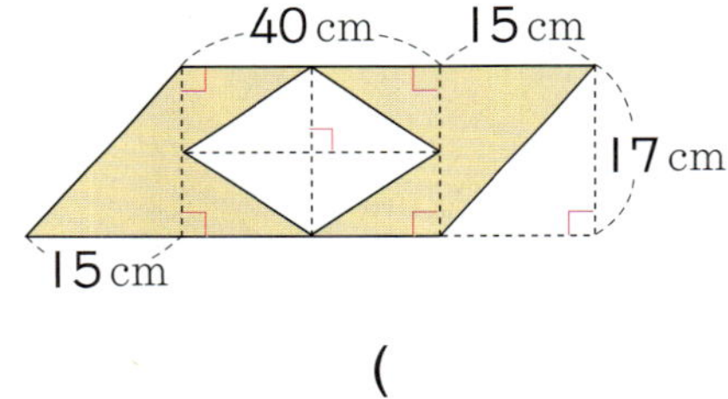

(　　　　　)

17 사다리꼴의 넓이를 구해 보세요.

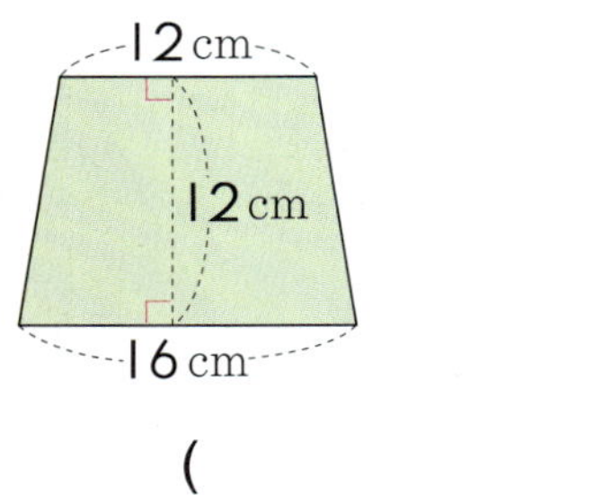

(　　　　　)

18 사다리꼴의 넓이가 120 cm²일 때, ◯ 안에 알맞은 수를 써넣으세요.

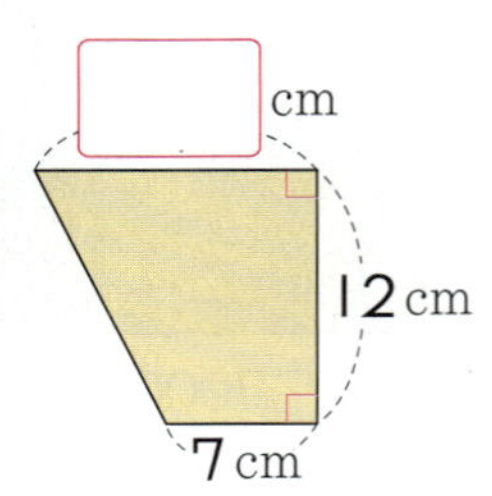

19 사다리꼴 ㉮와 ㉯의 넓이의 합은 몇 cm²인지 구해 보세요.

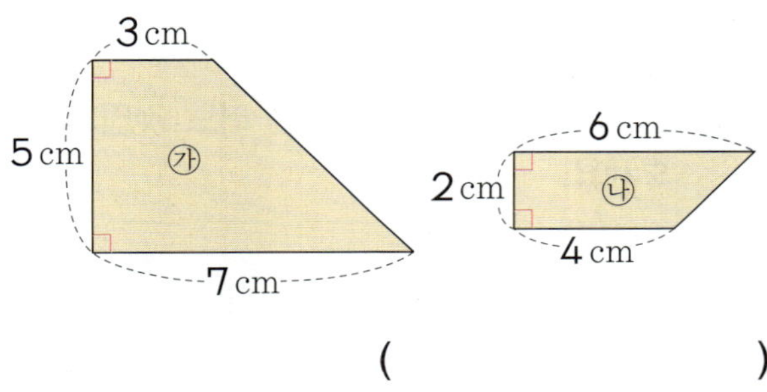

(　　　　　)

20 다각형의 넓이는 몇 cm²인지 구해 보세요.

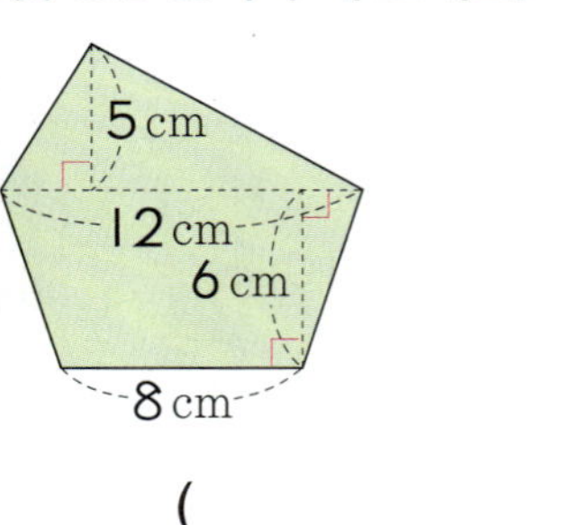

(　　　　　)

4회 **단원** 평가 실전

1 정육각형의 둘레가 48 cm일 때 한 변의 길이를 구해 보세요.

(   )

2 평행사변형의 둘레를 구해 보세요.

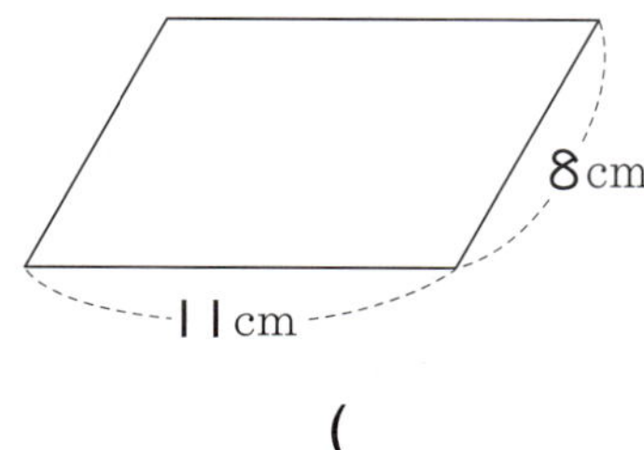

(   )

3 넓이가 5 cm²인 것을 찾아 기호를 써 보세요.

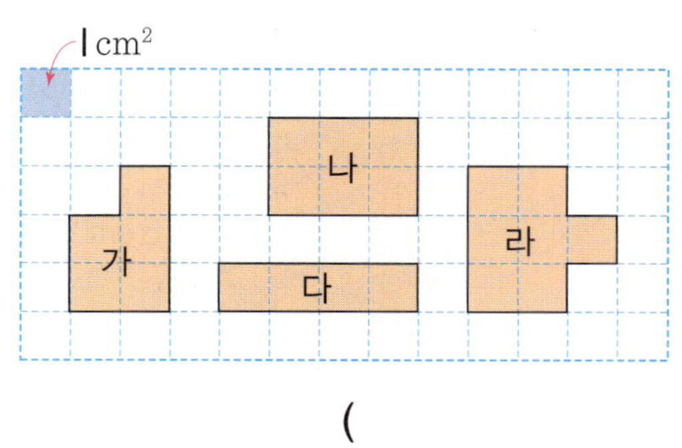

(   )

서술형

4 정사각형과 직사각형의 둘레가 같습니다. 두 도형의 넓이의 차는 몇 cm²인지 풀이 과정을 쓰고 답을 구해 보세요.

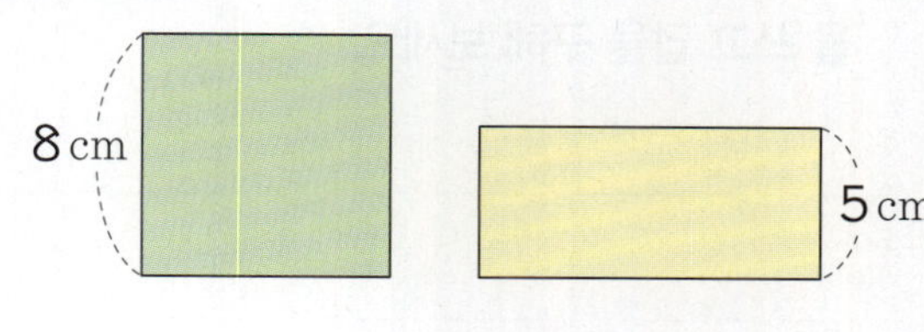

(   )

5 다음 그림은 직사각형을 여러 부분으로 나누어 놓은 것입니다. 색칠한 부분의 넓이는 몇 cm²인가요?

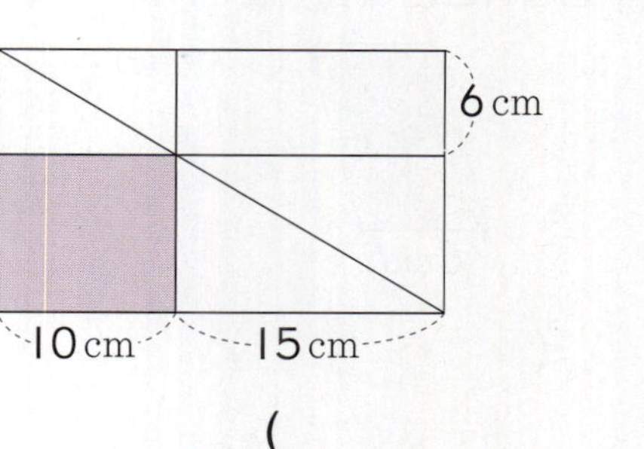

(   )

6 정사각형의 넓이는 몇 cm²인가요?

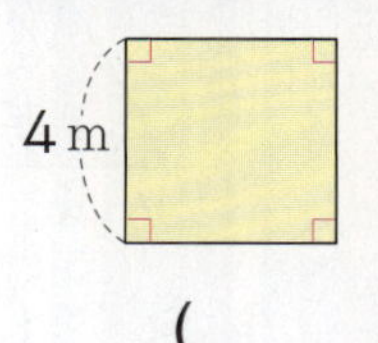

(   )

서술형

7 서연이네 반 학생들은 가로가 900 cm, 세로가 200 cm인 직사각형 모양의 벽에 벽화를 그렸습니다. 벽화를 그린 벽의 넓이는 몇 m²인지 풀이 과정을 쓰고 답을 구해 보세요.

____

____

____

(   )

8 넓이가 다른 평행사변형을 찾아 기호를 써 보세요.

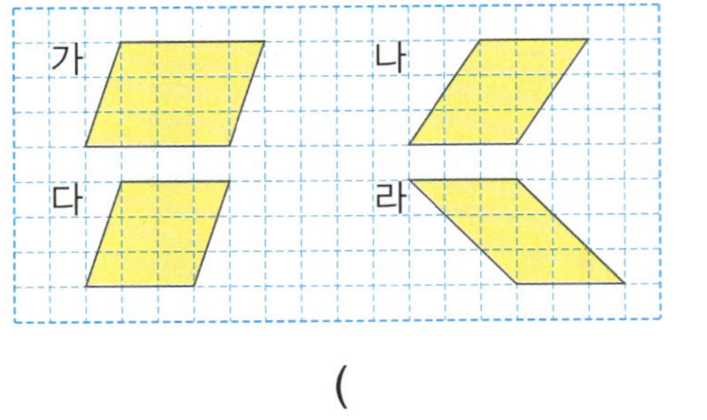

(   )

9 평행사변형의 넓이를 각각 구해 보세요.

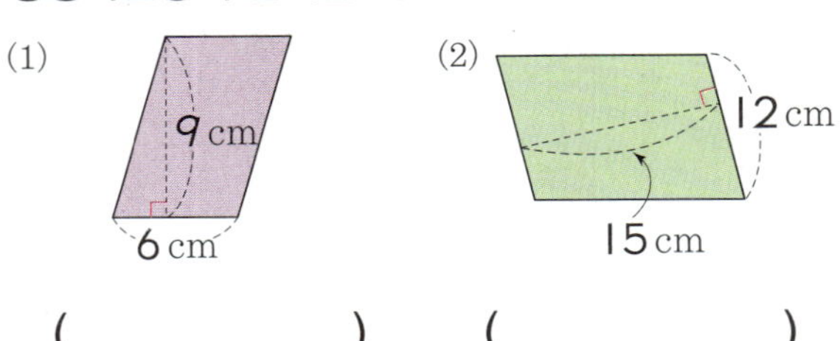

(1) 9 cm, 6 cm

(2) 12 cm, 15 cm

(   ) (   )

10 직사각형의 넓이가 96 cm²일 때, 색칠한 평행사변형의 넓이는 몇 cm²인가요?

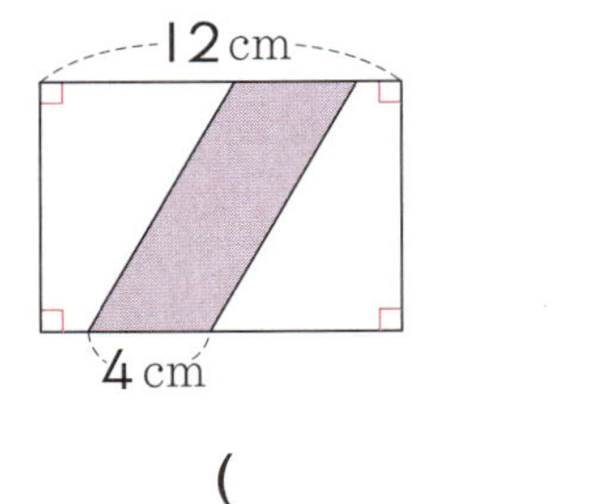

(   )

11 보기 와 같이 삼각형의 높이를 표시해 보세요.

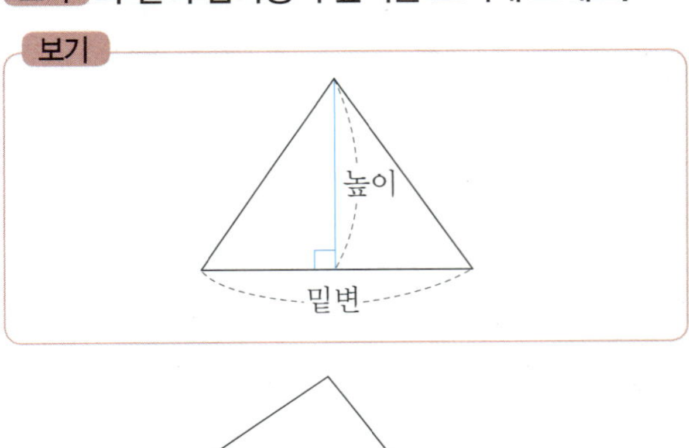

12 삼각형의 넓이를 각각 구해 보세요.

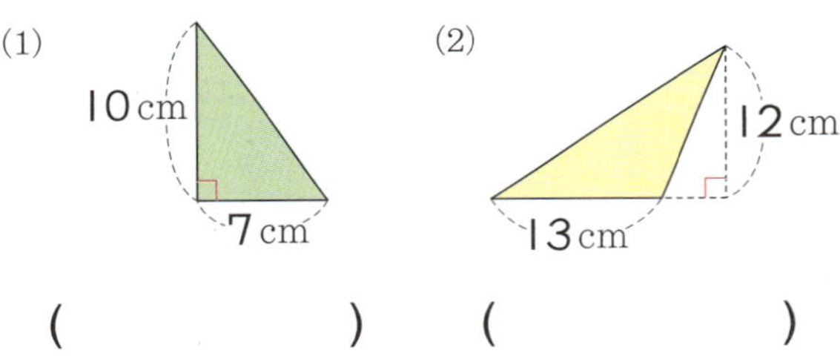

(1) 10 cm, 7 cm

(2) 12 cm, 13 cm

(   ) (   )

13 색칠한 부분의 넓이는 몇 cm²인가요?

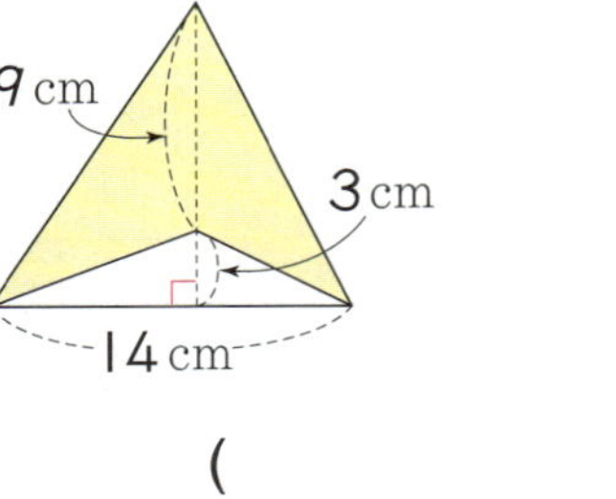

(   )

14 그림을 보고 ☐ 안에 알맞은 수는 얼마인지 풀이 과정을 쓰고 답을 구해 보세요.

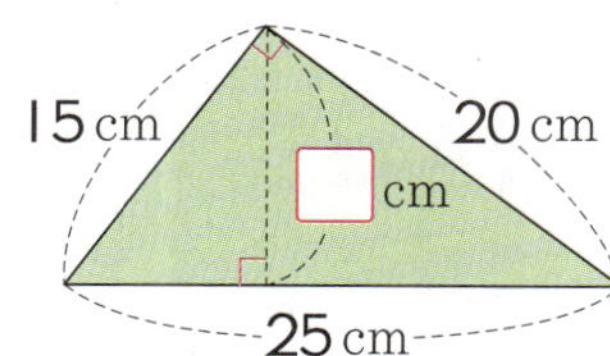

____

( )

15 마름모의 넓이는 몇 cm²인가요?

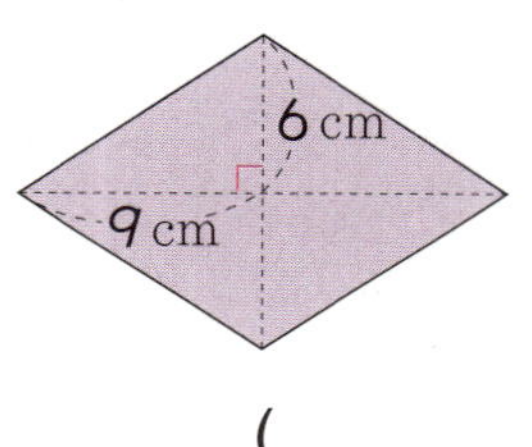

( )

16 ☐ 안에 알맞은 수를 써넣으세요.

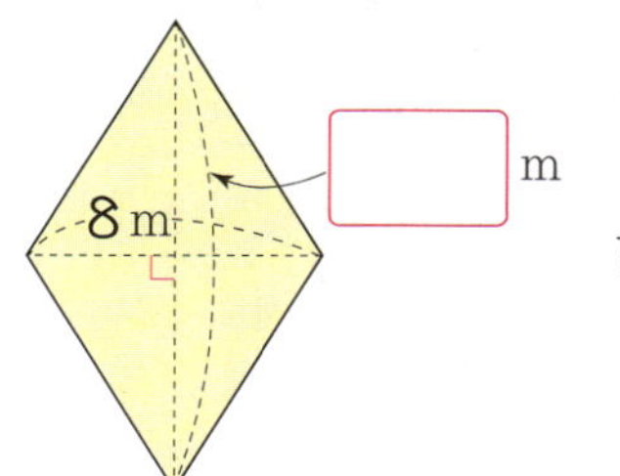

넓이: 56 m²

17 사다리꼴의 넓이는 몇 cm²인가요?

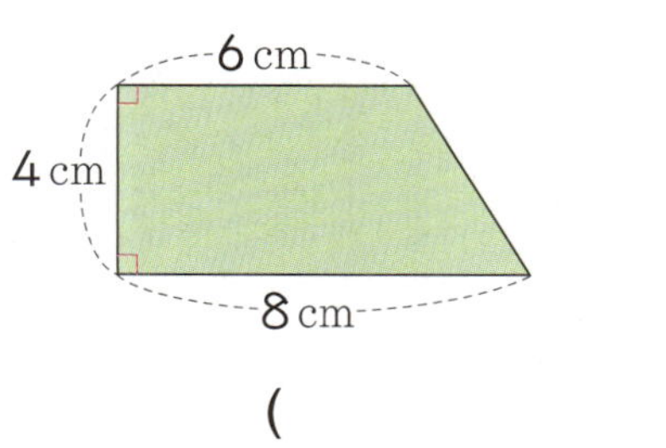

( )

18 사다리꼴의 넓이가 88 cm²일 때, 높이는 몇 cm인지 풀이 과정을 쓰고 답을 구해 보세요.

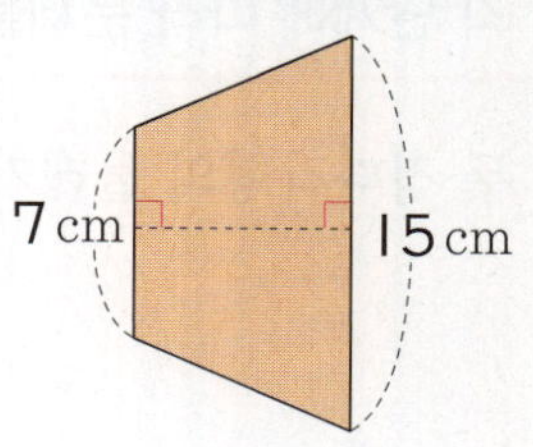

____

( )

19 색칠한 부분의 넓이는 몇 cm²인가요?

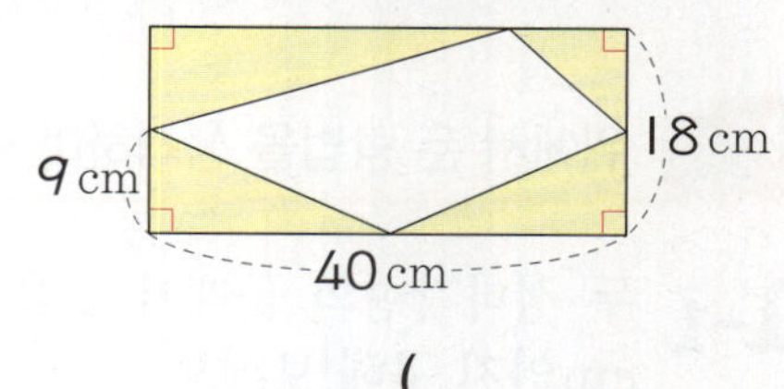

( )

20 도형의 넓이는 몇 cm²인가요?

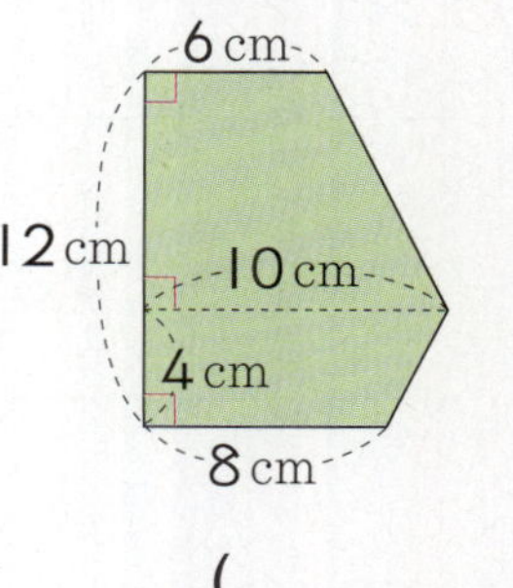

( )

연습 각 단계에 따라 문제를 풀어 보세요.

1 두 정다각형의 둘레가 같을 때 정육각형의 한 변의 길이를 구해 보세요.

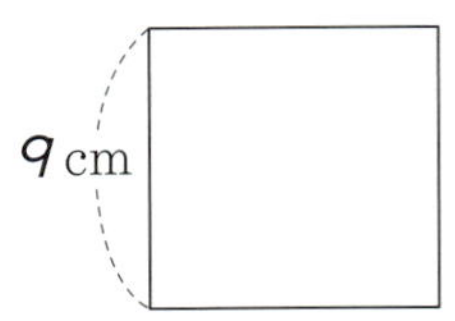

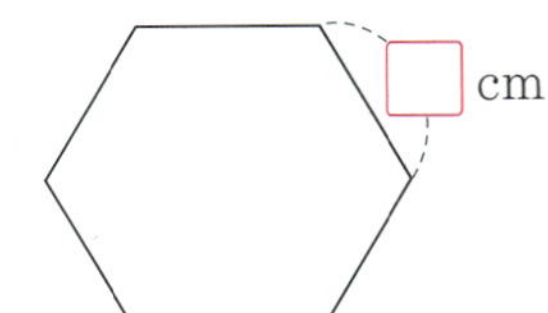

1단계 정사각형의 둘레는 몇 cm인가요?

( )

2단계 정육각형의 둘레는 몇 cm인가요?

( )

3단계 정육각형의 한 변의 길이를 구해 보세요.

( )

도전 위에서 푼 방법을 생각하며 풀어 보세요.

1-1 두 정다각형의 둘레가 같을 때 정오각형의 한 변의 길이는 몇 cm인지 구해 보세요.

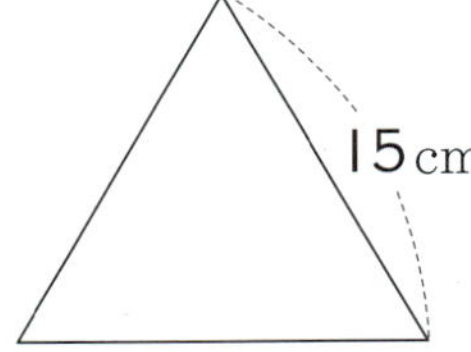

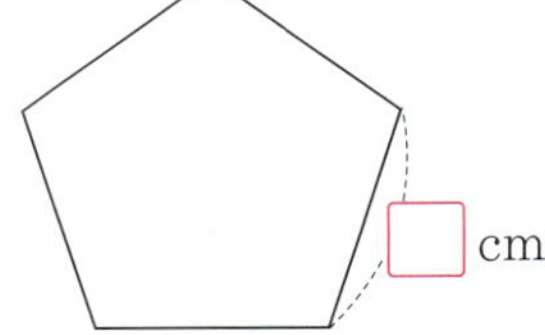

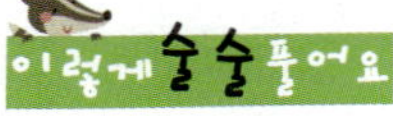 이렇게 술술풀어요

① 정삼각형의 둘레를 구합니다.

② 정오각형의 둘레를 구합니다.

③ 정오각형의 한 변의 길이를 구합니다.

 풀이

____

____

____

답 ________________

 각 단계에 따라 문제를 풀어 보세요.

2 직사각형의 둘레가 34 m일 때 넓이는 몇 m²인지 구해 보세요.

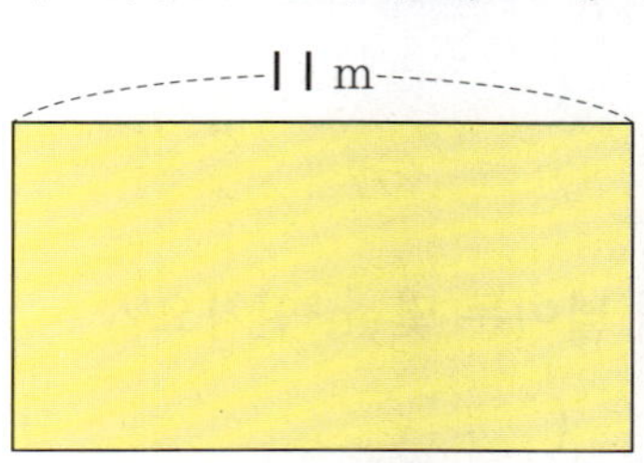

1단계 직사각형의 세로는 몇 m인가요?

(   )

2단계 직사각형의 넓이는 몇 m²인가요?

(   )

도전 위에서 푼 방법을 생각하며 풀어 보세요.

2-1 직사각형의 둘레가 42 cm일 때 넓이는 몇 cm²인지 구해 보세요.

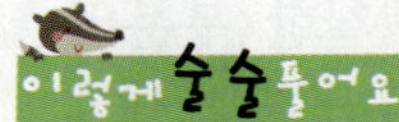

이렇게 술술 풀어요

① 직사각형의 가로를 구합니다.

② 직사각형의 넓이를 구합니다.

풀이

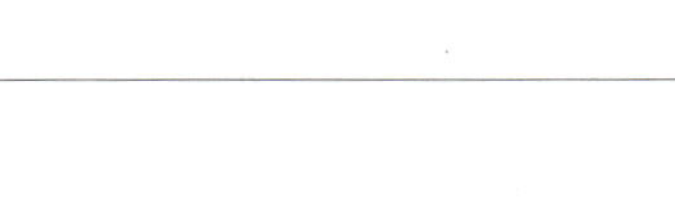

답

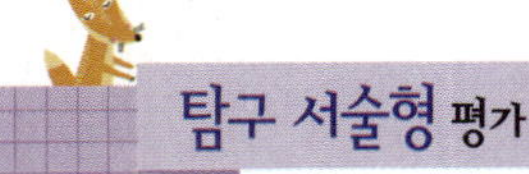

연습 각 단계에 따라 문제를 풀어 보세요.

3 색칠한 부분의 넓이는 몇 m²인지 구해 보세요.

1단계 사다리꼴 ㄱㄴㄷㄹ의 넓이는 몇 m²인가요?

(   )

2단계 삼각형 ㅁㄴㄷ의 넓이는 몇 m²인가요?

(   )

3단계 색칠한 부분의 넓이는 몇 m²인가요?

(   )

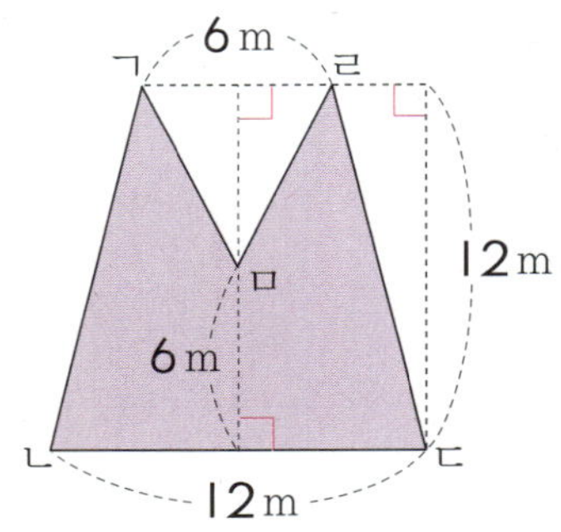

도전 위에서 푼 방법을 생각하며 풀어 보세요.

3-1 색칠한 부분의 넓이는 몇 m²인지 구해 보세요.

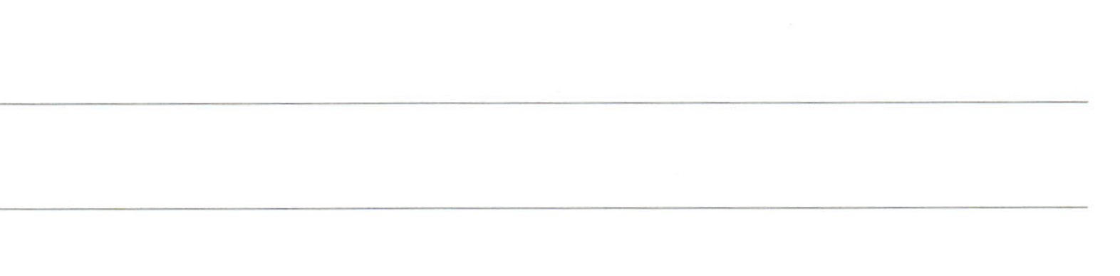

이렇게 술술 풀어요

① 사다리꼴 ㄱㄴㄷㄹ의 넓이를 구합니다.

② 삼각형 ㄱㅁㄹ의 넓이를 구합니다.

③ 색칠한 부분의 넓이를 구합니다.

풀이

____

____

____

____

 **답** _______________________________________

시험처럼 문제를 풀어 보세요.

4 오른쪽 도형에서 삼각형 ㄱㄴㅁ의 넓이가 20 cm²입니다. 평행사변형 ㄱㄴㄷㄹ의 넓이는 몇 cm²인지 구해 보세요.

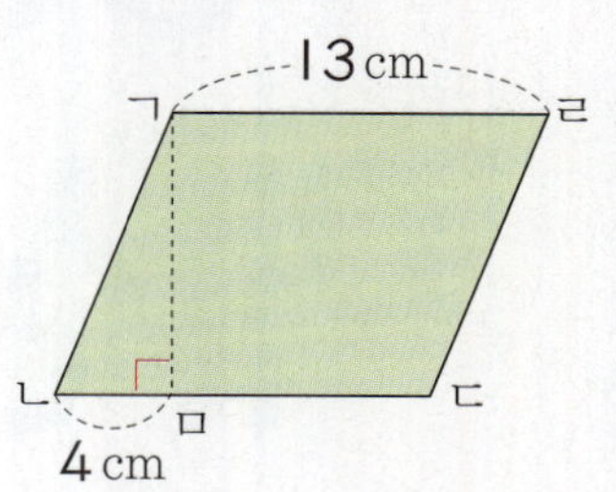

풀이 

답

시험처럼 문제를 풀어 보세요.

5 다음 도형에서 색칠한 부분의 넓이는 몇 cm²인지 구해 보세요.

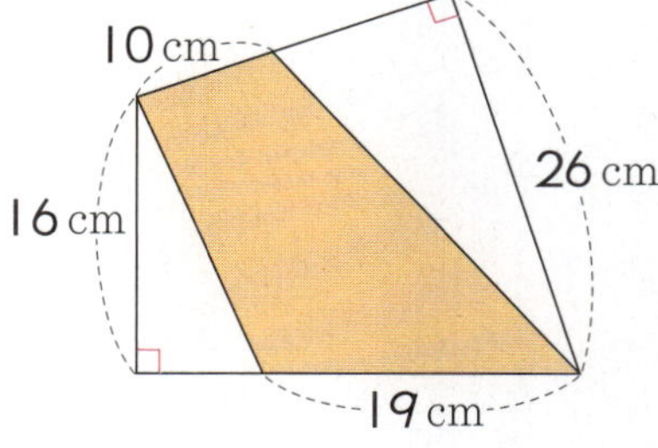

풀이 

답 

100점
예상문제

수학 5-1

5~6 학년군

1 자연수의 혼합 계산

1 보기 와 같이 계산 순서를 나타내고 계산해 보세요.

보기

$$15+17-9=32-9=23$$

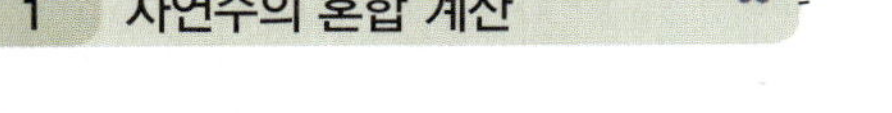

$$49-(16+7)$$

2 한 사람이 종이학을 1시간에 6마리씩 접는다면 5사람이 종이학 90마리를 접는 데 걸리는 시간은 몇 시간인가요?

식 _______________________________

답 _______________________________

서술형

3 가◎나=가×나−가와 같이 약속할 때 다음을 계산한 값은 얼마인지 풀이 과정을 쓰고 답을 구해 보세요.

$$(6◎5)◎4$$

풀이 _______________________________

____

____

답 _______________________________

4 계산이 잘못된 곳을 찾아 옳게 고쳐 계산해 보세요.

$$18+15÷3-7$$
$$=33÷3-7$$
$$=11-7$$
$$=4$$

→

$$18+15÷3-7$$

5 더 큰 수에 ◯표 하세요.

㉠ $4×(5+8)÷2$ ( )

㉡ $4×5+8÷2$ ( )

6 등식이 성립하도록 ( )로 묶어 보세요.

$$100 - 6 × 3 + 6 = 46$$

7 계산해 보세요.

$$63-18÷(3+3)×6$$

( )

8 연준이는 일주일 동안 매일 책을 15쪽씩 읽었고 영애는 일주일 중 2일은 쉬고 나머지 날은 책을 20쪽씩 읽었습니다. 두 사람이 일주일 동안 읽은 책의 쪽수는 모두 몇 쪽인지 하나의 식으로 나타내어 구해 보세요.

식 _______________________

답 _______________________

2 약수와 배수

9 24의 약수가 <u>아닌</u> 것은 어느 것인가요? (   )

① 1 ② 3
③ 8 ④ 9
⑤ 12

10 8의 배수 중에서 50에 가장 가까운 수를 써 보세요.

(   )

11 두 수가 약수와 배수의 관계인 것을 모두 고르세요.

(   )

① (9, 3) ② (4, 15)
③ (32, 8) ④ (7, 40)
⑤ (10, 25)

12 ㉮와 ㉯의 최대공약수를 구해 보세요.

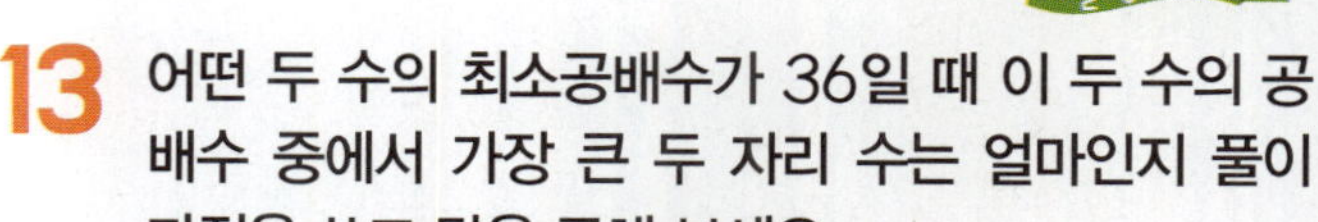

(   )

13 어떤 두 수의 최소공배수가 36일 때 이 두 수의 공배수 중에서 가장 큰 두 자리 수는 얼마인지 풀이 과정을 쓰고 답을 구해 보세요.

풀이 _______________________

____

____

____

답 _______________________

14 연필 32자루와 공책 28권을 최대한 많은 학생들에게 남김없이 똑같이 나누어 주려고 합니다. 학생 한 명이 연필을 몇 자루 받을 수 있나요?

(   )

3 규칙과 대응

도형의 배열을 보고 물음에 답하세요. [15～17]

15 삼각형의 수와 사각형의 수 사이의 관계를 생각하며 ☐ 안에 알맞은 수를 써넣으세요.

- 사각형이 10개일 때 필요한 삼각형의 수는 ☐ 개입니다.
- 사각형이 20개일 때 필요한 삼각형의 수는 ☐ 개입니다.

서술형

16 삼각형이 100개일 때 사각형은 몇 개 필요한지 풀이 과정을 쓰고 답을 구해 보세요.

풀이 ________________________

____

____

____

답 ________________________

17 사각형의 수와 삼각형의 수 사이의 대응 관계를 써 보세요.

____

____

한 모둠에 6명씩 앉아 있습니다. 모둠 수를 ■, 학생 수를 ▲라고 할 때, 물음에 답하세요. [18～19]

18 모둠 수와 학생 수 사이의 대응 관계를 표로 나타내어 보세요.

모둠 수(■)	1	2	3	4
학생 수(▲)	6			

19 ■와 ▲ 사이의 대응 관계를 식으로 나타내어 보세요.

식 ________________________

20 ●와 ■ 사이의 대응 관계를 나타낸 표입니다. 표를 완성하고 ●와 ■ 사이의 대응 관계를 식으로 나타내어 보세요.

●	1	2	3	4	5	6
■	10	11	12		14	

식 ________________________

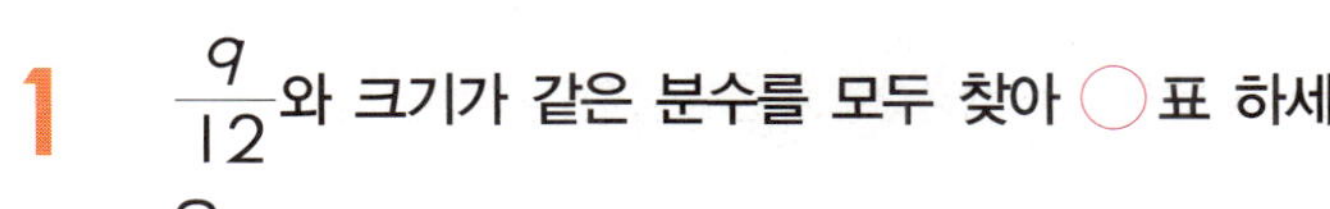

4 약분과 통분

1 $\dfrac{9}{12}$와 크기가 같은 분수를 모두 찾아 ◯표 하세요.

$$\dfrac{3}{4} \qquad \dfrac{3}{6} \qquad \dfrac{6}{9} \qquad \dfrac{12}{18} \qquad \dfrac{18}{24}$$

2 기약분수로 나타내어 보세요.

(1) $\dfrac{27}{30}$

(2) $\dfrac{24}{56}$

3 ☐ 안에 알맞은 수를 써넣으세요.

$$\left(\dfrac{\square}{9},\ \dfrac{4}{7}\right) \;➡\; \left(\dfrac{56}{63},\ \dfrac{36}{\square}\right)$$

4 진분수 $\dfrac{\square}{12}$가 기약분수라고 할 때, ☐ 안에 들어갈 수 있는 수를 모두 써 보세요.

( )

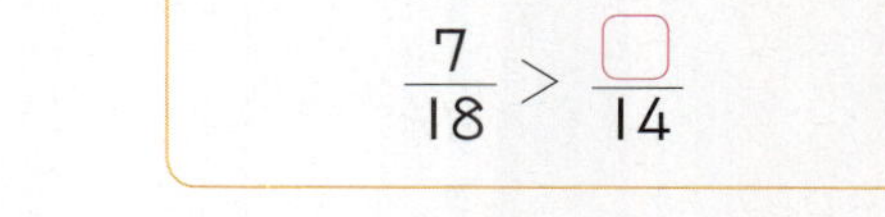

5 ☐ 안에 들어갈 수 있는 자연수들의 합은 얼마인지 풀이 과정을 쓰고 답을 구해 보세요.

$$\dfrac{7}{18} > \dfrac{\square}{14}$$

풀이

____

____

____

____

답 ____________________

6 분수와 소수의 크기를 비교하여 큰 수부터 차례대로 써 보세요.

$$\dfrac{17}{20} \qquad 1.5 \qquad 1\dfrac{1}{4} \qquad 0.98$$

(, , ,)

5 분수의 덧셈과 뺄셈 

7 □ 안에 알맞은 수를 써넣으세요.

$$\frac{11}{12} - \frac{5}{20} = \frac{11 \times \square}{12 \times \square} - \frac{5 \times \square}{20 \times \square}$$

$$= \frac{\square}{60} - \frac{\square}{60}$$

$$= \frac{\square}{60} = \square$$

8 두 분수의 합과 차를 각각 구해 보세요.

$$\frac{3}{10} \qquad \frac{11}{15}$$

합: (   )

차: (   )

9 계산이 <u>잘못된</u> 것을 찾아 기호를 써 보세요.

㉠ $\frac{1}{3} + \frac{1}{4} = \frac{7}{12}$ ㉡ $\frac{2}{3} + \frac{3}{4} = \frac{5}{12}$

㉢ $\frac{5}{6} - \frac{3}{8} = \frac{11}{24}$ ㉣ $2\frac{2}{3} - 1\frac{3}{4} = \frac{11}{12}$

(   )

10 ㉠+㉡의 값을 구해 보세요.

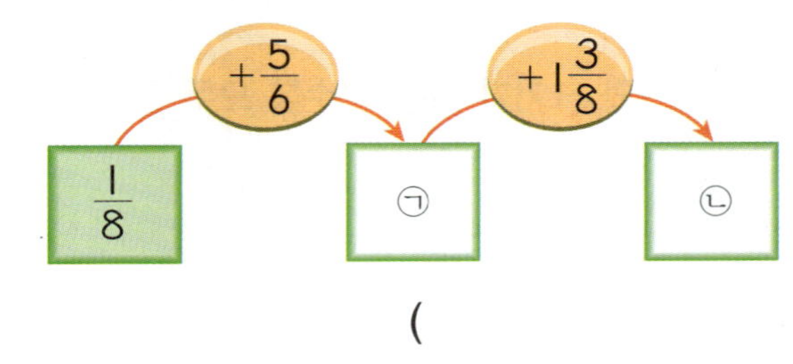

(   )

11 어떤 수에서 $1\frac{1}{3}$ 을 뺐더니 $1\frac{3}{5}$ 이 되었습니다. 어떤 수보다 $1\frac{1}{2}$ 작은 수를 구해 보세요.

(   )

서술형

12 길이가 $2\frac{7}{10}$ m, $3\frac{1}{4}$ m인 색 테이프를 겹쳐지게 이어 붙였더니 $4\frac{1}{2}$ m가 되었습니다. 겹쳐진 부분의 길이는 몇 m인지 풀이 과정을 쓰고 답을 구해 보세요.

풀이 ___________________________________

____

____

____

답 ___________________________________

13 다음 정오각형의 둘레가 55 cm일 때 한 변의 길이를 구해 보세요.

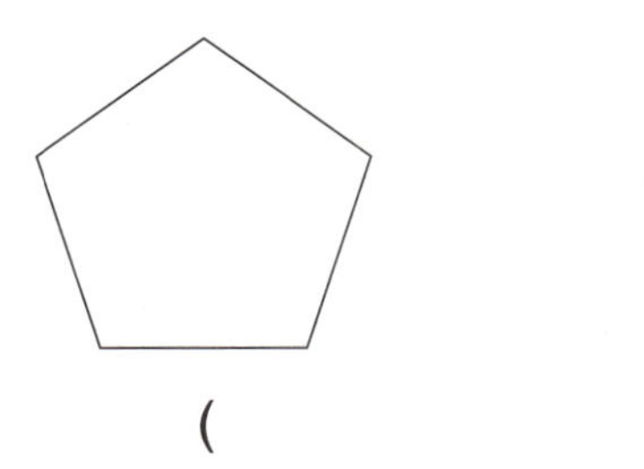

(   )

14 ☐ 안에 알맞은 수를 써넣으세요.

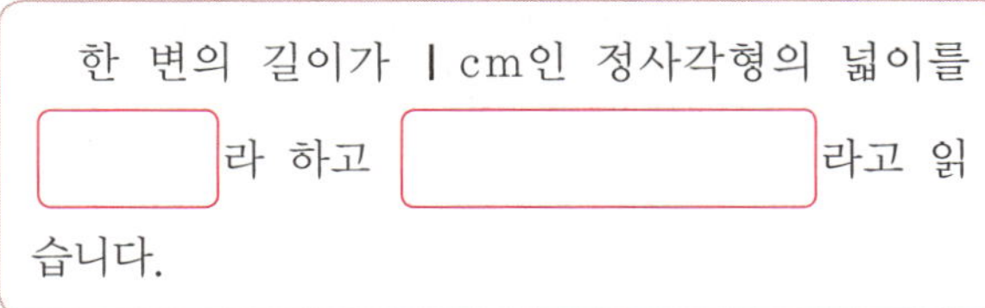

15 직사각형의 넓이를 m²와 cm²로 나타내어 보세요.

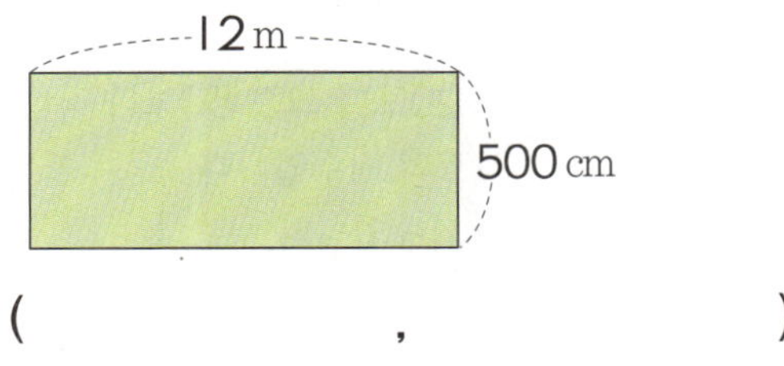

(,   )

16 둘레가 44 m인 정사각형의 넓이는 몇 m²인가요?

(   )

17 도형의 넓이를 구해 보세요.

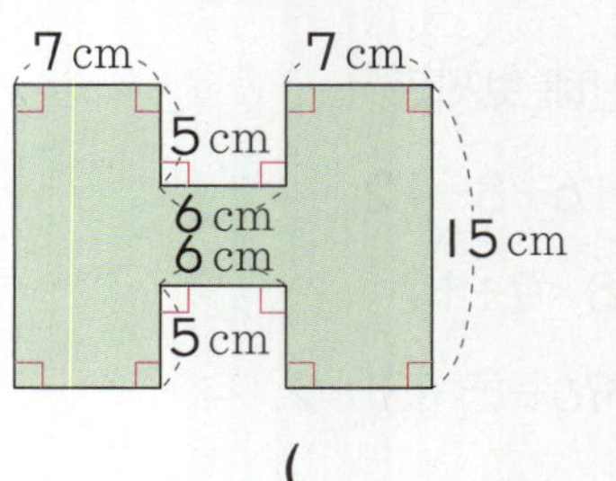

(   )

18 삼각형의 넓이는 몇 m²인가요?

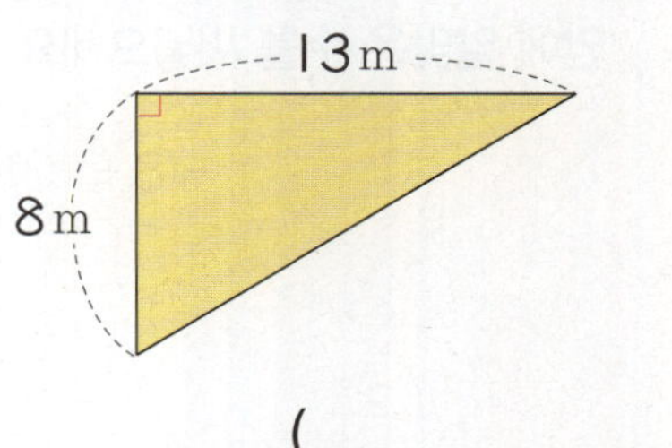

(   )

19 오른쪽 사다리꼴의 둘레는 48 cm입니다. 이 사다리꼴의 넓이는 몇 cm²인지 풀이 과정을 쓰고 답을 구해 보세요.

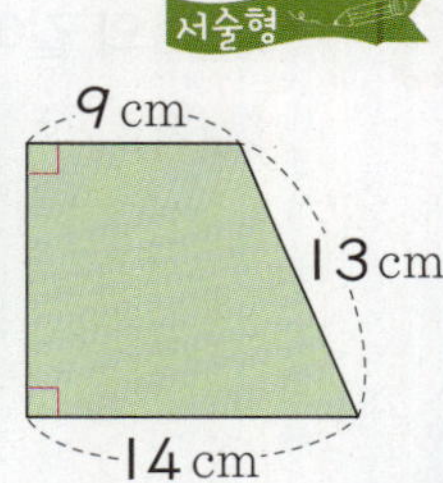

풀이

답

20 마름모의 넓이는 56 cm²입니다. ☐ 안에 알맞은 수를 써넣으세요.

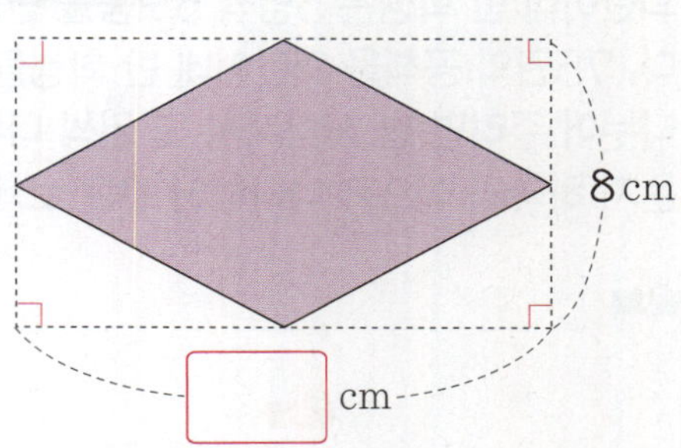

1 자연수의 혼합 계산

1 계산해 보세요.

(1) $16+8-12$

(2) $8 \times 9 \div 12$

(3) $96 \div (5+3) \times 2$

2 ☐ 안에 알맞은 수를 써넣으세요.

$$\boxed{} - (8+13) = 3$$

3 보기 와 같이 계산 순서를 나타내고 계산해 보세요.

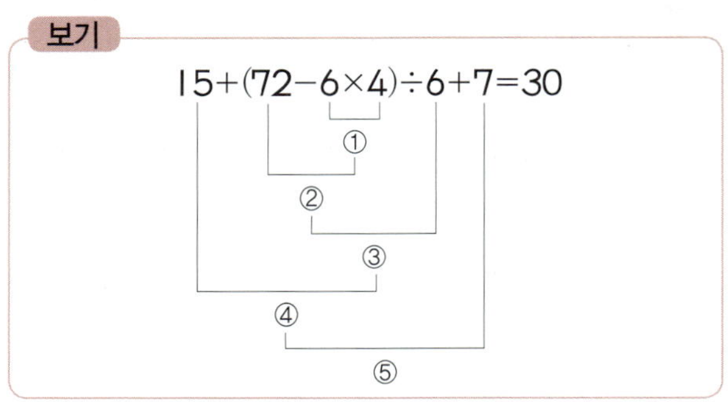

보기

$$15 + (72 - 6 \times 4) \div 6 + 7 = 30$$

$$27 - 80 \div (4 \times 5) \times 3 + 5$$

4 의란이네 반 학생은 5명씩 5모둠을 만들 수 있습니다. 75권의 공책을 의란이네 반 학생들에게 똑같이 나누어 주려면 한 사람에게 몇 권씩 나누어 주면 되는지 하나의 식으로 나타내어 구해 보세요.

식

답

2 약수와 배수

5 식을 보고 ☐ 안에 알맞은 말을 써넣으세요.

$$21 = 3 \times 7$$

21은 3과 7의 ☐ 입니다.

3과 7은 21의 ☐ 입니다.

6 어떤 두 수의 최소공배수가 16입니다. 이 두 수의 공배수를 작은 수부터 차례로 3개 써 보세요.

(,   ,   )

서술형

7 다음 조건을 모두 만족하는 수는 모두 몇 개인지 풀이 과정을 쓰고 답을 구해 보세요.

- 20보다 크고 50보다 작습니다.
- 7의 배수입니다.
- 짝수입니다.

풀이

답

오각형 1개를 만드는 데 성냥개비가 5개 필요합니다. 오각형의 수와 성냥개비의 수 사이에는 어떤 대응 관계가 있는지 물음에 답하세요. [8~10]

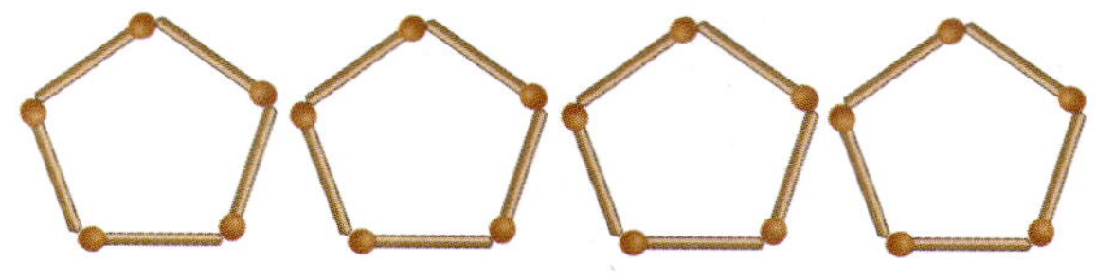

8 오각형의 수와 성냥개비의 수 사이의 대응 관계를 표로 나타내어 보세요.

오각형의 수(개)	1	2	3	4	5
성냥개비의 수(개)					

9 오각형을 10개 만들려면 성냥개비가 몇 개 필요한가요?

(   )

10 오각형의 수를 ■, 성냥개비의 수를 ▲라 할 때, ■와 ▲ 사이의 대응 관계를 식으로 나타내어 보세요.

식 ______________________________

11 기약분수를 찾아 모두 ◯표 하세요.

$$\frac{9}{12} \qquad \frac{3}{7} \qquad \frac{8}{15} \qquad \frac{27}{54}$$

12 두 수의 크기를 비교하여 ◯ 안에 >, =, <를 알맞게 써넣으세요.

(1) $\frac{5}{8}$ ◯ $\frac{7}{12}$ (2) 0.65 ◯ $\frac{3}{5}$

13 $\frac{3}{8}$과 $\frac{11}{20}$ 사이에 있는 분수 중에서 분모가 40인 분수는 모두 몇 개인지 풀이 과정을 쓰고 답을 구해 보세요.

풀이 ______________________________

____

____

____

답 ______________________________

5 분수의 덧셈과 뺄셈

14 계산해 보세요.

(1) $\dfrac{5}{6} + \dfrac{2}{5}$

(2) $\dfrac{11}{15} - \dfrac{7}{10}$

15 계산 결과를 찾아 선으로 이어 보세요.

(1) $1\dfrac{2}{3} + 1\dfrac{3}{4}$ •

(2) $3\dfrac{3}{4} - \dfrac{5}{6}$ •

(3) $3\dfrac{2}{3} - 1\dfrac{3}{4}$ •

• ㉠ $1\dfrac{11}{12}$

• ㉡ $2\dfrac{11}{12}$

• ㉢ $3\dfrac{5}{12}$

16 슬기는 가지고 있던 철사 중에서 $1\dfrac{1}{3}$ m를 사용하여 만들기를 하였습니다. 만들기를 하고 남은 철사의 길이가 $1\dfrac{3}{4}$ m일 때 슬기가 처음에 가지고 있던 철사의 길이는 몇 m인가요?

( )

6 다각형의 둘레와 넓이

17 평행사변형의 둘레를 구해 보세요.

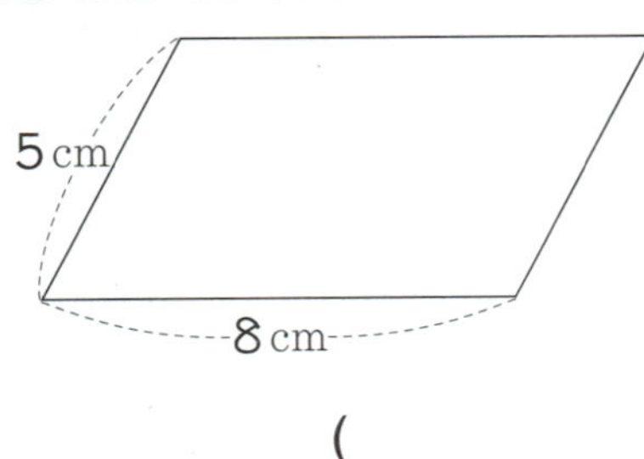

( )

18 가로가 24 m, 세로가 15 m인 직사각형의 넓이는 몇 m²인가요?

( )

19 오른쪽 삼각형의 넓이는 54 cm²이고 밑변은 12 cm입니다. 이 삼각형의 높이는 몇 cm인가요?

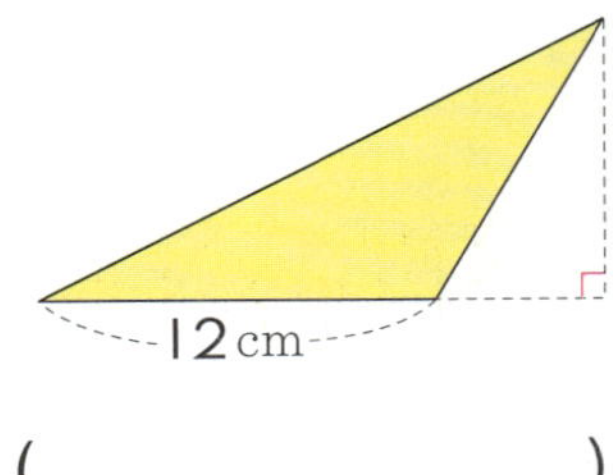

( )

서술형

20 색칠한 부분의 넓이는 몇 cm²인지 풀이 과정을 쓰고 답을 구해 보세요.

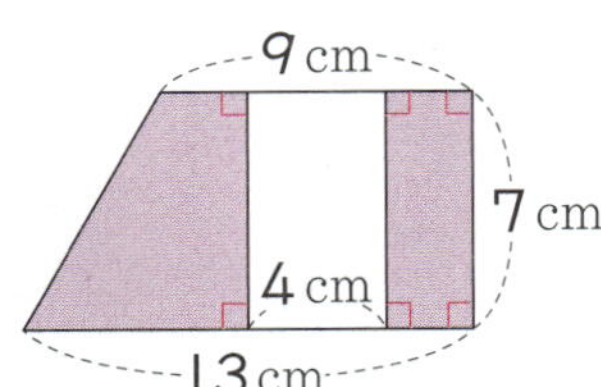

풀이 ___________________________

____

____

답 ___________________________

 **1 자연수의 혼합 계산**

1 ☐ 안에 알맞은 수를 써넣으세요.

$$17+(19-4)=\boxed{}$$

2 계산 결과가 큰 것부터 차례대로 기호를 써 보세요.

> ㉠ $25-2\times3+5$
> ㉡ $(25-2)\times3+5$
> ㉢ $25-2\times(3+5)$

(,   ,   )

3 ☐ 안에 알맞은 수는 얼마인지 풀이 과정을 쓰고 답을 구해 보세요.

$$49-3\times6\div2+8=\boxed{}-3\times4$$

풀이 

답

4 지솔이네 반 학생 26명은 9명씩 2모둠으로 나누어 피구를 하고, 나머지는 다른 반 학생 13명과 함께 축구를 했습니다. 축구를 한 학생은 몇 명인지 하나의 식으로 나타내어 구해 보세요.

식

답

 **2 약수와 배수**

5 약수의 수가 가장 많은 수를 찾아 써 보세요.

> 8   18   27

(   )

6 100보다 작은 수 중에서 7의 배수이면서 홀수인 수를 모두 구해 보세요.

(   )

7 재호는 8일마다, 용우는 6일마다 수영장에 갑니다. 수요일인 오늘 두 사람이 수영장에서 만났다면 다음번에 두 사람이 만나는 날은 무슨 요일인가요?

(   )

100점 예상 문제

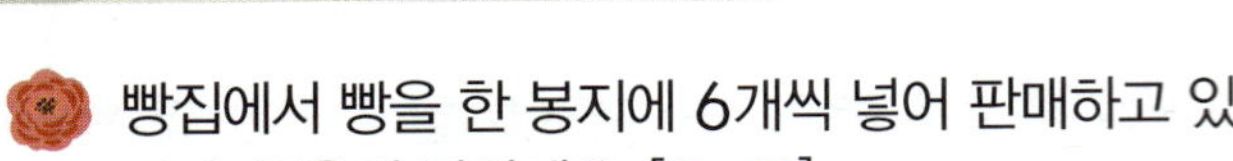

3 규칙과 대응

빵집에서 빵을 한 봉지에 6개씩 넣어 판매하고 있습니다. 물음에 답하세요. [8~10]

8 빵 봉지의 수(▲)와 빵의 수(★) 사이에는 어떤 대응 관계가 있는지 표를 완성해 보세요.

▲	1	2	3	4	5	6
★	6	12				

9 빵 봉지의 수(▲)와 빵의 수(★) 사이의 관계를 식으로 나타내어 보세요.

식 _______________________

10 빵 1봉지를 2800원에 판매한다면 빵 90개를 팔아 벌 수 있는 금액은 얼마인가요?

(   )

4 약분과 통분

11 크기가 같은 분수를 모두 써 보세요.

$$\frac{3}{4} \qquad \frac{1}{2} \qquad \frac{12}{16} \qquad \frac{8}{12} \qquad \frac{18}{24}$$

(   )

서술형

12 어떤 분수의 분모와 분자에 각각 5를 더한 후 12로 약분하였더니 $\frac{5}{6}$가 되었습니다. 처음 분수는 얼마인지 풀이 과정을 쓰고 답을 구해 보세요.

풀이 _______________________

____

____

____

답 _______________________

13 두 분수의 크기를 비교하여 ◯ 안에 >, =, <를 알맞게 써넣으세요.

$$\frac{5}{12} \bigcirc \frac{7}{15}$$

5 분수의 덧셈과 뺄셈

14 계산 결과를 비교하여 ◯ 안에 >, =, <를 알맞게 써넣으세요.

$$2\frac{5}{6}+1\frac{3}{4} \bigcirc 6\frac{1}{3}-1\frac{5}{8}$$

15 식을 만족하는 ●의 값을 구해 보세요.

$$\frac{5}{6} + \frac{4}{9} = 2\frac{1}{3} - ●$$

(   )

16 쌀 $2\frac{1}{3}$ 컵과 보리쌀 $1\frac{4}{5}$ 컵을 넣어 밥을 지었습니다. 밥을 짓는 데 넣은 쌀과 보리쌀은 모두 몇 컵인가요?

식 ______________________

답 ______________________

17 평행사변형의 넓이는 몇 m²인가요?

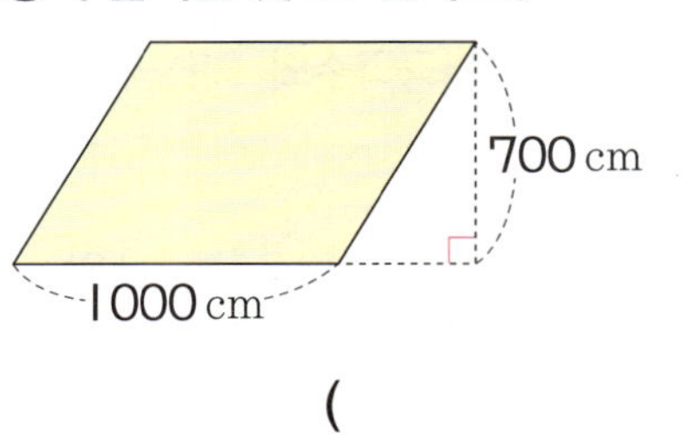

(   )

18 왼쪽 삼각형과 넓이가 같은 것을 찾아 기호를 써 보세요.

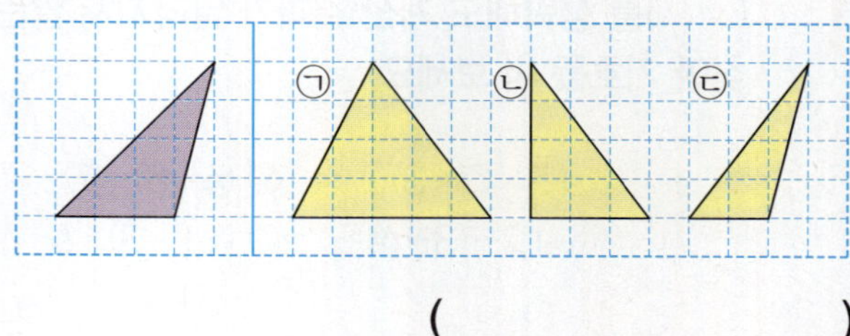

(   )

19 색칠한 부분의 넓이는 몇 cm²인가요?

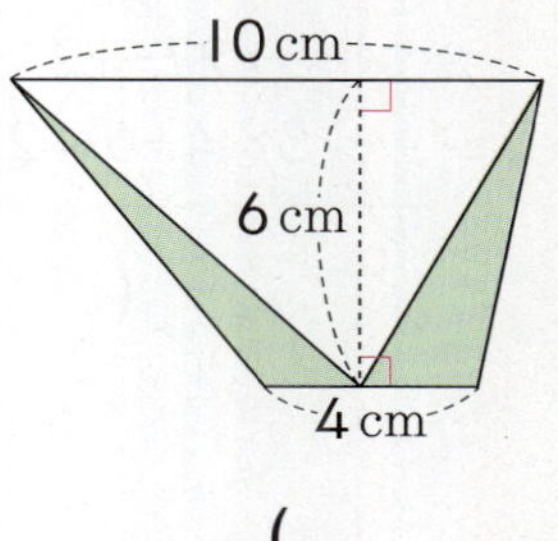

(   )

20 사다리꼴 가와 마름모 나의 넓이의 합은 몇 cm²인지 풀이 과정을 쓰고 답을 구해 보세요.

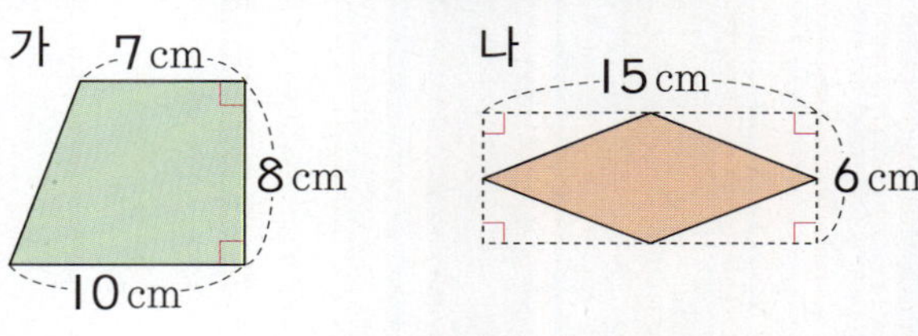

풀이 ______________________

____

____

답 ______________________

100점
예상
문제

---

1 자연수의 혼합 계산

1 ( )를 생략해도 계산 결과가 달라지지 <u>않는</u> 식을 찾아 기호를 써 보세요.

> ㉠ 5×(7−3) ㉡ (4+8)−7
> ㉢ 12−(3+4) ㉣ (11−3)×6

( )

2 두 식의 계산 결과의 합을 구해 보세요.

> ㉠ 5+27−12
> ㉡ 5×(4+6)÷2−7

( )

3 계산 순서에 맞게 차례대로 기호를 써 보세요.

$$3 + 12 \times (8 \div 2) \div 4 - 5$$

ㄱ ㄴ ㄷ ㄹ ㅁ

(, , , ,)

4 연필 한 자루의 값은 150원, 풀 4개의 값은 960원입니다. 연필 4자루와 풀 3개의 값은 얼마인지 하나의 식으로 나타내어 구해 보세요.

식 ___________________

답 ___________________

---

2 약수와 배수

5 다음 식을 보고 ☐ 안에 알맞은 수나 말을 써넣으세요.

> 8=1×8   8=2×4

(1) 8의 약수는 ☐, ☐, ☐, ☐ 입니다.

(2) 8은 1, 2, 4, 8의 ☐ 입니다.

6 그림과 같은 종이를 남는 부분이 없도록 잘라서 같은 크기의 정사각형을 여러 장 만들려고 합니다. 이때 만들 수 있는 가장 큰 정사각형의 한 변의 길이는 몇 cm인지 풀이 과정을 쓰고 답을 구해 보세요.

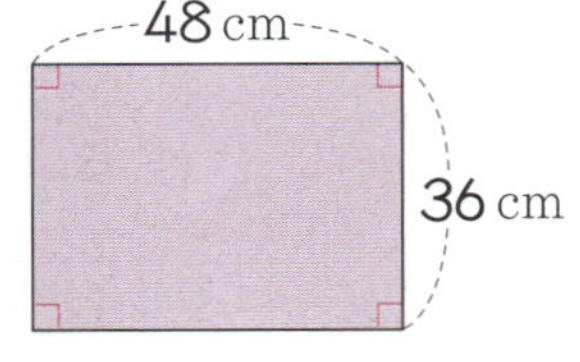

풀이 ___________________

____

____

답 ___________________

7 두 수의 최대공약수와 최소공배수의 합을 구해 보세요.

> 24   18

( )

8 통나무를 자른 횟수와 통나무 도막의 수 사이에는 어떤 대응 관계가 있는지 알아보려고 합니다. 표를 완성하고 ☐ 안에 알맞은 수를 써넣으세요.

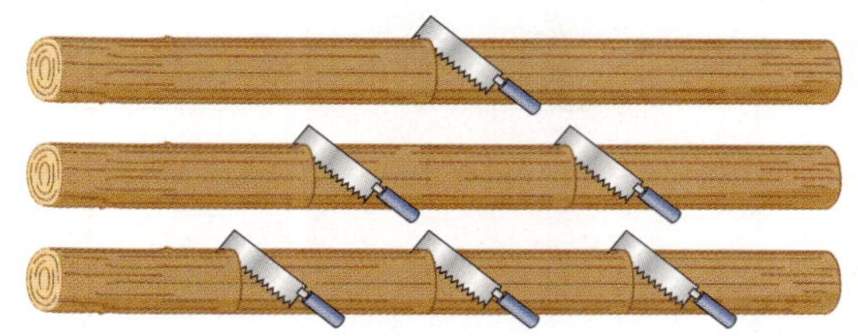

통나무를 자른 횟수(회)	1	2	3	4	5
통나무 도막의 수(개)					

통나무 도막의 수는 통나무를 자른 횟수보다 ☐ 만큼 더 큽니다.

다음 그림을 보고 물음에 답하세요. [9~10]

9 두 사람의 나이 사이의 대응 관계를 식으로 나타내어 보세요.

(1) 정환이의 나이: ▲살, 동생의 나이: ◆살

____

(2) 동생의 나이: ◆살, 누나의 나이: ♥살

____

---

10 동생의 나이가 65살이면 정환이와 누나의 나이는 각각 몇 살이 되는지 빈칸에 나이를 써넣으세요.

11 분수를 약분해 보세요.

(1) $\dfrac{9}{12} = \dfrac{\ \square\ }{\ \square\ }$ (2) $\dfrac{25}{30} = \dfrac{\ \square\ }{\ \square\ }$

12 $\left(\dfrac{5}{12},\ \dfrac{3}{8}\right)$ 을 바르게 통분한 것을 찾아 기호를 써 보세요.

㉠ $\left(\dfrac{5}{12},\ \dfrac{7}{12}\right)$	㉡ $\left(\dfrac{10}{24},\ \dfrac{9}{24}\right)$	㉢ $\left(\dfrac{40}{96},\ \dfrac{24}{96}\right)$

(   )

13 ☐ 안에 들어갈 수 있는 자연수는 모두 몇 개인가요?

$$\dfrac{3}{4} < \dfrac{\square}{36} < \dfrac{8}{9}$$

(   )

---

5 분수의 덧셈과 뺄셈

14 계산 결과가 1보다 큰 것을 모두 찾아 기호를 써 보세요.

$$\bigodot\ \frac{1}{2}+\frac{2}{3} \qquad \bigcirc\ \frac{2}{7}+\frac{5}{9}$$

$$\bigodot\ \frac{3}{4}+\frac{2}{5} \qquad \bigodot\ \frac{5}{6}+\frac{2}{15}$$

(   )

15 보기 와 같은 방법으로 계산해 보세요.

보기

$$2\frac{3}{5}-1\frac{2}{3}=\frac{13}{5}-\frac{5}{3}=\frac{39}{15}-\frac{25}{15}=\frac{14}{15}$$

$$7\frac{1}{2}-2\frac{2}{5}=\underline{\hspace{4cm}}$$

16 수지가 집에서 출발하여 문구점을 거쳐 학교까지 가는 거리는 $3\frac{5}{9}$ km입니다. 문구점에서 학교까지의 거리는 몇 km인가요?

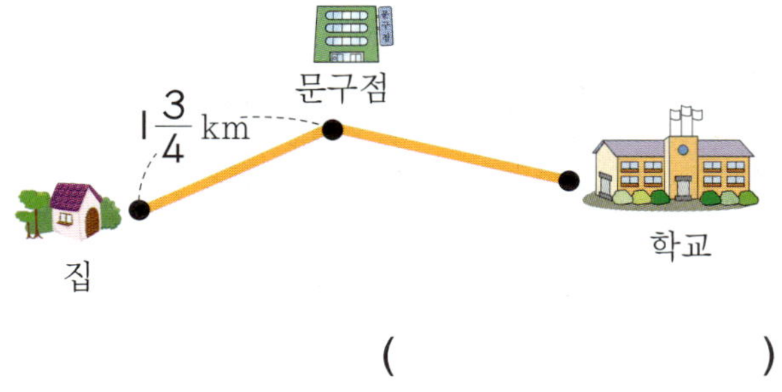

(   )

---

6 다각형의 둘레와 넓이

17 더 넓은 평행사변형을 찾아 기호를 써 보세요.

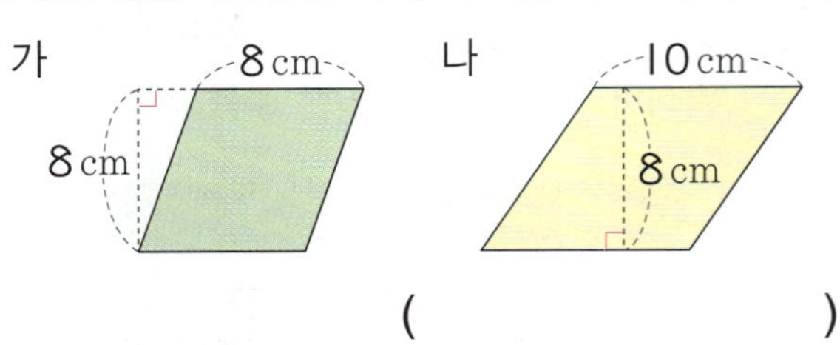

(   )

18 색칠한 부분의 넓이를 구해 보세요.

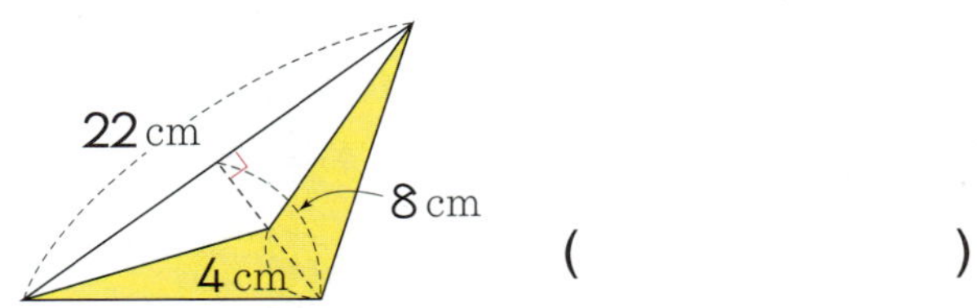

(   )

19 가로가 17 cm이고, 세로가 8 cm인 직사각형의 각 변을 똑같이 나눈 점을 이어 만든 도형의 넓이는 몇 cm²인지 풀이 과정을 쓰고 답을 구해 보세요.

서술형

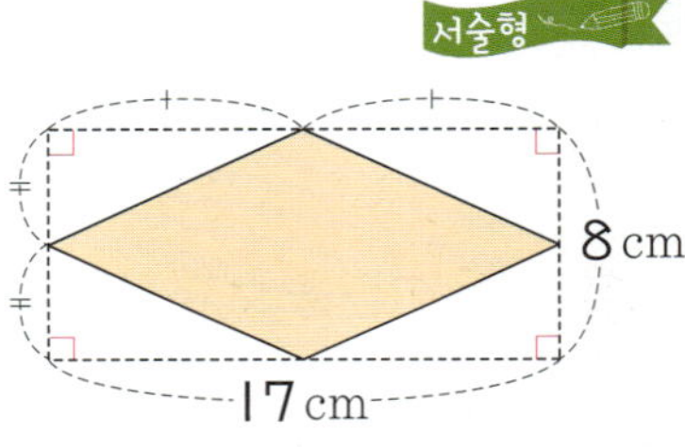

풀이

답

20 오른쪽 사다리꼴의 넓이는 48 cm²입니다. ☐ 안에 알맞은 수를 써넣으세요.

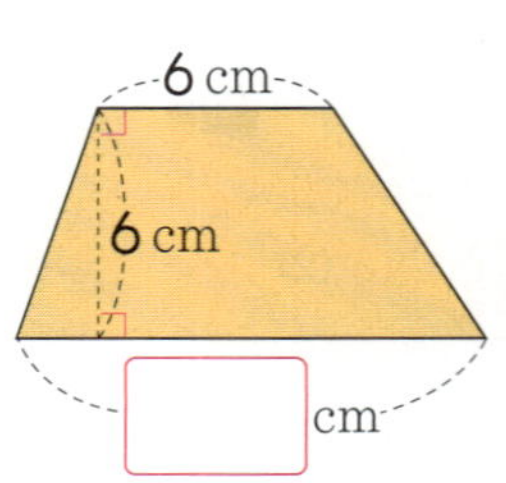

---

1 자연수의 혼합 계산

1 계산 결과를 비교하여 ◯ 안에 >, =, <를 알맞게 써넣으세요.

$$5 \times 4 - 12 \bigcirc 81 \div (3 \times 9)$$

2 가장 먼저 계산해야 할 식에 밑줄을 그어 보세요.

$$27 - 16 + 39 \div 13 - 2$$

3 ☐ 안에 알맞은 수를 써넣으세요.

$$48 - (3+5) \times 5 \div 4 = 48 - \boxed{} \times 5 \div 4$$
$$= 48 - \boxed{} \div 4$$
$$= 48 - \boxed{}$$
$$= \boxed{}$$

4 문구점에서 공책 한 권은 800원, 연필 한 타는 3000원에 팔고 있습니다. 효주는 공책 2권과 연필 4자루를 사고 5000원을 냈습니다. 거스름돈으로 얼마를 받아야 하는지 하나의 식으로 나타내어 구해 보세요. (단, 연필 한 타는 12자루입니다.)

 식 ________________________

답 ________________________

---

2 약수와 배수 

5 다음 조건을 만족하는 수를 모두 구해 보세요.

> • 9의 배수인 수
> • 270의 약수인 수

(________________________)

6 어떤 두 수의 최대공약수가 32입니다. 이 두 수의 공약수가 될 수 <u>없는</u> 수는 어느 것인가요? (   )

① 4   ② 8
③ 12   ④ 16
⑤ 32

 서술형

7 다음 직각삼각형 모양 조각을 늘어놓아 될 수 있는 대로 작은 정사각형을 만들 때, 필요한 모양 조각은 모두 몇 개인지 풀이 과정을 쓰고 답을 구해 보세요.

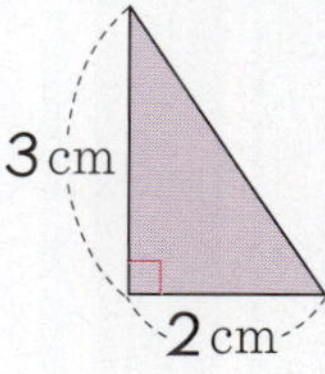

풀이 ________________________
____
____

답 ________________________

3 규칙과 대응

 케이크를 다음과 같이 자르고 있습니다. 케이크를 자른 횟수와 케이크의 조각 수 사이의 관계를 보고 물음에 답하세요. [8~9]

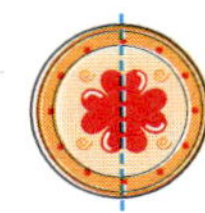  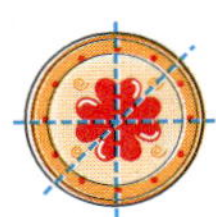  ……

8 케이크를 자른 횟수와 케이크의 조각 수 사이의 대응 관계를 표로 완성해 보세요.

케이크를 자른 횟수(회)	1	2	3	4	5	6
케이크의 조각 수(개)	2					

9 케이크를 자른 횟수와 케이크의 조각 수 사이의 대응 관계를 설명해 보세요.

(   )

10 현빈이는 자전거를 타고 1시간 동안 15 km를 갑니다. 같은 빠르기로 자전거를 탄다고 할 때 자전거를 탄 시간(■)과 자전거를 타고 간 거리(▲) 사이의 관계를 ■와 ▲를 사용한 식으로 나타내어 보세요.

식

4 약분과 통분

11 왼쪽의 두 분수를 각각 약분하였더니 오른쪽과 같이 되었습니다. ☐ 안에 알맞은 수를 써넣으세요.

$$\left(\dfrac{30}{\boxed{}},\ \dfrac{\boxed{}}{42} \right) \Rightarrow \left(\dfrac{5}{7},\ \dfrac{8}{21} \right)$$

12 ☐ 안에 알맞은 수를 써넣으세요.

 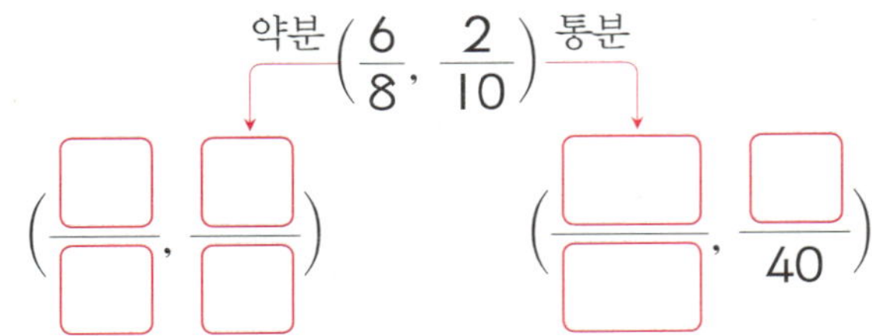

13 냉장고 안에 우유 0.65 L와 주스 $\dfrac{3}{5}$ L가 들어 있습니다. 우유와 주스 중 어느 것이 더 많은지 풀이 과정을 쓰고 답을 구해 보세요.

풀이

답

14 ◻ 안에 알맞은 수를 써넣으세요.

$$1\frac{4}{5}+2\frac{3}{4}=(1+2)+\left(\frac{\boxed{}}{20}+\frac{\boxed{}}{20}\right)$$

$$=3+\frac{\boxed{}}{20}=3+\boxed{}\frac{\boxed{}}{20}$$

$$=\boxed{}\frac{\boxed{}}{20}$$

15 계산 결과가 더 큰 것을 찾아 기호를 써 보세요.

$$\bigcirc\ \frac{3}{8}+\frac{7}{12}\qquad \bigcirc\ 1\frac{1}{6}-\frac{1}{3}$$

( )

16 삼각형의 세 변의 길이의 합이 $5\frac{3}{7}$ cm일 때 변 ㄱㄷ 의 길이는 몇 cm인가요?

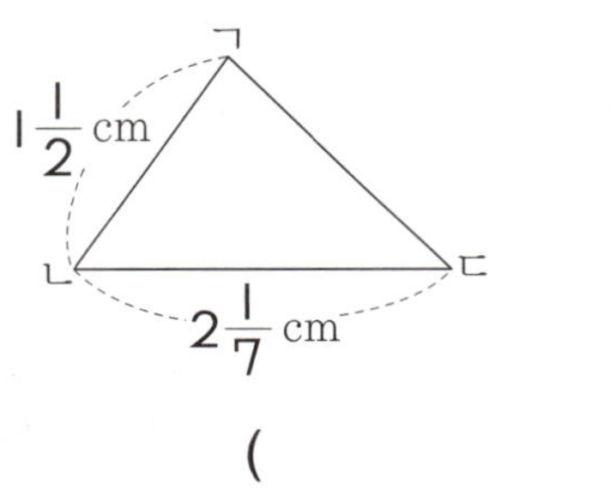

( )

서술형

17 가로가 320 cm, 세로가 250 cm인 직사각형 모양의 땅을 넓이가 1 m²씩 되도록 똑같이 나누어 나누어진 부분마다 서로 다른 종류의 꽃을 심으려고 합니다. 꽃은 모두 몇 종류를 심을 수 있는지 풀이 과정을 쓰고 답을 구해 보세요.

풀이 ____________________

____

____

답 ____________________

18 ◻ 안에 알맞은 수를 구해 보세요.

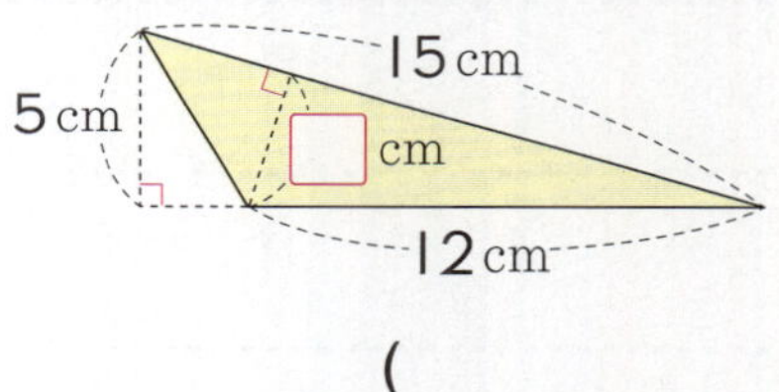

( )

19 마름모의 넓이는 몇 cm²인가요?

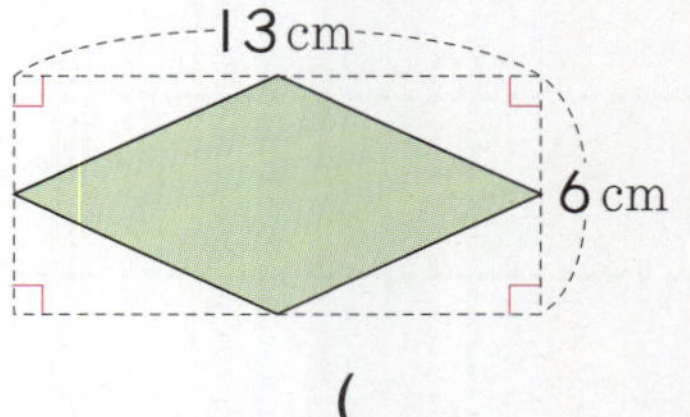

( )

20 다음 사다리꼴의 넓이는 63 cm²입니다. 사다리꼴의 높이는 몇 cm인가요?

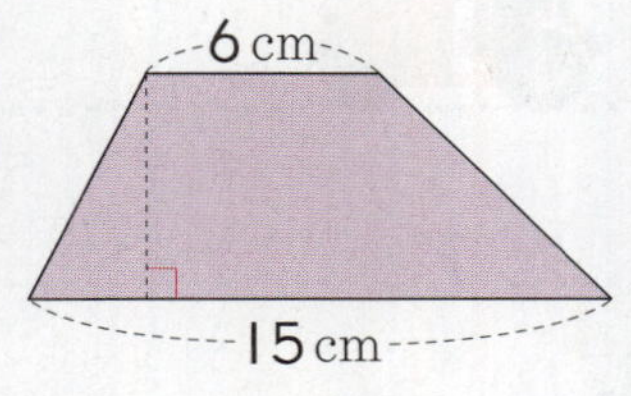

( )

100점 예상 문제

MEMO

복습 BOOK

복습
BOOK

1 □ 안에 알맞은 수를 써넣으세요.

(1) $7+31-16=$ □

(2) $25-9+14=$ □

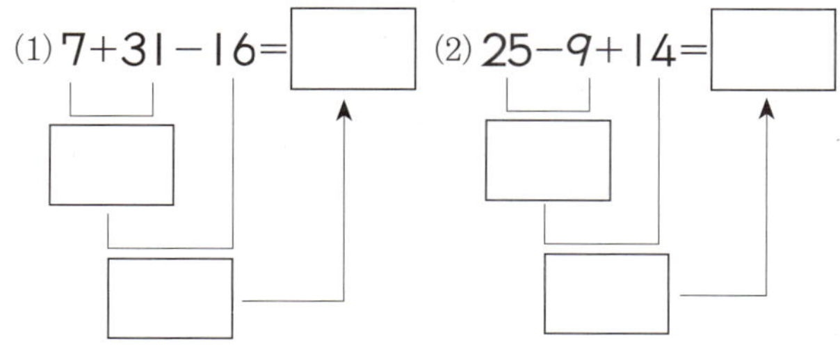

2 아이스크림을 만들려면 우유가 필요합니다. 냉장고에 24개의 우유가 있었는데 범수가 아이스크림을 만들면서 18개의 우유를 사용하고 가게에서 11개의 우유를 사 왔습니다. 지금 사용할 수 있는 우유는 모두 몇 개인가요?

(   )

3 지호와 현주의 계산에서 바르게 값을 구한 사람을 써 보세요.

(   )

4 계산 결과가 더 큰 것을 찾아 기호를 써 보세요.

> ㉠ $4+13-5$ ㉡ $25-(7+12)$

(   )

5 □ 안에 알맞은 수를 써넣으세요.

(1) $4×15÷10=$ □ $÷$ □

$=$ □

(2) $24÷8×3=$ □ $×$ □

$=$ □

6 한 봉지에 25개씩 들어 있는 사탕 3봉지를 5명에게 똑같이 나누어 주려고 합니다. 한 명이 가질 수 있는 사탕은 몇 개인가요?

(   )

7 계산 결과를 찾아 이어 보세요.

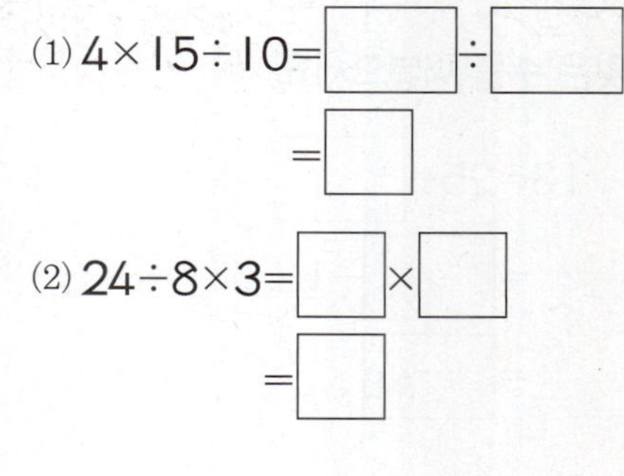

8 하나의 식으로 나타내고 계산해 보세요.

> 84를 3과 7의 곱으로 나눈 몫

( )

9 □ 안에 알맞은 수를 써넣으세요.

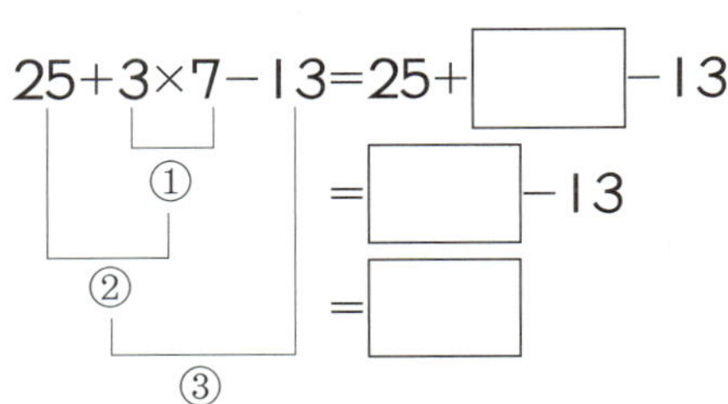

10 계산 결과를 비교하여 ○ 안에 >, =, <를 알맞게 써넣으세요.

$$48-12\times3+15 \bigcirc 14+8\times6-39$$

11 식이 성립하도록 ( )로 묶어 보세요.

> $8 + 24 \div 8 - 2 = 12$

12 계산 결과의 합을 구해 보세요.

> ㉠ $4+3\times4-3$
> ㉡ $4+3\times(4-3)$

( )

13 계산해 보세요.

(1) $57+8-24\div3=$ ☐

(2) $75-18\div2+4=$ ☐

14 준혁이는 4개의 냄비에 라면을 끓이려고 합니다. 1000 mL의 물을 똑같이 나누어 담고 각 냄비에 액상 스프를 50 mL씩 넣어준 뒤 국물에 떠있는 기름 15 mL를 걷어 내었습니다. 각 냄비의 라면 국물의 양은 얼마인지 풀이 과정을 쓰고 답을 구해 보세요.

____

____

____

____

( )

15 잘못 계산한 곳을 찾아 바르게 계산해 보세요.

$$30+60÷(15-9)=30+60÷6$$
$$=90÷6$$
$$=15$$

↓

$$30+60÷(15-9)$$

16 □ 안에 알맞은 수를 구해 보세요.

$$□+(18-12)÷3=9$$

(   )

17 계산해 보세요.

$$8+12×6÷3-3$$

(   )

18 계산 결과가 작은 것의 기호를 써 보세요.

㉠ $27+10×3÷6-4$
㉡ $13-7+5×4÷2$

(   )

19 다음 식에서 두 번째 순서로 계산하는 곳을 찾아 기호를 써 보세요.

$$24-36÷(4+5)×5$$
㉠　㉡　㉢　㉣

(   )

20 □ 안에 들어갈 수 있는 자연수 중 가장 큰 수를 구하려고 합니다. 풀이 과정을 쓰고 답을 구해 보세요.

$$45÷15+(17-6)×2 > □$$

____

____

____

(   )

1 □ 안에 알맞은 수를 써넣고 27의 약수를 구해 보세요.

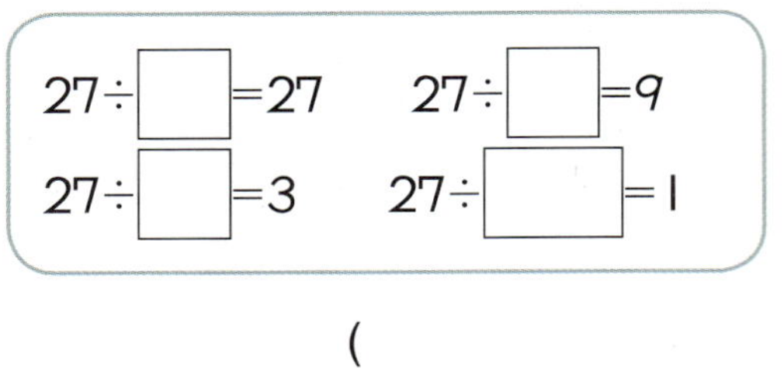

$27 \div \boxed{} = 27$ $27 \div \boxed{} = 9$

$27 \div \boxed{} = 3$ $27 \div \boxed{} = 1$

(   )

2 다음 중 12의 약수가 <u>아닌</u> 것은 어느 것인가요?

(   )

① 1   ② 2   ③ 3
④ 4   ⑤ 5

3 약수의 개수가 가장 많은 수를 구해 보세요.

9, 20, 25

(   )

4 배수를 가장 작은 수부터 차례로 5개 써 보세요.

(1) 4의 배수 ➡ (   )

(2) 7의 배수 ➡ (   )

5 7의 배수를 모두 고르세요. (   )

① 35   ② 41   ③ 56
④ 64   ⑤ 72

6 어떤 수의 배수를 가장 작은 수부터 차례로 쓴 것입니다. 12번째의 수를 구해 보세요.

(1)   7, 14, 21, 28, 35, ...

(   )

(2)   11, 22, 33, 44, 55, ...

(   )

7 식을 보고 □ 안에 알맞은 말을 써넣으세요.

$24 = 2 \times 12$ $24 = 3 \times 8$

(1) 2와 12는 24의 $\boxed{}$ 입니다.

(2) 24는 3과 8의 $\boxed{}$ 입니다.

8 두 수가 약수와 배수의 관계가 되도록 빈 칸에 1 이외의 알맞은 수를 써넣으세요.

(1)

| 5 | |

(2)

| | 16 |

9 두 수가 약수와 배수의 관계가 되는 것을 찾아 기호를 써 보세요.

㉠ (5, 60) ㉡ (7, 34)
㉢ (3, 13) ㉣ (6, 15)

(   )

10 두 수의 공약수와 최대공약수를 구해 보세요.

(24, 36)

공약수 (   )
최대공약수 (   )

11 42와 60의 최대공약수를 구하려고 합니다. ☐ 안에 알맞은 수를 써넣으세요.

```
2 ) 42  60
3 ) 21  30
     7  10
```

42와 60의 최대공약수: ☐ × ☐ = ☐

12 24와 18을 다음과 같이 여러 수의 곱으로 나타내었습니다. 두 수의 최대공약수를 구해 보세요.

$24 = 2 \times 2 \times 2 \times 3$
$18 = 2 \times 3 \times 3$

(   )

서술형

13 어떤 두 수의 최대공약수가 15라고 할 때, 두 수의 공약수를 모두 구하려고 합니다. 풀이 과정을 쓰고 답을 구해 보세요.

____

____

____

____

(   )

14 친구들의 선물로 공책 64권, 지우개 72개를 샀습니다. 남김없이 최대한 많은 친구들에게 똑같이 나누어 주려면 모두 몇 명에게 나누어 줄 수 있는지 구해 보세요.

(   )

15 직사각형 모양의 종이에 남는 부분 없이 가장 큰 정사각형 모양의 색종이를 겹치지 않게 붙이려고 합니다. 정사각형의 한 변의 길이는 몇 cm인가요?

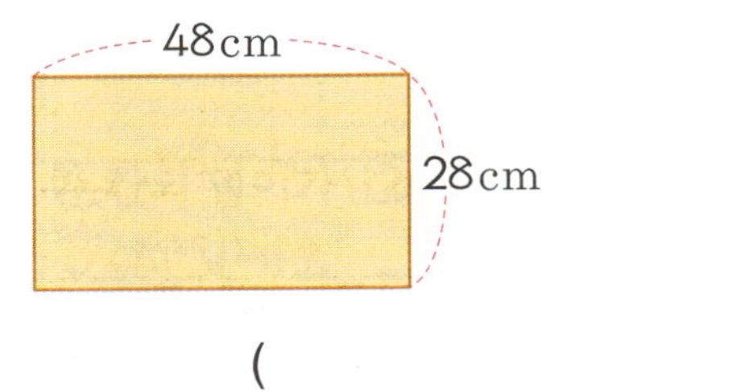

( )

16 10과 15의 공배수와 최소공배수를 구하려고 합니다. 물음에 답해 보세요.

(1) 10의 배수를 가장 작은 수부터 6개 써 보세요.
( )

(2) 15의 배수를 가장 작은 수부터 6개 써 보세요.
( )

(3) (1), (2)에서 10과 15의 공배수를 구해 보세요.
( )

(4) 10과 15의 최소공배수를 구해 보세요.
( )

17 두 수의 최소공배수를 구해 보세요.

(1))27 36

( )

(2))28 42

( )

18 ㉠과 ㉡의 최소공배수를 구해 보세요.

> ㉠ 2×3×7
> ㉡ 3×5×7

( )

19 선미는 몬드리안의 작품을 보고, 가로 16 cm, 세로 20 cm인 직사각형 모양의 색깔 카드를 겹치지 않게 늘어놓아 될 수 있는 대로 작은 정사각형 모양의 작품을 만들려고 합니다. 이 정사각형의 한 변은 몇 cm인가요?

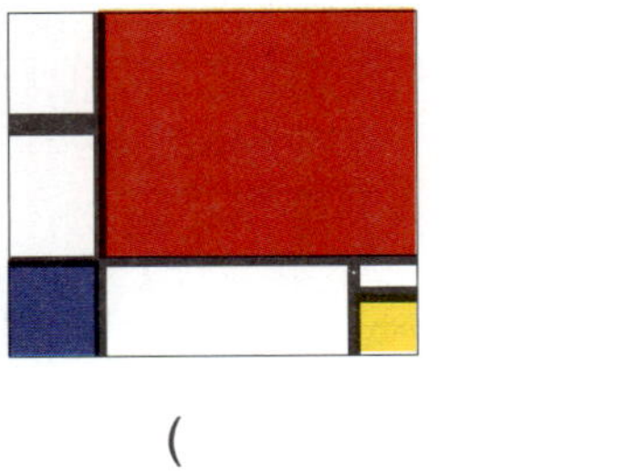

( )

20 ㉠과 ㉡의 최소공배수가 70일 때, ㉠과 ㉡의 합은 얼마인지 풀이 과정을 쓰고 답을 구해 보세요.

$$□ \overline{)\ ㉠\quad ㉡}$$
$$\quad\ 5\quad 2$$

( )

1 사각형의 수와 사각형 변의 수 사이의 대응 관계를 써 보세요.

사각형의 수(개)	1	2	3	4	…
사각형의 변의 수(개)	4	8	12	16	…

사각형의 변의 수는 (   )

2 □와 △ 사이의 대응 관계를 보고 수가 <u>잘못</u> 들어간 곳에 ○표 하세요.

△는 □의 2배입니다.

□	6	7	8	9	10
△	12	14	15	18	20

[**3~4**] 길이가 같은 색 테이프를 자른 그림입니다. 물음에 답해 보세요.

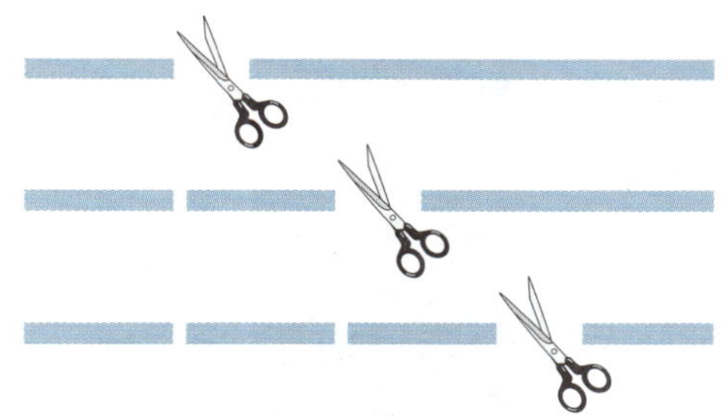

3 색 테이프를 자른 횟수와 색 테이프 도막의 수 사이의 대응 관계를 표로 나타내어 보세요.

색 테이프를 자른 횟수(번)	1	2	3	…
색 테이프 도막의 수(도막)	2	3		…

4 색 테이프 도막의 수를 □, 색 테이프를 자른 횟수를 △라고 할 때, 두 양 사이의 대응 관계를 식으로 나타내어 보세요.

□ =

[**5~7**] 그림과 같이 달걀 한 판에는 30개의 달걀이 들어 있습니다. 물음에 답해 보세요.

5 달걀판의 수와 달걀의 수 사이의 대응 관계를 표로 나타내어 보세요.

달걀판의 수(판)	1	2	3	…
달걀의 수(개)	30			…

6 달걀의 수와 달걀판의 수 사이의 대응 관계를 써 보세요.

(   )

7 달걀이 240개 필요하다면 구매해야 하는 달걀판은 몇 판인가요?

(   )

8 요구르트 한 팩에 요구르트 4개가 들어 있습니다. 요구르트 20개는 몇 팩인가요?

(   )

9 연도와 준영이의 나이 사이의 대응 관계를 나타낸 표입니다. 준영이가 40살이 될 때의 연도를 구해 보세요.

연도(년)	2019	2020	2021	2022	...
준영이의 나이(살)	8	9	10	11	...

( )

[10~11] 서울의 시각과 파리의 시각 사이의 대응 관계를 나타낸 표입니다. 서울에 사는 다영이와 파리로 여행 간 친구의 대화를 보고 □ 안에 알맞은 시각을 구하려고 합니다. 물음에 답해 보세요.

서울의 시각	오후 6시	오후 7시	오후 8시	오후 9시	오후 10시
파리의 시각	오전 10시	오전 11시	오후 12시	오후 1시	오후 2시

10 서울의 시각을 ◇, 파리의 시각을 ♡라고 할 때, 두 양 사이의 대응 관계를 식으로 나타내어 보세요.

( )

11 □ 안에 알맞은 시각을 구해 보세요.

( )

12 무궁화 한 송이의 꽃잎은 5장입니다. 무궁화 2송이의 꽃잎은 몇 장인가요?

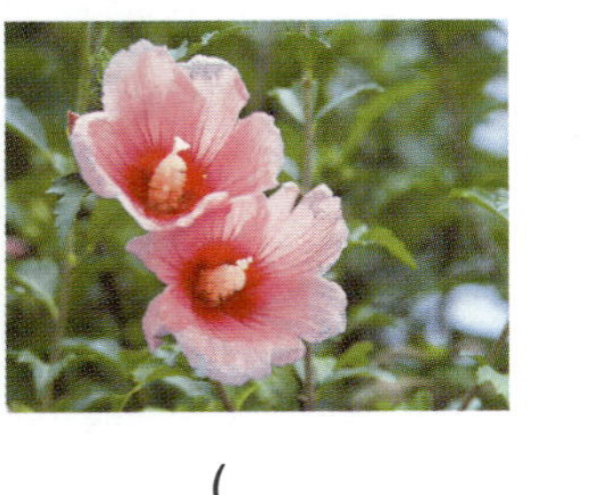

( )

[13~14] 경희는 해바라기를 기르고 있습니다. 해바라기는 건조한 것을 싫어하므로 2일에 한 번씩 물을 줍니다. 물음에 답해 보세요.

13 기르는 기간과 물을 준 횟수 사이의 대응 관계를 표로 나타내어 보세요.

기르는 기간(일)	2	4	6	...
물을 준 횟수(번)	1			...

14 해바라기를 기르는 기간을 □, 물을 준 횟수를 △라 할 때, □와 △ 사이의 대응 관계를 식으로 나타내 보세요.

( )

15 대응 관계를 나타낸 상황과 알맞은 식을 이어 보세요.

 ·

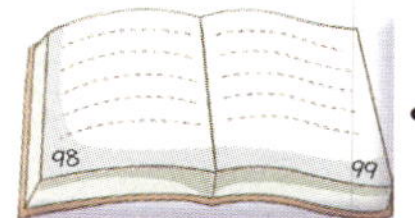 ·

 ·

· ☆+1=○

· □×4=◇

· ♡×12=△

[16~17] 표를 보고 관계있는 식의 기호를 써 보세요.

$$\begin{array}{l} ㉠\ △=□÷6 \\ ㉡\ △=□-2 \end{array}$$

16

□	48	42	36	30
△	8	7	6	5

( )

17

□	5	6	7	8
△	3	4	5	6

( )

[18~19] 바둑돌의 배열을 보고 물음에 답해 보세요.

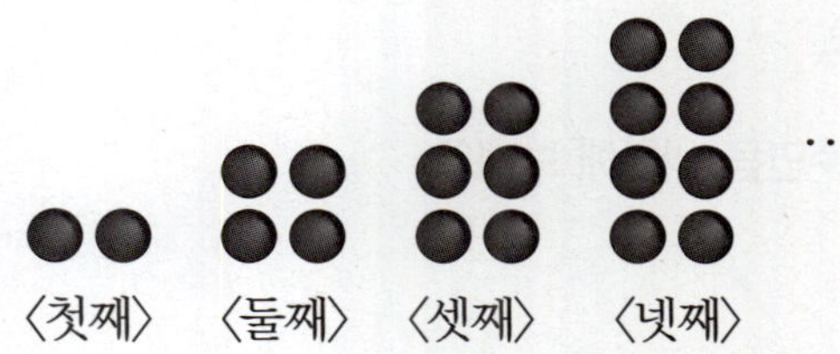

〈첫째〉 〈둘째〉 〈셋째〉 〈넷째〉

18 바둑돌 수를 □, 순서를 △라고 할 때, 두 양 사이의 대응 관계를 바르게 나타낸 것에 ○표 하세요.

□=△×2   □=△×3

( )   ( )

19 바둑돌이 22개 놓여진 때는 몇 번째인가요?

( )

서술형

20 성냥개비를 이용하여 다음과 같이 삼각형을 만드는 놀이를 하고 있습니다. 삼각형의 수를 □, 성냥개비의 수를 △라고 할 때, 두 양 사이의 대응 관계를 □와 △를 사용하여 식으로 나타내는 풀이 과정을 쓰고 답을 구해 보세요.

____

____

____

( )

[1~2] $\dfrac{7}{10}$과 $\dfrac{14}{20}$의 크기를 비교하려고 합니다. 물음에 답해 보세요.

1 분수만큼 색칠해 보세요.

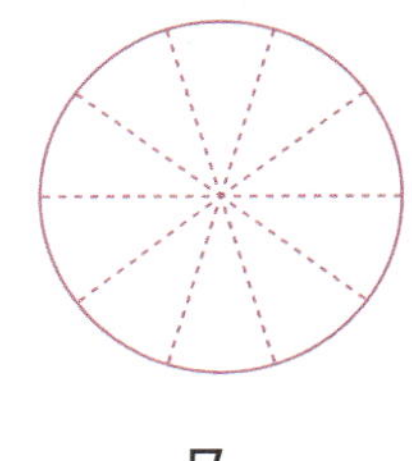   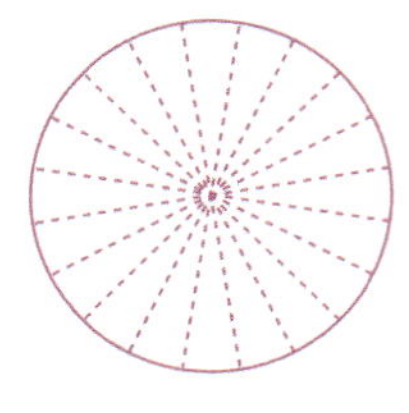

$\dfrac{7}{10}$ $\dfrac{14}{20}$

2 알맞은 말에 ○표 하세요.

> **1**번 그림에서 색칠한 부분을 비교하면 $\dfrac{7}{10}$과 $\dfrac{14}{20}$는 크기가 (같습니다, 다릅니다).

3 □ 안에 알맞은 수를 써넣으세요.

(1) $\dfrac{4}{7} = \dfrac{\square}{14} = \dfrac{12}{\square} = \dfrac{\square}{28} = \cdots$

(2) $\dfrac{6}{12} = \dfrac{\square}{6} = \dfrac{2}{\square} = \dfrac{\square}{2}$

4 다음 중 $\dfrac{9}{15}$와 크기가 다른 분수를 찾아 기호를 써 보세요.

> ㉠ $\dfrac{6}{10}$ ㉡ $\dfrac{3}{5}$ ㉢ $\dfrac{15}{20}$ ㉣ $\dfrac{18}{30}$

(   )

5 다음 식에서 ㉠, ㉡에 알맞은 수의 합을 구해 보세요.

> $4\dfrac{5}{6} = 4\dfrac{10}{㉠} = 4\dfrac{㉡}{18}$

(   )

6 $\dfrac{48}{60}$을 약분해 보세요.

(1) $\dfrac{48}{60} = \dfrac{48 \div \square}{60 \div 2} = \dfrac{\square}{30}$

(2) $\dfrac{48}{60} = \dfrac{48 \div 3}{60 \div \square} = \dfrac{16}{\square}$

(3) $\dfrac{48}{60} = \dfrac{48 \div \square}{60 \div 4} = \dfrac{\square}{\square}$

(4) $\dfrac{48}{60} = \dfrac{48 \div 12}{60 \div \square} = \dfrac{\square}{\square}$

7 분수 $\dfrac{36}{48}$을 한 번만 약분하여 기약분수로 나타내려고 합니다. 어떤 수로 약분해야 하는지 구해 보세요.

(   )

8 기약분수로 나타내어 보세요.

(1) $\dfrac{5}{15} = \boxed{}$ (2) $\dfrac{16}{20} = \boxed{}$

9 다음과 같이 분수를 늘어놓을 때, 기약분수는 모두 몇 개인지 구해 보세요.

$$\frac{1}{20}, \ \frac{2}{20}, \ \frac{3}{20}, \ \cdots, \ \frac{18}{20}, \ \frac{19}{20}, \ \frac{20}{20}$$

(   )

10 두 분수를 통분해 보세요.

(1) $\left(\dfrac{5}{8}, \dfrac{3}{10} \right) \Rightarrow \left(\dfrac{\boxed{}}{40}, \dfrac{\boxed{}}{40} \right)$

(2) $\left(\dfrac{3}{5}, \dfrac{1}{4} \right) \Rightarrow \left(\dfrac{\boxed{}}{20}, \dfrac{\boxed{}}{20} \right)$

11 $\dfrac{4}{9}$와 $\dfrac{7}{12}$을 두 분모의 최소공배수를 공통분모로 하여 통분해 보세요.

(,   )

12 어떤 두 기약분수를 통분하였더니 다음과 같았습니다. 통분하기 전의 두 분수를 구해 보세요.

$$\left(\frac{24}{50}, \frac{15}{50} \right) \Rightarrow (\qquad , \qquad)$$

13 더 큰 분수에 ○표 하세요.

(1)

$\dfrac{5}{8}$	$\dfrac{7}{12}$

(2)

$1\dfrac{11}{14}$	$1\dfrac{16}{21}$

서술형

14 냉장고에 오렌지 주스가 $\dfrac{13}{15}$ L, 우유가 $\dfrac{5}{7}$ L 있습니다. 냉장고에 오렌지 주스와 우유 중 어느 것이 더 많은지 풀이 과정을 쓰고 답을 구해 보세요.

____

____

____

____

(   )

15 $\frac{3}{5}$과 0.3의 크기를 비교해 보세요.

(1) $\frac{3}{5}$을 소수로 나타내어 보세요.

$$\frac{3}{5} = \frac{\boxed{}}{10} = \boxed{}$$

(2) ○ 안에 >, =, <를 알맞게 써넣으세요.

$$\frac{3}{5} \;\bigcirc\; 0.3$$

16 노란색 끈은 $2\frac{1}{4}$ m이고, 파란색 끈은 2.3 m입니다. 어느 색 끈이 더 긴지 구해 보세요.

( )

17 세 분수의 크기를 비교하여 □ 안에 알맞은 분수를 써넣으세요.

$$\left(1\frac{3}{4},\ 1\frac{5}{6},\ 1\frac{7}{12}\right) \Rightarrow \boxed{} < \boxed{} < \boxed{}$$

18 주유소, 우체국, 공원 중에서 주호네 집에서 가장 가까운 곳은 어디인지 구해 보세요.

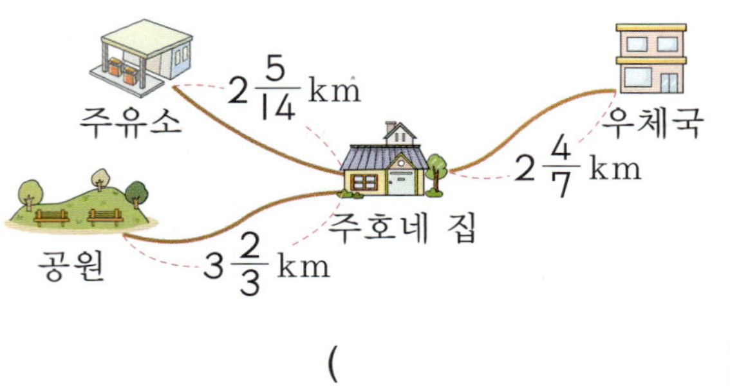

( )

19 $\frac{2}{5}$와 $\frac{11}{20}$ 사이에 있는 분수 중 분모가 20인 분수를 모두 구하려고 합니다. 풀이 과정을 쓰고 답을 구해 보세요.

____

____

____

____

(,)

20 카드를 모두 한 번씩만 사용하여 소수를 만들려고 합니다. 만들 수 있는 소수 중 가장 작은 수를 기약분수로 나타내어 보세요.

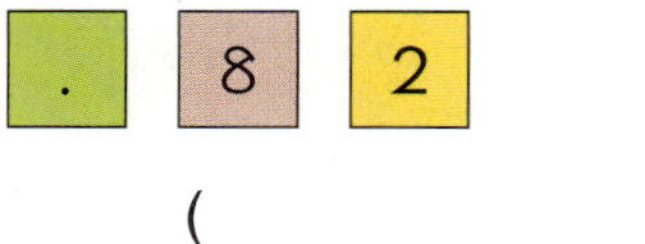

( )

1 그림을 보고 □ 안에 알맞은 수를 써넣으세요.

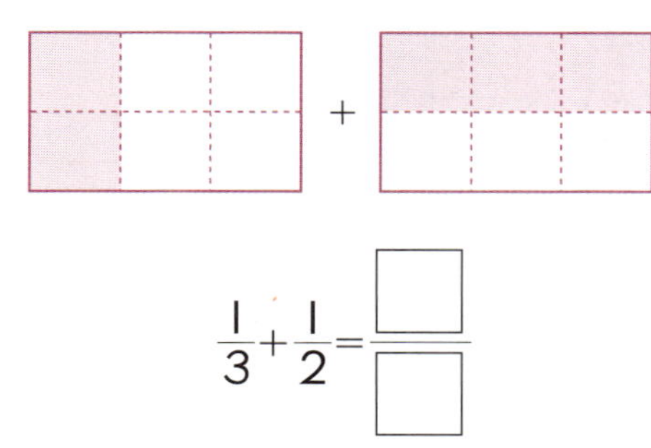

$$\frac{1}{3}+\frac{1}{2}=\frac{\boxed{}}{\boxed{}}$$

2 □ 안에 알맞은 수를 써넣으세요.

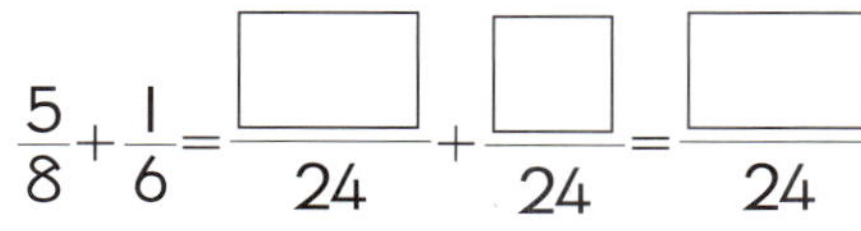

$$\frac{5}{8}+\frac{1}{6}=\frac{\boxed{}}{24}+\frac{\boxed{}}{24}=\frac{\boxed{}}{24}$$

3 소정이는 딸기잼을 만드는 데 설탕을 $\frac{1}{4}$ kg, 블루베리잼을 만드는 데 설탕을 $\frac{2}{5}$ kg 사용했습니다. 소정이가 사용한 설탕은 모두 몇 kg인지 구해 보세요.

풀이 ____________________

답 ____________________

4 □ 안에 알맞은 수를 써넣으세요.

$$\frac{3}{7}+\frac{2}{3}=\frac{\boxed{}}{21}+\frac{\boxed{}}{21}=\frac{\boxed{}}{21}$$

$$=\frac{\boxed{}\ \boxed{}}{21}$$

5 크기를 비교하여 ○ 안에 >, =, <를 알맞게 써넣으세요.

$$\frac{3}{4}+\frac{1}{3}\ \bigcirc\ 1\frac{5}{12}$$

6 그림을 보고 집에서 학교를 거쳐 도서관까지 가는 거리는 몇 km인지 구하려고 합니다. 풀이 과정을 쓰고 답을 구해 보세요.

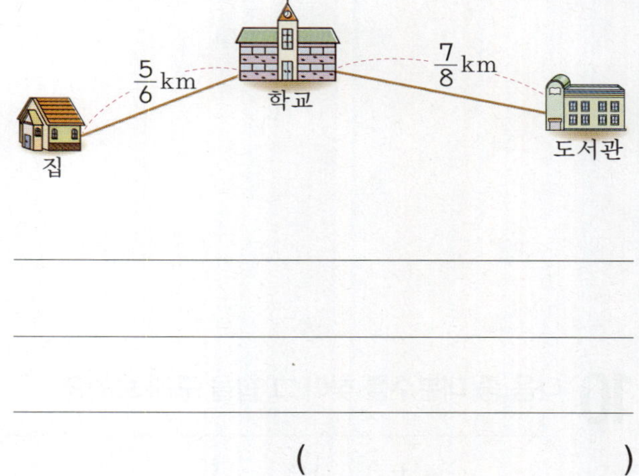

____
____
____

(　　　　　　　　　　)

7 대분수를 가분수로 고쳐서 계산하려고 합니다. □ 안에 알맞은 분수를 써넣으세요.

$$1\frac{3}{4}+2\frac{5}{6}=\boxed{}+\boxed{}=\frac{21}{12}+\boxed{}$$

$$=\boxed{}\ \boxed{}=\boxed{}$$

8 계산해 보세요.

(1) $3\dfrac{3}{8}+3\dfrac{1}{6}=\boxed{}$

(2) $2\dfrac{2}{5}+3\dfrac{3}{4}=\boxed{}$

9 ☐ 안에 알맞은 분수를 구해 보세요.

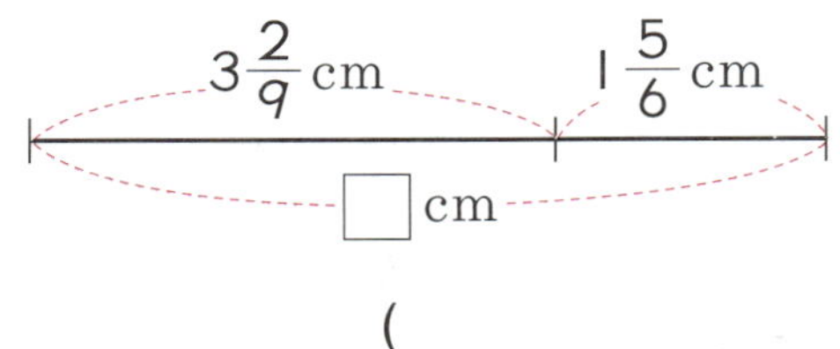

( )

10 다음 중 대분수를 찾아 그 합을 구해 보세요.

$$3\dfrac{1}{4}\qquad \dfrac{10}{13}\qquad \dfrac{8}{9}\qquad 2\dfrac{5}{12}$$

( )

11 파란색 막대의 길이는 $1\dfrac{3}{4}$ m, 노란색 막대의 길이는 $1\dfrac{1}{5}$ m입니다. 두 막대의 길이의 합은 모두 몇 m인가요?

( )

12 $\dfrac{3}{4}$과 $\dfrac{1}{3}$을 통분하여 색칠하고 $\dfrac{3}{4}-\dfrac{1}{3}$을 계산해 보세요.

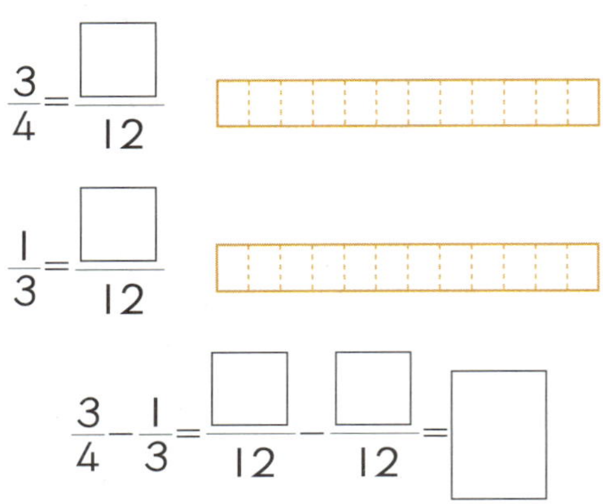

$\dfrac{3}{4}=\dfrac{\boxed{}}{12}$

$\dfrac{1}{3}=\dfrac{\boxed{}}{12}$

$\dfrac{3}{4}-\dfrac{1}{3}=\dfrac{\boxed{}}{12}-\dfrac{\boxed{}}{12}=\boxed{}$

13 빈 곳에 알맞은 수를 써넣으세요.

$\dfrac{6}{7}$	$\dfrac{3}{8}$	
$\dfrac{7}{9}$	$\dfrac{1}{3}$	

14 하경이는 냉장고에 있는 아이스크림 $\dfrac{9}{10}$ kg 중 $\dfrac{7}{15}$ kg을 먹었습니다. 남은 아이스크림의 양은 몇 kg인가요?

( )

15 ☐ 안에 알맞은 수를 써넣으세요.

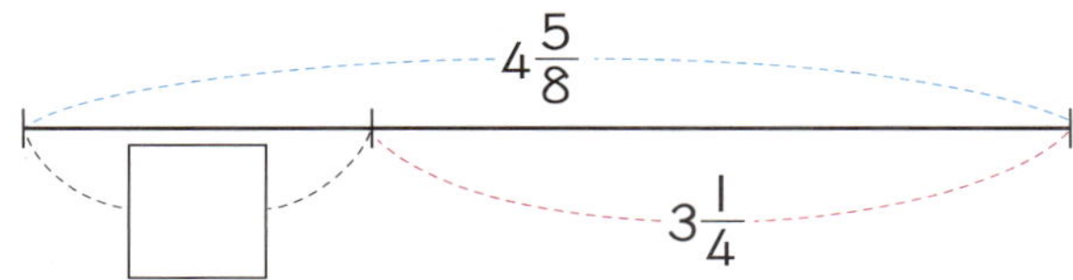

$4\dfrac{5}{8}$

$3\dfrac{1}{4}$

16 계산 결과를 찾아 이어 보세요.

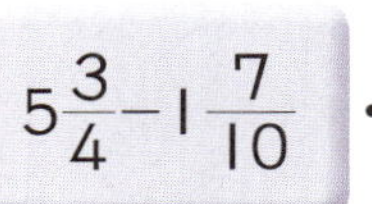

$5\dfrac{3}{4}-1\dfrac{7}{10}$ ·

$8\dfrac{4}{5}-4\dfrac{3}{4}$ ·

· $4\dfrac{7}{20}$

· $4\dfrac{1}{20}$

17 ○보기○와 같이 계산해 보세요.

○보기○

$$5\dfrac{1}{6}-3\dfrac{5}{9}=\dfrac{31}{6}-\dfrac{32}{9}=\dfrac{93}{18}-\dfrac{64}{18}$$
$$=\dfrac{29}{18}=1\dfrac{11}{18}$$

$6\dfrac{5}{9}-2\dfrac{1}{6}$

18 ☐ 안에 알맞은 수를 써넣으세요.

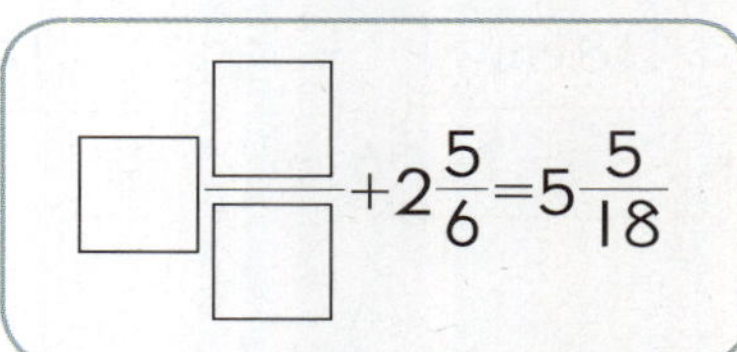

$$\square\dfrac{\square}{\square}+2\dfrac{5}{6}=5\dfrac{5}{18}$$

19 수 카드를 한 번씩만 사용하여 만들 수 있는 대분수 중에서 가장 큰 분수와 가장 작은 분수의 차는 얼마인지 풀이 과정을 쓰고 답을 구해 보세요.

(   )

20 어떤 수에 $3\dfrac{1}{2}$을 더해야 할 것을 잘못해서 뺐더니 $5\dfrac{4}{5}$가 되었습니다. 바르게 계산하면 얼마인가요?

(   )

1 직사각형의 둘레는 몇 cm인가요?

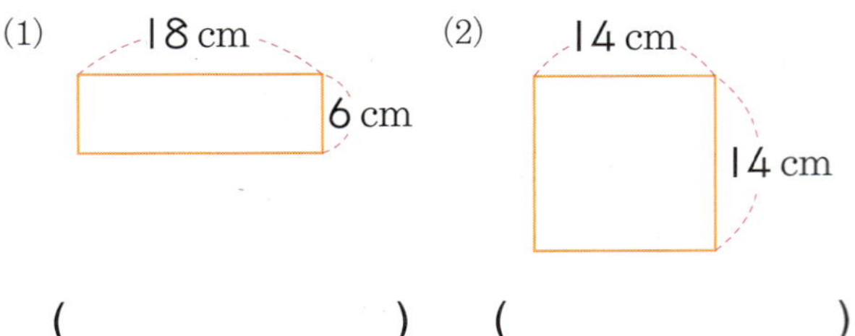

( ) ( )

2 직사각형의 둘레가 42 cm일 때 □ 안에 알맞은 수를 써넣으세요.

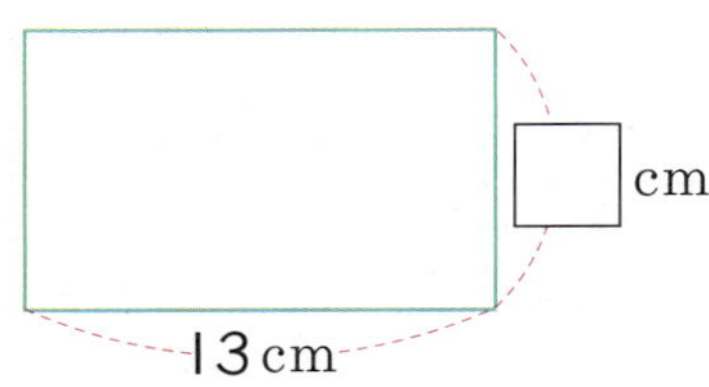

3 둘레가 20 cm인 정사각형을 그려 보세요.

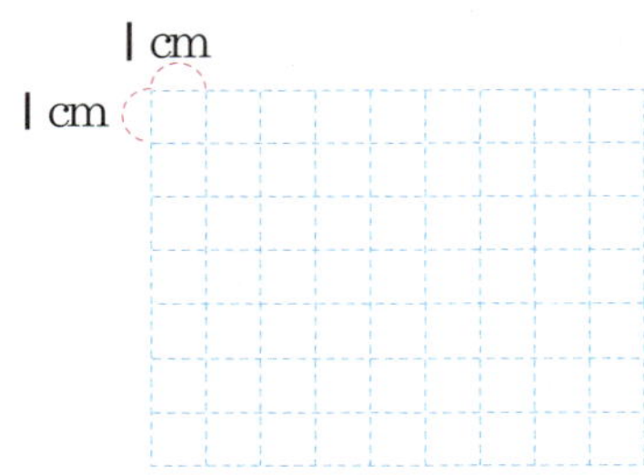

4 직사각형의 넓이를 구해 보세요.

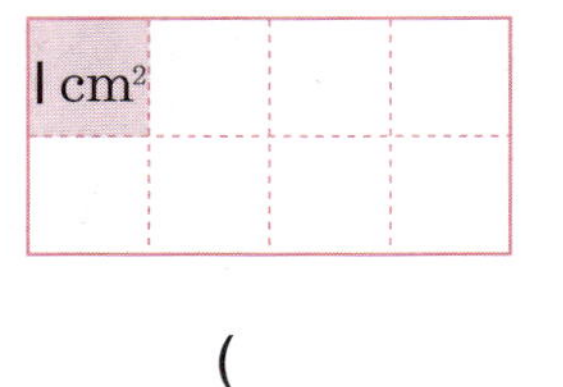

( )

5 넓이가 같은 도형끼리 같은 색으로 색칠해 보세요.

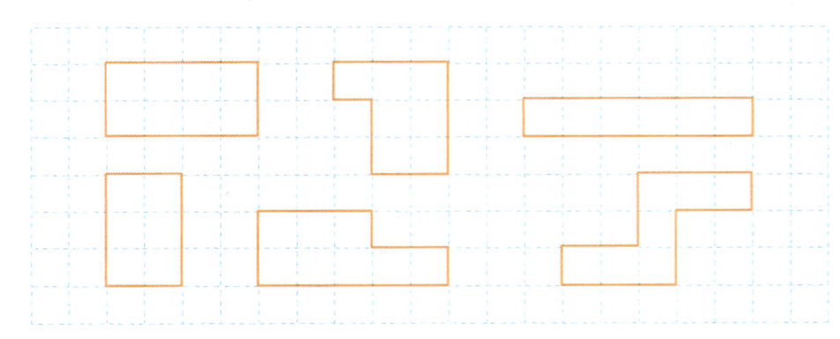

6 직사각형의 넓이를 구해 보세요.

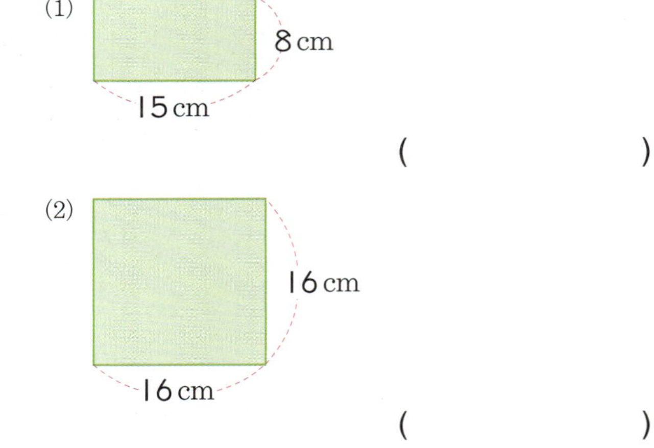

( )

( )

7 ●보기●에서 알맞은 단위를 찾아 □ 안에 써넣으세요.

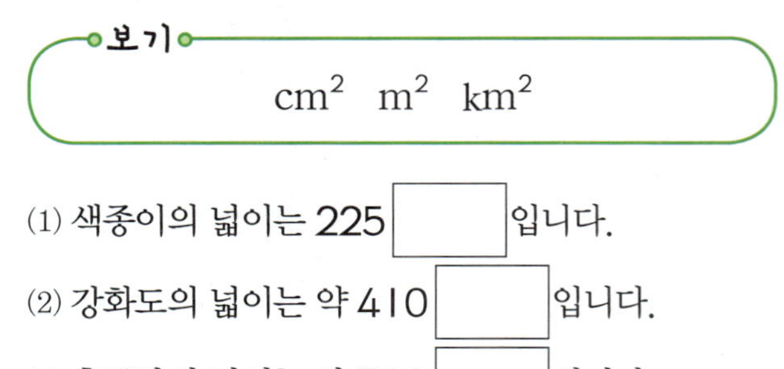

(1) 색종이의 넓이는 225 □ 입니다.

(2) 강화도의 넓이는 약 410 □ 입니다.

(3) 축구장의 넓이는 약 710 □ 입니다.

8 둘레가 56 cm인 정사각형의 넓이는 몇 cm²인가요?

( )

9 사각형의 넓이를 구해 보세요.

(1)

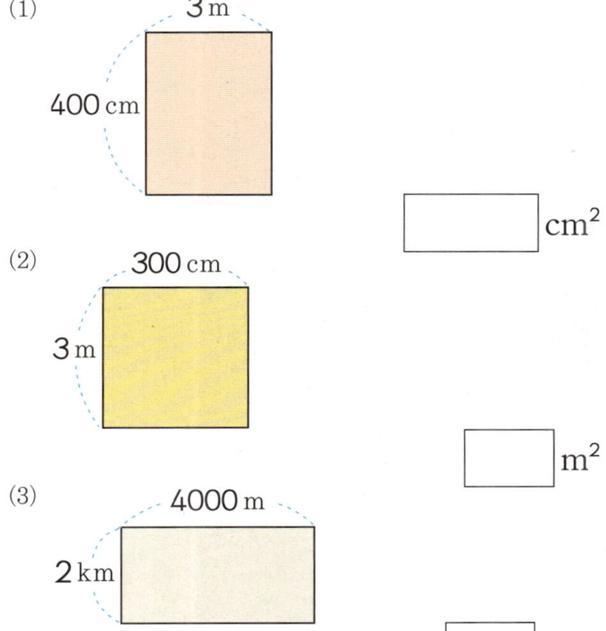

cm²

(2)

300 cm
3 m

m²

(3)

4000 m
2 km

km²

10 넓이가 <u>다른</u> 평행사변형을 찾아 기호를 써 보세요.

( )

11 넓이가 36 cm², 높이가 4 cm인 평행사변형의 밑변은 몇 cm인지 풀이 과정을 쓰고 답을 구해 보세요.

____

____

( )

12 ☐ 안에 알맞은 수를 써넣으세요.

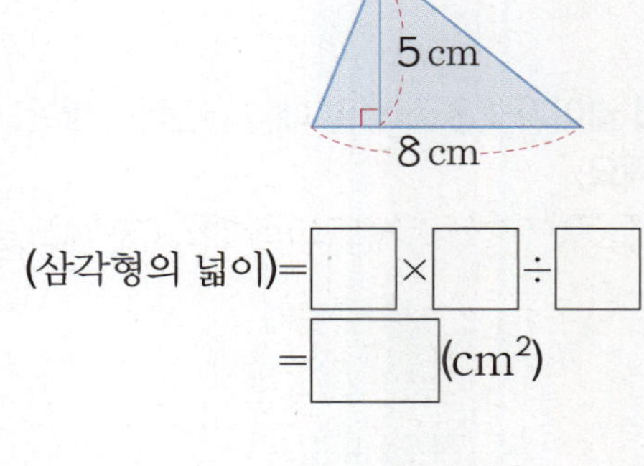

(삼각형의 넓이)= ☐ × ☐ ÷ ☐

= ☐ (cm²)

13 삼각형의 넓이를 각각 구해 보세요.

(1)

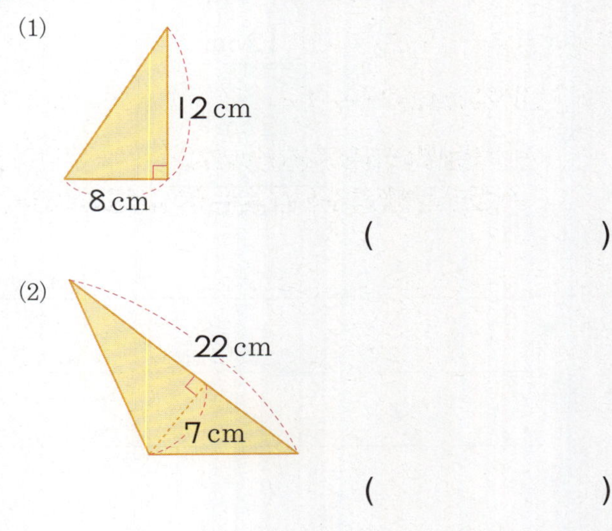

( )

(2)

( )

[14～15] 마름모의 넓이를 구해 보세요.

14
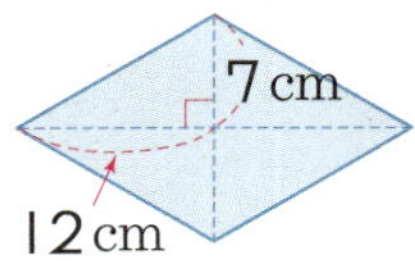

(   )

15
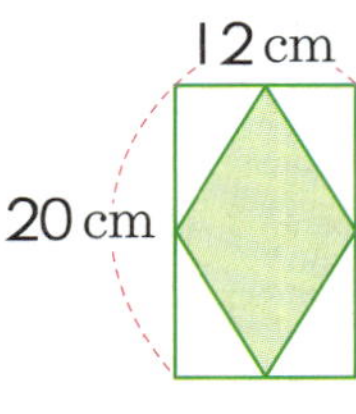

(   )

16 마름모의 넓이가 48 cm^{2}일 때, ☐ 안에 알맞은 수를 구해 보세요.

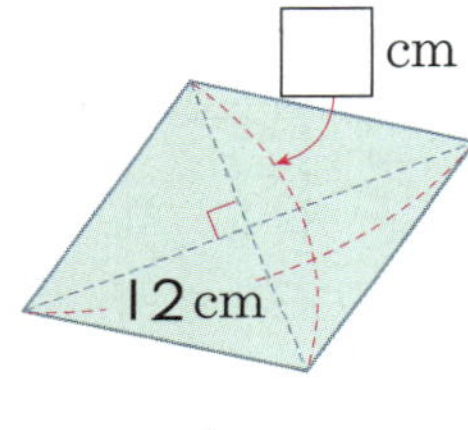

(   )

17 사다리꼴의 넓이는 몇 cm^{2}인지 풀이 과정을 쓰고 구해 보세요.

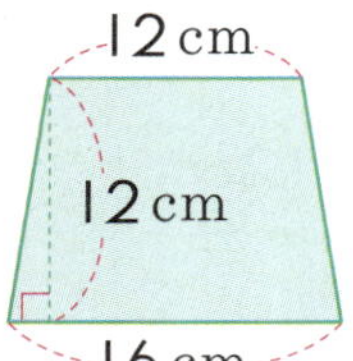

____

____

____

(   )

18 사다리꼴의 넓이가 25 cm^{2}일 때, ☐ 안에 알맞은 수를 구해 보세요.

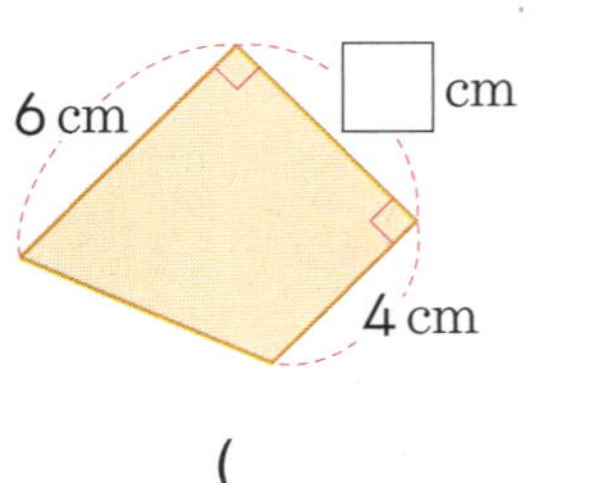

(   )

[19～20] 다각형의 넓이를 구해 보세요.

19
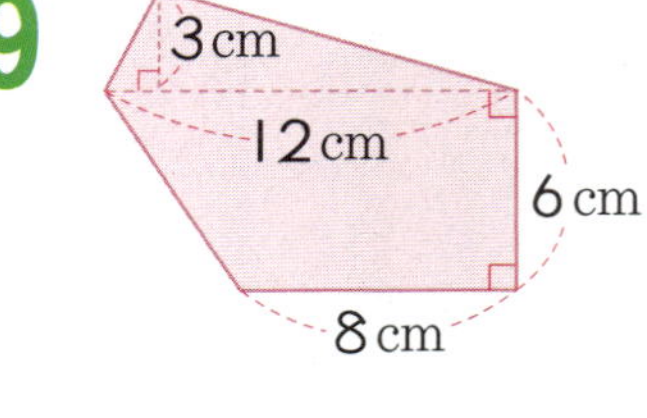

(   )

20
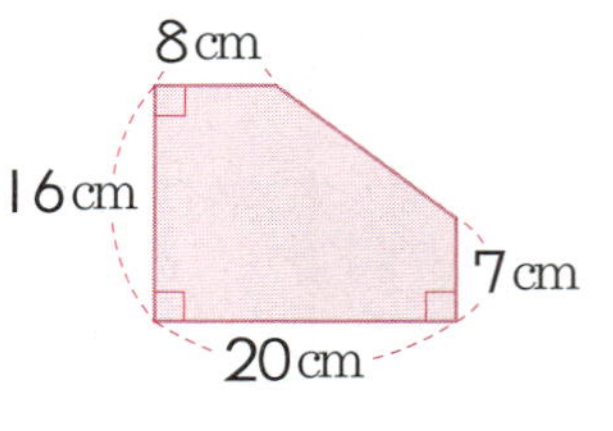

(   )

1 □ 안에 알맞은 수를 써넣으세요.

(1) $34+8-5=$ □ $-$ □

$\quad\quad\quad\quad\quad = $ □

(2) $39-21+5=$ □ $+$ □

$\quad\quad\quad\quad\quad\quad = $ □

2 버스에 승객이 27명 있었습니다. 이번 정류장에서 9명이 내리고, 13명이 더 탔다면 지금 버스에 있는 승객은 몇 명인가요?

（　　　　　　　　　　　）

3 주어진 식에서 가장 먼저 계산해야 하는 부분에 ○표 하세요.

(1) $9-4+2$

(2) $9-(4+2)$

4 계산 결과가 더 큰 것을 찾아 색칠해 보세요.

$67-31+25$　　$24+(57-11)$

5 □ 안에 알맞은 수를 써넣으세요.

(1) $5\times12\div3=$ □

(2) $27\div9\times5=$ □

6 연필 한 타는 12자루입니다. 연필 3타를 친구 4명에게 똑같이 나누어 주었습니다. 한 명이 받은 연필은 몇 자루인지 풀이 과정을 쓰고 답을 구해 보세요.

____

____

（　　　　　　　　　　　）

7 계산해 보세요.

(1) $72\div(2\times3)=$ □

(2) $24\times(6\div3)=$ □

8 하나의 식으로 나타내고 계산해 보세요.

> 56을 2와 4의 곱으로 나눈 몫

(   )

9 왼쪽 식에서 가장 먼저 계산해야 하는 식을 찾아 이어 보세요.

$25-3\times4$ ·

· $25-3$

· 6×4

· $4+5$

· 3×4

$40-6\times4+5$ ·

10 계산 결과를 비교하여 ◯ 안에 >, =, <를 알맞게 써넣으세요.

$44-7\times4+8$ ◯ $35-13+2\times3$

11 식이 성립하도록 ( )로 묶어 보세요.

> $4\times12-10+5=13$

12 계산 결과의 차를 구하려고 합니다. 풀이 과정을 쓰고 답을 구해 보세요.

> ㉠ $8+(7-4)\times3$
> ㉡ $8+7-4\times3$

____

____

____

(   )

13 ●보기●와 같이 계산 순서를 나타내고 계산해 보세요.

> **보기**
> $9+36\div12-7=9+3-7$
> ① $=12-7$
> ② ③ $=5$

> $3+15-21\div7$

14 유정이는 사탕 12개를 혜원이와 똑같이 나누어 가지고, 그중 3개를 먹었습니다. 그리고 언니에게 2개를 받았습니다. 유정이가 가지고 있는 사탕은 몇 개인가요?

(   )

15 잘못 계산한 곳을 찾아 바르게 계산해 보세요.

$$42 \div (2+4) - 5 = 21 + 4 - 5$$
$$= 25 - 5$$
$$= 20$$

↓

$$42 \div (2+4) - 5$$

16 ☐ 안에 알맞은 수를 구해 보세요.

$$(40 - 32) \div \square + 7 = 11$$

(   )

17 계산해 보세요.

$$45 + 30 - 15 \div 3 \times 4$$

(   )

18 계산 결과가 더 큰 것의 기호를 써 보세요.

㉠ $16 \div 2 \times 4 + 3 - 2$
㉡ $5 + 12 \times 3 - 40 \div 2$

(   )

19 계산 순서에 맞게 차례로 ☐ 안에 기호를 써넣고 계산해 보세요.

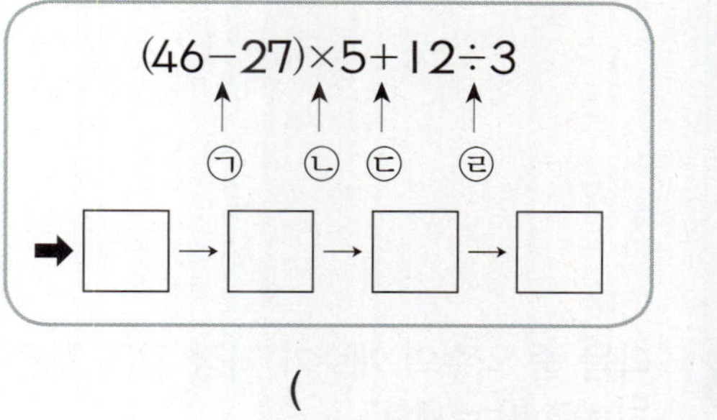

(   )

20 ☐ 안에 들어갈 수 있는 자연수 중 가장 작은 수를 구해 보세요.

$$13 + (30 - 18) \times 3 - 22 < \square$$

(   )

1 24의 약수를 모두 써 보세요.

(   )

2 다음은 어떤 수의 약수를 모두 늘어놓은 것입니다. 어떤 수를 구해 보세요.

1, 2, 3, 6, 9, 18, 27, 54

(   )

3 다음 중 약수의 개수가 가장 많은 것은 어느 것인지 기호를 써 보세요.

㉠ 7   ㉡ 14   ㉢ 18

(   )

4 배수를 가장 작은 수부터 차례로 5개 써 보세요.

(1) 5의 배수 ➡ (   )

(2) 6의 배수 ➡ (   )

5 왼쪽에 주어진 수의 배수를 모두 찾아 ○표 하세요.

(1) 6 → 24   35   42   76   96

(2) 9 → 3   18   27   48   80

· 서술형 ·

6 어떤 수의 배수를 가장 작은 수부터 차례대로 나열하였습니다. 7번째 수는 얼마인지 풀이 과정을 쓰고 답을 구해 보세요.

13, 26, 39, 52, ...

____

____

____

(   )

7 식을 보고 □ 안에 알맞은 말을 써넣으세요.

54=6×9

(1) 54는 6과 9의 [   ]입니다.

(2) 6과 9는 54의 [   ]입니다.

8 오른쪽 수가 왼쪽 수의 배수가 될 때, 빈 칸에 들어갈 수 있는 수는 모두 몇 개인가요?

	54

( )

9 약수와 배수의 관계인 것을 모두 찾아 기호를 써 보세요.

㉠ (2, 7)   ㉡ (25, 6)
㉢ (30, 5)   ㉣ (11, 1)

( )

10 두 수의 공약수와 최대공약수를 구해 보세요.

(18, 24)

⑴ 18의 약수 ➡ ( )

⑵ 24의 약수 ➡ ( )

⑶ 18과 24의 공약수 ➡ ( )

⑷ 18과 24의 최대공약수 ➡ ( )

11 두 수의 최대공약수를 구해 보세요.

⑴) 12 20   ⑵) 18 27

( )   ( )

12 여러 수들의 곱으로 나타낸 것입니다. 20과 30의 최대공약수를 구해 보세요.

$20=2\times2\times5$ $30=2\times3\times5$

( )

13 어떤 두 수의 최대공약수가 30일 때, 두 수의 공약수는 모두 몇 개인지 풀이 과정을 쓰고 답을 구해 보세요.

____

____

____

____

( )

14 과자가 54개, 사탕이 90개 있습니다. 과자와 사탕을 될 수 있는 대로 많은 학생들에게 남김없이 똑같이 나누어 주려고 합니다. 받을 수 있는 학생들은 몇 명인가요?

( )

15 할머니의 선물을 포장한 후, 가로가 64 cm, 세로가 104 cm인 직사각형 모양의 색지를 남는 부분 없이 가장 큰 정사각형 모양으로 오려서 포장지에 붙이려고 합니다. 정사각형의 한 변의 길이는 몇 cm인가요?

( )

16 두 수의 공배수와 최소공배수를 구해 보세요.(단, 배수와 공배수는 가장 작은 수부터 차례로 5개 쓰세요.)

(6, 9)

(1) 6의 배수 ➡ ( )

(2) 9의 배수 ➡ ( )

(3) 6과 9의 공배수 ➡ ( )

(4) 6과 9의 최소공배수 ➡ ( )

17 12와 15의 최소공배수를 구하려고 합니다. □ 안에 알맞은 수를 써넣으세요.

$$3 \overline{)\ 12 \quad 15}$$
$$\qquad 4 \quad 5$$

최소공배수: □ × □ × □ = □

18 ㉠과 ㉡의 최소공배수를 구해 보세요.

㉠ 2×2×5 　　㉡ 2×2×3

( )

19 정우가 수영장에 오지 않아서 궁금한 혜미가 친구에게 전화를 했습니다. 전화 내용을 보고 다음번에 혜미와 정우가 수영장에서 만나는 날은 몇 월 며칠인지 구해 보세요.

( )

20 ㉠과 ㉡의 최소공배수가 30일 때, ㉠과 ㉡의 차를 구해 보세요.

$$\square \overline{)\ ㉠ \quad ㉡}$$
$$\qquad 3 \quad 2$$

( )

1 □ 안에 알맞은 수를 써넣으세요.

언니의 나이(살)	14	15	16	17	…
동생의 나이(살)	11	12	13	14	…

동생의 나이는 언니의 나이보다 □ 살 적습니다.

2 ☆은 ◎의 3배입니다. 빈칸에 알맞은 수를 써넣으세요.

☆	9	12		18	…
◎		4	5	6	…

3 다음 표는 ☆과 ◎ 사이의 대응 관계를 나타낸 것입니다. ☆과 ◎ 사이의 대응 관계를 바르게 설명한 것을 모두 찾아 기호를 써 보세요.

☆	4	5	6	7	8
◎	8	10	12	14	16

㉠ ◎는 ☆의 2배입니다.
㉡ ☆는 ◎의 2배입니다.
㉢ ◎는 ☆를 2로 나눈 몫입니다.
㉣ ☆는 ◎를 2로 나눈 몫입니다.

(   )

4 어떤 비행기가 1시간에 400 km를 갑니다. 알맞은 카드를 골라 비행기가 가는데 걸린 시간과 간 거리의 대응 관계를 식으로 나타내어 보세요.

걸린 시간(시간)	1	2	3	4	…
간 거리(km)	400	800	1200	1600	…

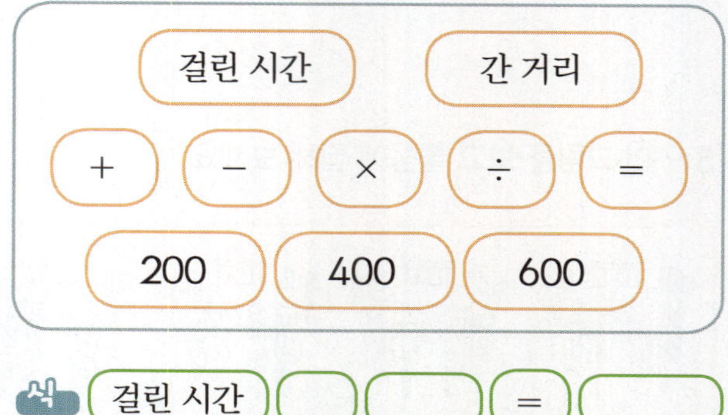

걸린 시간 ◻ ◻ = ◻
또는 간 거리 ◻ ◻ = ◻

[5~6] ☆과 ◇ 사이의 대응 관계를 나타낸 표입니다. 물음에 답해 보세요.

☆	1	2	3	4		…
◇	20	40		80	100	…

5 (1) ☆가 3일 때 ◇는 얼마인가요?

(   )

(2) ◇가 100일 때 ☆는 얼마인가요?

(   )

6 ☆와 ◇ 사이의 대응 관계를 식으로 나타내어 보세요.

◇ =

7 음악 시간에 탬버린을 5번 흔들 때마다 트라이앵글을 한 번 치는 연습을 하고 있습니다. 트라이앵글을 모두 6번 쳤다면 탬버린은 모두 몇 번을 흔들었을까요?

( )

[8~10] 그림을 보고 물음에 답해 보세요.

8 식탁의 수가 □, 의자의 수가 △라 할 때, □와 △ 사이의 대응 관계를 표로 나타내어 보세요.

□	1	2	3	4	...
△	5	10			...

9 □와 △ 사이의 대응 관계를 식으로 나타내어 보세요.

( )

10 (1) 의자가 40개일 때 식탁은 몇 개인가요?

( )

(2) 식탁이 12개일 때 의자는 몇 개인가요?

( )

11 다영이의 나이는 11살이고 아버지의 나이는 43세입니다. 아버지의 나이가 60세일 때 다영이는 몇 살이 되나요?

( )

12 케이블카 한 대에 7명의 사람이 탈 수 있습니다. 42명의 사람이 타려면 필요한 케이블카는 몇 대인가요?

( )

13 의자의 수와 팔걸이의 수 사이의 대응 관계를 알고 표를 완성해 보세요.

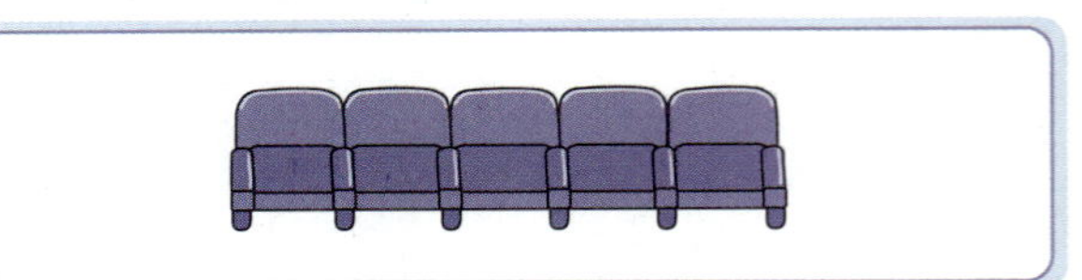

의자의 수(개)	1	2	3	4	...
팔걸이의 수(개)	2	3			...

[14~15] 서울과 뉴욕의 시각 사이의 대응 관계를 나타낸 표입니다. 물음에 답해 보세요.

서울의 시각	오후 7시	오후 8시	오후 9시	오후 10시	오후 11시
뉴욕의 시각	오전 5시	오전 6시	오전 7시	오전 8시	오전 9시

14 서울의 시각과 뉴욕의 시각 사이의 대응 관계를 써 보세요.

____

____

15 서울이 오후 3시일 때, 뉴욕은 오전 몇 시인가요?

(   )

16 박물관 입장객 수와 입장료 사이의 대응 관계를 나타낸 표입니다. 박물관의 입장객이 13명일 때, 입장료는 얼마인지 풀이 과정을 쓰고 답을 구해 보세요.

입장객 수(명)	1	2	3	…
입장료(원)	2500	5000	7500	…

____

____

(   )

[17~18] 수영장에 물이 1분에 6 L씩 나오는 수도를 틀어 놓았습니다. 물음에 답해 보세요.

17 시간을 ◇, 물의 양을 △라고 할 때, ◇와 △ 사이의 대응 관계를 식으로 나타내어 보세요.

(   )

18 1시간 동안 물을 받았을 때, 이 수영장에 있는 물은 몇 L인가요?

(   )

[19~20] 그림과 같이 성냥개비로 평행사변형을 만들고 있습니다. 물음에 답해 보세요.

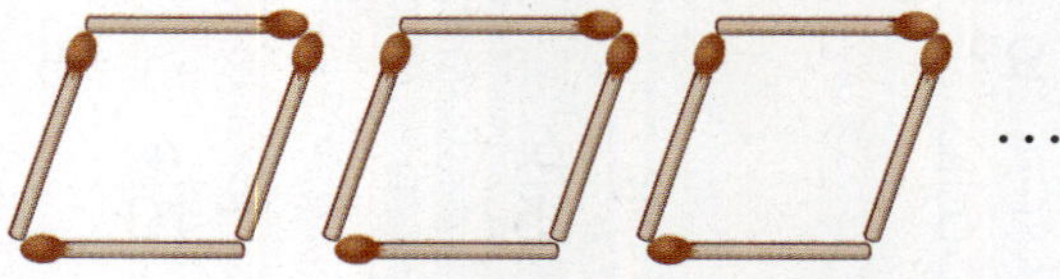

19 성냥개비의 수를 □, 평행사변형의 수를 △라고 할 때, □와 △ 사이의 대응 관계를 식으로 나타내어 보세요.

(   )

20 평행사변형을 12개 만드는 데 필요한 성냥개비는 몇 개인가요?

(   )

1 □ 안에 알맞은 수를 써넣으세요.

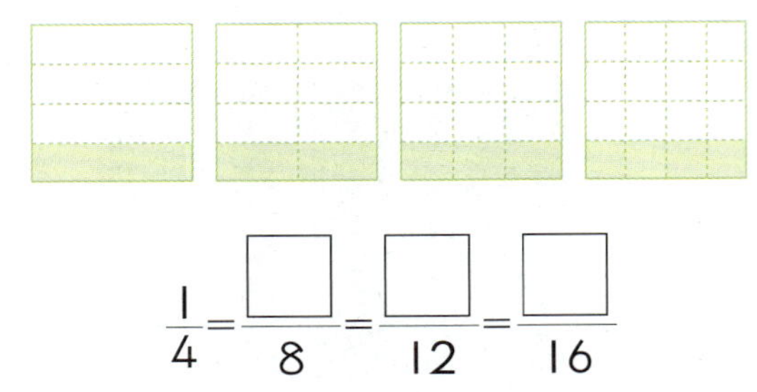

$$\frac{1}{4} = \frac{\square}{8} = \frac{\square}{12} = \frac{\square}{16}$$

2 크기가 같은 분수가 되도록 □ 안에 알맞은 수를 써넣으세요.

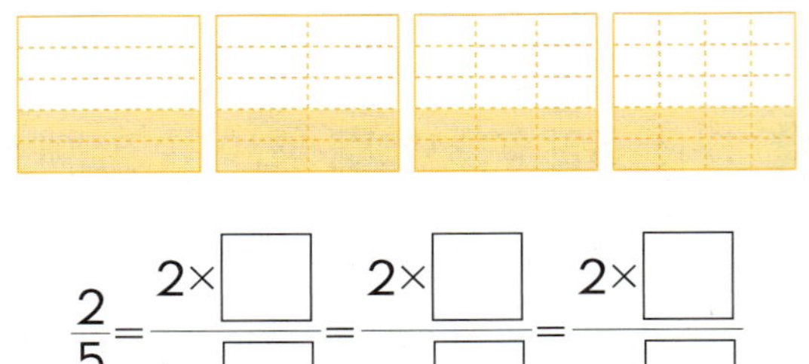

$$\frac{2}{5} = \frac{2\times\square}{5\times\square} = \frac{2\times\square}{5\times\square} = \frac{2\times\square}{5\times\square}$$

3 다음 중 나머지 넷과 크기가 다른 분수는 어느 것인가요? (   )

① $\frac{2}{5}$ ② $\frac{6}{15}$ ③ $\frac{4}{10}$

④ $\frac{7}{20}$ ⑤ $\frac{10}{25}$

4 □ 안에 알맞은 수를 써넣으세요.

(1) $\frac{4}{9} = \frac{\square}{27}$ (2) $\frac{7}{8} = \frac{\square}{32}$

(3) $\frac{25}{30} = \frac{5}{\square}$ (4) $\frac{8}{40} = \frac{1}{\square}$

5 분수를 약분하려고 합니다. ㉮, ㉯, ㉰에 알맞은 수들의 합을 구해 보세요.

$$\frac{27}{42} = \frac{27\div3}{42\div㉮} = \frac{㉰}{㉯}$$

(   )

6 $\frac{36}{90}$을 약분하려고 합니다. □ 안에 들어갈 수 <u>없는</u> 수는 어느 것인가요? (   )

$$\frac{36}{90} = \frac{36\div\square}{90\div\square}$$

① 3   ② 6   ③ 9
④ 12   ⑤ 18

7 관계있는 것끼리 이어 보세요.

$\frac{7}{28}$ ·   · $\frac{2}{3}$

$\frac{30}{45}$ ·   · $\frac{2}{5}$

$\frac{14}{35}$ ·   · $\frac{1}{4}$

8 다음 중 기약분수를 모두 찾아 ○표 하세요.

$$\frac{3}{5} \quad \frac{6}{8} \quad \frac{2}{7} \quad \frac{4}{10} \quad \frac{8}{12} \quad \frac{7}{15}$$

9 분모의 최소공배수를 공통분모로 하여 통분해 보세요.

$$\left(\frac{3}{8},\ \frac{7}{12}\right) \Rightarrow (\qquad ,\qquad)$$

10 $\frac{5}{6}$와 $\frac{1}{9}$을 통분할 때 공통분모가 될 수 <u>없는</u> 수는 어느 것인가요? (　　　　)

① 18 　　　② 27 　　　③ 36
④ 54 　　　⑤ 72

11 어떤 두 분수를 통분한 것입니다. □ 안에 알맞은 수를 써넣으세요.

$$\left(\frac{7}{\square},\ \frac{\square}{15}\right) \Rightarrow \left(\frac{35}{45},\ \frac{39}{45}\right)$$

12 분수의 크기를 비교하여 ○ 안에 >, =, <를 알맞게 써넣으세요.

(1) $\frac{4}{9}$ ○ $\frac{7}{12}$ 　　(2) $\frac{5}{7}$ ○ $\frac{4}{5}$

13 어머니께서 다음과 같은 쪽지를 남기고 외출하셨습니다. 정우와 시우 중에서 누가 식혜를 더 많이 마실 수 있는지 써 보세요.

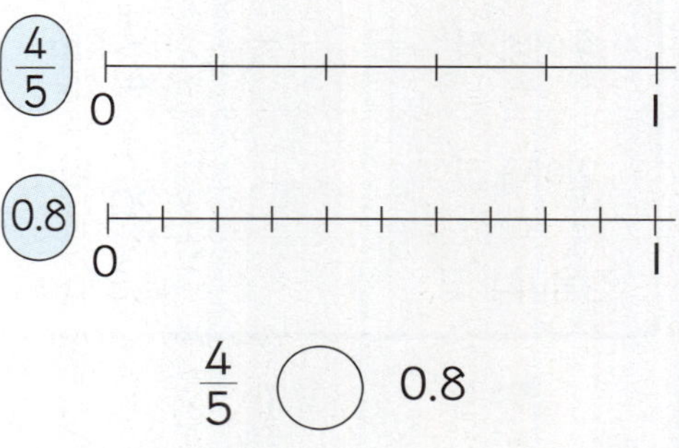

(　　　　　　　　　)

14 두 수를 수직선에 나타내어 보고 ○ 안에 >, =, <를 알맞게 써넣으세요.

$\frac{4}{5}$ ○ 0.8

15 예슬이는 고양이와 강아지를 한마리씩 키우고 있습니다. 고양이의 무게는 $2\dfrac{29}{50}$ kg이고 강아지의 무게는 2.5 kg입니다. 더 무거운 동물은 어느 것인지 풀이 과정을 쓰고 답을 구해 보세요.

____

____

____

(   )

16 세 분수의 크기를 비교하여 ☐ 안에 알맞은 분수를 써넣으세요.

$$\left(\dfrac{3}{5},\ \dfrac{7}{10},\ \dfrac{2}{3}\right) \Rightarrow \boxed{} < \boxed{} < \boxed{}$$

17 집에서 학교까지 거리는 다음과 같습니다. 학교에서 가장 가까운 곳에 살고 있는 학생의 이름을 써 보세요.

훈이네 집	$\dfrac{3}{4}$ km
민이네 집	$\dfrac{7}{20}$ km
정음이네 집	0.3 km

(   )

18 ☐ 안에 들어갈 수 있는 자연수를 모두 구해 보세요.

$$\dfrac{5}{7} > \dfrac{\boxed{}}{6}$$

(   )

19 0.4보다 크고 $\dfrac{9}{10}$보다 작은 수 중에서 분모가 10인 기약분수를 구하려고 합니다. 풀이 과정을 쓰고 답을 구해 보세요.

____

____

____

(   )

20 수 카드를 한 번씩만 사용하여 대분수를 만들려고 합니다. 만들 수 있는 대분수 중 가장 큰 수를 소수로 나타내어 보세요.

2	7	5

(   )

1 $\dfrac{1}{4}$과 $\dfrac{1}{2}$을 통분하여 색칠하고 ☐ 안에 알맞은 수를 써넣으세요.

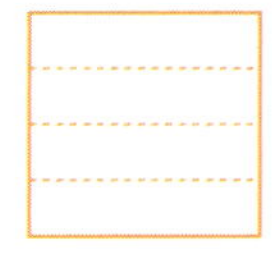  

$\dfrac{1}{4}$ $\dfrac{1}{2}=\dfrac{\square}{4}$ $\dfrac{1}{4}+\dfrac{1}{2}=\square$

2 민선이는 주스를 $\dfrac{3}{8}$ L를 마셨고, 동생은 $\dfrac{5}{12}$ L를 마셨습니다. 민선이와 동생이 마신 주스는 모두 몇 L인가요?

(   )

3 계산 결과가 큰 것을 찾아 기호를 써 보세요.

(   )

4 ☐ 안에 알맞은 수를 써넣으세요.

$$\dfrac{2}{3}+\dfrac{3}{5}=\dfrac{2\times\square}{3\times\square}+\dfrac{3\times\square}{5\times\square}=\dfrac{\square}{15}+\dfrac{\square}{15}=\dfrac{\square}{15}=\square$$

5 빈 곳에 알맞은 수를 써넣으세요.

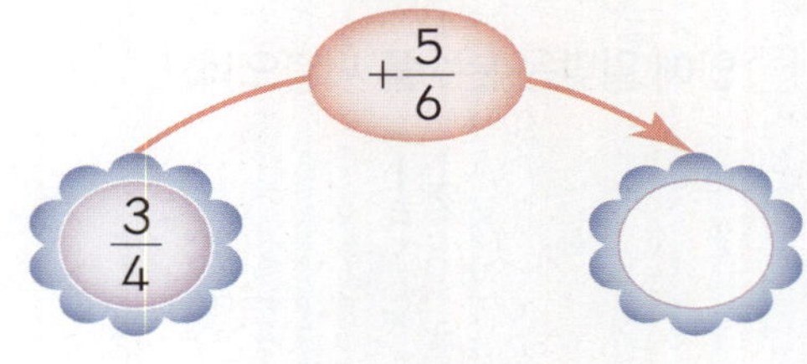

6 두 사람이 설명하는 분수의 합은 얼마인지 식을 쓰고 답을 구해 보세요.

식 ____________________________

답 ____________________________

7 □ 안에 알맞은 수를 써넣으세요.

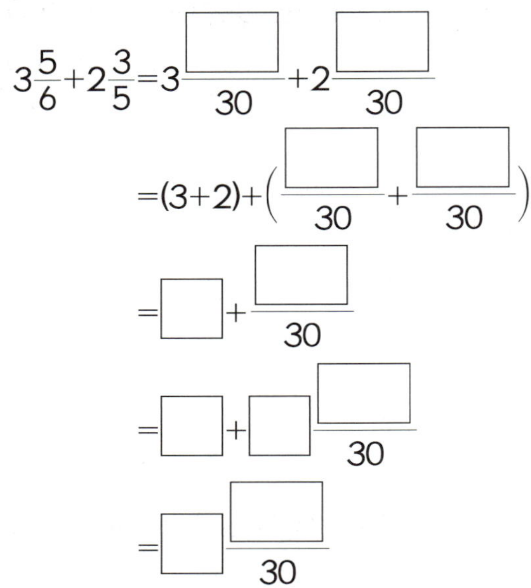

8 □ 안에 알맞은 분수를 써넣으세요.

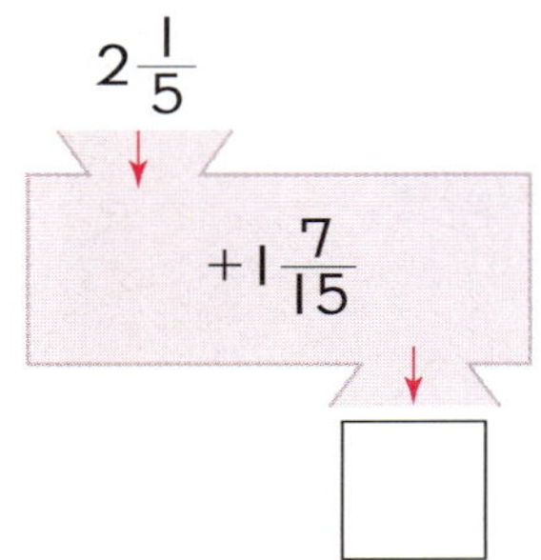

서술형

9 지호는 지난 주에 $3\frac{1}{6}$ 시간, 이번 주에 $4\frac{2}{3}$ 시간 동안 책을 읽었습니다. 지호가 2주 동안 책을 읽은 시간은 몇 시간인지 풀이 과정을 쓰고 답을 구해 보세요.

____

____

____

(   )

10 두 분수의 합을 구해 보세요.

$$3\frac{5}{6} \qquad 1\frac{7}{9}$$

(   )

11 계산해 보세요.

(1) $3\frac{4}{9}+7\frac{5}{6}=$ □

(2) $4\frac{3}{7}+2\frac{5}{8}=$ □

12 □ 안에 알맞은 수를 써넣으세요.

(1) $\dfrac{2}{3}-\dfrac{1}{5}=\dfrac{2\times□}{3\times□}-\dfrac{1\times□}{5\times□}=\dfrac{□}{15}-\dfrac{□}{15}=\dfrac{□}{15}$

(2) $\dfrac{4}{5}-\dfrac{3}{10}=\dfrac{4\times□}{5\times□}-\dfrac{□}{10}=\dfrac{□}{10}-\dfrac{□}{10}=\dfrac{□}{10}=□$

13 빈 곳에 두 분수의 차를 써넣으세요.

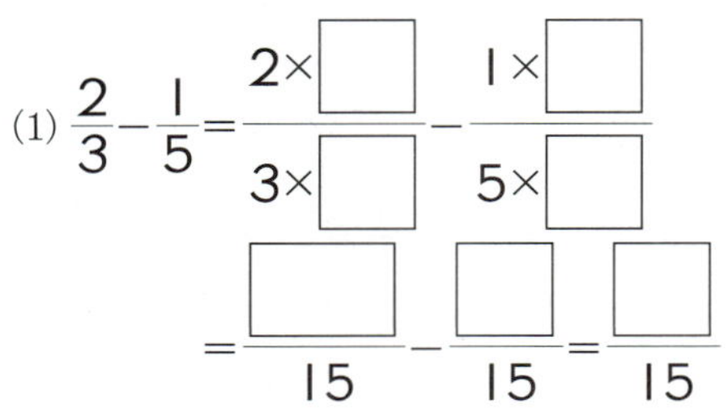

14 가로와 세로의 합이 $\dfrac{23}{24}$ m인 직사각형의 세로를 구해 보세요.

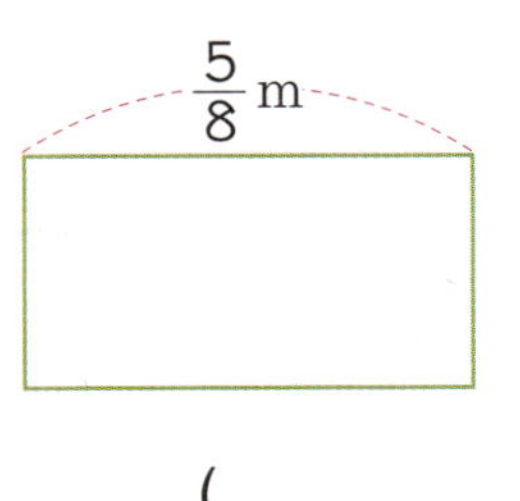

( )

15 그림을 보고 □ 안에 알맞은 수를 써넣으세요.

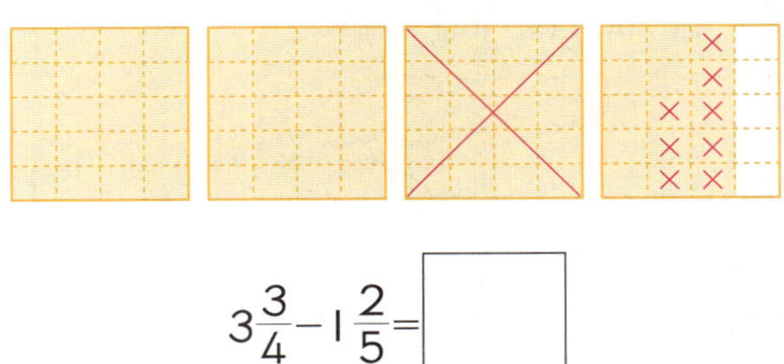

$$3\dfrac{3}{4} - 1\dfrac{2}{5} = \boxed{}$$

16 계산 결과가 더 큰 것을 찾아 기호를 써 보세요.

$$\text{㉠ } 2\dfrac{3}{4} - 1\dfrac{1}{2} \qquad \text{㉡ } 5\dfrac{5}{6} - 3\dfrac{5}{9}$$

( )

17 높이가 $3\dfrac{1}{4}$ m인 집 옆에 높이가 $1\dfrac{2}{3}$ m인 나무를 심었습니다. 나무가 집과 같은 높이가 되려면 몇 m 자라야 하나요?

( )

18 선분 ㄴㄷ의 길이를 구해 보세요.

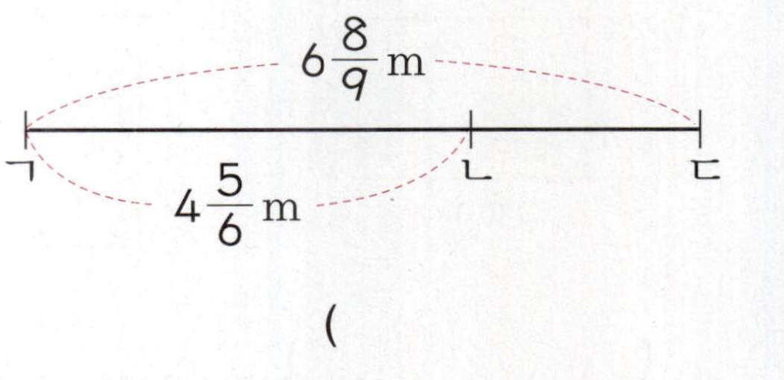

( )

19 □ 안에 들어갈 수 있는 자연수 중에서 가장 큰 수는 얼마인지 풀이 과정을 쓰고 답을 구해 보세요.

$$3\dfrac{8}{15} - 1\dfrac{4}{5} > \dfrac{\square}{15}$$

____

____

____

( )

20 어떤 수에서 $2\dfrac{1}{4}$을 빼야 할 것을 잘못하여 더했더니 $6\dfrac{1}{12}$이 되었습니다. 바르게 계산하면 얼마인가요?

( )

1 직사각형의 둘레를 구해 보세요.

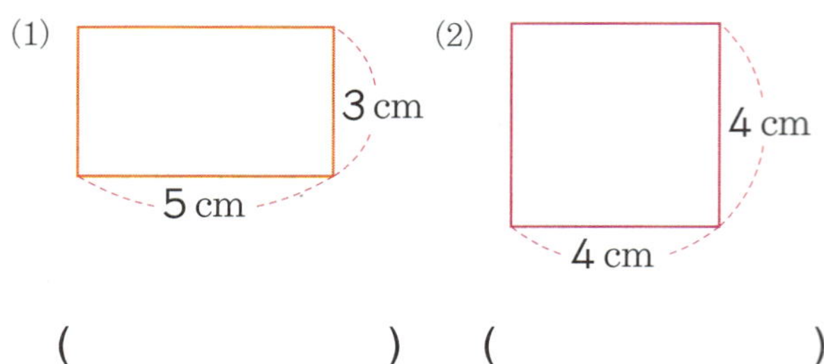

(1) 3 cm / 5 cm

(2) 4 cm / 4 cm

(   ) (   )

2 직사각형의 둘레가 26 cm일 때 세로는 몇 cm인가요?

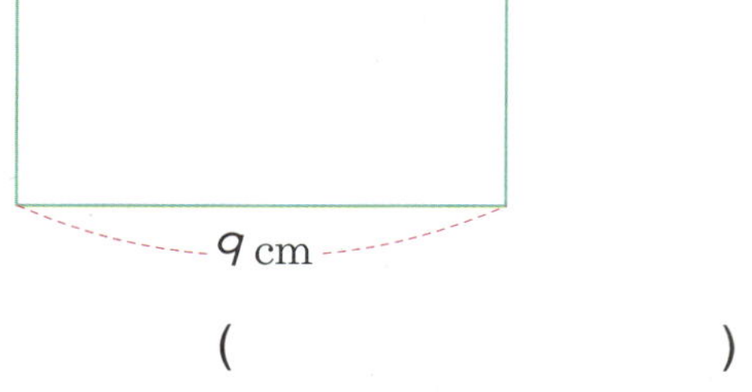

9 cm

(   )

3 둘레가 52 m인 정사각형 모양의 꽃밭이 있습니다. 이 꽃밭의 한 변은 몇 m인가요?

(   )

4 정사각형의 넓이를 구해 보세요.

(   )

5 넓이가 큰 차례대로 기호를 쓰려고 합니다. 풀이 과정을 쓰고 답을 구해 보세요.

____

____

____

____

(   )

6 직사각형의 넓이를 구해 보세요.

(1) 5 cm / 6 cm

(2) 12 cm / 12 cm

(   ) (   )

7 유정이는 가로 6 cm, 세로 4 cm인 직사각형 모양의 초콜릿을 가지고 있습니다. 유정이가 가진 초콜릿의 넓이는 몇 cm²인가요?

(   )

8 멀리뛰기 경기장 모래밭의 넓이를 재려면 어떤 단위넓이를 사용하는 것이 좋은지 찾아 기호를 써 보세요.

⊙ 한 변이 1 cm인 정사각형의 넓이
⊙ 한 변이 1 m인 정사각형의 넓이
⊙ 한 변이 1 km인 정사각형의 넓이

(   )

9 ☐ 안에 알맞은 수를 써넣으세요.

(1) 170000 cm² = ☐ m²

(2) 40 m² = ☐ cm²

(3) 1000000 m² = ☐ km²

(4) 75 km² = ☐ m²

10 평행사변형의 밑변이 다음과 같을 때, 높이를 나타내어 보세요.

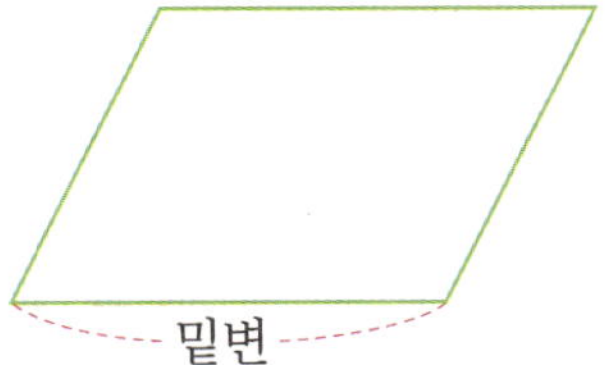

11 평행사변형의 넓이를 구해 보세요.

(1)
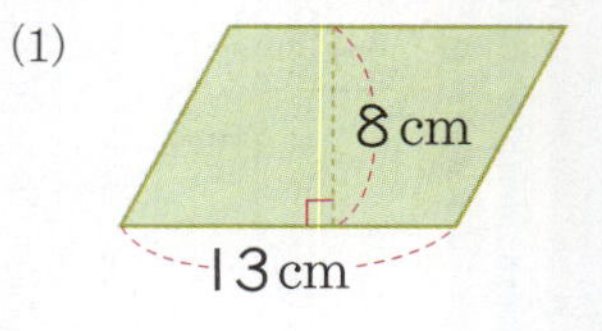

(   )

(2)

(   )

• 서술형 •

12 넓이가 다른 삼각형을 찾아 기호를 쓰려고 합니다. 풀이 과정을 쓰고 답을 구해 보세요.

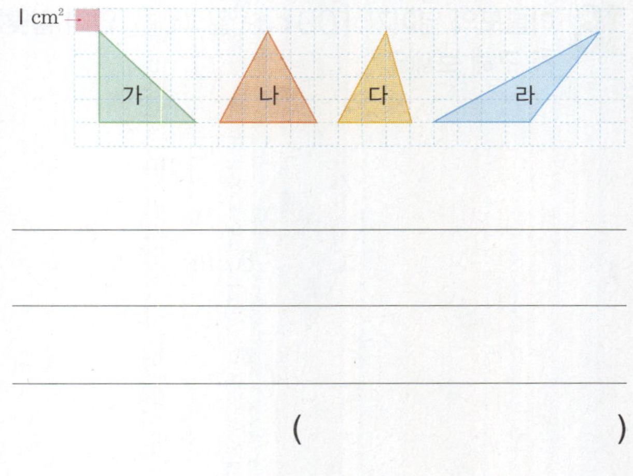

____

____

____

(   )

13 색칠한 도형의 넓이를 구해 보세요.

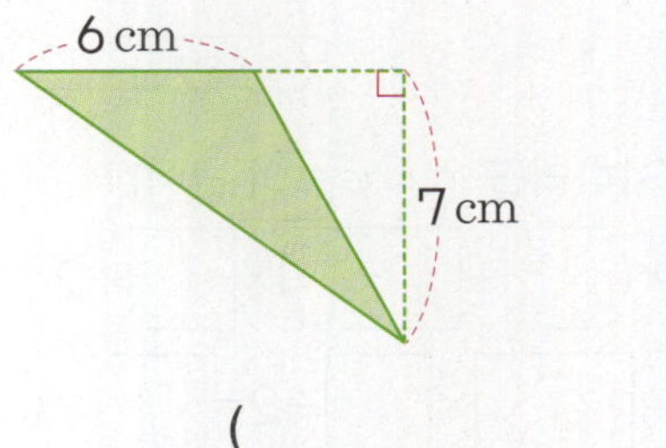

(   )

[14~15] 마름모의 넓이를 구해 보세요.

14
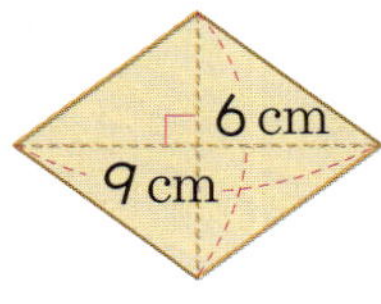

(   )

15
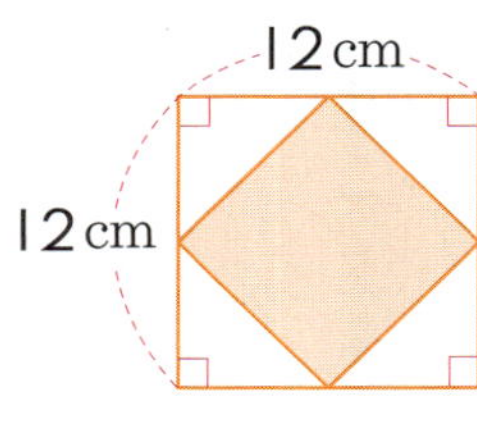

(   )

16 마름모의 넓이가 100 cm²일 때, □ 안에 알맞은 수를 구해 보세요.

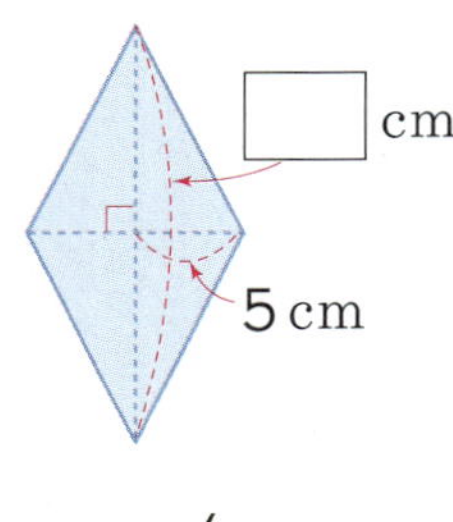

(   )

17 사다리꼴의 넓이를 구하려고 합니다. □ 안에 알맞은 수를 써넣으세요.

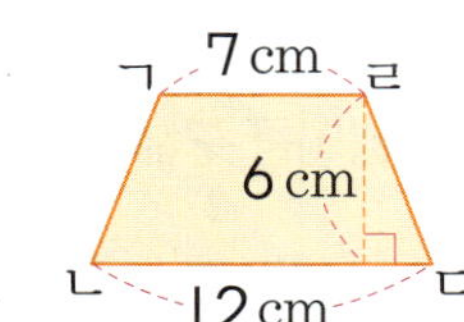

(사다리꼴 ㄱㄴㄷㄹ의 넓이)

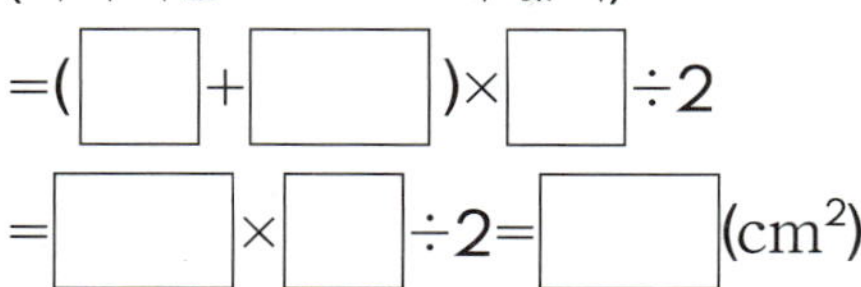
$$=(\boxed{}+\boxed{})\times\boxed{}\div 2$$
$$=\boxed{}\times\boxed{}\div 2=\boxed{}\ (cm^2)$$

18 사다리꼴의 넓이가 120 cm²일 때, □ 안에 알맞은 수를 구해 보세요.

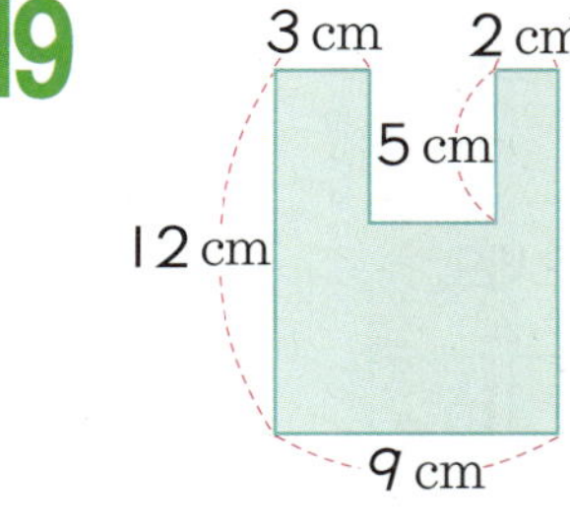

(   )

[19~20] 도형의 넓이를 구해 보세요.

19

(   )

20

(   )

1회   1. 자연수의 혼합 계산
1~3쪽

1 (1) (위에서부터) 22, 38, 22   (2) (위에서부터) 30, 16, 30   **2** 17개   **3** 지호   **4** ㉠

5 (1) 60, 10, 6   (2) 3, 3, 9   **6** 15개

7   **8** $84÷(3×7)=4$ **9** 21, 46, 33

10 >   **11** $8+24÷(8-2)=12$ **12** 20

13 (1) 57   (2) 70

14 (예) 1000 mL를 똑같이 4로 나누어야 하므로 $1000÷4$를 먼저 계산하고 50 mL를 더한 뒤 15 mL를 빼는 식을 만들면 됩니다. 따라서 $1000÷4+50-15=250+50-15=300-15=285$(mL)입니다. ; 285 mL

15 $=30+60÷6=30+10=40$ **16** 7   **17** 41

18 ㉡   **19** ㉡

20 (예) $45÷15+(17-6)×2=45÷15+11×2=3+11×2=3+22=25$ 따라서 $25>□$이므로 □ 안에 들어갈 수 있는 가장 큰 자연수는 24입니다. ; 24

풀이

2 $24-18+11=17$(개)의 우유가 됩니다. 따라서 아이스크림을 만드는데 쓸 수 있는 우유는 모두 17개입니다.

3 ( )가 있는 식은 ( ) 안을 먼저 계산합니다.

4 ㉠ $4+13-5=12$ ㉡ $25-(7+12)=6$ ➡ $12>6$

6 한 명이 가질 수 있는 사탕은 (전체 사탕 수)÷(사람 수)이므로 $25×3÷5=75÷5=15$(개)입니다.

7 $(13×4)÷2=52÷2=26$
$42÷(3×2)=42÷6=7$

8 3과 7의 곱 $3×7$을 ( ) 안에 넣어 식으로 나타냅니다. $84÷(3×7)=84÷21=4$

10 $48-12×3+15=48-36+15=12+15=27$, $14+8×6-39=14+48-39=62-39=23$이므로 $48-12×3+15$의 계산 결과가 더 큽니다.

11 $(8+24)÷8-2=2$, $8+(24÷8)-2=9$, $8+24÷(8-2)=12$
따라서 $8-2$를 ( )로 묶어서 계산하면 등호가 성립합니다.

12 ㉠ $4+3×4-3=4+12-3=16-3=13$
㉡ $4+3×(4-3)=4+3×1=4+3=7$

➡ ㉠의 ㉡의 합은 $13+7=20$입니다.

13 (1) $57+8-24÷3=57+8-8$
        $=65-8=57$
(2) $75-18÷2+4=75-9+4$
        $=66+4=70$

15 ( ) → ÷ → + 순서로 계산해야 합니다.

16 $□+(18-12)÷3=□+6÷3=□+2$
➡ $□+2=9$, $□=7$입니다.

17 $8+12×6÷3-3=8+72÷2-3$
        $=8+36-3=44-3=41$

18 ㉠ $27+10×3÷6-4=27+30÷6-4$
        $=27+5-4=32-4=28$
㉡ $13-7+5×4÷2=13-7+20÷2$
        $=13-7+10=6+10=16$
따라서 계산 결과가 작은 것은 ㉡입니다.

19 $24-36÷(4+5)×5$에서 가장 먼저 계산하는 식은 ( ) 안에 있는 $4+5$입니다. 두 번째로는 $4+5$로 36을 나누어 주는 ㉡ 계산입니다. 그 다음 5를 곱한 후 24와 차를 구합니다.

1회   2. 약수와 배수
4~6쪽

1 1, 3, 9, 27 ; 1, 3, 9, 27   **2** ⑤   **3** 20

4 (1) 4, 8, 12, 16, 20   (2) 7, 14, 21, 28, 35

5 ①, ③   **6** (1) 84   (2) 132   **7** (1) 약수   (2) 배수

8 (1) (예) 10   (2) (예) 4   **9** ㉠

10 1, 2, 3, 4, 6, 12 ; 12   **11** 2, 3, 6   **12** 6

13 (예) 두 수의 공약수는 두 수의 최대공약수의 약수와 같습니다. 두 수의 최대공약수가 15이므로 15의 약수를 구하면 됩니다. 따라서 두 수의 공약수는 1, 3, 5, 15입니다. ; 1, 3, 5, 15   **14** 8명   **15** 4 cm

16 (1) 10, 20, 30 40, 50, 60   (2) 15, 30, 45, 60, 75, 90   (3) 30, 60   (4) 30

17 (1) 108   (2) 84   **18** 210   **19** 80 cm

20 (예) ㉠과 ㉡의 최소공배수가 70이므로 $□×5×2=70$, $□×10=70$, $□=7$입니다. ㉠$÷7=5$이므로 ㉠$=35$, ㉡$÷7=2$이므로 ㉡$=14$입니다. 따라서 ㉠과 ㉡의 합은 $35+14=49$입니다. ; 49

풀이

1 $27÷1=27$, $27÷3=9$, $27÷9=3$, $27÷27=1$

2 $12÷1=12$, $12÷2=6$, $12÷3=4$,
$12÷4=3$, $12÷6=2$, $12÷12=1$
따라서 12의 약수는 1, 2, 3, 4, 6, 12입니다.

3 9의 약수: 1, 3, 9 ➡ 3개
20의 약수: 1, 2, 4, 5, 10, 20 ➡ 6개
25의 약수: 1, 5, 25 ➡ 3개
따라서 약수가 가장 많은 수는 20입니다.

4 (1) $4×1=4$, $4×2=8$, $4×3=12$, $4×4=16$,
$4×5=20$
(2) $7×1=7$, $7×2=14$, $7×3=21$, $7×4=28$,
$7×5=35$

5 $7×5=35$, $7×8=56$이므로 35와 56은 7의 배수
입니다.

6 (1) 7, 14, 21, 28, 35, …는 7의 배수입니다.
따라서 12번째의 수는 $7×12=84$입니다.
(2) 11, 22, 33, 44, 55, …는 11의 배수입니다.
따라서 12번째의 수는 $11×12=132$입니다.

7 (1) □=○×△에서 ○와 △는 □의 약수입니다.
(2) □=○×△에서 □는 ○와 △의 배수입니다.

8 (1) 5의 배수나 5의 약수를 썼으면 정답으로 합니다.
(2) 16의 배수나 16의 약수를 썼으면 정답으로 합
니다.

9 큰 수를 작은 수로 나누었을 때 나누어떨어지는 수를
찾습니다.
㉠ $60÷5=12$

10 24의 약수는 1, 2, 3, 4, 6, 8, 12, 24이고 36의
약수는 1, 2, 3, 4, 6, 9, 12, 18, 36입니다.
따라서 두 수의 공약수는 1, 2, 3, 4, 6, 12이고 최
대공약수는 12입니다.

12 24와 18을 각각 곱셈으로 나타내었을 때 중복되는
$2×3$이 두 수의 최대공약수가 됩니다.

14 64와 72의 최대공약수를 구하면 됩니다.
2) 64 72
2) 32 36
2) 16 18
   8   9
➡ 최대공약수: $2×2×2=8$

15 4) 48 28
     12   7
➡ 최대공약수: 4
따라서 가장 큰 정사각형의 한 변의 길이는 4 cm입
니다.

17 (1) 3) 27 36
       3) 9 12
            3   4   최소공배수: $3×3×3×4=108$
(2) 2) 28 42
     7) 14 21
          2   3   최소공배수: $2×7×2×3=84$

18 ㉠과 ㉡의 최소공배수는 $2×3×5×7=210$입니다.

19 '될 수 있는 대로 작은'이라는 말과 '늘어놓아'라는 말
은 최소공배수를 뜻합니다.
2) 16 20
2) 8 10
     4   5
➡ 최소공배수: $2×2×4×5=80$
따라서 정사각형 작품의 한 변은 80 cm입니다.

1회 **3. 규칙과 대응**
7~9쪽

1 사각형의 수의 4배입니다.　　**2** 15에 ○표 합니다.
3 4　**4** △+1　**5** 60, 90
6 예 달걀의 수는 달걀판 수의 30배입니다.　**7** 8판
8 5팩　**9** 2051년
10 ◇=♡+8 (또는 ◇−8=♡)　**11** 오전 3시
12 10장　**13** 2, 3

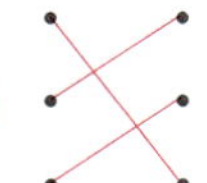

14 △=□÷2 (또는 □=△×2)　**15**
16 ㉠　**17** ㉡　**18** (○)(　)　**19** 11번째
20 예 삼각형이 하나씩 늘어날 때마다 성냥개비는 3개
씩 늘어납니다. 삼각형은 성냥개비가 3개 필요하므로
(성냥개비의 수)=(삼각형의 수)×3입니다. 따라서
△=□×3입니다. ; △=□×3 (또는 □÷3=△)

풀이

1 사각형의 변은 4개입니다.

2 △는 □의 2배입니다.
8의 2배는 15가 아니라 16입니다.

3 색 테이프 도막의 수는 색 테이프를 자른 횟수보다 1만큼 더 큽니다.

4 (색 테이프 도막의 수)=(색 테이프를 자른 횟수)+1

5 $30×2=60$, $30×3=90$

6 달걀의 수는 달걀판의 수의 30배입니다.
또는 달걀판의 수는 달걀의 수를 30으로 나눈 몫입니다.

7 $240÷30=8$(판)

8 요구르트의 수는 요구르트 팩의 수의 4배입니다.
따라서 $20÷4=5$(팩)입니다.

9 (연도)=(준영이의 나이)+2011입니다.
따라서 $40+2011=2051$(년)입니다.

10 서울의 시각(◇)은 파리의 시각(♡) 보다 8시간 빠릅니다.
또는 파리의 시각(♡)은 서울의 시각(◇) 보다 8시간 느립니다.

11 (서울의 시각)=(파리의 시각)+8입니다. 따라서 오후 7시에서 8시간을 더하면 오전 3시가 됩니다.

12 $5×2=10$(장)

13 $4÷2=2$, $6÷2=3$

14 두 수 사이의 대응 관계를 나타내는 식은 다양하게 나타낼 수 있습니다.

15 (색연필 세트의 수)×12=(색연필의 수)
(현재 쪽 수)+1=(다음 쪽 수)
(자동차의 수)×4=(자동차 바퀴의 수)

16 $48÷6=8$, $42÷6=7$, $36÷6=6$, … 이므로
㉠ $△=□÷6$입니다.

17 $5-2=3$, $6-2=4$, $7-2=5$, … 이므로
㉡ $△=□-2$입니다.

18 바둑돌이 첫째에 2개, 둘째에 4개, 셋째에 6개, 넷째에 8개, … 이므로 바둑돌의 수는 순서의 2배입니다.
➡ 바둑돌의 수(□)=순서(△)×2입니다.

19 (순서)×2=22이므로 (순서)=11입니다.
따라서 11번째에 바둑돌이 22개 놓여집니다.

1회   4. 약분과 통분

1 풀이 참조   **2** 같습니다에 ○표 합니다.

3 (1) 8, 21, 16 (2) 3, 4, 1   **4** ㉢   **5** 27

6 (1) 2, 24 (2) 3, 20 (3) 4, 12, 15 (4) 12, 4, 5

7 12   **8** (1) $\dfrac{1}{3}$ (2) $\dfrac{4}{5}$ **9** 8개   **10** (1) 25, 12

(2) 12, 5   **11** $\dfrac{16}{36}$, $\dfrac{21}{36}$ **12** $\dfrac{12}{25}$, $\dfrac{3}{10}$

13 (1) $\dfrac{5}{8}$에 ○표 합니다. (2) $1\dfrac{11}{14}$에 ○표 합니다.

14 예 두 분모의 최소공배수로 통분하여 비교하면 오렌지 주스 $\dfrac{13}{15}L=\dfrac{91}{105}L$이고 우유 $\dfrac{5}{7}L=\dfrac{75}{105}L$입니다.
따라서 $\dfrac{91}{105}>\dfrac{75}{105}$이므로 오렌지 주스가 더 많습니다.
; 오렌지 주스

15 (1) 6, 0.6 (2) >   **16** 파란색 끈

17 $1\dfrac{7}{12}$, $1\dfrac{3}{4}$, $1\dfrac{5}{6}$ **18** 주유소

19 예 분모를 20으로 통분합니다. $\dfrac{2}{5}=\dfrac{2×4}{5×4}=\dfrac{8}{20}$입니다. $\dfrac{8}{20}$과 $\dfrac{11}{20}$ 사이에 있는 분수 중 분모가 20인 분수는 $\dfrac{9}{20}$, $\dfrac{10}{20}$입니다. ; $\dfrac{9}{20}$, $\dfrac{10}{20}$ **20** $2\dfrac{4}{5}$

풀이

1 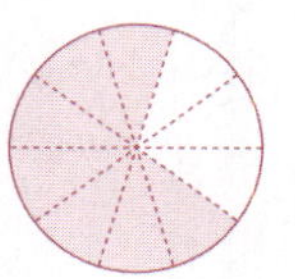 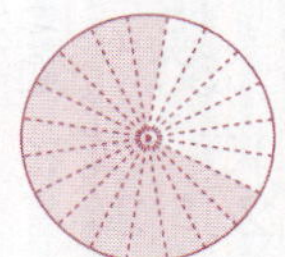

$\dfrac{7}{10}$은 10칸 중의 7칸을 색칠하고, $\dfrac{14}{20}$는 20칸 중 14칸을 색칠합니다.

2 색칠한 부분의 넓이가 같으므로 두 분수의 크기는 같습니다.

3 (1) $\dfrac{4}{7}=\dfrac{4×2}{7×2}=\dfrac{4×3}{7×3}=\dfrac{4×4}{7×4}=\cdots$

(2) $\dfrac{6}{12}=\dfrac{6÷2}{12÷2}=\dfrac{6÷3}{12÷3}=\dfrac{6÷6}{12÷6}$

4 $\dfrac{9}{15}$를 기약분수로 나타내면 $\dfrac{9÷3}{15÷3}=\dfrac{3}{5}$이므로 약분하여 $\dfrac{3}{5}$이 되지 않는 분수를 찾습니다.

㉠ $\dfrac{6÷2}{10÷2}=\dfrac{3}{5}$, ㉡ $\dfrac{3}{5}$,

㉢ $\dfrac{15÷5}{20÷5}=\dfrac{3}{4}$, ㉣ $\dfrac{18÷6}{30÷6}=\dfrac{3}{5}$

5 분모와 분자에 0이 아닌 같은 수를 곱하여 크기가 같은 분수를 만들면 ㉠=12, ㉡=15입니다.
➡ ㉠+㉡=12+15=27

6 분모와 분자를 0이 아닌 같은 수로 나누어 줍니다.

7 48과 36의 최대공약수인 12로 약분하면 한 번에 기약분수로 나타낼 수 있습니다.

8 (1) $\dfrac{5}{15}=\dfrac{5\div5}{15\div5}=\dfrac{1}{3}$ (2) $\dfrac{16}{20}=\dfrac{16\div4}{20\div4}=\dfrac{4}{5}$

9 20과 약분이 되는 분자를 가진 분수는 $\dfrac{2}{20}$, $\dfrac{4}{20}$, $\dfrac{5}{20}$, $\dfrac{6}{20}$, $\dfrac{8}{20}$, $\dfrac{10}{20}$, $\dfrac{12}{20}$, $\dfrac{14}{20}$, $\dfrac{15}{20}$, $\dfrac{16}{20}$, $\dfrac{18}{20}$, $\dfrac{20}{20}$으로 12개이므로 20개의 분수 중에서 12개를 제외한 8개의 분수가 기약분수입니다.

10 (1) $\left(\dfrac{5}{8}, \dfrac{3}{10}\right) \Rightarrow \left(\dfrac{5\times5}{8\times5}, \dfrac{3\times4}{10\times4}\right) \Rightarrow \left(\dfrac{25}{40}, \dfrac{12}{40}\right)$

(2) $\left(\dfrac{3}{5}, \dfrac{1}{4}\right) \Rightarrow \left(\dfrac{3\times4}{5\times4}, \dfrac{1\times5}{4\times5}\right) \Rightarrow \left(\dfrac{12}{20}, \dfrac{5}{20}\right)$

11 $\left(\dfrac{4}{9}, \dfrac{7}{12}\right) \Rightarrow \left(\dfrac{4\times4}{9\times4}, \dfrac{7\times3}{12\times3}\right) \Rightarrow \left(\dfrac{16}{36}, \dfrac{21}{36}\right)$

12 $\dfrac{24}{50}=\dfrac{24\div2}{50\div2}=\dfrac{12}{25}$, $\dfrac{15}{50}=\dfrac{15\div5}{50\div5}=\dfrac{3}{10}$

13 (1) $\left(\dfrac{5}{8}, \dfrac{7}{12}\right) \Rightarrow \left(\dfrac{15}{24}, \dfrac{14}{24}\right) \Rightarrow \dfrac{5}{8} > \dfrac{7}{12}$

(2) $\left(1\dfrac{11}{14}, 1\dfrac{16}{21}\right) \Rightarrow \left(1\dfrac{33}{42}, 1\dfrac{32}{42}\right) \Rightarrow 1\dfrac{11}{14} > 1\dfrac{16}{21}$

15 $\dfrac{3}{5}=\dfrac{6}{10}=0.6$이므로 $\dfrac{3}{5}>0.3$입니다.

16 $2\dfrac{1}{4}=2\dfrac{25}{100}=2.25$이므로 $2\dfrac{1}{4}<2.3$입니다. 따라서 파란색 끈이 더 깁니다.

17 두 분수씩 차례로 통분하여 비교합니다.

$\left(1\dfrac{3}{4}, 1\dfrac{5}{6}\right) \Rightarrow \left(1\dfrac{9}{12}, 1\dfrac{10}{12}\right) \Rightarrow 1\dfrac{3}{4}<1\dfrac{5}{6}$

$\left(1\dfrac{5}{6}, 1\dfrac{7}{12}\right) \Rightarrow \left(1\dfrac{10}{12}, 1\dfrac{7}{12}\right) \Rightarrow 1\dfrac{5}{6}>1\dfrac{7}{12}$

$\left(1\dfrac{3}{4}, 1\dfrac{7}{12}\right) \Rightarrow \left(1\dfrac{9}{12}, 1\dfrac{7}{12}\right) \Rightarrow 1\dfrac{3}{4}>1\dfrac{7}{12}$

따라서 $1\dfrac{7}{12}<1\dfrac{3}{4}<1\dfrac{5}{6}$입니다.

18 공원까지의 거리는 자연수 부분이 3이므로 공원은 주호네 집에서 가장 먼 곳입니다.

$\left(2\dfrac{5}{14}, 2\dfrac{4}{7}\right) \Rightarrow \left(2\dfrac{5}{14}, 2\dfrac{8}{14}\right) \Rightarrow 2\dfrac{5}{14}<2\dfrac{4}{7}$

➡ 주유소<우체국

$2\dfrac{5}{14}<2\dfrac{4}{7}<3\dfrac{2}{3}$이므로 주호네 집에서 주유소까지의 거리가 가장 가깝습니다.

20 만들 수 있는 가장 작은 소수는 2.8입니다.

따라서 $2.8=2\dfrac{8}{10}=2\dfrac{4}{5}$입니다.

1회 **5. 분수의 덧셈과 뺄셈** 13~15쪽

1 5, 6 **2** 15, 4, 19 **3** $\dfrac{1}{4}+\dfrac{2}{5}=\dfrac{13}{20}$ (kg) ; $\dfrac{13}{20}$ kg

4 9, 14, 23, 1, 2 **5** $<$

6 예 (집에서 학교를 거쳐 도서관까지의 거리)=$\dfrac{5}{6}+\dfrac{7}{8}$ $=\dfrac{20}{24}+\dfrac{21}{24}=\dfrac{41}{24}=1\dfrac{17}{24}$ (km) ; $1\dfrac{17}{24}$ (km)

7 $\dfrac{7}{4}$, $\dfrac{17}{6}$, $\dfrac{34}{12}$, $\dfrac{55}{12}$, $4\dfrac{7}{12}$ **8** (1) $6\dfrac{13}{24}$ (2) $6\dfrac{3}{20}$

9 $5\dfrac{1}{18}$ **10** $5\dfrac{2}{3}$ **11** $2\dfrac{19}{20}$ m

12 풀이 참조, 9, 4, 9, 4, $\dfrac{5}{12}$ **13** $\dfrac{27}{56}$, $\dfrac{4}{9}$

14 $\dfrac{13}{30}$ kg **15** $1\dfrac{3}{8}$ **16**

17 $=\dfrac{59}{9}-\dfrac{13}{6}=\dfrac{118}{18}-\dfrac{39}{18}=\dfrac{79}{18}=4\dfrac{7}{18}$

18 2, 4, 9 **19** 예 수 카드로 만들 수 있는 가장 큰 대분수는 $7\dfrac{2}{5}$, 가장 작은 대분수는 2입니다.

$7\dfrac{2}{5}-2\dfrac{5}{7}=7\dfrac{14}{35}-2\dfrac{25}{35}=6\dfrac{49}{35}-2\dfrac{25}{35}=4\dfrac{24}{35}$; $4\dfrac{24}{35}$ **20** $12\dfrac{4}{5}$

풀이

1 $\dfrac{1}{3}+\dfrac{1}{2}=\dfrac{2}{6}+\dfrac{3}{6}=\dfrac{5}{6}$

2 $\dfrac{5}{8}+\dfrac{1}{6}=\dfrac{5\times3}{8\times3}+\dfrac{1\times4}{6\times4}=\dfrac{5}{24}+\dfrac{4}{24}=\dfrac{9}{24}$

3 (소정이가 사용한 설탕의 양)
= (딸기잼을 만드는 데 사용한 설탕의 양)
  + (블루베리잼을 만드는 데 사용한 설탕의 양)
$= \dfrac{1}{4} + \dfrac{2}{5} = \dfrac{5}{20} + \dfrac{8}{20} = \dfrac{13}{20}$ (kg)

4 분모를 통분하여 분모가 같은 분수의 덧셈을 합니다.

5 $\dfrac{3}{4} + \dfrac{1}{3} = \dfrac{9}{12} + \dfrac{4}{12} = \dfrac{13}{12} = 1\dfrac{1}{12}$

➡ $1\dfrac{1}{12} < 1\dfrac{5}{12}$

7 $1\dfrac{3}{4} = 1 + \dfrac{3}{4} = \dfrac{4}{4} + \dfrac{3}{4} = \dfrac{7}{4}$,
$2\dfrac{5}{6} = 2 + \dfrac{5}{6} = \dfrac{12}{6} + \dfrac{5}{6} = \dfrac{17}{6}$

8 (1) $3\dfrac{3}{8} + 3\dfrac{1}{6} = 3\dfrac{9}{24} + 3\dfrac{4}{24} = 6\dfrac{13}{24}$
(2) $2\dfrac{2}{5} + 3\dfrac{3}{4} = 2\dfrac{8}{20} + 3\dfrac{15}{20} = 5\dfrac{23}{20} = 6\dfrac{3}{20}$

9 $3\dfrac{2}{9} + 1\dfrac{5}{6} = 3\dfrac{4}{18} + 1\dfrac{15}{18} = 4\dfrac{19}{18} = 5\dfrac{1}{18}$

10 $3\dfrac{1}{4} + 2\dfrac{5}{12} = 3\dfrac{3}{12} + 2\dfrac{5}{12}$
$= (3+2) + \left(\dfrac{3}{12} + \dfrac{5}{12} \right) = 5\dfrac{8}{12} = 5\dfrac{2}{3}$

11 $1\dfrac{3}{4} + 1\dfrac{1}{5} = (1+1) + \left(\dfrac{15}{20} + \dfrac{4}{20} \right)$
$= 2 + \dfrac{19}{20} = 2\dfrac{19}{20}$ (m)

12

13 $\dfrac{6}{7} - \dfrac{3}{8} = \dfrac{48}{56} - \dfrac{21}{56} = \dfrac{27}{56}$
$\dfrac{7}{9} - \dfrac{1}{3} = \dfrac{7}{9} - \dfrac{3}{9} = \dfrac{4}{9}$

14 (냉장고에 남아 있는 아이스크림의 양)
= (냉장고에 있던 아이스크림의 양)
  − (하경이가 먹은 아이스크림의 양)
$= \dfrac{9}{10} - \dfrac{7}{15} = \dfrac{27}{30} - \dfrac{14}{30} = \dfrac{13}{30}$ (kg)

15 $4\dfrac{5}{8} - 3\dfrac{1}{4} = 4\dfrac{5}{8} - 3\dfrac{2}{8} = 1\dfrac{3}{8}$

16 $5\dfrac{3}{4} - 1\dfrac{7}{10} = 5\dfrac{15}{20} - 1\dfrac{14}{20} = 4\dfrac{1}{20}$
$8\dfrac{4}{5} - 4\dfrac{3}{4} = 8\dfrac{16}{20} - 4\dfrac{15}{20} = 4\dfrac{1}{20}$

17 대분수를 가분수로 고쳐서 계산하는 방법입니다.

18 $\square = 5\dfrac{5}{18} - 2\dfrac{5}{6} = 5\dfrac{5}{18} - 2\dfrac{15}{18}$
$= 4\dfrac{23}{18} - 2\dfrac{15}{15} = 2\dfrac{8}{18} = 2\dfrac{4}{9}$

20 어떤 수를 $\square$라고 하면 $\square - 3\dfrac{1}{2} = 5\dfrac{4}{5}$이므로
$\square = 5\dfrac{4}{5} + 3\dfrac{1}{2} = 5\dfrac{8}{10} + 3\dfrac{5}{10} = 8\dfrac{13}{10} = 9\dfrac{3}{10}$입니다.
➡ $9\dfrac{3}{10} + 3\dfrac{1}{2} = 9\dfrac{3}{10} + 3\dfrac{5}{10} = 12\dfrac{8}{10} = 12\dfrac{4}{5}$

1회   **6. 다각형의 둘레와 넓이**   16~18쪽

1 (1) 48 cm (2) 56 cm   **2** 8   **3** 풀이 참조
4 8 cm²   **5** 풀이 참조
6 (1) 120 cm² (2) 256 cm²
7 (1) cm² (2) km² (3) m²   **8** 196 cm²
9 120000 (2) 9 (3) 8   **10** 라
11 예 (평행사변형의 밑변) = (넓이) ÷ (높이) = 36 ÷ 4
= 9(cm) ; 9 cm   **12** 8, 5, 2, 20
13 (1) 48 cm² (2) 77 cm²   **14** 168 cm²
15 120 cm²   **16** 8
17 예 (사다리꼴의 넓이) = {(윗변) + (아랫변)} × (높이) ÷ 2 = (12+16) × 12 ÷ 2 = 168(cm²) ; 168 cm²
18 5   **19** 78 cm²   **20** 266 cm²

풀이

1 (1) (18+6)×2=48(cm)   (2) 14×4=56(cm)
2 (13+□)×2=42, 13+□=21, □=8
3

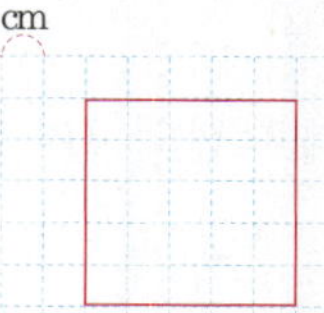

둘레가 20 cm인 정사각형의 한 변의 길이는
20÷4=5(cm)이므로 모눈이 가로로 5칸, 세로로
5칸인 정사각형을 그립니다.

4 모눈 한 칸의 넓이가 1 cm²이므로 모눈 8칸의 넓이
는 8 cm²입니다.

5

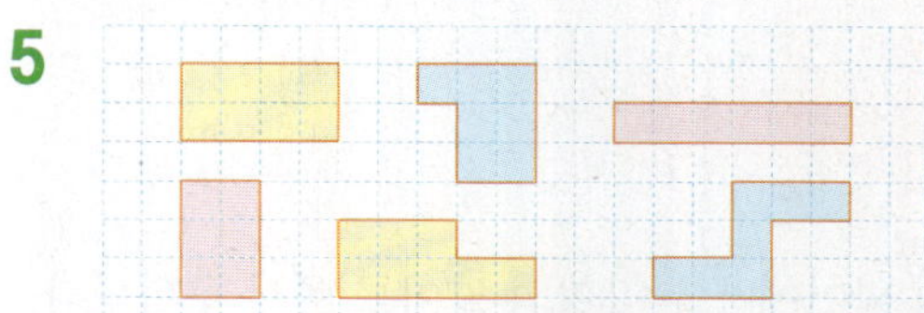

모눈의 칸 수를 세어 보고 수가 같은 도형끼리 같은
색으로 색칠합니다.

6 (1) (직사각형의 넓이)=(가로)×(세로)
$=15×8=120(cm^2)$
(2) (정사각형의 넓이)=(한 변)×(한 변)
$=16×16=256(cm^2)$

7 (1) 색종이의 넓이는 $225\ cm^2$입니다.
(2) 강화도의 넓이는 약 $410\ km^2$입니다.
(3) 축구장의 넓이는 약 $710\ m^2$입니다.

8 정사각형의 한 변을 □cm라고 하면, □×4=56,
□=14입니다.
따라서 (정사각형의 넓이)$=14×14=196(cm^2)$입
니다.

9 (1) 3 m=300 cm이므로 직사각형의 넓이는
$300×400=120000(cm^2)$입니다.
(2) 300 cm=3 m이므로 직사각형의 넓이는
$3×3=9(m^2)$입니다.
(3) 4000 m=4 km이므로 직사각형의 넓이는
$4×2=8(km^2)$입니다.

10 밑면과 높이가 같으면 모양이 다르더라도 넓이가 같
습니다. 따라서 높이가 모두 3칸이므로 밑변이 다른
하나를 찾으면 라입니다.

13 (1) (삼각형의 넓이)=(밑변)×(높이)÷2
$=8×12÷2=48(cm^2)$
(2) (삼각형의 넓이)=(밑변)×(높이)÷2
$=22×7÷2=77(cm^2)$

14 (삼각형의 넓이)×4
$=(12×7÷2)×4=42×4=168(cm^2)$

15 (마름모의 넓이)
=(한 대각선의 길이)×(다른 대각선의 길이)÷2
$=12×20÷2$
$=240÷2=120(cm^2)$

16 $12×□÷2=48$, $12×□=96$, □=8

18 $(6+4)×□÷2=25$, $(6+4)×□=50$,
$10×□=50$, □=50÷10=5

19 삼각형의 넓이와 사각형의 넓이를 더해서 구합니다.
$(12×3÷2)+(12+8)×6÷2=18+60=78(cm^2)$

20
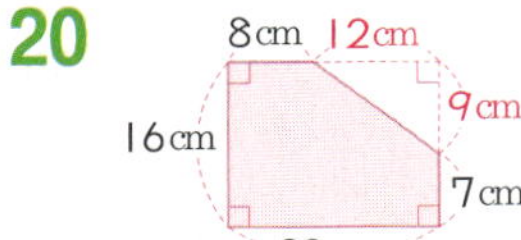

직사각형의 넓이에서 삼각형의 넓이를 빼서 구합니다.
$(20×16)-(9×12÷2)=320-54$
$=266(cm^2)$

2회 **1. 자연수의 혼합 계산** 19~21쪽

1 (1) 42, 5, 37 (2) 18, 5, 23 **2** 31명
3 (1) 9-4에 ○표 합니다. (2) (4+2)에 ○표 합니다.
4 24+(57-11)에 색칠합니다.
5 (1) (위에서부터) 20, 60, 20
(2) (위에서부터) 15, 3, 15
6 예 한 명이 받은 연필은
$12×3÷4=36÷4=9$(자루)입니다. ; 9자루
7 (1) 12 (2) 48 **8** $56÷(2×4)=7$

9 ✕

10 < **11** $4×(12-10)+5=13$

12 예 ㉠ $8+(7-4)×3=8+3×3=8+9=17$
㉡ $8+7+4×3=8+7-12=15-12=3$
➡ ㉠과 ㉡의 차는 17-3=14입니다. ; 14
13 풀이 참조 **14** 5개
15 $=42÷6-5=7-5=2$ **16** 2 **17** 55
18 ㉠ **19** ㉠, ㉡, ㉣, ㉢ ; 99 **20** 28

풀이

2 지금 버스에 있는 승객은
$27-9+13=18+13=31$(명)입니다.

3 덧셈과 뺄셈이 섞여 있는 식에서는 앞에서부터 차례대
로 계산합니다. 덧셈과 뺄셈이 섞여 있고 ( )가 있는
식에서는 ( )안을 먼저 계산합니다.

4 $67-31+25=61$,
$24+(57-11)=24+46=70$
따라서 계산 결과가 더 큰 것은 24+(57-11)이 됩
니다.

5 곱셈과 나눗셈이 섞여 있는 식은 앞에서부터 차례로
계산합니다.

7 (1) $72÷(2×3)=72÷6=12$
(2) $24×(6÷3)=24×2=48$

8 2와 4의 곱 2×4를 ( ) 안에 넣어 식으로 나타냅니다.
➡ $56÷(2×4)=56÷8=7$

9 (1) 25-3×4에서 곱셈과 뺄셈이 섞여 있는 식은 곱
셈부터 계산합니다.
(2) 40-6×4+5에서 덧셈과 뺄셈, 곱셈이 섞여 있
는 식은 곱셈부터 계산합니다.

10 44−7×4+8=44−28+8=16+8=24,
35−13+2×3=35−13+6=22+6=28이므로
35−13+2×3의 계산 결과가 더 큽니다.

11 계산 결과가 13이 되도록 덧셈이나 뺄셈이 있는 곳을 ( )로 묶어 계산해 봅니다.
➡ 4×(12−10)+5=4×2+5
      =8+5=13

13 3+15−21÷7=3+15−3
         ②   ① =18−3
               ③   =15

14 12÷2−3+2=6−3+2
            =3+2=5(개)

15 덧셈, 뺄셈, 나눗셈이 섞여 있는 식에서 ( )가 있으면 ( ) 안을 먼저 계산합니다.

16 (40−32)÷□+7=8÷□+7
➡ 8÷□+7=11,
   8÷□=4,
   □=2

17 45+30−15÷3×4=45+30−5×4
                =45+30−20
                =75−20=55

18 ㉠ 16÷2×4+3−2=8×4+3−2
              =32+3−2
              =35−2=33
   ㉡ 5+12×3−40÷2=5+36−40÷2
              =5+36−20
              =41−20=21
따라서 계산 결과가 큰 것은 ㉠입니다.

19 ( ) 안에 있는 46−27을 먼저 계산하고 5를 곱해 준 뒤 12를 3으로 나눈 값과 더하면 됩니다.
➡ (46−27)×5+12÷3=19×5+12÷3
              =95+12÷3
              =95+4=99

20 13+(30−18)×3−22=13+12×3−22
                =13+36−22
                =49−22=27
따라서 27<□이므로 □ 안에 들어갈 수 있는 가장 작은 자연수는 28입니다.

1 1, 2, 3, 4, 6, 8, 12, 24   **2** 54   **3** ㉢
4 (1) 5, 10, 15, 20, 25   (2) 6, 12, 18, 24, 30
5 (1) 24, 42, 96에 ○표 합니다.   (2) 18, 27에 ○표 합니다.
6 예) 13, 26, 39, 52, …는 13의 배수이므로 7번째 수는 13×7=91입니다. ; 91   **7** (1) 배수 (2) 약수
8 8개   **9** ㉢, ㉣   **10** (1) 1, 2, 3, 6, 9, 18 (2) 1, 2, 3, 4, 6, 8, 12, 24 (3) 1, 2, 3, 6 (4) 6
11 (1) 4 (2) 9   **12** 10
13 예) 어떤 두 수의 최대공약수가 30이면 공약수는 최대공약수인 30의 약수이므로 1, 2, 3, 5, 6, 10, 15, 30으로 모두 8개입니다. ; 8개   **14** 18명
15 8 cm   **16** (1) 6, 12, 18, 24, 30 (2) 9, 18, 27, 36, 45 (3) 18, 36, 54, 72, 90 (4) 18
17 3, 4, 5, 60   **18** 60   **19** 5월 29일   **20** 5

풀이

1 24÷1=24, 24÷2=12, 24÷3=8, 24÷4=6, 24÷6=4, 24÷8=3, 24÷12=2, 24÷24=1
따라서 24의 약수는 1, 2, 3, 4, 6, 8, 12, 24입니다.

2 어떤 수의 약수 중 가장 큰 수가 어떤 수이므로 54의 약수입니다.

3 ㉠ 1, 7 ➡ 2개
   ㉡ 1, 2, 7, 14 ➡ 4개
   ㉢ 1, 2, 3, 6, 9, 18 ➡ 6개

4 (1) 5×1=5, 5×2=10, 5×3=15, 5×4=20, 5×5=25
   (2) 6×1=6, 6×2=12, 6×3=18, 6×4=24, 6×5=30

5 (1) 6×4=24, 6×7=42, 6×16=96
   (2) 9×2=18, 9×3=27

8 54의 약수는 1, 2, 3, 6, 9, 18, 27, 54이므로 빈칸에 들어갈 수 있는 수는 모두 8개입니다.

9 30은 5로 나누어떨어지므로 30과 5는 약수와 배수의 관계입니다. 1은 모든 수의 약수이므로 11과 1은 약수와 배수의 관계입니다.

11 (1) 최대공약수: 2×2=4
   (2) 최대공약수: 3×3=9

12 20과 30의 최대공약수는 두 수의 곱셈식에서 공통
으로 들어 있는 수들의 곱입니다.
➡ 20과 30의 최대공약수: $2×5=10$

14
$$2\,)\underline{54\quad 90}$$
$$3\,)\underline{27\quad 45}$$
$$3\,)\underline{\ 9\quad 15}$$
$$\quad\quad 3\quad 5 \quad ➡ \text{최대공약수: } 2×3×3=18$$

54와 90의 최대공약수가 18이므로 18명에게 나누
어 줄 수 있습니다.

15
$$2\,)\underline{64\quad 104}$$
$$2\,)\underline{32\quad 52}$$
$$2\,)\underline{16\quad 26}$$
$$\quad\quad 8\quad 13 \quad ➡ \text{최대공약수: } 2×2×2=8$$

정사각형의 한 변이 8 cm입니다.

18 ㉠과 ㉡의 최소공배수는 $2×2×5×3=60$입니다.

19 6과 4의 최소공배수는 12입니다. 따라서 5월 17
일에서 12일 지난 5월 29일에 두 사람은 다시 만날
수 있습니다.

20 ㉠과 ㉡의 최소공배수가 30이므로 $□×3×2=30$,
$□×6=30$, $□=5$입니다.
㉠$÷5=3$이므로 ㉠$=15$, ㉡$÷5=2$이므로 ㉡$=10$
입니다. 따라서 ㉠과 ㉡의 차는 $15-10=5$입니다.

2회　　**3. 규칙과 대응**　　25~27쪽

1 3　**2** 3, 15　**3** ㉠, ㉣　**4** ×, 400, 간 거리 ; ÷,
400, 걸린 시간　**5** (1) 60 (2) 5　**6** ☆×20
7 30번　**8** 15, 20　**9** △=□×5 (또는 □=△÷5)
10 (1) 8개 (2) 60개　**11** 28살　**12** 6대　**13** 4, 5
14 예 뉴욕의 시각은 서울의 시각보다 14시간 느립니
다. 또는 서울의 시각은 뉴욕의 시간보다 14시간 빠릅
니다.　**15** 오전 1시　**16** 예 입장객 수와 입장료 사
이의 대응 관계를 식으로 나타내면
(입장객 수)×2500=(입장료)입니다. 따라서 입장객이
13명일 때, 입장료는 $13×2500=32500$(원)입니다.
; 32500원　**17** △=◇×6 (또는 ◇÷6=△)
18 360 L　**19** □=△×4 (또는 △÷4=□)
20 48개

---

1 (동생의 나이)=(언니의 나이)-3입니다.

2 ☆$=$◎$×3$이므로 ◎$=$☆$÷3$입니다.
$9÷3=3$, $5×3=15$

5 $1×20=20$, $2×20=40$, $4×20=80$이므로
☆$×20=$◇, ◇$÷20=$☆입니다.
(1) $3×20=60$
(2) $100÷20=5$

6 ◇는 ☆의 20배입니다.

7 탬버린을 흔드는 횟수는 트라이앵글을 치는 횟수의
5배입니다.
따라서 $6×5=30$(번)입니다.

8 식탁 1개에 의자 5개가 놓여 있습니다.
□$×5=$△이므로
$3×5=15$, $4×5=20$입니다.

9 △는 □의 5배입니다.
또는 □는 △를 5로 나눈 몫입니다.

10 (1) $40÷5=8$(개)
(2) $12×5=60$(개)

11 $43-11=32$이므로
(다영이의 나이)=(아버지의 나이)-32입니다.
따라서 $60-32=28$(살)입니다.

12 (케이블카 수)×7=(사람수)
또는 (사람수)÷7=(케이블카 수)이므로
$42÷7=6$(대)입니다.

13 팔걸이의 수는 의자의 수보다 1개 더 많습니다.
➡ $3+1=4$, $4+1=5$

15 (뉴욕의 시각)=(서울의 시각)-14입니다.
따라서 15시-14시간$=1$시입니다.

17 1분이 지날 때마다 6 L씩 늘어납니다.
따라서 △$=$◇$×6$ 또는 ◇$÷6=$△입니다.

18 1시간=60분입니다.
△$=60×6=360$(L)

19

사각형의 수(△)	1	2	3	⋯
성냥개비의 수(□)	4	8	12	⋯

사각형 하나에 성냥개비가 4개씩 필요합니다.
따라서 □$=$△$×4$ 또는 △$÷4=$□입니다.

20 $12×4=48$(개)

1 2, 3, 4   **2** (위에서부터) 2, 3, 4 ; 2, 3, 4   **3** ④

4 (1) 12 (2) 28 (3) 6 (4) 5   **5** 26   **6** ④

7 (선 잇기)

8 $\dfrac{3}{5}$, $\dfrac{2}{7}$, $\dfrac{7}{15}$ 에 ○표 합니다.

9 $\dfrac{9}{24}$, $\dfrac{14}{24}$ **10** ②   **11** 9, 13   **12** (1) < (2) <

13 시우   **14** 풀이 참조, =

15 예 고양이의 무게를 소수로 바꾸면 $2\dfrac{29}{50}=2\dfrac{58}{100}$ $=2.58$입니다. 따라서 $2.58>2.5$이므로 고양이가 더 무겁습니다. ; 고양이

16 $\dfrac{3}{5}$, $\dfrac{2}{3}$, $\dfrac{7}{10}$ **17** 정음   **18** 1, 2, 3, 4

19 예 $0.4=\dfrac{4}{10}$ 이므로 $\dfrac{4}{10}$ 보다 크고 $\dfrac{9}{10}$ 보다 작은 수 중에서 분모가 10인 분수는 $\dfrac{5}{10}$, $\dfrac{6}{10}$, $\dfrac{7}{10}$, $\dfrac{8}{10}$ 입니다. 이 중에서 기약분수인 것은 $\dfrac{7}{10}$ 입니다. ; $\dfrac{7}{10}$

20 7.4

풀이

1 $\dfrac{1}{4}$, $\dfrac{2}{8}$, $\dfrac{3}{12}$, $\dfrac{4}{16}$ 는 크기가 같은 분수입니다.

2 분모와 분자에 0이 아닌 같은 수를 곱하면 분수의 크기는 같습니다.

3 $\dfrac{2}{5}=\dfrac{4}{10}=\dfrac{6}{15}=\dfrac{8}{20}=\dfrac{10}{25}=\cdots$

4 (1) $\dfrac{4}{9}=\dfrac{4\times3}{9\times3}=\dfrac{12}{27}$ (2) $\dfrac{7}{8}=\dfrac{7\times4}{8\times4}=\dfrac{28}{32}$

(3) $\dfrac{25}{30}=\dfrac{25\div5}{30\div5}=\dfrac{5}{6}$ (4) $\dfrac{8}{40}=\dfrac{8\div8}{40\div8}=\dfrac{1}{5}$

5 $\dfrac{27}{42}=\dfrac{27\div3}{42\div3}=\dfrac{9}{14}$이므로 ㉮는 3, ㉯는 14, ㉰는 9입니다.

➡ $3+14+9=26$

6 분모와 분자의 공약수로 나눌 수 있습니다. 36과 90의 공약수는 그들의 최대공약수인 18의 약수입니다.

7 $\dfrac{7}{28}=\dfrac{7\div7}{28\div7}=\dfrac{1}{4}$, $\dfrac{30}{45}=\dfrac{30\div15}{45\div15}=\dfrac{2}{3}$,

$\dfrac{14}{35}=\dfrac{14\div7}{35\div7}=\dfrac{2}{5}$

8 $\dfrac{6}{8}=\dfrac{6\div2}{8\div2}=\dfrac{3}{4}$, $\dfrac{4}{10}=\dfrac{4\div2}{10\div2}=\dfrac{2}{5}$,

$\dfrac{8}{12}=\dfrac{8\div4}{12\div4}=\dfrac{2}{3}$

9 8과 12의 최소공배수 : 24

$\left(\dfrac{3}{8}, \dfrac{7}{12}\right) \Rightarrow \left(\dfrac{3\times3}{8\times3}, \dfrac{7\times2}{12\times2}\right) \Rightarrow \left(\dfrac{9}{24}, \dfrac{14}{24}\right)$

10 6과 9의 공배수가 아닌 수를 찾습니다.

6과 9의 공배수 : 18, 36, 54, 72, 90, …

11 $\dfrac{7}{□}$ 에서 $7\times5=35$이므로 $□\times5=45$, $□=9$

$\dfrac{□}{15}$ 에서 $15\times3=45$이므로 $□\times3=39$, $□=13$

12 (1) $\left(\dfrac{4}{9}, \dfrac{7}{12}\right) \Rightarrow \left(\dfrac{16}{36}, \dfrac{21}{36}\right) \Rightarrow \dfrac{4}{9} < \dfrac{7}{12}$

(2) $\left(\dfrac{5}{7}, \dfrac{4}{5}\right) \Rightarrow \left(\dfrac{25}{35}, \dfrac{28}{35}\right) \Rightarrow \dfrac{5}{7} < \dfrac{4}{5}$

13 $\dfrac{2}{9}=\dfrac{10}{45}$이고 $\dfrac{4}{15}=\dfrac{12}{45}$이므로 $\dfrac{2}{9} < \dfrac{4}{15}$ 입니다. 따라서 시우가 더 많이 마실 수 있습니다.

14 (수직선)

$0.8=\dfrac{8}{10}=\dfrac{4}{5}=\dfrac{12}{45}$이므로 $0.8=\dfrac{4}{5}$ 입니다.

16 $\left(\dfrac{3}{5}, \dfrac{7}{10}\right) \Rightarrow \left(\dfrac{6}{10}, \dfrac{7}{10}\right) \Rightarrow \dfrac{3}{5} < \dfrac{7}{10}$,

$\left(\dfrac{7}{10}, \dfrac{2}{3}\right) \Rightarrow \left(\dfrac{21}{30}, \dfrac{20}{30}\right) \Rightarrow \dfrac{7}{10} > \dfrac{2}{3}$,

$\left(\dfrac{3}{5}, \dfrac{2}{3}\right) \Rightarrow \left(\dfrac{9}{15}, \dfrac{10}{15}\right) \Rightarrow \dfrac{3}{5} < \dfrac{2}{3}$

따라서 $\dfrac{3}{5} < \dfrac{2}{3} < \dfrac{7}{10}$ 입니다.

17 $\dfrac{3}{4}=\dfrac{75}{100}=0.75$, $\dfrac{7}{20}=\dfrac{35}{100}=0.35$이므로 학교에서 가장 가까운 곳에 살고 있는 학생은 정음이입니다.

18 먼저 두 분수를 분모의 최소공배수 42로 통분하면 $\dfrac{30}{42}>\dfrac{□\times7}{42}$이므로 $30>□\times7$를 만족하는 $□=1, 2, 3, 4$입니다.

20 만들 수 있는 가장 큰 대분수는 $7\dfrac{2}{5}$입니다.

따라서 $7\dfrac{2}{5}=7\dfrac{4}{10}=7.4$입니다.

2회 5. 분수의 덧셈과 뺄셈
31~33쪽

1 풀이 참조, $2\dfrac{3}{4}$ **2** $\dfrac{19}{24}$ L **3** ㉠

4 (위에서부터) 5, 3 ; 5, 3 ; 10, 9, 19 ; $1\dfrac{4}{15}$

5 $1\dfrac{7}{12}$ **6** $\dfrac{4}{7}+\dfrac{2}{3}=1\dfrac{5}{21}$; $1\dfrac{5}{21}$

7 25, 18 ; 25, 18 ; 5, 43 ; 5, 1, 13 ; 6, 13

8 $3\dfrac{2}{3}$

9 ㉮ (2주 동안 책을 읽은 시간)=(지난 주에 책을 읽은 시간)+(이번 주에 책을 읽은 시간)=$3\dfrac{1}{6}+4\dfrac{2}{3}$

$=3\dfrac{2}{12}+4\dfrac{8}{12}=7\dfrac{10}{12}=7\dfrac{5}{6}$ (시간) ; $7\dfrac{5}{6}$ 시간

10 $5\dfrac{11}{18}$ **11** (1) $11\dfrac{5}{18}$ (2) $7\dfrac{3}{56}$ **12** (1) (위에서부터) 5, 3 ; 5, 3 ; 10, 3 , 7 (2) (위에서부터) 2, 3 ; 2 ; 8, 3, 5, $\dfrac{1}{2}$ **13** $\dfrac{1}{36}$ **14** $\dfrac{1}{3}$ m **15** $2\dfrac{7}{20}$

16 ㉡ **17** $1\dfrac{7}{12}$ m **18** $2\dfrac{1}{18}$ m

19 ㉮ $3\dfrac{8}{15}-1\dfrac{4}{5}=1\dfrac{11}{15}$이므로 $1\dfrac{11}{15}>\dfrac{\square}{15}$, $\dfrac{26}{15}>\dfrac{\square}{15}$입니다. 26$>\square$이므로 $\square$는 1, 2, 3, ..., 25이므로 이 중에서 가장 큰 수는 25입니다. **20** $1\dfrac{7}{12}$

풀이

1    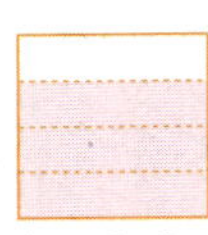

2 (민선이가 마신 주스의 양)+(동생이 마신 주스의 양)
$=\dfrac{3}{8}+\dfrac{5}{12}=\dfrac{9}{24}+\dfrac{10}{24}=\dfrac{19}{24}$ (L)

3 ㉠ $\dfrac{1}{8}+\dfrac{2}{3}=\dfrac{3}{24}+\dfrac{16}{24}=\dfrac{19}{24}$

㉡ $\dfrac{1}{4}+\dfrac{1}{6}=\dfrac{3}{12}+\dfrac{2}{12}=\dfrac{5}{12}=\dfrac{10}{24}$

➡ $\dfrac{19}{24}>\dfrac{10}{24}$이므로 ㉠이 더 큽니다.

4 3과 5의 곱을 공통분모로 통분하여 계산합니다.

5 $\dfrac{3}{4}+\dfrac{5}{6}=\dfrac{9}{12}+\dfrac{10}{12}=\dfrac{19}{12}=1\dfrac{7}{12}$

6 $\dfrac{1}{7}$이 4개인 수: $\dfrac{4}{7}$,

$\dfrac{1}{3}$이 2개인 수: $\dfrac{2}{3}$

➡ $\dfrac{4}{7}+\dfrac{2}{3}=\dfrac{12}{21}+\dfrac{14}{21}=\dfrac{26}{21}=1\dfrac{5}{21}$

8 $2\dfrac{1}{5}+1\dfrac{7}{15}=2\dfrac{3}{15}+1\dfrac{7}{15}$

$=(2+1)+\left(\dfrac{3}{15}+\dfrac{7}{15}\right)$

$=3+\dfrac{10}{15}=3\dfrac{10}{15}=3\dfrac{2}{3}$

10 $3\dfrac{5}{6}+1\dfrac{7}{9}=3\dfrac{15}{18}+1\dfrac{14}{18}$

$=(3+1)+\left(\dfrac{15}{18}+\dfrac{14}{18}\right)$

$=4\dfrac{29}{18}=5\dfrac{11}{18}$

11 (1) $3\dfrac{4}{9}+7\dfrac{5}{6}=3\dfrac{8}{18}+7\dfrac{15}{18}=10\dfrac{23}{18}=11\dfrac{5}{18}$

(2) $4\dfrac{3}{7}+2\dfrac{5}{8}=4\dfrac{24}{56}+2\dfrac{35}{56}=6\dfrac{59}{56}=7\dfrac{3}{56}$

13 $\dfrac{7}{12}-\dfrac{5}{9}=\dfrac{21}{36}-\dfrac{20}{36}=\dfrac{1}{36}$

14 $\dfrac{23}{24}-\dfrac{5}{8}=\dfrac{23}{24}-\dfrac{15}{24}=\dfrac{8}{24}=\dfrac{1}{3}$(m)

15 그림에서 남은 부분을 알아봅니다.

16 ㉠ $2\dfrac{3}{4}-1\dfrac{1}{2}=2\dfrac{3}{4}-1\dfrac{2}{4}=1\dfrac{1}{4}$

㉡ $5\dfrac{5}{6}-3\dfrac{5}{9}=5\dfrac{15}{18}-3\dfrac{10}{18}=2\dfrac{5}{18}$

17 $3\dfrac{1}{4}-1\dfrac{2}{3}=3\dfrac{3}{12}-1\dfrac{8}{12}=2\dfrac{15}{12}-1\dfrac{8}{12}=1\dfrac{7}{12}$(m)

18 (선분 ㄴㄷ의 길이)
=(선분 ㄱㄷ의 길이)−(선분 ㄱㄴ의 길이)
$=6\dfrac{8}{9}-4\dfrac{5}{6}=(6-4)+\left(\dfrac{16}{18}-\dfrac{15}{18}\right)=2\dfrac{1}{18}$(m)

20 어떤 수를 $\square$라고 하면
$\square+2\dfrac{1}{4}=6\dfrac{1}{12}$,
$\square=6\dfrac{1}{12}-2\dfrac{1}{4}=3\dfrac{5}{6}$

바르게 계산하면 $3\dfrac{5}{6}-2\dfrac{1}{4}=3\dfrac{10}{12}-2\dfrac{3}{12}=1\dfrac{7}{12}$입니다.

2회 **6. 다각형의 둘레와 넓이** 34~36쪽

1 (1) 16 cm (2) 16 cm **2** 4 cm **3** 13 m **4** 9 cm²
5 예 모눈 한 칸의 넓이가 1 cm²이므로 도형 가의 넓이는 6 cm², 도형 나의 넓이는 4 cm², 도형 다의 넓이는 5 cm²입니다. 따라서 넓이가 큰 차례대로 기호를 쓰면 가, 다, 나입니다. ; 가, 다, 나
6 (1) 30 cm² (2) 144 cm² **7** 24 cm² **8** ㉡
9 (1) 17 (2) 400000 (3) 1 (4) 75000000
10 풀이 참조 **11** (1) 104 cm² (2) 60 cm²
12 예 각 삼각형의 높이는 모눈이 4칸으로 모두 같고, 밑변이 가, 나, 라는 모눈 4칸, 다는 모눈 3칸입니다. 따라서 넓이가 다른 삼각형은 다입니다. ; 다
13 21 cm² **14** 27 cm² **15** 72 cm² **16** 20
17 7, 12, 6 ; 19, 6, 57 **18** 13 **19** 88 cm²
20 155 cm²

11 (1) 13×8=104(cm²)
   (2) 10×6=60(cm²)
13 6×7÷2=21(cm²)
14 9×6÷2=27(cm²)
15 12×12÷2=72(cm²)
16 마름모의 넓이는 (두 대각선의 곱)÷2이므로
   100=10×□÷2입니다.
   따라서 □=20입니다.
18 (□+7)×12÷2=120이므로
   (□+7)×12=240, □+7=20, □=13입니다.

19 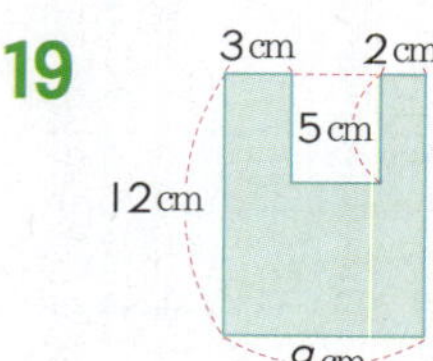

큰 직사각형의 넓이에서 작은 직사각형의 넓이를 뺍니다.
(9×12)−(4×5)=108−20=88(cm²)

20 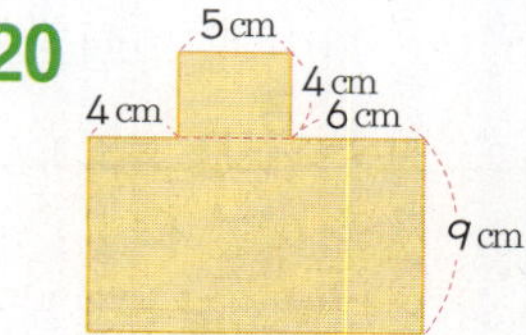

위의 작은 직사각형의 넓이와 아래의 큰 직사각형의 넓이를 더합니다.
(5×4)+(15×9)=20+135=155(cm²)

풀이

1 (1) (5+3)×2=16(cm)
   (2) 4×4=16(cm)
2 직사각형의 둘레가 26 cm이므로
   (가로)+(세로)=26÷2=13(cm)입니다.
   세로를 □cm라고 하면 9+□=13, □=4입니다.
3 (정사각형의 둘레)=(한 변)×4이므로
   (한 변)×4=52, (한 변)=52÷4=13(m)입니다.
4 모눈 한 칸의 넓이가 1 cm²이므로 모눈 9칸의 넓이는 9 cm²입니다.
6 (1) 6×5=30(cm²) (2) 12×12=144(cm²)
7 (초콜릿의 넓이)=6×4=24(cm²)
8 한 변이 1 cm인 정사각형은 너무 작고, 1 km인 정사각형은 너무 큽니다.
9 (1) 170000 cm²=17 m²
   (2) 40 m²=400000 cm²
   (3) 1000000 m²=1 km²
   (4) 75 km²=75000000 m²
10 예 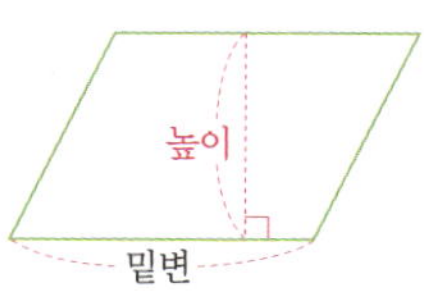

평행사변형에서 두 밑변 사이의 거리를 높이라고 합니다.

MEMO

복습
BOOK

복습 BOOK

실력편 5·1

정답과 풀이

초등 수학 실력 향상 유형서

실력편

진도 BOOK

복습 BOOK

정답과 풀이

정답과 풀이

1 자연수의 혼합 계산

1 (1) 38, 62 (2) 36, 14 **2** 풀이 참조 **3** (1) ㉡
(2) ㉢ (3) ㉠ **4** (1) 36÷6 (2) (6×2) **5** 풀이 참
조 **6** 36×4÷3=48 ; 48권

풀이

1 (1) ( )가 없는 덧셈과 뺄셈이 섞여 있는 식에서는
앞에서부터 차례로 계산합니다.
(2) ( )가 있는 덧셈과 뺄셈이 섞여 있는 식에서는
( ) 안을 먼저 계산합니다.

2 (1) $80+23-16=103-16=87$

( )가 없는 덧셈과 뺄셈이 섞여 있는 식에서는
앞에서부터 차례로 계산합니다.
(2) $80+(23-16)=80+7=87$

( )가 있는 덧셈과 뺄셈이 섞여 있는 식에서는
( ) 안을 먼저 계산합니다.

3 (1) $25-13+6=12+6=18$
(2) $25-(13+6)=25-19=6$
(3) $25-6+13=19+13=32$

4 (1) 곱셈과 나눗셈이 섞여 있는 식은 앞에서부터 차례
로 계산합니다.
(2) 곱셈과 나눗셈이 섞여 있고 ( )가 있는 식에서
는 ( ) 안을 먼저 계산합니다.

5 (1) $72÷6×3=12×3=36$

곱셈과 나눗셈이 섞여 있는 식은 앞에서부터 차례로
계산합니다.
(2) $72÷(6×3)=72÷18=4$

곱셈과 나눗셈이 섞여 있고 ( )가 있는 식에서
는 ( ) 안을 먼저 계산합니다.

6 $36×4÷3=48$(권)

1 ㉡ **2** $=42+31×4=42+124=166$
3 $48-(3+4)×6=6$; 6장 **4** (1) 8, 60, 116
(2) 48, 9, 48, 57 **5** (1) $=64÷8+5=8+5=13$
(2) $=86-3+5=83+5=88$ **6** $56-18+24÷6$

풀이

1 ㉠ $42-36+5×4$

2 $42+(36-5)×4=42+31×4=42+124=166$

3 $48-(3+4)×6=48-7×6=48-42=6$(장)

4 (1) ( )가 없는 덧셈, 뺄셈, 나눗셈이 섞여 있는 식
에서는 나눗셈을 먼저 계산하고 덧셈과 뺄셈을 앞
에서부터 차례로 계산합니다.
(2) ( )가 있는 덧셈, 뺄셈, 나눗셈이 섞여 있는 식
에서는 ( ) 안을 먼저 계산하고 나눗셈을 계산
한 다음 덧셈과 뺄셈을 앞에서부터 차례로 계산합
니다.

6 $56-18+24÷6=56-18+4=38+4=42$
$28+(38-24)÷7=28+14÷7=28+2=30$

1 (1) ㉠, ㉡, ㉣, ㉢ (2) ㉡, ㉣, ㉠, ㉢ **2** (1) 18, 18,
208, 54, 208, 262 (2) 9, 6, 48, 24 **3** 예
$5×(2+4)÷3-1$; 예 9 **4** $(12+18)÷3×36-$
$28=332$ **5** $=96÷2-8×5=48-8×5=48-$
$40=8$ **6** $10000-(2000×3+7500÷6×2)=$
1500 ; 1500원

풀이

1 (1) ( )가 있는 덧셈, 뺄셈, 곱셈, 나눗셈이 섞여 있
는 식에서는 ( ) 안을 먼저 계산하고 곱셈, 나
눗셈 → 덧셈, 뺄셈의 순서로 계산합니다.

(2) ( )가 없는 덧셈, 뺄셈, 곱셈, 나눗셈이 섞여 있는 식에서는 곱셈, 나눗셈을 먼저 계산하고, 덧셈과 뺄셈을 앞에서부터 차례로 계산합니다.

3 나눗셈이나 뺄셈이 계산되지 않는 경우가 나오지 않도록 주의합니다.

$$5 \times (2+4) \div 3 - 1 = 5 \times 6 \div 3 - 1 = 30 \div 3 - 1$$
$$= 10 - 1 = 9$$

4 $(12+18) \div 3 \times 36 - 28 = 30 \div 3 \times 36 - 28$
$$= 10 \times 36 - 28$$
$$= 360 - 28 = 332$$

5 $96 \div 2 - (3+5) \times 5$

6 $10000 - (2000 \times 3 + 7500 \div 6 \times 2)$
$$= 10000 - (6000 + 1250 \times 2)$$
$$= 10000 - (6000 + 2500)$$
$$= 10000 - 8500 = 1500(원)$$

1회 단원평가 연습 14~16쪽

1 (1) 60, 23 (2) 41, 66 **2** $<$ **3** $+, -$
4 (1) 32 (2) 2 **5** (1) ㉢ (2) ㉡ (3) ㉠ **6** 예
상자 하나에 담을 수 있는 사과의 수를 구하는 식은 $6 \times 4 = 24$입니다. 먼저 계산해야 하는 부분을 ( )로 묶어 필요한 상자의 수를 구하는 하나의 식으로 나타내면 $72 \div (6 \times 4) = 72 \div 24 = 3(개)$입니다. ; 3개
7 ④ **8** 풀이 참조 **9** ⑤ **10** $50 - 8 \times 6 = 2$
; 2개 **11** 풀이 참조 **12** 풀이 참조 **13** 3×9
; 35 **14** $(6 \div 2)$; 22 **15** $60 \div 4 + 96 \div 6 - 5 = 26$; 26 cm **16** ③ **17** (위에서부터)
11, 12, 48, 8, 11 **18** 6 **19** $(40 - 3 \times 6) \div 2 = 11$; 11개 **20** 예 식빵 1장의 열량은 100 kcal, 우유 200 mL는 $60 \times 2(kcal)$, 치즈 2장은 $600 \div 10 \times 2(kcal)$이므로 지원이가 먹은 간식의 열량은 $100 + 60 \times 2 + 600 \div 10 \times 2 = 100 + 120 + 60 \times 2 = 100 + 120 + 120 = 220 + 120 = 340(kcal)$입니다. ; 340 kcal

풀이

1 덧셈과 뺄셈이 섞여 있는 식은 앞에서부터 차례로 계산합니다.

2 $16 + 14 - 4 = 30 - 4 = 26$
$32 - 20 + 15 = 12 + 15 = 27$

3 $25 + (12-6) = 31$ (○) $25 - (12+6) = 7$ (×)

4 (1) $96 \div 12 \times 4 = 8 \times 4 = 32$
(2) $96 \div (12 \times 4) = 96 \div 48 = 2$

5 (1) $60 \div 2 \times 5 = 30 \times 5$ (2) $15 \times 2 \div 5 = 30 \div 5$

(3) $30 \div (2 \times 5) = 30 \div 10$

7 ① $36 - 10 + 4 \times 2 = 36 - 10 + 8 = 26 + 8 = 34$
② $(36-10) + 4 \times 2 = 26 + 8 = 34$
③ $36 - (10+4) \times 2 = 36 - 14 \times 2 = 36 - 28 = 8$
④ $(36-10+4) \times 2 = 30 \times 2 = 60$
⑤ $36 - (10+4 \times 2) = 36 - (10+8) = 36 - 18 = 18$

8 $31 - 6 \times 4 = 31 - 24 = 7$

9 (남은 사과의 수)
$=$ (처음 사과의 수) $-$ (슬기네 가족에게 나누어 준 사과 수) $-$ (예리네 가족에게 나누어 준 사과 수)

10 (상자에 넣지 않은 사과의 수)
$=$ (전체 사과의 수) $-$ (상자에 넣은 사과의 수)
$= 50 - 8 \times 6 = 50 - 48 = 2(개)$

11 $54 - 21 \div 7 + 3 = 54 - 3 + 3$
$$= 51 + 3$$
$$= 54$$

12 $36 \div (4+5) - 2 = 36 \div 9 - 2$
$$= 4 - 2$$
$$= 2$$

13 $50 - 3 \times 9 + 12 = 50 - 27 + 12$
$$= 23 + 12$$
$$= 35$$

14 $17 + 4 \times (6 \div 2) - 7 = 17 + 4 \times 3 - 7$
$$= 17 + 12 - 7$$
$$= 29 - 7 = 22$$

15 60÷4+96÷6-5=15+16-5
  =31-5=26(cm)

16 ③ 뺄셈, 곱셈이 섞여 있는 식에서는 곱셈을 먼저 계산하므로 곱셈에 있는 (   )는 없어도 됩니다.

18 ㉠ 36+96÷6×5=36+16×5=36+80=116
  ㉡ (36+96)÷6×5=132÷6×5=22×5=110
  ➡ ㉠-㉡=116-110=6

19 (혜성이가 먹은 사탕의 수)
  ={(처음 사탕의 수)-(친구들에게 나누어 준 사탕의 수)}÷2
  =(40-3×6)÷2=(40-18)÷2=22÷2=11(개)

2회 단원평가 도전

1 (1) 54 (2) 29　**2** -　**3** 예 5000-(2600+800)=1600 ; 1600원　**4** (1) 9, 63 (2) 36, 4　**5** >　**6** 12×6÷9=8 ; 8자루　**7** 6×9
8 (1) ㉡ (2) ㉢ (3) ㉠　**9** 30-5×(2+3)=5
10 예 구슬 1개의 무게는 400-350이므로 구슬 4개의 무게는 (400-350)×4입니다. 따라서 상자만의 무게는 400-(400-350)×4=400-50×4=400-200=200(g)입니다. ; 200 g
11 ㉡　**12** 지우　**13** ④　**14** ③　**15** 풀이 참조　**16** 12, 24, 6, 12　**17** ㉠ (○)　**18** 28
19 (50-32)×10÷18=10 ; 10℃　**20** 예 (필요한 봉지의 수)=(수확한 사과의 수)÷(한 봉지에 담을 사과의 수) =(20×44+5)÷5=(880+5)÷5=885÷5=177(개)입니다. ; 177개

풀이

1 (1) 45-7+16=38+16=54
  (2) 82-(15+38)=82-53=29

2 27-(6+5)=27-11=16입니다.
  27-6○5=16, 21○5=16이므로 ○ 안에는 -가 들어갑니다.

3 (거스름돈)
  =(낸 돈)-{(식빵 1개의 값)+(우유 1병의 값)}
  =5000-(2600+800)
  =5600-3400=1600(원)

4 곱셈과 나눗셈이 섞여 있는 식은 앞에서부터 차례로 계산합니다.

5 72÷9×2=8×2=16
  72÷(9×2)=72÷18=4

6 (6타에 있는 연필 수)÷(학생 수)
  =12×6÷9=72÷9=8(자루)

7 덧셈, 뺄셈, 곱셈이 섞여 있는 식은 곱셈을 먼저 계산합니다.

8 11+5×8-2=11+40-2=51-2=49
  (11+5)×8-2=16×8-2=128-2=126
  11+5×(8-2)=11+5×6=11+30=41

9 30-5×(2+3)=30-5×5=30-25=5

11 ㉠ (5+6)×3=11×3=33
  ㉡ 54÷(15-9)=54÷6=9
  ㉢ 9+(12-6)÷3=9+6÷3=9+2=11

12 덧셈, 뺄셈, 나눗셈이 섞여 있는 식은 나눗셈을 먼저 계산합니다.

13 사 온 귤 수에서 주스를 만드는 데 사용한 귤 수를 뺀 후 나누어 준 집의 수로 나눕니다.

14 12+15÷(6-3)×2-4

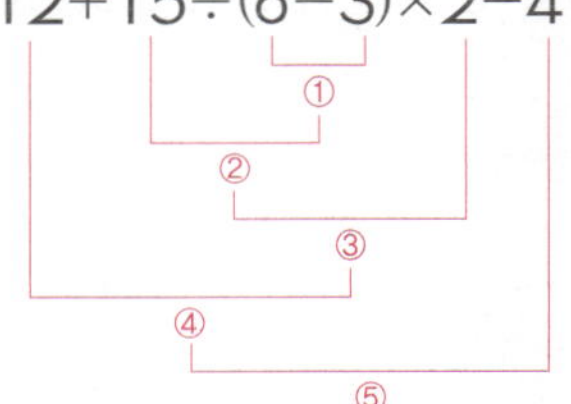

15 16+2×(20-5)÷6

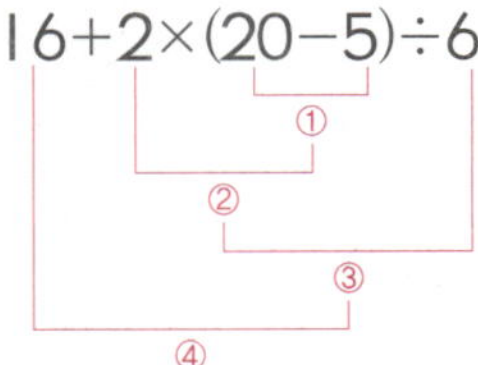

(   )가 있는 덧셈, 뺄셈, 곱셈, 나눗셈이 섞여 있는 식에서는 (   ) 안을 먼저 계산하고 곱셈, 나눗셈 → 덧셈, 뺄셈의 순서로 계산합니다.

16 (   ) 안, ×와 ÷, +와 -의 순서로 계산합니다.

17 7+10×3÷6=7+30÷6=7+5=12
  5×(12÷4)-8+4=5×3-8+4=15-8+4
  =7+4=11

18 3×(4+5)-10÷2=3×9-5=27-5=22이므로
  22=50-□, □=50-22, □=28

19 (50-32)×10÷18=18×10÷18
  =180÷18=10(℃)

3회 단원평가  기출

20~22쪽

1 풀이 참조 **2** 풀이 참조 **3** 12−8+13=17 ; 17명 **4** 21 **5** 2, 3, 1 **6** 풀이 참조 **7** 풀이 참조 **8** 8×15÷6=20 ; 20개 **9** =12+12−5=24−5=19 ; ⑩ 덧셈, 뺄셈, 곱셈이 섞여 있는 식은 곱셈을 먼저 계산합니다. **10** (12−3)×4+5=41 ; 41살 **11** ⑩ 계산 결과가 작으려면 ( ) 안의 값이 작아야 하므로 ( ) 안의 □에 1, 4를 넣습니다. 따라서 계산 결과가 가장 작을 때는 5×(1+4)+8=5×5+8=25+8=33입니다. ; 33 **12** (1) 30 (2) 146 **13** ④ **14** (54+42)÷6−78÷6=3 ; 3 kg **15** ㉡, ㉢, ㉣, ㉠, ㉤ **16** (위에서부터) 6, 42, 14, 42, 27 **17** ⑤ **18** 500×5+2000−1000×2=2500(또는 500×5+2000−1000÷2×4=2500) ; 2500원 **19** (12+8)×6÷2−5 **20** ⑩ 야구공 2개의 무게는 145×2이고, 축구공 1개의 무게는 800÷2입니다. 따라서 농구공 1개의 무게는 145×2+800÷2−90=290+400−90 =690−90=600(g)입니다. ; 600 g

풀이

1
$$38+12-9=50-9=41$$

덧셈과 뺄셈이 섞여 있는 식은 앞에서부터 차례대로 계산합니다.

2
$$42-(19+8)=42-27=15$$

덧셈과 뺄셈이 섞여 있고, ( )가 있는 식에서는 ( ) 안을 먼저 계산합니다.

3 (버스 안에 타고 있는 사람 수)
  =(처음에 타고 있던 사람 수)−(내린 사람 수)
   +(탄 사람 수)
  =12−8+13=4+13=17(명)

4 ㉠ 42÷3×2=14×2=28
   ㉡ 42÷(3×2)=42÷6=7
   ➡ ㉠−㉡=28−7=21

5 64×2÷8=128÷8=16
   64÷(2×8)=64÷16=4
   64÷2×8=32×8=256

6 42+9−6×4=27
$$42+9-6×4=42+9-24=51-24=27$$

7 42+(9−6)×4=54
$$42+(9-6)×4=42+3×4=42+12=54$$

8 8×15÷6=120÷6=20(개)

10 (어머니의 나이)=(12−3)×4+5=9×4+5
              =36+5=41(살)

11 1과 4를 서로 바꾸어 넣어도 됩니다

12 (1) 27−18÷3+9=27−6+9=21+9=30
    (2) (18+7)×6−4=25×6−4=150−4=146

13 (과자 1봉지의 값)+(빵 1개의 값)−(사탕 1봉지의 값)
    =900+1600÷2−1500

14 (54+42)÷6−78÷6=96÷6−78÷6
               =16−13=3(kg)

15 ( )가 있는 덧셈, 뺄셈, 곱셈, 나눗셈이 섞여 있는 식에서는 ( ) 안을 먼저 계산하고 곱셈, 나눗셈 → 덧셈, 뺄셈의 순서로 계산합니다.

17 당근 2개와 팽이버섯 3봉지의 값은 500×2+1000÷2×3이므로 낸 돈에서 빼면 5000−(500×2+1000÷2×3)입니다.

18 예원이가 쓴 돈은 500×5+2000, 승철이가 쓴 돈은 1000×2이므로 500×5+2000−1000×2 =2500+2000−2000=2500(원)

19 곱하는 두 수가 크게 될수록 계산 결과가 커지게 되므로 12+8을 ( )로 묶습니다.

4회 단원평가  실전

23~25쪽

1 ㉢ **2** 17 **3** 1500원 **4** 4500원 **5** ㉠ 8 ㉡ 2 **6** ⑩ ㉡은 ( )가 있어서 ( ) 안을 먼저 계산했기 때문에 계산 결과가 다르게 나왔습니다. **7** 60÷(5×3)=4 ; 4자루 **8** 풀이 참조

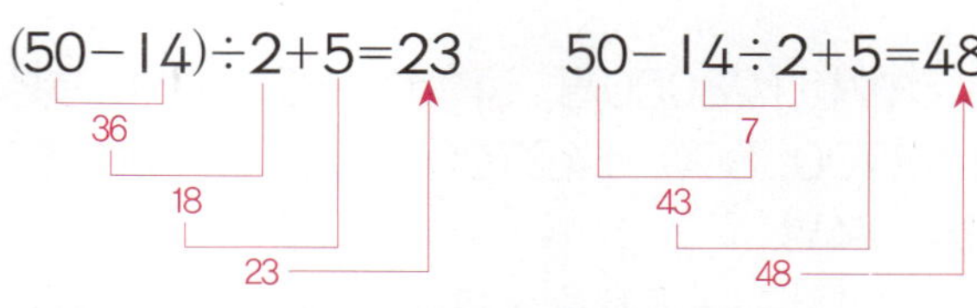

9 $40-(3+4)\times5=5$; 5자루　**10** 예 $12☆9=12$ $+(12\div3)-9=12+4-9=16-9=7$입니다. ; 7
11 ㉡　**12** 풀이 참조　**13** 풀이 참조　**14** 예 식을 계산하면 $4<9-\square$가 되므로 1에서 9까지의 수 중에서 $\square$ 안에 들어갈 수 있는 수는 1, 2, 3, 4로 모두 4개입니다. ; 4개　**15** 6, 9, 36　**16** 23　**17** 1, 3, 5(또는 3, 1, 5) ; 17　**18** ㉢　**19** 2200원
20 예 예리가 낸 돈에서 산 채소의 값을 뺍니다. 산 채소의 값은 $1250\times3+2500\times2$이므로 거스름돈은 $10000-(1250\times3+2500\times2)=10000-(3750+5000)=10000-8750=1250$(원)입니다. ; 1250원

1 ㉠ $12-6+2=6+2=8$　㉡ $(12-6)+2=6+2=8$
　㉢ $12-(6+2)=12-8=4$
2 $45+6-\square=34$, $51-\square=34$, $51-34=\square$,
　$\square=17$
3 $2500+3500-4500$
　$=6000-4500=1500$(원)
4 $10000-(3000+2500)$
　$=10000-5500=4500$(원)
5 ㉠ $36\div9\times2=4\times2=8$
　㉡ $36\div(9\times2)=36\div18=2$
7 (연필 수)÷(학생 수)$=60\div(5\times3)=60\div15$
　　　　　　　　　　$=4$(자루)
8 $50-4\times(6+3)=50-4\times9$
　　　　　　　　　$=50-36$
　　　　　　　　　$=14$
　( )가 있는 덧셈, 뺄셈, 곱셈이 섞여 있는 식에서는 ( ) 안을 가장 먼저 계산하고 곱셈 → 덧셈, 뺄셈의 순서로 계산합니다
9 (남은 연필 수)
　$=$(처음에 있던 연필 수)$-$(나누어 준 연필 수)
　$=40-(3+4)\times5=40-7\times5$
　$=40-35=5$(자루)
11 덧셈, 뺄셈, 곱셈 또는 덧셈, 뺄셈, 나눗셈이 섞여 있는 식에서는 곱셈 또는 나눗셈을 먼저 계산하므로 ㉠, ㉢에 있는 ( )는 없어도 됩니다.

12 $30+12-25\div5=30+12-5$
　　　　　　　　　　$=42-5$
　　　　　　　　　　$=37$
13 $36-(2+4)\times5=36-6\times5$
　　　　　　　　　$=36-30$
　　　　　　　　　$=6$
14 ( )가 있는 식은 ( ) 안을 가장 먼저 계산합니다.
15 ( )가 있는 식은 ( ) 안을 가장 먼저 계산합니다.
16 $14+72\div(40-4\times8)=14+72\div(40-32)$
　　　　　　　　　　　　$=14+72\div8$
　　　　　　　　　　　　$=14+9=23$
17 계산 결과가 가장 크게 되려면 ( ) 안의 값이 작아야 합니다.
18 오이 3개의 값을 구하는 식은 (오이 5개의 값)$\div5\times3$ $=2000\div5\times3$이고 콩나물 200 g의 값을 구하는 식은 (콩나물 100 g의 값)$\times2=500\times2$이므로 슬기가 쓴 돈은 얼마인지 구하는 식은 ㉢ $2000\div5\times3$ $+500\times2$입니다.
19 $2000\div5\times3+500\times2$
　$=400\times3+500\times2=1200+1000$
　$=2200$(원)

탐구 서술형 평가　26~29쪽

1 1단계 $(\square-6)\div3=3$　2단계 15　3단계 63
1-1 예 어떤 수를 $\square$라 하면 $(\square+16)\times4=592$, $\square+16=592\div4$, $\square+16=148$, $\square=148-16$, $\square=132$입니다. 따라서 바르게 계산한 값은 $(132-16)\div4=116\div4=29$입니다. ; 29
2 1단계 7　2단계 1, 2, 3　3단계 3개
2-1 예 $72\div(9+3)\times6-16=72\div12\times6-16=6\times6-16=36-16=20$이므로 $20<\square+2\times7$, $20<\square+14$입니다. 따라서 1에서 9까지의 수 중에서 $\square$ 안에 들어갈 수 있는 수는 7, 8, 9이고 그 합은 $7+8+9=24$입니다. ; 24

3 **1단계** 128000원 **2단계** 142700원 **3단계**
142700, 800, 142700, 800, 75200, 800,
94 ; 94명

3-1 예 어제의 입장료 수입은 157×1000+241×
700=157000+168700=325700(원)이므로
오늘의 입장료는 325700+9700=335400(원)입
니다. 따라서 (오늘 입장한 어린이의 수)={(오늘 입장료 수
입)−(오늘의 어른 입장료 수입)}÷(어린이 한 사람의 입장
료)=(335400−145×1000)÷700=(335400
−145000)÷700 =190400÷700=272(명)입
니다. ; 272명

4 예 어떤 수를 □라 하면 (□−8)÷11+7=16, (□
−8)÷11=16−7, (□−8)÷11=9, □−8=9×11,
□−8=99, □=99+8, □=107입니다. 따라서 바
르게 계산한 값은 (107+8)×11−7=115×11−7
=1265−7=1258입니다. ; 1258

5 예 23+121÷(20−9)×7=23+121÷11×7
=23+11×7=23+77=100이므로 12×8+□
>100, 96+□>100입니다. 따라서 1에서 9까지의
수 중에서 □ 안에 들어갈 수 있는 수는 5, 6, 7, 8, 9
이므로 가장 큰 수와 가장 작은 수의 합은 5+9=14
입니다. ; 14

풀이

1 **2단계** (□−6)÷3=3, □−6=3×3, □−6=9,
□=9+6, □=15
3단계 어떤 수는 15이므로 바르게 계산한 값은
(15+6)×3=21×3=63입니다.

2 **1단계** 56−7×(6+8)÷2=56−7×14÷2
=56−98÷2=56−49=7
2단계 56−7×(6+8)÷2=7이므로 7>21÷7
+□, 7>3+□입니다. 따라서 1에서 9까지
의 수 중에서 □ 안에 들어갈 수 있는 수는 1,
2, 3입니다
3단계 1, 2, 3으로 모두 3개입니다.

3 **1단계** 800×85+500×120
=68000+60000=128000(원)
2단계 128000+14700=142700(원)

수학 익힘 풀기   31쪽

1 2, 4, 7, 14, 28 ; 2, 4, 7, 14, 28   **2** (1) 7,
14, 21, 28, 35 (2) 12, 24, 36, 48, 60   **3** 풀이
참조   **4** ②, ④   **5** (1) 배수 (2) 약수   **6** (1) ㉠, ㉡,
㉢ (2) ㉢ (3) ㉠, ㉡   **7** ㉠, ㉣   **8** 1, 2, 3, 6, 9, 18

풀이

1 28을 나누어떨어지게 하는 수는 1, 2, 4, 7, 14,
28입니다.

2 어떤 수를 1배, 2배, 3배⋯⋯한 수를 그 수의 배수라
고 합니다.

3 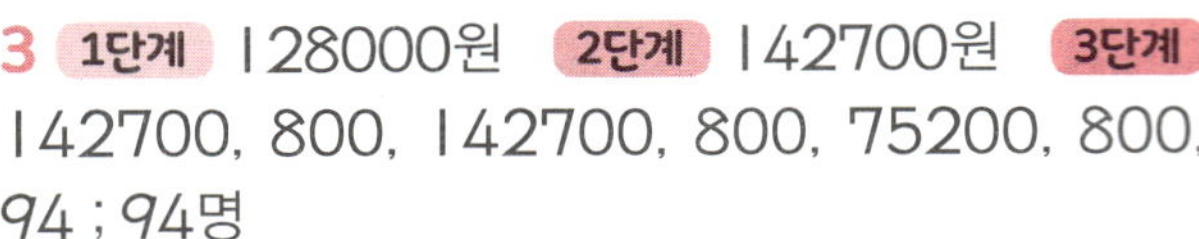

1	2	③	4	5	⑥	7	8	⑨	10
11	⑫	13	14	15	16	17	18	19	20
21	22	23	24	25	26	27	28	29	30

3의 배수: 3을 1배, 2배, 3배⋯⋯한 수
7의 배수: 7을 1배, 2배, 3배⋯⋯한 수

4 ① 15의 약수: 1, 3, 5, 15 ➡ 4개
② 30의 약수: 1, 2, 3, 5, 6, 10, 15, 30 ➡ 8개
③ 45의 약수: 1, 3, 5, 9, 15, 45 ➡ 6개
④ 70의 약수: 1, 2, 5, 7, 10, 14, 35, 70 ➡ 8개
⑤ 81의 약수: 1, 3, 9, 27, 81 ➡ 5개

6 (1) 32=4×8, 64=4×16, 28=4×7
(2) 28=7×4
(3) 32=8×4, 64=8×8

7 ㉠ 56=8×7 ㉣ 72=12×6

8 18은 1, 2, 3, 2×3, 3×3, 2×3×3의 배수입니다.
1, 2, 3, 2×3, 3×3, 2×3×3은
18의 약수입니다.

수학 익힘 풀기   33쪽

1 풀이 참조   **2** 1, 2, 3, 6, 9, 18   **3** 7   **4** 12
명   **5** 6, 6   **6** 2, 3(또는 3, 2) ; 2, 3(또는 3, 2)
7 6   **8** (위에서부터) 6, 2, 3, 5 ; 12

1

16의 약수	1, 2, 4, 8, 16
40의 약수	1, 2, 4, 5, 8, 10, 20, 40
16과 40의 공약수	1, 2, 4, 8
16과 40의 최대공약수	8

16과 40의 공약수는 1, 2, 4, 8이고, 공약수 중에서 가장 큰 수인 최대공약수는 8입니다.

2 ●와 ◆의 공약수는 ●와 ◆의 최대공약수인 수의 약수와 같습니다. ➡ 18의 약수: 1, 2, 3, 6, 9, 18

3 21의 약수: 1, 3, 7, 21
28의 약수: 1, 2, 4, 7, 14, 28
21과 28의 공약수: 1, 7
21과 28의 최대공약수: 7

4 48과 60의 최대공약수를 구하는 문제입니다.
48의 약수: 1, 2, 3, 4, 6, 8, 12, 16, 24, 48
60의 약수: 1, 2, 3, 4, 5, 6, 10, 12, 15, 20, 30, 60
48과 60의 공약수: 1, 2, 3, 4, 6, 12
48과 60의 최대공약수: 12

7 **5**번과 **6**번의 곱셈식 중 공통으로 들어 있는 가장 큰 수는 6 또는 2×3이므로 최대공약수는 6입니다.

8 36과 60의 최대공약수는 6×2=12입니다.

---

1 풀이 참조   **2** 24, 36   **3** 60   **4** 6, 6 ; ⑩ 2, 5, 6 ; 60   **5** 2, 3(또는 3, 2), 2, 3(또는 3, 2) ; ⑩ 2, 2, 3, 5 ; 60   **6** (위에서부터) 2, 3, 5, 2 ; 60

1

6의 배수	6, 12, 18, 24, 30, 36……
8의 배수	8, 16, 24, 32, 40, 48……
6과 8의 공배수	24, 48, 72, 96, 120, 144……
6과 8의 최소공배수	24

6과 8의 공배수는 24, 48, 72……이고, 공배수 중에서 가장 작은 수인 최소공배수는 24입니다.

2 4의 배수: 4, 8, 12, 16, 20, 24, 28, 32, 36, 40……
6의 배수: 6, 12, 18, 24, 30, 36, 42……
4와 6의 공배수: 12, 24, 36, 48……
따라서 20부터 40까지의 수 중에서 4와 6의 공배수는 24, 36입니다.

3 20의 배수: 20, 40, 60, 80, 100……
30의 배수: 30, 60, 90, 120……
20과 30의 공배수: 60, 120, 180……
50부터 100까지의 수 중에서 20과 30의 공배수는 60입니다.

4 공통인 부분에 공통이 아닌 나머지 수를 곱하면 최소공배수는 2×5×6=60입니다.

5 공통인 부분에 공통이 아닌 나머지 수를 곱하면 최소공배수는 2×2×3×5=60입니다.

6 30과 12의 최소공배수는 2×3×5×2=60입니다.

---

1 5, 4, 10, 2, 20, 1 ; 1, 2, 4, 5, 10, 20   **2** ④
3 2, 4, 6, 8, 10, 12, 14   **4** (1) 5, 10, 15   (2) 6, 12, 18   **5** ⑩ 15의 배수는 15를 1배, 2배, 3배, 4배……한 15, 30, 45, 60……입니다. 따라서 15의 배수 중 13번째로 작은 수는 15×13=195입니다. ; 195   **6** (1) 약수 (2) 배수   **7** ③   **8** 1, 3, 7, 21 ; 1, 3, 7, 21 ; 21   **9** 4   **10** 풀이 참조 ; 3×5=15(또는 5×3=15)   **11** 1, 2, 7, 14   **12** ⑤   **13** 8개   **14** 20, 40, 60, 80, 100   **15** 2, 3(또는 3, 2) ; 2, 3(또는 3, 2) ; 2×3×2×2×3=72   **16** (위에서부터) 2, 80   **17** 48   **18** ⑩ 어떤 수를 8과 28로 나누었을 때 나누어떨어지는 수는 8과 28의 공배수이고, 그중에서 가장 작은 수는 최소공배수입니다. 8=2×2×2이고, 28=2×2×7이므로 두 수의 최소공배수는 2×2×2×7=56입니다. ; 56   **19** 140일 후   **20** 14

정답과 풀이

1 약수는 어떤 수를 나누었을 때 나누어떨어지게 하는 수입니다. 따라서 20을 나누어떨어지게 하는 수 1, 2, 4, 5, 10, 20이 20의 약수입니다.

2 45=1×45=3×15=5×9이므로 45의 약수는 1, 3, 5, 9, 15, 45입니다.

3 2의 배수는 2를 1배, 2배, 3배……한 수와 같으므로 2, 4, 6, 8……입니다. 특히 2의 배수는 일의 자리 숫자가 0, 2, 4, 6, 8인 짝수입니다.

4 (1) 5를 1배, 2배, 3배……한 수 5, 10, 15……가 5의 배수입니다.

6 어떤 수를 곱셈식으로 바꾸면 배수와 약수의 관계를 쉽게 알 수 있습니다. 10=2×5이므로 2와 5는 10의 약수, 10은 2와 5의 배수입니다.

7 큰 수를 작은 수로 나누었을 때 나누어떨어지지 않는 것을 찾습니다. ➡ ③ 52÷6=8…4

8 21과 42의 공통인 약수가 두 수의 공약수이므로 21과 42의 공약수는 1, 3, 7, 21이고 그중 가장 큰 수는 21입니다. 따라서 21과 42의 최대공약수는 21입니다.

9 최대공약수는 12와 32에 공통으로 있는 수의 곱인 2×2=4입니다.

10

$$3 \overline{)\ 15\quad 45}$$
$$5 \overline{)\ 5\quad 15}$$
$$\quad\ 1\quad\ 3$$

또는

$$5 \overline{)\ 15\quad 45}$$
$$3 \overline{)\ 3\quad\ 9}$$
$$\quad\ 1\quad\ 3$$

11 두 수의 최대공약수의 약수는 두 수의 공약수와 같습니다. 154와 630의 최대공약수는 2×7=14이고 14의 약수는 1, 2, 7, 14입니다. 따라서 154와 630의 공약수는 1, 2, 7, 14입니다.

12 어떤 두 수의 최대공약수가 24일 때, 두 수의 공약수는 최대공약수 24의 약수와 같습니다. 24의 약수는 1, 2, 3, 4, 6, 8, 12, 24이므로 5는 두 수의 공약수가 아닙니다.

13 최대한 많은 주머니에 나누어 담으려면 16과 40의 최대공약수를 구해야 합니다. 16과 40의 최대공약수는 8이므로 8개의 주머니에 담아야 합니다.

14 4와 5의 최소공배수는 20입니다.

15 최소공배수는 두 수의 곱셈식 중 공통인 수와 나머지 수들을 한 번씩 곱하여 구할 수 있습니다. 24와 18의 곱셈식 중 공통인 2×3과 나머지 수 2, 2, 3을 모

두 곱하면 최소공배수는 2×3×2×2×3=72입니다.

16 10=2×5, 16=2×2×2×2이므로 두 수의 최대공약수는 2이고, 최소공배수는 2×5×2×2×2=80입니다.

17 어떤 두 수의 공배수 중 가장 작은 수가 최소공배수이므로 12의 배수 12, 24, 36, 48, 60, 72……가 이 두 수의 공배수가 되고, 그중에서 네 번째로 작은 수는 48입니다.

19

$$2 \overline{)\ 20\quad 28}$$
$$2 \overline{)\ 10\quad 14}$$
$$\quad\ 5\quad\ 7$$

➡ 최소공배수: 2×2×5×7 =140

따라서 오늘 두 기계를 함께 점검했다면, 다음번에 두 기계를 함께 점검하는 날은 140일 후입니다

20 어떤 수는 4와 6의 공배수 중 2만큼 더 큰 수입니다. 4와 6의 최소공배수는 12이고, 12보다 2만큼 더 큰 수 14가 어떤 수 중 가장 작은 수가 됩니다.

2회 단원평가 도전

1 1, 3, 9 **2** 2, 16, 4, 8 ; 1, 2, 4, 8, 16, 32
3 6, 15 **4** ② **5** 5, 10, 15 **6** (1) 3 (2) 10
7 (1) 2, 3, 6, 9, 18 (2) 2, 3, 6, 9, 18 **8** ③
9 ④ **10** 1, 2, 4 ; 4 **11** (16, 24) **12** 8,
1, 2, 4, 8 **13** ⑩ 65-5=60과 82-4=78
을 어떤 수로 나누면 나누어떨어집니다. 즉, 어떤 수는 60과 78의 공약수이므로 어떤 수 중 가장 큰 수는 60과 78의 최대공약수입니다. 60=2×2×3×5, 78=2×3×13이므로 두 수의 최대공약수는 2×3=6입니다. ; 6 **14** 4명 **15** 2, 9 ; 2, 9, 162 **16** 60 **17** (1) ㉠ (2) ㉢ (3) ㉡ **18** ②
19 ⑩ 3일에 한 번씩 가는 수연이와 4일에 한 번씩 가는 도은이는 3과 4의 최소공배수인 12일마다 도서관에서 만납니다. 따라서 다음번에 도서관에서 만나는 날은 12일 후입니다. ; 12일 후 **20** 60

1 9=1×9=3×3입니다. 따라서 9의 약수는 1, 3, 9 입니다.

2 어떤 수의 약수를 구할 때에는 그 수를 두 수의 곱셈식으로 바꾸면 쉽게 구할 수 있습니다.

3 5의 약수: 1, 5 / 6의 약수: 1, 2, 3, 6 / 9의 약수: 1, 3, 9 / 13의 약수: 1, 13 / 15의 약수: 1, 3, 5, 15
따라서 약수가 4개인 수는 6과 15입니다.

4 4의 배수는 4를 1배, 2배, 3배……한 수입니다.
따라서 4의 배수는 4, 8, 12……입니다.

5 5의 배수는 5를 1배, 2배, 3배……한 수입니다. 따라서 5의 배수는 5, 10, 15……입니다. 또는 5의 배수는 일의 자리 숫자가 0 또는 5입니다.

6 3의 배수는 3을 1배, 2배, 3배……한 수이고, 10의 배수는 10을 1배, 2배, 3배……한 수입니다.

8 6과 7은 42의 약수이고, 42는 6과 7의 배수입니다. 6과 42, 7과 42는 서로 약수와 배수의 관계입니다.

9 ①, ③, ④는 모두 3의 배수입니다.
① 15의 약수: 1, 3, 5, 15
③ 27의 약수: 1, 3, 9, 27
④ 63의 약수: 1, 3, 7, 9, 21, 63
약수가 6개인 수는 63이므로 □ 안에 공통으로 들어갈 수 있는 수는 63입니다.

10 두 수의 최대공약수를 구할 때에는 두 수의 약수를 각각 구한 후 공통인 약수 중 가장 큰 수를 찾습니다. 16의 약수와 28의 약수 중 공통인 약수는 1, 2, 4이고 그중 가장 큰 수는 4이므로 최대공약수는 4입니다.

11

7) 28 49	8) 16 24
4　 7	2　 3

최대공약수: 7　　　최대공약수: 8

12 두 수의 최대공약수의 약수는 두 수의 공약수와 같습니다. 따라서 $24=2×2×2×3$과 $40=2×2×2×5$의 최대공약수는 $2×2×2=8$이고, 8의 약수 1, 2, 4, 8이 24와 40의 공약수입니다.

13

2) 60 78	
3) 30 39	➡ 최대공약수: $2×3=6$
10　13	

14

2) 28 32	
2) 14 16	➡ 최대공약수: $2×2=4$
7　　8	

따라서 될 수 있는 대로 많은 학생들에게 남김없이 똑같게 나누어 주면 4명에게 나누어 줄 수 있습니다.

15 18과 81의 최소공배수는 최대공약수 $3×3$과 최대공약수로 나눈 몫 2, 9를 곱한 $3×3×2×9=162$입니다.

16 ㉮$=2×3×5$, ㉯$=2×2×5$
➡ 최소공배수: $2×5×3×2=60$

17
(1)

2) 8 12	
2) 4 6	➡ 최소공배수: $2×2×2×3=24$
2　3	

(2)

3) 30 45	
5) 10 15	➡ 최소공배수: $3×5×2×3=90$
2　　3	

(3)

5) 15 20	
3　　4	➡ 최소공배수: $5×3×4=60$

18 두 수의 공배수는 두 수의 최소공배수의 배수와 같습니다. 최소공배수 8의 배수는 8, 16, 24, 32, 40, 48, 56, 64……이므로 두 수의 공배수가 아닌 것은 ②입니다.

20

4) ㉠ ㉡	➡ ㉠×㉡
■　▲	$=(4×■)×(4×▲)$
	$=(4×■×▲)×4$
	$=(최소공배수)×(최대공약수)$

따라서 (㉠과 ㉡의 최소공배수)$=240÷4=60$입니다.

3회 단원평가 〔기출〕　　　42~44쪽

1 ④　**2** 12, 21, 9　**3** 15개　**4** 4　**5** ②
6 〔예〕 12의 배수는 12, 24, 36, 48, 60……이므로 버스는 10시, 10시 12분, 10시 24분, 10시 36분, 10시 48분, 11시……에 출발합니다. 따라서 오전 10시부터 오전 11시까지 버스는 6번 출발합니다. ; 6번
7 9, 11, 19　**8** 15, 25, 75　**9** (1) ㉡ (2) ㉠ (3) ㉢ (4) ㉣　**10** 1, 2, 3, 4, 6, 9, 12, 18, 36
11 〔예〕 두 수의 공약수는 최대공약수의 약수와 같습니다. 18의 약수는 1, 2, 3, 6, 9, 18이므로 공약수들의 합은 $1+2+3+6+9+18=39$입니다. ; 39
12 35명　**13** 〔예〕 9와 12의 최소공배수인 36의 배수 중에서 40보다 큰 두 자리 수는 72뿐입니다. ; 72
14 ④　**15** 180　**16** 풀이 참조 ; 30　**17** 72
18 6군데　**19** 47 cm　**20** 목요일

풀이

1 9를 약수로 가지는 수는 9로 나누어떨어집니다.
① $162 \div 9 = 18$ ② $207 \div 9 = 23$
③ $378 \div 9 = 42$ ④ $443 \div 9 = 49 \cdots 2$
⑤ $576 \div 9 = 64$

2 9의 약수: 1, 3, 9 ➡ 3개
12의 약수: 1, 2, 3, 4, 6, 12 ➡ 6개
21의 약수: 1, 3, 7, 21 ➡ 4개
따라서 약수의 수가 많은 수부터 차례대로 쓰면 12, 21, 9입니다.

3 61, 63, 65, 67, 69, 71 …… 79, 81 …… 89
└─5개─┘   └─5개─┘ └─5개─┘
60에서 90까지의 자연수 중에서 2의 배수가 아닌 수는 15개입니다.

4 □ 안에 0부터 9까지의 숫자를 넣어 본 후 7로 나누어 봅니다. ➡ $742 \div 7 = 106$
[다른 풀이] 7□2=700+□2이고 이 중에서 700은 7의 배수이므로 □2가 7의 배수이면 7□2도 7의 배수입니다. ➡ □=4

5 모든 자연수들은 1과 자기 자신을 항상 약수로 가지므로 약수들의 합이 자기 자신보다 1만큼 더 큰 수는 약수가 1과 자기 자신뿐인 수입니다.

7 ㉮와 ㉯는 18의 약수이므로 1×18, 2×9, 3×6에서 ㉮+㉯는 1+18=19, 2+9=11, 3+6=9입니다.

8 80−5=75이므로 75의 약수 중 나머지인 5보다 큰 수를 구하면 15, 25, 75입니다.

9 큰 수가 작은 수로 나누어떨어질 때, 큰 수는 작은 수의 배수이고, 작은 수는 큰 수의 약수입니다.

10 $36 = 1 \times 36 = 2 \times 18 = 3 \times 12 = 4 \times 9 = 6 \times 6$
36의 약수: 1, 2, 3, 4, 6, 9, 12, 18, 36
두 수의 공약수는 두 수의 최대공약수의 약수와 같으므로 위의 36의 약수가 구하고자 하는 두 수의 공약수입니다.

12
```
 5 )175 140
 7 ) 35  28     ➡ 최대공약수: 5×7=35
     5   4
```

14 ① 27 ② 60 ③ 80 ④ 90 ⑤ 72

15 5로도 나누어떨어지고, 12로도 나누어떨어지는 수는 5와 12의 공배수입니다.
5와 12의 공배수: 60, 120, 180, 240……
따라서 세 번째로 작은 수는 180입니다.

16
```
 예) 10 )50 □
        5  △
```
최소공배수는 10×5×△=150이므로 △=3입니다.
따라서 □=10×△=10×3=30입니다.

17 두 수의 곱은 최대공약수와 최소공배수의 곱과 같습니다. ➡ 최소공배수: 864÷12=72

18 6과 5의 최소공배수: 6×5=30
160÷30의 몫은 5이므로 5군데에 같이 심어지고, 길의 처음에 심어진 1군데를 합치면 모두 6군데입니다.

19 3과 5의 최소공배수: 3×5=15
두 점이 같이 찍히는 곳은 2 cm, 2+15=17(cm), 2+30=32(cm), 2+45=47(cm)……입니다.

20 6과 8의 최소공배수는 24이므로 24일 후에 두 사람이 다시 만납니다. 24÷7=3…3이므로 3주일 3일 후인 목요일에 다시 만납니다.

4회 단원평가  실전
45~47쪽

1 1, 2, 3, 4, 6, 8, 12, 16, 24, 48 **2** 1 **3** 12개
4 ③ **5** 18, 36, 54, 72, 90 **6** 5997 **7** 8
8 예) 8을 약수로 가지는 수는 8의 배수입니다. 100÷8=12…4이므로 두 자리 수 중 가장 큰 8의 배수는 8×12=96입니다. ; 96 **9** ③, ④ **10** =
11 예) 두 수의 공약수는 두 수의 최대공약수의 약수와 같으므로 7의 약수의 합을 구합니다. ➡ 1+7=8 ; 8
12 ㉣, ㉡, ㉠, ㉢ **13** 3명 **14** 5개 **15** 예) 12=2×2×3, 18=2×3×3이므로 12와 18의 최소공배수는 2×3×2×3=36입니다. 36×5=180, 36×6=216이므로 12와 18의 공배수 중에서 200에 가장 가까운 수는 216입니다. ; 216 **16** 243
17 72 **18** 금요일 **19** 풀이 참조 ; 18 **20** 3번

풀이

1 48을 나누었을 때 나누어떨어지는 수를 구합니다.
[다른 풀이]
48=1×48=2×24=3×16=4×12=6×8이므로 48의 약수는 1, 2, 3, 4, 6, 8, 12, 16, 24, 48입니다.

2 자연수는 1로 나누어떨어지므로 1은 모든 수의 약수가 됩니다.

3 1, 2, 3, 4, 6, 8, 9, 12, 18, 24, 36, 72
[다른 풀이]
$72=2\times2\times2\times3\times3$
3개 2개
➡ (약수의 개수)$=(3+1)\times(2+1)=12$(개)

4 $24\div$★은 나누어떨어지므로 ★은 24의 약수입니다.

5 $9\times2=18$, $9\times4=36$, $9\times6=54$,
$9\times8=72$, $9\times10=90$
[다른 풀이] 9의 배수이면서 짝수인 수는 18의 배수이므로 100보다 작은 18의 배수는 18, 36, 54, 72, 90입니다.

6 5999, 5998, 5997……에서 3으로 나누어떨어지는 가장 큰 수를 찾으면 5997입니다.
[다른 풀이] 3의 배수는 각 자리 숫자의 합이 3으로 나누어떨어집니다. 599□에서 $5+9+9+$□$=23+$□이므로 □ 안에 7을 넣으면 가장 큰 3의 배수를 구할 수 있습니다.

7 ㉠ 대신 9, 8, 7……을 넣어서 6으로 나누어떨어지는 수를 찾습니다.
[다른 풀이] 6의 배수는 짝수이면서 각 자리 숫자의 합이 3으로 나누어떨어집니다.

9 ③ $72\div12=6$ ④ $52\div13=4$

10 42와 78의 최대공약수와 24와 30의 최대공약수는 6으로 같습니다. 두 수의 공약수는 두 수의 최대공약수의 약수와 같으므로 두 공약수의 합도 서로 같습니다.

12 ㉠ 5) 15 20   ㉡ 6) 18 24
　　　　 3   4　　　　　　 3   4
　　최대공약수: 5　　　　최대공약수: 6

　㉢ 3) 36 33   ㉣ 6) 24 60
　　　　 12 11　　　2) 4 10
　　최대공약수: 3　　　　　 2   5
　　　　　　　　　　최대공약수: $6\times2=12$

13 3) 27 12
　　　　 9   4
➡ 따라서 한 사람에게 연필은 9자루, 지우개는 4개씩 나누어 주면 모두 3명에게 똑같게 나누어 줄 수 있습니다.

14 75와 135의 최대공약수는 15이므로 15봉지에 빵과 사탕을 똑같게 나누어 담을 수 있습니다. 따라서 한 봉지에 담을 빵의 수는 $75\div15=5$(개)입니다.

16 3) 15 48
　　　　 5 16
➡ 최대공약수: 3, 최소공배수: $3\times5\times16=240$다.

17 두 수를 □, △라고 하면 □$+$△$=42$, □$-$△$=6$입니다. □$+$△$+$□$-$△$=42+6=48$, □$+$□$=48$, □$=24$, □$+$△$=42$, $24+$△$=42$, △$=18$
따라서 두 수는 24와 18이고, 24와 18의 최소공배수는 72입니다.

18 2와 5의 최소공배수는 10이므로 10일 후인 금요일입니다.

19 ⑩ 어떤 수를 □라고 하면
　2) 16 □　　➡ $2\times8\times$△$=144$,
　　　 8 △　　　△$=144\div16=9$
　　　　　　　　　□$=2\times$△$=2\times9=18$

20 두 톱니 수 8과 12의 최소공배수는 24이므로 톱니 수가 8개인 톱니바퀴는 적어도 $24\div8=3$(번) 돌아야 회전하기 전에 맞물렸던 톱니와 다시 만납니다.

탐구 서술형 평가

1 1단계 4개 2단계 2개 3단계 3개 4단계 10

1-1 ⑩ 14의 약수: 1, 2, 7, 14 ➡ 4개, 20의 약수: 1, 2, 4, 5, 10, 20 ➡ 6개, 39의 약수: 1, 3, 13, 39 ➡ 4개입니다. 따라서 약수의 수가 가장 많은 수는 20입니다. ; 20

2 1단계 12, 18 2단계 1, 2, 3, 4, 6, 8, 12, 24 3단계 12

2-1 ⑩ 10보다 크고 30보다 작은 수 중에서 7의 배수는 14, 21, 28이고, 이 중에서 42의 약수는 14, 21입니다. 14, 21 중에서 짝수는 14이므로 어떤 수는 14입니다. ; 14

3 1단계 5, 10, 15, 20, 25, 30 2단계 6, 18, 24, 42, 31, 72 3단계 25

3-1 예 40보다 작은 9의 배수는 9, 18, 27, 36입니다. 9의 약수의 합: 1+3+9=13, 18의 약수의 합: 1+2+3+6+9+18=39, 27의 약수의 합: 1+3+9+27=40 따라서 어떤 수는 27입니다. ; 27

4 예 어떤 수가 될 수 있는 자연수는 48과 80의 공약수이고 그중에서 가장 큰 수는 48과 80의 최대공약수입니다. 48=16×3, 80=16×5이므로 최대공약수는 16입니다. 따라서 어떤 수가 될 수 있는 자연수 중에서 가장 큰 수는 16입니다. ; 16

5 예 혜성이 태양 주위를 한 바퀴 도는 기간이 각각 10년과 12년이므로 10과 12의 최소공배수인 60년마다 일직선으로 관측됩니다. 1968년에서 60년 뒤인 2028년에 다시 일직선으로 관측되므로 이 아마추어 관측자는 2028−2019=9(년)을 기다려야 합니다. ; 9년

풀이

1
- **1단계** 10의 약수: 1, 2, 5, 10 ➜ 4개
- **2단계** 17의 약수: 1, 17 ➜ 2개
- **3단계** 25의 약수: 1, 5, 25 ➜ 3개
- **4단계** 10의 약수가 4개로 가장 많습니다.

2
- **1단계** 6의 배수는 6, 12, 18, 24……이므로 12, 18입니다.
- **2단계** 24의 약수는 1, 2, 3, 4, 6, 8, 12, 24입니다.
- **3단계** 모두 만족하는 수는 12입니다.

3
- **1단계** 5를 1배, 2배, 3배……한 수를 구합니다.
- **2단계** 5의 약수의 합: 1+5=6,
  10의 약수의 합: 1+2+5+10=18
  15의 약수의 합: 1+3+5+15=24
  20의 약수의 합: 1+2+4+5+10+20=42
  25의 약수의 합: 1+5+25=31
  30의 약수의 합: 1+2+3+5+6+10+15+30=72
- **3단계** 25의 약수의 합: 1+5+25=31

4
```
 8 ) 48  80
 2 )  6  10   ➜ 최대공약수: 8×2=16
      3   5
```

3 규칙과 대응

수학 익힘 풀기 53쪽

1 30개 **2** 500개 **3** 5, 5 **4** 30, 60, 90, 120 **5** 240대 **6** 30, 30

풀이

1 초록색 오각형이 1개일 때 분홍색 구슬이 5개입니다.

2 초록색 오각형이 1개일 때 분홍색 구슬이 5개이므로 초록색 오각형이 100개이면 분홍색 구슬은 500개입니다.

3 초록색 오각형이 1개일 때 분홍색 구슬이 5개이므로 분홍색 구슬의 수는 초록색 오각형의 수의 5배입니다. 또한 분홍색 구슬 5개에 초록색 오각형이 1개이므로 초록색 오각형의 수는 분홍색 구슬의 수의 $\frac{1}{5}$입니다.

4 1시간에 30대씩 만들어지므로 2시간에 60대, 3시간에 90대가 만들어집니다. 시간이 1시간씩 늘어나면서 장난감 자동차도 30대씩 많아집니다.

5 1시간에 30대씩 만들어지므로 8시간에 240대가 만들어집니다.

수학 익힘 풀기 55쪽

1 ㉠ 13 ㉡ 15 **2** ♥−10=♠(또는 ♠+10=♥)
3 12, 24, 36, 48, 60 **4** ●×12=◆(또는 ◆÷12=●) **5** ●×3=◆(또는 ◆÷3=●)
6 ●×6=◆(또는 ◆÷6=●) **7** 예 아빠의 나이는 엄마의 나이보다 3살 많습니다. 형은 나보다 3살 많습니다.

풀이

1 ♥는 ♠보다 항상 10이 많습니다.

2 ♥는 ♠보다 항상 10이 많습니다.

4 자전거가 이동하는 시간을 ●, 이동하는 거리를 ◆라고 했으므로 ●×12=◆입니다.

5 자전거 수(●)가 1대씩 늘어날 때마다 바퀴 수(◆)는 3개씩 늘어납니다.

6 식탁 수(●)가 1개씩 늘어날 때마다 의자 수(◆)는 6개씩 늘어납니다.

1회 단원평가 〔연습〕 56~58쪽

1 24, 30, 36 **2** 예 개미 다리 수는 개미 수의 6배입니다. **3** 16 ; 2, 3, 4 ; 예 선풍기 수는 선풍기 날개 수를 4로 나눈 몫입니다. **4** 3, 12 ; 3, 6 ; 예 자전거 수는 자전거 바퀴 수를 3으로 나눈 몫입니다. **5** 예 ▲는 ■보다 2만큼 더 큽니다. **6** 6 ; 11, 12 **7** 예 납작못 수는 색 도화지 수보다 1만큼 더 큽니다. **8** 4, 5, 6, 7 **9** ▲+1=■(또는 ■-1=▲) **10** 9번 **11** ■×2=▲(또는 ▲÷2=■) **12** ▲+27=■(또는 ■-27=▲) **13** ■×3=▲(또는 ▲÷3=■) **14** ■×8=▲(또는 ▲÷8=■) **15** 9, 18, 27, 36, 45 **16** (장미 다발 수)×9=(장미 수) 또는 (장미 수)÷9=(장미 다발 수) **17** 63송이 **18** 예 (장미 수)=(장미 다발 수)×9이므로 (장미 다발 수)=(장미 수)÷9입니다. ➡ (장미 다발 수)=108÷9=12(다발) ; 12다발 **19** (연도)-1981=(어머니의 연세) 또는 (어머니의 연세)+1981=(연도) **20** 예 (어머니의 연세)=(연도)-1981이므로 (연도)=(어머니의 연세)+1981입니다. 따라서 어머니의 연세가 61세일 때 (연도)=61+1981=2042(년)입니다. ; 2042년

풀이

1 개미가 1마리씩 많아질 때마다 개미 다리 수는 6개씩 많아집니다.

2 '개미 수는 개미 다리 수를 6으로 나눈 몫입니다.'로 설명할 수도 있습니다.

3 '선풍기 날개 수는 선풍기 수의 4배입니다.'로 설명할 수도 있습니다.

4 '자전거 바퀴 수는 자전거 수의 3배입니다.'로 설명할 수도 있습니다.

5 0+2=2, 1+2=3, 2+2=4, 3+2=5……이므로 ■+2=▲입니다. 따라서 '▲는 ■보다 2만큼 더 큽니다.' 또는 '■는 ▲보다 2만큼 더 작습니다.'로 설명할 수 있습니다.

6 ★은 ▲보다 7만큼 더 큰 수이므로 4보다 7만큼 더 큰 수는 4+7=11, 5보다 7만큼 더 큰 수는 5+7=12입니다.
★은 ▲보다 7만큼 더 큰 수이므로 ▲는 ★보다 7만큼 더 작은 수이고, 13보다 7만큼 더 작은 수는 13-7=6입니다.

7

색 도화지 수(장)	1	2	3	4	5
납작못 수(개)	2	3	4	5	6

8 떡 조각 수는 자른 횟수보다 1만큼 더 큰 수입니다.

9 떡 조각 수는 자른 횟수보다 1만큼 더 큽니다.
➡ ▲+1=■
자른 횟수는 떡 조각 수보다 1만큼 더 작습니다.
➡ ■-1=▲

10 자른 횟수보다 1만큼 더 큰 수가 떡 조각 수이므로 10조각을 만들려면 9번 자르면 됩니다.

11 ■가 1 커질 때마다 ▲는 2씩 커지므로 ▲는 ■의 2배입니다.

12 아버지의 연세는 내 나이보다 38-11=27(살) 많으므로 식으로 나타내면 ▲+27=■ 또는 ■-27=▲입니다.

13 정우가 말한 수 21과 12는 각각 예진이가 말한 수 7과 4의 3배이므로 ■×3=▲ 또는 ▲÷3=■입니다.

14

■	1	2	3	4	……
▲	8	16	24	32	……

따라서 식으로 나타내면 ■×8=▲ 또는 ▲÷8=■입니다.

15 장미 1다발에 9송이씩 넣어 묶었으므로 1다발 늘어날 때마다 장미는 9송이씩 늘어납니다.

17 (장미 수)=(장미 다발 수)×9=7×9=63(송이)

19 어머니의 연세와 연도의 차는 2019-38=1981입니다.

2회 단원평가 〔도전〕 59~61쪽

1 18, 24, 30, 36 **2** 예 꽃잎 수는 꽃 수의 6배입니다. **3** 예 통나무를 1번 자르면 2도막, 2번 자르면 3도막, 3번 자르면 4도막이므로 (도막 수)=(자른 횟수)+1입니다. 따라서 바르게 설명한 사람은 의정입니다. ; 의정

4 15, 16 ; 예 ■는 ♥보다 10만큼 더 큰 수입니다.
5 5 ; 15, 20 ; 예 변의 수는 오각형 수의 5배입니다.
6 35, 45, 55, 65, 75, 85　　**7** 1, 2, 3, 4, 5, 6
8 ●÷9=★(또는 ★×9=●)　　**9** 20개　　**10** 50, 60, 70 ; ■×5=▲(또는 ▲÷5=■)　　**11** 16, 17, 18 ; ■+9=▲(또는 ▲-9=■)　　**12** ★×12=■(또는 ■÷12=★)　　**13** 예 ◀=1일 때 ■=4, ◀=2일 때 ■=8, ◀=3일 때 ■=12……, ◀에 4를 곱하면 ■와 같습니다. 따라서 ◀×4=■ 또는 ■÷4=◀입니다. ; ◀×4=■(또는 ■÷4=◀)　　**14** 4, 8, 12, 16, 20, 24, 28 ; 예 소의 수(◆)와 소의 다리 수(♥) 사이의 관계　　**15** 예 파리의 시각이 서울의 시각보다 8시간 느립니다.　　**16** (서울의 시각)-8=(파리의 시각) 또는 (파리의 시각)+8=(서울의 시각)　　**17** 예 (파리의 시각)+8=(서울의 시각)입니다. 따라서 오후 2시+8시간=오후 10시이므로 서울의 시각은 오후 10시입니다. ; 오후 10시
18 ■-29=▲(또는 ▲+29=■)　　**19** (달걀 팩 수)×15=(달걀 수) 또는 (달걀 수)÷15=(달걀 팩 수)
20 58500원

풀이

2 '꽃 수는 꽃잎 수를 6으로 나눈 몫입니다.'로 설명할 수도 있습니다.
4 '♥는 ■보다 10만큼 더 작은 수입니다.'로 설명할 수도 있습니다.
5 '오각형 수는 변의 수를 5로 나눈 몫입니다.'라고 말할 수도 있습니다. 3×5=15, 4×5=20, 25÷5=5
6 ■-15=▲이므로 50-15=35, 60-15=45, 70-15=55, 80-15=65, 90-15=75, 100-15=85
7 ■÷12=▲이므로 12÷12=1, 24÷12=2, 36÷12=3, 48÷12=4, 60÷12=5, 72÷12=6입니다.
10 표를 보면 9 → 45, 11 → 55, 13 → 65와 같이 대응되므로 ▲는 ■를 5배한 수임을 알 수 있습니다. ➡ 10×5=50, 12×5=60, 14×5=70
11 ▲는 ■보다 9 큰 수입니다. ➡7+9=16, 8+9=17, 9+9=18

12 ★=1일 때 ■=12,
★=2일 때 ■=24,
★=3일 때 ■=36,
⋮
➡ ■는 ★의 12배입니다.
15 오후 1시는 (12+1)=13시이므로 서울과 파리의 시각 차는 13시-5시=8(시간)입니다.
18

■	40	41	42	43	……
▲	11	12	13	14	……

어머니의 연세와 윤주의 나이 차는 40-11=29입니다. 따라서 ■-29=▲ 또는 ▲+29=■입니다.
19 달걀 1팩일 때 달걀 수는 15개,
달걀 2팩일 때 달걀 수는 30개,
달걀 3팩일 때 달걀 수는 45개……
20 (달걀 팩 수)=200÷15=13…5에서 포장해서 판매할 수 있는 달걀은 13팩이고, 남은 5개는 판매할 수 없습니다.
따라서 (판매 금액)=13×4500=58500(원)입니다.

3회 단원평가 

62~64쪽

1 16, 24, 32, 40　　**2** ㉡　　**3** 예 ★은 ■보다 3만큼 더 작은 수입니다.　　**4** 예 ■는 ★보다 3만큼 더 큰 수입니다. ★=16일 때 ■=★+3=16+3=19입니다. ; 19　　**5** 예 장난감 수는 걸리는 시간의 30배입니다.　　**6** 80, 88, 96, 104, 112　　**7** 예 바둑돌 수는 순서의 3배입니다.　　**8** 12, 16, 20, 24
9 ■×4=▲(또는 ▲÷4=■)　　**10** 15, 6 ; 30÷■=▲(또는 30÷▲=■)　　**11** ■×90=●(또는 ●÷90=■)　　**12** 예 12÷12=1, 24÷12=2, 36÷12=3, 48÷12=4……에서 ■÷12=▲입니다. 따라서 ■=192이면 ▲=192÷12=16입니다. ; 16　　**13** ■×6=▲(또는 ▲÷6=■)　　**14** 예 (변의 수)=(순서)×6입니다. ➡ (일곱 번째 도형의 변의 수)=7×6=42(개) ; 42개　　**15** ▲×3=●(또는 ●÷3=▲)　　**16** 18개　　**17** ▲-2007=■(또는 ■+2007=▲)　　**18** 오전 5시　　**19** ▼+9=◆(또는 ◆-9=▼)　　**20** 9개

1 문어 1마리의 다리 수는 8개이므로 문어가 1마리씩 늘어나면 다리 수는 8개씩 늘어납니다.

3 '■는 ★보다 3만큼 더 큰 수입니다.'로 설명할 수도 있습니다.

5 시간이 1시간 늘어날 때마다 장난감 수가 30개씩 늘어납니다.

6 ■는 ●를 8로 나눈 몫이므로 ●는 ■의 8배입니다.
➡ 10×8=80, 11×8=88, 12×8=96,
13×8=104, 14×8=112

7

순서	1	2	3	4	……
바둑돌 수	3	6	9	12	……

9 잠자리가 1마리 많아질 때마다 날개는 4개씩 많아집니다.

10 표를 보면 1×30=30, 3×10=30, 6×5=30,
15×2=30이므로 ■×▲=30입니다.
따라서 30÷■=▲ 또는 30÷▲=■입니다.

13 첫 번째 → 변의 수: 6개
두 번째 → 변의 수: 12개
세 번째 → 변의 수: 18개
⋮
따라서 (순서)×6=(변의 수) 또는 (변의 수)÷6=(순서)입니다.

15

▲	1	2	3	4	……
●	3	6	9	12	……

▲에 3을 곱하면 ●와 같습니다. ➡ ▲×3=●
●를 3으로 나누면 ▲와 같습니다. ➡ ●÷3=▲

16 ●÷3=▲이므로 ●=54일 때 54÷3=▲, ▲=18입니다. 따라서 화분은 18개 필요합니다.

17 2018년에 호현이의 나이가 11살이었으므로 호현이의 나이는 연도보다 2018−11=2007만큼 더 작습니다. 따라서 (호현이의 나이)=(연도)−2007
➡ ▲−2007=■입니다.

18 런던은 서울보다 9시간 늦으므로
(서울의 시각)=오후 8시+9시간=20시+9시간
=29시=24시+5시
따라서 서울은 오전 5시입니다.

19 오후 7시는 19시입니다. 따라서 런던은 서울보다
19시−10시=9(시간) 늦습니다.

20 케이크의 수와 달걀 수 사이의 관계를 알아보면
(케이크 수)=(달걀 수)÷11입니다.
따라서 100개로 만들 수 있는 케이크는
100÷11=9…1에서 9개입니다.

4회 단원평가  실전

65~67쪽

1 20, 24 **2** 4 **3** 4, 5, 6 ; ㈎ ■는 ●의 9배입니다. **4** 10, 12 ; ㈎ ■는 ●보다 7만큼 더 큰 수입니다. **5** ㈎ 갈 수 있는 거리는 휘발유 양의 12배입니다. **6** ㈎ 갈 수 있는 거리는 휘발유 양의 12배이므로 (휘발유 양)=180÷12=15(L)입니다. ; 15 L
7 ㈎ 빨래집게 수는 옷의 수의 2배입니다. **8** ㈎ 서랍 수는 서랍장 수의 6배입니다. **9** ■×4=●(또는 ●÷4=■) **10** ▲×3=♥(또는 ♥÷3=▲)
11 ★×12=◆(또는 ◆÷12=★) **12** ■+7=▲(또는 ▲−7=■) **13** 328 **14** ㈎ 어머니는 유진이보다 51−19=32(살) 더 많습니다. ➡ (어머니의 연세)=(유진이의 나이)+32 ; ▲+32=■(또는 ■−32=▲) **15** 300, 600, 900, 1200
16 ■×300=▲(또는 ▲÷300=■) **17** ㈎ (판매 이익금)=(판매한 배의 수)×300 ➡ (판매한 배의 수)=(판매 이익금)÷300=5400÷300=18(개) ; 18개 **18** 5, 6 ; ●+1=■(또는 ■−1=●)
19 ㈎ 10 m 간격으로 심으므로 나무를 심는 간격은 80÷10=8(곳)이고, 나무 수는 심는 간격 수보다 1 크므로 9그루를 심어야 합니다. ; 9그루 **20** 110 m

2 코끼리 수가 1 커질 때마다 다리 수는 4씩 커집니다.

3 '●는 ■를 9로 나눈 몫입니다.'로 설명할 수도 있습니다.

4 '●는 ■보다 7만큼 더 작은 수입니다.'로 설명할 수도 있습니다.

5 표를 만들어 생각합니다.

휘발유 양(L)	1	2	3	4	5	……
갈 수 있는 거리(km)	12	24	36	48	60	……

7 표를 만들어 생각합니다.

옷의 수(벌)	1	2	3	4	……
빨래집게 수(개)	2	4	6	8	……

'옷의 수는 빨래집게 수를 2로 나눈 몫입니다.'로 설명할 수도 있습니다.

8 서랍장 1개에 서랍이 6개 있습니다.

9

■	1	2	3	4	……
●	4	8	12	16	……

서랍장 다리 수(●)는 서랍장 수(■)의 4배입니다.

10 삼각형 1개에 변이 3개이므로 삼각형 변의 수(♥)는 삼각형 수(▲)의 3배입니다.

11 연필의 수는 연필 타 수의 12배입니다.

12 ■에 7을 더하면 ▲와 같습니다. ➡ ■+7=▲
▲에서 7을 빼면 ■와 같습니다. ➡ ▲−7=■

13 ▲=■+7에서 ▲=321+7=328입니다.

15 배 1개를 팔면 1500−1200=300(원)의 이익이 남습니다.

16 판매 이익금은 판매한 배의 수의 300배입니다.

18 ■는 ●보다 1만큼 더 큽니다.

20 (나무 수)=(간격 수)+1이므로 나무 사이의 간격은 11곳입니다.
따라서 도로의 길이는 11×10=110(m)입니다.

탐구 서술형 평가   68~71쪽

1 **1단계** 3, 6, 9, 12, 15, 18
2단계 ■×3=▲ (또는 ▲÷3=■)

1-1 예 연필의 수와 연필의 값 사이의 대응 관계를 표로 나타내면 다음과 같습니다.

■	1	2	3	4	5	6	
▲	400	800	1200	1600	2000	2400	……

연필의 수에 400을 곱하면 연필의 값과 같습니다.
➡ ■×400=▲, 연필의 값을 400으로 나누면 연필의 수와 같습니다. ➡ ▲÷400=■ ; ■×400=▲
(또는 ▲÷400=■)

---

2 **1단계** ■×80=▲ (또는 ▲÷80=■) **2단계** 26개

2-1 예 사과 1개를 팔 때 생기는 이익은 500−450=50(원)입니다.

■	1	2	3	4	……
▲	50	100	150	200	……

■×50=▲이므로 ■×50=2000, ■=40(개)입니다. ; 40개

3 **1단계** 54 **2단계** 11 **3단계** 65

3-1 예 ♥+8=★이므로 12+8=㉠, ㉠=20
♥+8=★이므로 ㉡+8=23, ㉡=15
따라서 ㉠−㉡=20−15=5입니다. ; 5

4 예

한 변의 길이(cm)	1	2	3	4	5	6	……
여섯 변의 길이의 합(cm)	6	12	18	24	30	36	……

정육각형의 여섯 변의 길이의 합은 한 변의 길이의 6배입니다. 따라서 정육각형의 한 변의 길이를 ◆, 정육각형의 여섯 변의 길이의 합을 ●라 할 때, ◆×6=● 또는 ●÷6=◆으로 나타낼 수 있습니다. ; ◆×6=● (또는 ●÷6=◆)

5 예 나무를 1번 자르면 2도막, 2번 자르면 3도막, 3번 자르면 4도막……이므로 13도막으로 자르려면 12번 잘라야 합니다. 나무를 자르는 데 걸리는 시간은 12×5=60(분)이고, 12번 자르는 동안 2번 쉬게 되므로 쉬는 시간은 3×2=6(분)입니다. 따라서 (나무를 13도막으로 자르는 데 걸리는 시간)=60+6=66(분)입니다. ; 66분

풀이

1 **1단계** 필요한 키위의 수는 키위주스 병의 수에 3을 곱합니다.
2단계 키위주스 병의 수에 3을 곱하면 키위의 수와 같습니다. ➡ ■×3=▲
또는 키위의 수를 3으로 나누면 키위주스 병의 수와 같습니다. ➡ ▲÷3=■

2 **1단계** 지우개 1개를 팔 때 생기는 이익은 400−320=80(원)입니다.

■	1	2	3	4	……
▲	80	160	240	320	……

2단계 ■×80=▲이므로 ■×80=2080,
■=26(개)

3　**1단계** ▲÷6=●이므로 ㉠÷6=9, ㉠=9×6=54

　2단계 ▲÷6=●이므로 66÷6=㉡, ㉡=11

　3단계 ㉠=54, ㉡=11이므로
㉠+㉡=54+11=65

---

4 약분과 통분

1 풀이 참조 ; 같은　**2** 풀이 참조 ; $\dfrac{4}{6}$, $\dfrac{2}{3}$　**3** $\dfrac{9}{15}$;
풀이 참조　**4** 2, 3　**5** (1) 4, 15, 20　(2) 12, 6, 4
6 $\dfrac{6}{8}$

풀이

1 〈예〉

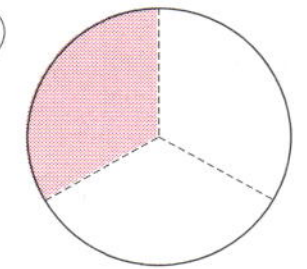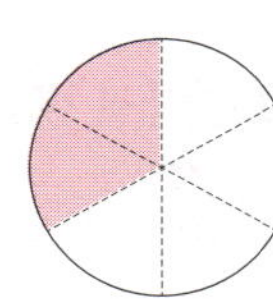

주어진 분수만큼 색칠하면 $\dfrac{1}{3}$과 $\dfrac{2}{6}$는 크기가 같은
분수입니다.

2 〈예〉

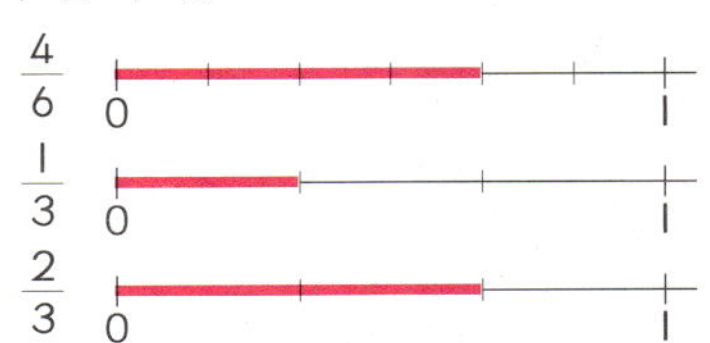

주어진 분수만큼 수직선에 나타내면 $\dfrac{4}{6}$와 $\dfrac{2}{3}$는 크기
가 같은 분수입니다.

3 〈예〉

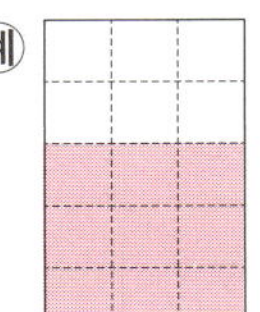

크기가 같은 분수는 전체를 똑같이 15
로 나눈 것 중의 9입니다.

4 세 분수 $\dfrac{2}{3}$, $\dfrac{4}{6}$, $\dfrac{6}{9}$은 분모와 분자에 0이 아닌 같은
수를 곱했기 때문에 크기가 같은 분수입니다.

---

5 (1) $\dfrac{2}{5}$의 분모와 분자에 같은 수를 곱하면 크기가 같
은 분수가 됩니다.

6 $\dfrac{3}{4}=\dfrac{6}{8}=\dfrac{9}{12}$이므로 조건에 맞는 분수는 $\dfrac{6}{8}$입니다.

1 (1) 4　(2) 5　(3) 9　(4) 3　**2** (1) $\dfrac{4}{4}$, $\dfrac{3}{4}$　(2) $\dfrac{6}{6}$, $\dfrac{3}{4}$
3 세미　**4** (1) 24, 20　(2) 24, 70　**5** (1) 6, 5　(2)
12, 35　**6** (1) ㉠　(2) ㉢　(3) ㉡

풀이

1 (1) $\dfrac{8}{24}=\dfrac{8\div2}{24\div2}=\dfrac{4}{12}$　(2) $\dfrac{15}{25}=\dfrac{15\div5}{25\div5}=\dfrac{3}{5}$

(3) $\dfrac{12}{36}=\dfrac{12\div4}{36\div4}=\dfrac{3}{9}$　(4) $\dfrac{21}{56}=\dfrac{21\div7}{56\div7}=\dfrac{3}{8}$

2 (1) 12와 16의 최대공약수인 4로 분모와 분자를 나
눕니다.

(2) 18과 24의 최대공약수인 6으로 분모와 분자를
나눕니다.

3 $\dfrac{12}{36}=\dfrac{6}{18}=\dfrac{4}{12}=\dfrac{3}{9}=\dfrac{2}{6}=\dfrac{1}{3}$로 약분하여 만들
수 있는 분수는 모두 5개입니다.

4 (1) $\dfrac{3}{4}=\dfrac{3\times8}{4\times8}=\dfrac{24}{32}$, $\dfrac{5}{8}=\dfrac{5\times4}{8\times4}=\dfrac{20}{32}$

(2) $\dfrac{4}{14}=\dfrac{4\times6}{14\times6}=\dfrac{24}{84}$, $\dfrac{5}{6}=\dfrac{5\times14}{6\times14}=\dfrac{70}{84}$

5 (1) 4와 8의 최소공배수는 8입니다.

$\dfrac{3}{4}=\dfrac{3\times2}{4\times2}=\dfrac{6}{8}$, $\dfrac{5}{8}=\dfrac{5\times1}{8\times1}=\dfrac{5}{8}$

(2) 14와 6의 최소공배수는 42입니다.

$\dfrac{4}{14}=\dfrac{4\times3}{14\times3}=\dfrac{12}{42}$, $\dfrac{5}{6}=\dfrac{5\times7}{6\times7}=\dfrac{35}{42}$

6 공통분모가 될 수 있는 가장 작은 수는 최소공배수입
니다.

(1) 6과 9의 최소공배수는 18입니다.

(2) 10과 8의 최소공배수는 40입니다.

(3) 24와 36의 최소공배수는 72입니다.

수학 익힘 풀기
77쪽

1 (1) $\dfrac{10}{15}$, $\dfrac{9}{15}$; > (2) $\dfrac{10}{20}$, $\dfrac{10}{20}$; = **2** $\dfrac{9}{12}$, $\dfrac{10}{12}$ < ; $\dfrac{25}{30}$, $\dfrac{21}{30}$ > ; $\dfrac{15}{20}$, $\dfrac{14}{20}$ > ; $\dfrac{5}{6}$, $\dfrac{3}{4}$, $\dfrac{7}{10}$ **3** 1, 2 **4** (1) 5, 0.5 (2) 4, 0.4 **5** (1) < (2) < **6** $1\dfrac{5}{10}$

풀이

1 분모가 다른 두 분수의 크기를 비교할 때에는 두 분수를 통분하여 분자의 크기를 비교합니다.
(1) 3과 5의 최소공배수는 15입니다.
(2) 4와 10의 최소공배수는 20입니다.

2 세 분수의 크기를 비교하기 위해서는 두 분수끼리 통분하여 차례대로 크기를 비교합니다.

3 $\dfrac{1}{5}=\dfrac{3}{15}$, $\dfrac{3}{15}>\dfrac{\square}{15}$ ➡ $3>\square$
따라서 □ 안에 들어갈 수 있는 자연수는 1, 2입니다.

5 (1) $2\dfrac{3}{5}=2\dfrac{6}{10}=2.6$
(2) $\dfrac{2}{5}=\dfrac{4}{10}=0.4$

6 $1\dfrac{2}{5}=1\dfrac{4}{10}$, $1.6=1\dfrac{6}{10}$ ➡ $1\dfrac{4}{10}<\square<1\dfrac{6}{10}$
따라서 □ 안에 들어갈 수 있는 분모가 10인 분수는 $1\dfrac{5}{10}$입니다.

1회 단원평가 〈연습〉
78~80쪽

1 풀이 참조 ; $\dfrac{9}{12}$ **2** 4, 3, $\dfrac{6}{21}$ **3** (왼쪽에서부터) 16, 8, 6, 2 **4** $\dfrac{4}{6}$, $\dfrac{6}{9}$ **5** ⑤ **6** ④ **7** $\dfrac{2}{3}$, $\dfrac{4}{6}$, $\dfrac{6}{9}$ **8** $\dfrac{2}{3}$, $\dfrac{2}{7}$ **9** $\dfrac{4}{5}$ **10** ⑩ 기약분수는 분모와 분자의 공약수가 1뿐이어야 하므로 $\dfrac{1}{12}$, $\dfrac{5}{12}$,

$\dfrac{7}{12}$, $\dfrac{11}{12}$입니다. 따라서 □ 안에 들어갈 수 있는 수는 1, 5, 7, 11로 모두 4개입니다. ; 4개 **11** 3, 4, $1\dfrac{3}{12}$, $2\dfrac{8}{12}$ **12** $\dfrac{8}{16}$, $\dfrac{6}{16}$ **13** ㉠ 24 ㉡ $\dfrac{10}{24}$, $\dfrac{9}{24}$ **14** ④ **15** 12, $\dfrac{9}{12}$; < **16** $\dfrac{15}{18}$, $\dfrac{14}{18}$; > **17** $\dfrac{8}{15}$ **18** (1) 0.75 (2) 0.625 **19** > **20** ⑩ 만들 수 있는 진분수는 $\dfrac{2}{4}$, $\dfrac{2}{5}$, $\dfrac{4}{5}$이고 이 중에서 가장 큰 수는 $\dfrac{4}{5}$입니다. $\dfrac{4}{5}$를 소수로 나타내면 $\dfrac{4}{5}=\dfrac{8}{10}=0.8$입니다. ; 0.8

풀이

1 ⑩  전체를 나눈 부분의 개수는 다르지만 색칠된 부분의 크기는 같습니다. 따라서 $\dfrac{3}{4}$과 $\dfrac{9}{12}$는 크기가 같은 분수입니다.

2 분모와 분자에 0이 아닌 같은 수를 곱하면 크기가 같은 분수가 됩니다. $\dfrac{2}{7}$의 분모와 분자에 2를 곱한 $\dfrac{4}{14}$와 3을 곱한 $\dfrac{6}{21}$은 $\dfrac{2}{7}$와 크기가 같은 분수입니다.

3 $\dfrac{32}{48}=\dfrac{32\div2}{48\div2}=\dfrac{32\div4}{48\div4}=\dfrac{32\div8}{48\div8}=\dfrac{32\div16}{48\div16}$
$=\dfrac{16}{24}=\dfrac{8}{12}=\dfrac{4}{6}=\dfrac{2}{3}$

4 $\dfrac{2}{3}$의 분모와 분자에 각각 2를 곱하면 $\dfrac{4}{6}$, 각각 3을 곱하면 $\dfrac{6}{9}$이 되므로 $\dfrac{2}{3}$는 $\dfrac{4}{6}$, $\dfrac{6}{9}$과 크기가 같습니다.

5 $\dfrac{1}{2}=\dfrac{1\times2}{2\times2}=\dfrac{1\times3}{2\times3}=\dfrac{1\times4}{2\times4}=\dfrac{1\times5}{2\times5}$이므로 $\dfrac{6}{10}$은 나머지 넷과 크기가 다릅니다.

6 분모와 분자를 그들의 공약수로 나누는 것을 약분한다고 합니다.
12와 36의 공약수는 1, 2, 3, 4, 6, 12이므로 나눌 수 없는 수는 5입니다.

7 분모와 분자의 공약수로 나누어 약분합니다. 12와 18의 최대공약수는 6이므로 분모와 분자를 6, 3, 2 로 각각 나눕니다.

$$\frac{12\div6}{18\div6}=\frac{2}{3}, \frac{12\div3}{18\div3}=\frac{4}{6}, \frac{12\div2}{18\div2}=\frac{6}{9}$$

8 분모와 분자의 공약수가 1뿐인 분수를 기약분수라고 합니다. $\frac{5}{15}=\frac{1}{3}, \frac{6}{8}=\frac{3}{4}, \frac{12}{33}=\frac{4}{11}$이므로 기약 분수는 $\frac{2}{3}, \frac{2}{7}$입니다.

9 분모와 분자의 최대공약수로 약분하면 한 번에 기약분수를 만들 수 있습니다. 12와 15의 최대공약수는 3이므로 분모와 분자를 3으로 나누면 $\frac{12}{15}=\frac{12\div3}{15\div3}=\frac{4}{5}$입니다.

11 대분수의 경우 분수 부분만 통분합니다. 4와 3의 최소공배수 12를 공통분모로 하여 통분합니다.

12 두 분모의 곱 16을 공통분모로 하면 $\frac{1}{2}=\frac{1\times8}{2\times8}=\frac{8}{16}$, $\frac{3}{8}=\frac{3\times2}{8\times2}=\frac{6}{16}$으로 통분할 수 있습니다.

13 두 분모 12와 8의 최소공배수는 24입니다. 24를 공통분모로 하여 통분하면 $\frac{5}{12}=\frac{5\times2}{12\times2}=\frac{10}{24}$, $\frac{3}{8}=\frac{3\times3}{8\times3}=\frac{9}{24}$입니다.

14 두 분모 9와 6의 최소공배수는 18이므로 18의 배수인 18, 36, 54, 72, 90……을 공통분모로 사용할 수 있습니다.

15 두 분모 3과 4의 최소공배수 12를 공통분모로 하여 통분하면 $\frac{8}{12}<\frac{9}{12}$이므로 $\frac{2}{3}<\frac{3}{4}$입니다.

16 두 분모 6, 9의 최소공배수 18을 공통분모로 하여 통분하면 $\frac{15}{18}>\frac{14}{18}$이므로 $\frac{5}{6}>\frac{7}{9}$입니다.

17 분자를 같게 하여 크기를 비교하는 것이 더 쉽습니다. $\left(\frac{8}{15}, \frac{6}{13}, \frac{12}{25}\right) \rightarrow \left(\frac{24}{45}, \frac{24}{52}, \frac{24}{50}\right)$이고 분자가 같을 때 분모가 작을수록 큰 분수이므로 $\frac{8}{15}$이 가장 큰 분수입니다.

18 (1) $\frac{3}{4}=\frac{3\times25}{4\times25}=\frac{75}{100}=0.75$

(2) $\frac{5}{8}=\frac{5\times125}{8\times125}=\frac{625}{1000}=0.625$

19 $1\frac{4}{5}=1\frac{8}{10}=1.8$이므로 $1\frac{4}{5}>1.7$입니다.

2회 단원평가

81~83쪽

1 풀이 참조 ; $\frac{2}{8}, \frac{1}{4}$　　**2** (왼쪽에서부터) 16, 4, 2, 2

3 $\frac{2}{6}, \frac{3}{9}, \frac{4}{12}$　　**4** 풀이 참조　　**5** $\frac{15}{18}, \frac{20}{24}$

6 5　　**7** 예 40과 48의 최대공약수는 8이므로 8의 약수인 8, 4, 2로 약분할 수 있습니다. $\frac{40\div8}{48\div8}=\frac{5}{6}$, $\frac{40\div4}{48\div4}=\frac{10}{12}, \frac{40\div2}{48\div2}=\frac{20}{24}$, 따라서 분모가 20보다 작은 분수는 $\frac{5}{6}, \frac{10}{12}$입니다. ; $\frac{5}{6}, \frac{10}{12}$　　**8** $1\frac{4}{5}$

9 ④　　**10** 예 14=2×7이므로 분자가 2의 배수나 7의 배수인 경우는 기약분수가 아닙니다. 분모와 분자의 공약수가 1뿐인 기약분수는 $\frac{1}{14}, \frac{3}{14}, \frac{5}{14}, \frac{9}{14}, \frac{11}{14}, \frac{13}{14}$으로 6개입니다. ; 6개　　**11** ⑤　　**12** $1\frac{25}{40}$, $2\frac{12}{40}$　　**13** (왼쪽에서부터) 12, 2　　**14** 7, 6, > ; 35, 35, < ; $\frac{5}{15}, \frac{6}{15}$, < ; $\frac{2}{7}, \frac{1}{3}, \frac{2}{5}$　　**15** (위에서부터) $\frac{8}{9}$; $\frac{4}{5}, \frac{8}{9}$　　**16** 예 자연수 부분이 같으므로 분수 부분만 통분하여 크기를 비교합니다. $\frac{3}{4}=\frac{15}{20}, \frac{4}{5}=\frac{16}{20}$이므로 $1\frac{3}{4}<1\frac{4}{5}$입니다. 따라서 지웅이는 독서보다 숙제를 더 오래 했습니다. ; 숙제

17 2, 3, 4, 5　　**18** 5, $\frac{35}{100}$, 0.35　　**19** 1.82

20 $1\frac{3}{5}$, 1.2, 0.8, $\frac{1}{4}$

 **풀이**

1 〈예〉 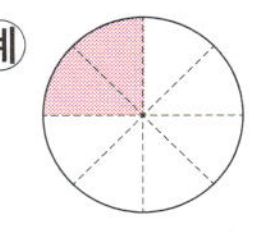 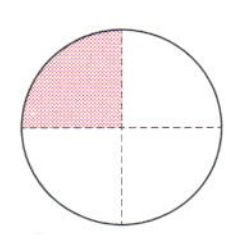 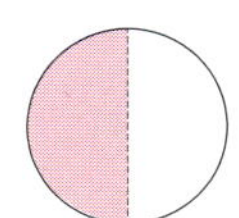

2 분모와 분자를 그들의 공약수로 나누면 크기가 같은 분수가 됩니다.

3 분모와 분자에 각각 2, 3, 4를 곱하면 $\dfrac{2}{6}$, $\dfrac{3}{9}$, $\dfrac{4}{12}$ 입니다.

4

$\dfrac{15}{45} \Big/ \dfrac{3}{9}$, $\dfrac{3}{6} \Big/ \dfrac{6}{12}$

$\dfrac{15}{45} = \dfrac{15 \div 5}{45 \div 5} = \dfrac{3}{9}$

$\dfrac{3}{6} = \dfrac{3 \times 2}{6 \times 2} = \dfrac{6}{12}$

5 $\dfrac{5}{6} = \dfrac{5 \times 3}{6 \times 3} = \dfrac{15}{18}$, $\dfrac{5}{6} = \dfrac{5 \times 4}{6 \times 4} = \dfrac{20}{24}$

6 대분수를 약분할 때는 자연수 부분은 그대로 두고, 분수 부분만 약분합니다. $2\dfrac{18}{30} = 2\dfrac{18 \div 6}{30 \div 6} = 2\dfrac{3}{5}$

8 대분수를 기약분수로 나타낼 때는 분수 부분만 약분하여 구합니다. ➡ $1\dfrac{16}{20} = 1\dfrac{16 \div 4}{20 \div 4} = 1\dfrac{4}{5}$

9 ④ $\dfrac{4}{6} = \dfrac{4 \div 2}{6 \div 2} = \dfrac{2}{3}$ 이므로 기약분수가 아닙니다.

11 $\left(\dfrac{1}{2}, \dfrac{3}{5}\right)$ ➡ $\left(\dfrac{1 \times 5}{2 \times 5}, \dfrac{3 \times 2}{5 \times 2}\right)$ ➡ $\left(\dfrac{5}{10}, \dfrac{6}{10}\right)$

12 대분수의 분수 부분을 통분하면 $\dfrac{5}{8} = \dfrac{5 \times 5}{8 \times 5} = \dfrac{25}{40}$, $\dfrac{3}{10} = \dfrac{3 \times 4}{10 \times 4} = \dfrac{12}{40}$ 이므로 $1\dfrac{25}{40}$, $2\dfrac{12}{40}$ 입니다.

13 오른쪽 분수를 약분하여 왼쪽의 분수와 같은 형태로 만듭니다.

$\left(\dfrac{25}{60}, \dfrac{24}{60}\right)$ ➡ $\left(\dfrac{25 \div 5}{60 \div 5}, \dfrac{24 \div 12}{60 \div 12}\right)$ ➡ $\left(\dfrac{5}{12}, \dfrac{2}{5}\right)$

14 세 분수의 크기 비교는 두 분수씩 짝 지어 크기를 비교할 수 있습니다. 세 분수를 작은 것부터 차례대로 쓰면 $\dfrac{2}{7}$, $\dfrac{1}{3}$, $\dfrac{2}{5}$ 입니다.

15 $\left(\dfrac{5}{7}, \dfrac{4}{5}\right)$ ➡ $\left(\dfrac{25}{35}, \dfrac{28}{35}\right)$ ➡ $\dfrac{5}{7} < \dfrac{4}{5}$,

$\left(\dfrac{5}{8}, \dfrac{8}{9}\right)$ ➡ $\left(\dfrac{45}{72}, \dfrac{64}{72}\right)$ ➡ $\dfrac{5}{8} < \dfrac{8}{9}$,

$\left(\dfrac{4}{5}, \dfrac{8}{9}\right)$ ➡ $\left(\dfrac{36}{45}, \dfrac{40}{45}\right)$ ➡ $\dfrac{4}{5} < \dfrac{8}{9}$

17 12를 공통분모로 하여 통분하면 $\dfrac{3}{12} < \dfrac{\square \times 2}{12} < \dfrac{12}{12}$ 이므로 □ 안에 들어갈 수 있는 수는 2, 3, 4, 5입니다.

19 $1\dfrac{3}{4} = 1\dfrac{75}{100} = 1.75$ 이므로 $1.82 > 1\dfrac{3}{4}$ 입니다.

20 분수를 소수로 고쳐서 크기를 비교합니다.

$1\dfrac{3}{5} = 1\dfrac{6}{10} = 1.6$, $\dfrac{1}{4} = \dfrac{25}{100} = 0.25$ 이므로

$1\dfrac{3}{5} > 1.2 > 0.8 > \dfrac{1}{4}$ 입니다.

3회 단원평가  84~86쪽

1 ④ **2** 〈예〉 분모와 분자에 0이 아닌 같은 수를 곱하여 크기가 같은 분수를 만들면 ㉠=6×2=12, ㉡=5×3=15, ㉢=5×4=20입니다. ➡ ㉠+㉡+㉢=12+15+20=47 ; 47 **3** ④ **4** $\dfrac{2}{3}$, $\dfrac{6}{9}$, $\dfrac{10}{15}$

5 $5\dfrac{2}{3}$, $5\dfrac{4}{6}$ **6** ①, ③ **7** $\dfrac{15}{25}$, $\dfrac{9}{15}$, $\dfrac{3}{5}$ **8** ①, ④ **9** 11 **10** ② **11** $\dfrac{28}{144}$, $\dfrac{15}{144}$ **12** (왼쪽에서부터) 9, 13 **13** 36, 72 **14** 〈예〉 $\dfrac{1}{4} = \dfrac{7}{28}$, $\dfrac{3}{7} = \dfrac{12}{28}$ 입니다. 따라서 $\dfrac{7}{28}$ 보다 크고 $\dfrac{12}{28}$ 보다 작은 분수는 $\dfrac{8}{28}$, $\dfrac{9}{28}$, $\dfrac{10}{28}$, $\dfrac{11}{28}$ 입니다. ; 4개 **15** <

16 영희 **17** ㉮, ㉰, ㉯ **18** $\dfrac{14}{25}$ **19** 노란색 끈

20 〈예〉 $2\dfrac{18}{30} = 2\dfrac{6}{10} = 2.6$, $2\dfrac{1}{2} = 2.5$ 이므로 $2.35 < 2\dfrac{1}{2} < 2\dfrac{18}{30}$ 입니다. 따라서 수진이네 집에서 가장 먼 곳은 우체국입니다. ; 우체국

풀이

1 분모와 분자에 0이 아닌 같은 수를 곱하거나 분모와 분자를 0이 아닌 같은 수로 나누면 크기가 같은 분수가 됩니다.

3 $\dfrac{2}{5}=\dfrac{4}{10}=\dfrac{6}{15}=\dfrac{8}{20}=\dfrac{10}{25}\cdots\cdots$

4 분모와 분자를 30과 45의 공약수로 나누어 봅니다.

$\dfrac{30\div3}{45\div3}=\dfrac{10}{15},\ \dfrac{30\div5}{45\div5}=\dfrac{6}{9},\ \dfrac{30\div15}{45\div15}=\dfrac{2}{3}$

5 분모와 분자를 36과 54의 공약수로 나누어 봅니다.

$5\dfrac{36\div18}{54\div18}=5\dfrac{2}{3},\ 5\dfrac{36\div9}{54\div9}=5\dfrac{4}{6}$

6 ② $\dfrac{40\div8}{56\div8}=\dfrac{5}{7}$ ④ $\dfrac{40\div4}{56\div4}=\dfrac{10}{14}$ ⑤ $\dfrac{40\div2}{56\div2}=\dfrac{20}{28}$

7 45와 75의 최대공약수는 15이므로 공약수는 1, 3, 5, 15입니다.

➡ $\dfrac{45\div3}{75\div3}=\dfrac{15}{25},\ \dfrac{45\div5}{75\div5}=\dfrac{9}{15},\ \dfrac{45\div15}{75\div15}=\dfrac{3}{5}$

8 ② $\dfrac{5}{15}=\dfrac{5\div5}{15\div5}=\dfrac{1}{3}$ ③ $\dfrac{16}{20}=\dfrac{16\div4}{20\div4}=\dfrac{4}{5}$

⑤ $\dfrac{14}{35}=\dfrac{14\div7}{35\div7}=\dfrac{2}{5}$

9 12와 32의 최대공약수 4로 약분을 해야 합니다.

$\dfrac{12}{32}=\dfrac{12\div4}{32\div4}=\dfrac{3}{8}$ ➡ ㉠=3, ㉡=8 ➡ 3+8=11

10 8과 6의 최소공배수가 24이므로 공통분모는 24의 배수가 됩니다.

11

```
4 ) 36  48
3 )  9  12
     3   4
```
최소공배수: $4\times3\times3\times4=144$

➡ $\dfrac{7\times4}{36\times4}=\dfrac{28}{144},$

$\dfrac{5\times3}{48\times3}=\dfrac{15}{144}$

12 $\dfrac{7}{\square}=\dfrac{35}{45}$ 에서 $7\times5=35$이므로

$\square\times5=45$ ➡ $\square=9$

$\dfrac{\square}{15}=\dfrac{39}{45}$ 에서 $15\times3=45$이므로

$\square\times3=39$ ➡ $\square=13$

13 9와 12의 공배수는 36, 72, 108……이므로 공통분모가 될 수 있는 수 중에서 100보다 작은 수는 36, 72입니다.

---

15 $\left(7\dfrac{3}{5},\ 7\dfrac{3}{4}\right)$ ➡ $\left(7\dfrac{12}{20},\ 7\dfrac{15}{20}\right)$ ➡ $7\dfrac{3}{5}<7\dfrac{3}{4}$

16 $\left(40\dfrac{5}{7},\ 40\dfrac{2}{3}\right)$ ➡ $\left(40\dfrac{15}{21},\ 40\dfrac{14}{21}\right)$

➡ $40\dfrac{5}{7}>40\dfrac{2}{3}$

17 $\dfrac{2}{3}=\dfrac{8}{12},\ \dfrac{7}{12}$ ➡ $\dfrac{2}{3}>\dfrac{7}{12}$ ➡ ㉮>㉯

$\dfrac{2}{3}=\dfrac{10}{15},\ \dfrac{3}{5}=\dfrac{9}{15}$ ➡ $\dfrac{2}{3}>\dfrac{3}{5}$ ➡ ㉮>㉰

$\dfrac{7}{12}=\dfrac{35}{60},\ \dfrac{3}{5}=\dfrac{36}{60}$ ➡ $\dfrac{7}{12}<\dfrac{3}{5}$ ➡ ㉯<㉰

18 $0.54=\dfrac{54}{100}=\dfrac{27}{50}$

19 $2\dfrac{2}{5}=2\dfrac{4}{10}=2.4$이므로 $2\dfrac{2}{5}>2.05$입니다.

4회 단원평가  실전

87~89쪽

1 풀이 참조 ; $\dfrac{1}{3},\ \dfrac{3}{9}$ **2** (1) (왼쪽에서부터) 8, 91

(2) (왼쪽에서부터) 48, 9 **3** ④ **4** ⑩ $\dfrac{2}{3}$와 크기

가 같은 분수는 $\dfrac{4}{6},\ \dfrac{6}{9},\ \dfrac{8}{12},\ \dfrac{10}{15},\ \dfrac{12}{18},\ \dfrac{14}{21},\ \dfrac{16}{24},$

$\dfrac{18}{27},\ \dfrac{20}{30}\cdots\cdots$입니다. 이 중에서 분모가 10보다 크고

30보다 작은 분수는 6개입니다. ; 6개 **5** (1) $\dfrac{3}{7}$ (2) $2\dfrac{4}{5}$

6 11 **7** $\dfrac{1}{4}$ **8** $\dfrac{6}{10},\ \dfrac{9}{15},\ \dfrac{12}{20}$ **9** $\dfrac{12}{30}$ **10**

4개 **11** ⑩ 4로 약분하기 전의 분수: $1\dfrac{5\times4}{7\times4}=1\dfrac{20}{28},$

분자에서 7을 빼기 전의 분수: $1\dfrac{20+7}{28}=1\dfrac{27}{28}$;

$1\dfrac{27}{28}$ **12** $\dfrac{55}{99},\ \dfrac{27}{99}$ **13** ㉠ 80 ㉡ $\dfrac{28}{80},\ \dfrac{15}{80}$

14 $\dfrac{49}{21},\ \dfrac{9}{21}$ **15** ⑩ $\dfrac{19}{24}=\dfrac{19\times4}{24\times4}=\dfrac{76}{96},\ \dfrac{5}{6}$

$=\dfrac{5\times16}{6\times16}=\dfrac{80}{96}$입니다. 따라서 $\dfrac{76}{96}$과 $\dfrac{80}{96}$ 사이에

있는 분수는 $\dfrac{77}{96}$, $\dfrac{78}{96}$, $\dfrac{79}{96}$입니다. ; 3개 **16** ①, ⑤

17 (1) $>$ (2) $=$ **18** $\dfrac{17}{18}$, $\dfrac{5}{6}$, $\dfrac{3}{4}$ **19** 예 $\dfrac{4}{9}$

$<\dfrac{\square}{36}<\dfrac{11}{18}$ ➡ $\dfrac{16}{36}<\dfrac{\square}{36}<\dfrac{22}{36}$, $16<\square<22$,

$\square=17$, 18, 19, 20, 21 ➡ 5개 ; 5개 **20** ㉠

풀이

1 예
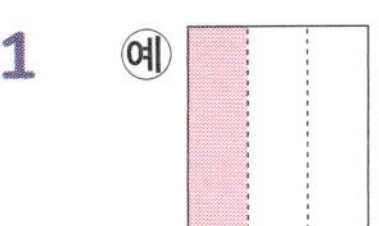 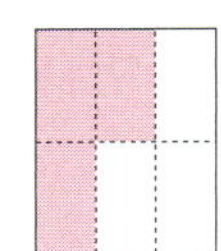 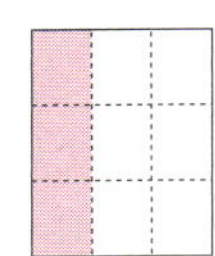

3 ①, ②, ③, ⑤: $\dfrac{2}{7}$ ④: $\dfrac{39}{91}=\dfrac{3}{7}$

5 (1) $\dfrac{27}{63}=\dfrac{27\div9}{63\div9}=\dfrac{3}{7}$

(2) $2\dfrac{36}{45}=2\dfrac{36\div9}{45\div9}=2\dfrac{4}{5}$

6 $\dfrac{5}{6}=\dfrac{5\times4}{6\times4}=\dfrac{20}{24}$이므로 $\square+9=20$, $\square=11$입니다.

7 분자를 $\square$라고 하면 분모는 $\square\times4$이고, 분모와 분자의 합이 30이므로 $\square+\square\times4=30$, $\square\times5=30$, $\square=6$입니다. ➡ $\dfrac{6}{24}=\dfrac{6\div6}{24\div6}=\dfrac{1}{4}$

8 $\dfrac{3}{5}=\dfrac{3\times2}{5\times2}=\dfrac{3\times3}{5\times3}=\dfrac{3\times4}{5\times4}$

➡ $\dfrac{3}{5}=\dfrac{6}{10}=\dfrac{9}{15}=\dfrac{12}{20}$

9 $\dfrac{2}{5}=\dfrac{4}{10}=\dfrac{6}{15}=\dfrac{8}{20}=\dfrac{10}{25}=\dfrac{12}{30}=\dfrac{14}{35}\cdots\cdots$

이 중에서 분모와 분자의 차가 18인 분수는 $\dfrac{12}{30}$입니다.

[다른 풀이] $\dfrac{2}{5}$의 분모와 분자의 차가 3입니다. 차가 18이 되려면 6을 분모와 분자에 곱해야 합니다.

➡ $\dfrac{2}{5}=\dfrac{2\times6}{5\times6}=\dfrac{12}{30}$

10 $3\dfrac{1}{6}$, $3\dfrac{5}{6}$, $4\dfrac{1}{6}$, $4\dfrac{5}{6}$

12 $\left(\dfrac{5}{9},\ \dfrac{3}{11}\right)=\left(\dfrac{5\times11}{9\times11},\ \dfrac{3\times9}{11\times9}\right)=\left(\dfrac{55}{99},\ \dfrac{27}{99}\right)$

13
$$2\ )\ \underline{20\quad16}$$
$$2\ )\ \underline{10\quad\ 8}\quad\text{➡ 최소공배수: }2\times2\times5\times4=80$$
$$5\quad\ 4$$

$\left(\dfrac{7}{20},\ \dfrac{3}{16}\right)=\left(\dfrac{7\times4}{20\times4},\ \dfrac{3\times5}{16\times5}\right)=\left(\dfrac{28}{80},\ \dfrac{15}{80}\right)$

14 가장 큰 가분수: $\dfrac{7}{3}$, 가장 작은 진분수: $\dfrac{3}{7}$

$\left(\dfrac{7}{3},\ \dfrac{3}{7}\right)$ ➡ $\left(\dfrac{7\times7}{3\times7},\ \dfrac{3\times3}{7\times3}\right)$ ➡ $\left(\dfrac{49}{21},\ \dfrac{9}{21}\right)$

16 ② $\dfrac{7}{8}=\dfrac{21}{24}\ \textcircled{>}\ \dfrac{5}{6}=\dfrac{20}{24}$

③ $\dfrac{5}{8}=\dfrac{65}{104}\ \textcircled{>}\ \dfrac{7}{26}=\dfrac{28}{104}$

④ $\dfrac{10}{13}=\dfrac{110}{143}\ \textcircled{<}\ \dfrac{9}{11}=\dfrac{117}{143}$

17 (1) $\dfrac{33}{44}=\dfrac{66}{88}\ \textcircled{>}\ \dfrac{5}{8}=\dfrac{55}{88}$

(2) $\dfrac{12}{25}=\dfrac{48}{100}\ \textcircled{=}\ 0.48$

18 $\dfrac{3}{4}=\dfrac{27}{36}$, $\dfrac{5}{6}=\dfrac{30}{36}$, $\dfrac{17}{18}=\dfrac{34}{36}$

20 ㉠ $\dfrac{7}{10}=0.7$, ㉡ 0.53, ㉢ $\dfrac{6}{10}=0.6$

탐구 서술형 평가 90~93쪽

1 1단계 $\dfrac{1}{3}$ 2단계 $\dfrac{5}{8}$ 3단계 $\dfrac{1}{3}$, $\dfrac{5}{8}$

1-1 예 $\dfrac{35}{42}$와 $\dfrac{18}{42}$을 각각 기약분수로 나타냅니다.

$\dfrac{35}{42}=\dfrac{35\div7}{42\div7}=\dfrac{5}{6}$, $\dfrac{18}{42}=\dfrac{18\div6}{42\div6}=\dfrac{3}{7}$, 따라서 통

분하기 전의 두 기약분수는 $\dfrac{5}{6}$, $\dfrac{3}{7}$입니다. ; $\dfrac{5}{6}$, $\dfrac{3}{7}$

2 1단계 $\dfrac{10}{18}$, $\dfrac{15}{27}$, $\dfrac{20}{36}$, $\dfrac{25}{45}$

2단계 28, 42, 56, 70 3단계 $\dfrac{20}{36}$

2-1 예 $\dfrac{3}{8}$과 크기가 같은 분수는 $\dfrac{6}{16}$, $\dfrac{9}{24}$, $\dfrac{12}{32}$,

$\dfrac{15}{40}\cdots\cdots$입니다. 크기가 같은 분수의 분모와 분자의 합

을 구해 보면 $\dfrac{6}{16}$ 은 22, $\dfrac{9}{24}$ 는 33, $\dfrac{12}{32}$ 는 44, $\dfrac{15}{40}$ 는 55입니다. 따라서 분모와 분자의 합이 33인 분수는 $\dfrac{9}{24}$ 입니다. ; $\dfrac{9}{24}$

3 【1단계】 3, 10 【2단계】 3, 10 【3단계】 6개

3-1 ⑩ 30을 공통분모로 하여 통분하면 $\dfrac{3}{5}=\dfrac{3\times6}{5\times6}$

$=\dfrac{18}{30}$, $\dfrac{7}{10}=\dfrac{7\times3}{10\times3}=\dfrac{21}{30}$ 입니다. $\dfrac{18}{30}<\dfrac{\square}{30}$

$<\dfrac{21}{30}$ 이므로 $18<\square<21$ 입니다. 따라서 $\square$ 안에 들어갈 수 있는 수는 19, 20으로 모두 2개입니다. ; 2개

4 ⑩ 분수를 소수로 고쳐서 크기를 비교하면

$2\dfrac{3}{4}=2\dfrac{75}{100}=2.75$ 이므로 $2\dfrac{3}{4}<2.82$ 입니다. 따라서 정우의 가방이 더 무겁습니다. ; 정우

5 ⑩ 거꾸로 생각하여 문제를 해결합니다. 8로 약분하기 전의 분수: $1\dfrac{4}{9}=1\dfrac{4\times8}{9\times8}=1\dfrac{32}{72}$, 분자에서 5를 빼기 전의 분수: $1\dfrac{32+5}{72}=1\dfrac{37}{72}$, 따라서 처음 분수는 $1\dfrac{37}{72}$ 입니다. ; $1\dfrac{37}{72}$

풀이

1 【1단계】 $\dfrac{8}{24}=\dfrac{8\div8}{24\div8}=\dfrac{1}{3}$

【2단계】 $\dfrac{15}{24}=\dfrac{15\div3}{24\div3}=\dfrac{5}{8}$

2 【1단계】 분모와 분자에 각각 2, 3, 4, 5를 곱하여 크기가 같은 분수를 만듭니다.

【2단계】 $\dfrac{10}{18}$ ➡ 28, $\dfrac{15}{27}$ ➡ 42, $\dfrac{20}{36}$ ➡ 56, $\dfrac{25}{45}$ ➡ 70

3 【1단계】 $\dfrac{1}{4}=\dfrac{1\times3}{4\times3}=\dfrac{3}{12}$

$\dfrac{5}{6}=\dfrac{5\times2}{6\times2}=\dfrac{10}{12}$

【3단계】 $3<\bullet<10$ 이므로 4, 5, 6, 7, 8, 9로 모두 6개입니다.

수학 익힘 풀기 95쪽

1 (1) $\dfrac{17}{20}$ (2) $\dfrac{7}{12}$ **2** ㉠ $\dfrac{7}{10}$ ㉡ $\dfrac{9}{10}$ **3** $\dfrac{5}{6}$

4 (1) $1\dfrac{4}{15}$ (2) $1\dfrac{1}{4}$ **5** $\dfrac{5\times4}{6\times4}+\dfrac{3\times3}{8\times3}=\dfrac{20}{24}$

$+\dfrac{9}{24}=\dfrac{29}{24}=1\dfrac{5}{24}$ **6** $1\dfrac{5}{8}$ kg

풀이

1 (1) $\dfrac{1}{4}+\dfrac{3}{5}=\dfrac{1\times5}{4\times5}+\dfrac{3\times4}{5\times4}=\dfrac{5}{20}+\dfrac{12}{20}=\dfrac{17}{20}$

(2) $\dfrac{1}{6}+\dfrac{5}{12}=\dfrac{1\times2}{6\times2}+\dfrac{5}{12}=\dfrac{2}{12}+\dfrac{5}{12}=\dfrac{7}{12}$

2 ㉠ $\dfrac{2}{10}+\dfrac{1}{2}=\dfrac{2}{10}+\dfrac{1\times5}{2\times5}=\dfrac{2}{10}+\dfrac{5}{10}=\dfrac{7}{10}$

㉡ $\dfrac{2}{5}+\dfrac{1}{2}=\dfrac{2\times2}{5\times2}+\dfrac{1\times5}{2\times5}=\dfrac{4}{10}+\dfrac{5}{10}=\dfrac{9}{10}$

3 $\dfrac{1}{6}+\dfrac{2}{3}=\dfrac{1}{6}+\dfrac{2\times2}{3\times2}=\dfrac{1}{6}+\dfrac{4}{6}=\dfrac{5}{6}$

4 (1) $\dfrac{2}{3}+\dfrac{3}{5}=\dfrac{2\times5}{3\times5}+\dfrac{3\times3}{5\times3}=\dfrac{10}{15}+\dfrac{9}{15}=1\dfrac{4}{15}$

(2) $\dfrac{5}{6}+\dfrac{5}{12}=\dfrac{5\times2}{6\times2}+\dfrac{5}{12}=\dfrac{10}{12}+\dfrac{5}{12}=\dfrac{15}{12}$

$=1\dfrac{3}{12}=1\dfrac{1}{4}$

6 $\dfrac{3}{4}+\dfrac{7}{8}=\dfrac{3\times2}{4\times2}+\dfrac{7}{8}=\dfrac{6}{8}+\dfrac{7}{8}=\dfrac{13}{8}=1\dfrac{5}{8}$

수학 익힘 풀기 97쪽

1 【방법 1】 $\dfrac{6}{9}$, $\dfrac{6}{9}$; $\dfrac{11}{9}$, $\dfrac{2}{9}$, $4\dfrac{2}{9}$ 【방법 2】 5, 23 ;

15, 23, 38, $4\dfrac{2}{9}$ **2** 풀이 참조 **3** 풀이 참조

4 【방법 1】 $\dfrac{9}{9}$, $\dfrac{6}{6}$; 45, 30, 15, $\dfrac{5}{18}$ 【방법 2】 $\dfrac{3}{3}$,

$\dfrac{2}{2}$; 15, 10, 5 **5** $\dfrac{2}{15}$, $\dfrac{11}{35}$ **6** $\dfrac{5}{8}$ L

정답과 풀이

2 $1\dfrac{5}{6}+2\dfrac{3}{4}=1\dfrac{10}{12}+2\dfrac{9}{12}=(1+2)+\left(\dfrac{10}{12}+\dfrac{9}{12}\right)$
$=3+\dfrac{19}{12}=3+1\dfrac{7}{12}=4\dfrac{7}{12}$

3 $1\dfrac{7}{9}+3\dfrac{3}{6}=\dfrac{16}{9}+\dfrac{21}{6}=\dfrac{32}{18}+\dfrac{63}{18}=\dfrac{95}{18}=5\dfrac{5}{18}$

18로 통분한 후 분자도 같은 수로 곱해 주어야 합니다.

5 $\dfrac{7}{15}-\dfrac{1}{3}=\dfrac{7}{15}-\dfrac{1\times5}{3\times5}=\dfrac{7}{15}-\dfrac{5}{15}=\dfrac{2}{15}$

$\dfrac{3}{5}-\dfrac{2}{7}=\dfrac{3\times7}{5\times7}-\dfrac{2\times5}{7\times5}=\dfrac{21}{35}-\dfrac{10}{35}=\dfrac{11}{35}$

6 $\dfrac{7}{8}-\dfrac{1}{4}=\dfrac{7}{8}-\dfrac{1\times2}{4\times2}=\dfrac{7}{8}-\dfrac{2}{8}=\dfrac{5}{8}$

수학 익힘 풀기
99쪽

1 방법1 6, 3 ; 6, 3 ; 3, $1\dfrac{3}{24}$ 방법2 27, 9, 27 ;
27, $\dfrac{3}{24}$ **2** 풀이 참조   **3** $\dfrac{1}{12}$ L   **4** 방법1 $\dfrac{2}{4}$,
3, 5 ; 3, 5 ; 1, 3, 1, 3   방법2 17, 5 ; 17, 10, 7, 1,
3   **5** =   **6** $1\dfrac{11}{12}$

2 $4\dfrac{5}{8}-2\dfrac{5}{16}=4\dfrac{10}{16}-2\dfrac{5}{16}=(4-2)+\left(\dfrac{10}{16}-\dfrac{5}{16}\right)$
$=2+\dfrac{5}{16}=2\dfrac{5}{16}$

3 $1\dfrac{5}{6}-1\dfrac{3}{4}=\dfrac{11}{6}-\dfrac{7}{4}=\dfrac{22}{12}-\dfrac{21}{12}=\dfrac{1}{12}$(L)

5 $2\dfrac{1}{6}-1\dfrac{1}{3}=\dfrac{13}{6}-\dfrac{4}{3}=\dfrac{13}{6}-\dfrac{8}{6}=\dfrac{5}{6}$

$2\dfrac{1}{3}-1\dfrac{1}{2}=\dfrac{7}{3}-\dfrac{3}{2}=\dfrac{14}{6}-\dfrac{9}{6}=\dfrac{5}{6}$

6 가장 큰 대분수: $4\dfrac{2}{3}$, 가장 작은 대분수: $2\dfrac{3}{4}$

$4\dfrac{2}{3}-2\dfrac{3}{4}=4\dfrac{8}{12}-2\dfrac{9}{12}=3\dfrac{20}{12}-2\dfrac{9}{12}=1\dfrac{11}{12}$

1회 단원평가  연습
100~102쪽

1 4, 4, 5   **2** (1) $\dfrac{19}{21}$ (2) $\dfrac{31}{45}$ **3** $\dfrac{19}{20}$ L   **4** 6,
8 ; 18, 40, 58 ; 1, 10, 1, 5   **5** 3, 4 ; 9, 20 ;
29, 1, 5   **6** >   **7** 풀이 참조   **8** $6\dfrac{7}{12}$

9 (위에서부터) $8\dfrac{5}{18}$, $7\dfrac{89}{120}$, $10\dfrac{11}{30}$, $5\dfrac{47}{72}$

10 $3\dfrac{5}{6}$ 컵   **11** $\dfrac{11}{60}$ **12** $\dfrac{7}{12}$ m   **13** 풀이 참조

14 $2\dfrac{1}{12}$ **15** 풀이 참조   **16** 풀이 참조

17 $\dfrac{33}{40}$ km   **18** <   **19** 풀이 참조 ; $2\dfrac{8}{15}$ m

20 풀이 참조 ; $6\dfrac{11}{18}$

2 (1) $\dfrac{4}{7}+\dfrac{1}{3}=\dfrac{12}{21}+\dfrac{7}{21}=\dfrac{19}{21}$

(2) $\dfrac{2}{9}+\dfrac{7}{15}=\dfrac{10}{45}+\dfrac{21}{45}=\dfrac{31}{45}$

3 $\dfrac{3}{4}+\dfrac{1}{5}=\dfrac{15}{20}+\dfrac{4}{20}=\dfrac{19}{20}$(L)

6 $\dfrac{5}{8}+\dfrac{7}{10}=\dfrac{25}{40}+\dfrac{28}{40}=\dfrac{53}{40}=1\dfrac{13}{40}>1$

7 $1\dfrac{2}{3}+2\dfrac{3}{5}=\dfrac{5}{3}+\dfrac{13}{5}=\dfrac{25}{15}+\dfrac{39}{15}=\dfrac{64}{15}=4\dfrac{4}{15}$

8 $3\dfrac{3}{4}+2\dfrac{5}{6}=3\dfrac{9}{12}+2\dfrac{10}{12}=5+\dfrac{19}{12}$
$=5+1\dfrac{7}{12}=6\dfrac{7}{12}$

9 $5\dfrac{5}{6}+2\dfrac{4}{9}=8\dfrac{5}{18}$, $4\dfrac{8}{15}+3\dfrac{5}{24}=7\dfrac{89}{120}$

$5\dfrac{5}{6}+4\dfrac{8}{15}=10\dfrac{11}{30}$, $2\dfrac{4}{9}+3\dfrac{5}{24}=5\dfrac{47}{72}$

10 $1\dfrac{1}{6}+2\dfrac{2}{3}=1\dfrac{1}{6}+2\dfrac{4}{6}=3\dfrac{5}{6}$(컵)

11 $\dfrac{3}{5}=\dfrac{36}{60}$, $\dfrac{5}{12}=\dfrac{25}{60}$이므로 $\dfrac{3}{5}>\dfrac{5}{12}$

➡ $\dfrac{3}{5}-\dfrac{5}{12}=\dfrac{36}{60}-\dfrac{25}{60}=\dfrac{11}{60}$

12 $\dfrac{3}{4}-\dfrac{1}{6}=\dfrac{9}{12}-\dfrac{2}{12}=\dfrac{7}{12}$ (m)

13 $5\dfrac{4}{5}-1\dfrac{2}{3}=5\dfrac{12}{15}-1\dfrac{10}{15}=(5-1)+\left(\dfrac{12}{15}-\dfrac{10}{15}\right)$

$\qquad\qquad =4+\dfrac{2}{15}=4\dfrac{2}{15}$

14 어떤 수를 □라고 하면 □$+2\dfrac{2}{3}=4\dfrac{3}{4}$,

$\qquad$ □$=4\dfrac{3}{4}-2\dfrac{2}{3}=4\dfrac{9}{12}-2\dfrac{8}{12}=2\dfrac{1}{12}$

15 $4\dfrac{3}{10}-2\dfrac{3}{4}=4\dfrac{6}{20}-2\dfrac{15}{20}=3\dfrac{26}{20}-2\dfrac{15}{20}$

$\qquad\qquad =(3-2)+\left(\dfrac{26}{20}-\dfrac{15}{20}\right)$

$\qquad\qquad =1+\dfrac{11}{20}=1\dfrac{11}{20}$

16 $3\dfrac{1}{3}-1\dfrac{3}{8}=\dfrac{10}{3}-\dfrac{11}{8}=\dfrac{80}{24}-\dfrac{33}{24}$

$\qquad\qquad =\dfrac{47}{24}=1\dfrac{23}{24}$

17 $1\dfrac{5}{8}-\dfrac{4}{5}=1\dfrac{25}{40}-\dfrac{32}{40}=\dfrac{65}{40}-\dfrac{32}{40}=\dfrac{33}{40}$ (km)

18 $\dfrac{7}{12}+\dfrac{13}{18}=\dfrac{21}{36}+\dfrac{26}{36}=\dfrac{47}{36}=1\dfrac{11}{36}$

$2\dfrac{1}{4}-\dfrac{7}{9}=2\dfrac{9}{36}-\dfrac{28}{36}=1\dfrac{45}{36}-\dfrac{28}{36}=1\dfrac{17}{36}$

19 예 (성일이가 사용한 철사의 길이)

$\qquad =1\dfrac{3}{5}-\dfrac{2}{3}=1\dfrac{9}{15}-\dfrac{10}{15}=\dfrac{24}{15}-\dfrac{10}{15}=\dfrac{14}{15}$ (m)

$\qquad$ 이므로 의진이와 성일이가 사용한 철사는 모두

$\qquad 1\dfrac{3}{5}+\dfrac{14}{15}=1\dfrac{9}{15}+\dfrac{14}{15}=1+\dfrac{23}{15}$

$\qquad\qquad =1+1\dfrac{8}{15}=2\dfrac{8}{15}$ (m)입니다.

20 예 ⓒ$+1\dfrac{5}{9}=5\dfrac{1}{3}$, ⓒ$=5\dfrac{1}{3}-1\dfrac{5}{9}=5\dfrac{3}{9}-1\dfrac{5}{9}$

$\qquad =4\dfrac{12}{9}-1\dfrac{5}{9}=3\dfrac{7}{9}$입니다.

$\qquad$ ㉠$-2\dfrac{5}{6}=3\dfrac{7}{9}$이므로 ㉠$=3\dfrac{7}{9}+2\dfrac{5}{6}=3\dfrac{14}{18}$

$\qquad +2\dfrac{15}{18}=5+\dfrac{29}{18}=5+1\dfrac{11}{18}=6\dfrac{11}{18}$입니다.

---

1 $\dfrac{2}{2}$, 4, 7   **2** $\dfrac{25}{28}$ **3** (   ) (◯)

4 $1\dfrac{5}{56}$ **5** $1\dfrac{5}{12}$ 컵   **6** 풀이 참조   **7** 풀이 참조

8 $6\dfrac{1}{9}$, $8\dfrac{11}{18}$ **9** $3\dfrac{5}{36}$ m   **10** 9, 4, 5

11 ⓒ   **12** $\dfrac{5}{14}$ **13** 풀이 참조 ; $\dfrac{13}{35}$ **14** $3\dfrac{7}{24}$

15 (1) $5\dfrac{5}{12}$ (2) $2\dfrac{17}{24}$ **16** $1\dfrac{15}{28}$ **17** $\dfrac{19}{30}$ L

18 $\dfrac{23}{24}$ **19** 풀이 참조 ; $2\dfrac{1}{12}$ cm   **20** $10\dfrac{5}{8}$ km

풀이

1 분모의 최소공배수를 이용하여 통분한 후 계산합니다.

2 $\dfrac{3}{4}+\dfrac{1}{7}=\dfrac{21}{28}+\dfrac{4}{28}=\dfrac{25}{28}$

3 $\dfrac{1}{6}+\dfrac{4}{5}=\dfrac{5}{30}+\dfrac{24}{30}=\dfrac{29}{30}$

$\dfrac{1}{3}+\dfrac{3}{4}=\dfrac{4}{12}+\dfrac{9}{12}=1\dfrac{1}{12}$

4 $\dfrac{3}{8}+\dfrac{5}{7}=\dfrac{21}{56}+\dfrac{40}{56}=\dfrac{61}{56}=1\dfrac{5}{56}$

5 $\dfrac{2}{3}+\dfrac{3}{4}=\dfrac{8}{12}+\dfrac{9}{12}=\dfrac{17}{12}=1\dfrac{5}{12}$ (컵)

6 $2\dfrac{1}{4}+3\dfrac{2}{5}=2\dfrac{5}{20}+3\dfrac{8}{20}=(2+3)+\left(\dfrac{5}{20}+\dfrac{8}{20}\right)$

$\qquad\qquad =5+\dfrac{13}{20}=5\dfrac{13}{20}$

7 $2\dfrac{1}{4}+3\dfrac{2}{5}=\dfrac{9}{4}+\dfrac{17}{5}=\dfrac{45}{20}+\dfrac{68}{20}=\dfrac{113}{20}=5\dfrac{13}{20}$

8 $4\dfrac{1}{3}+1\dfrac{7}{9}=4\dfrac{3}{9}+1\dfrac{7}{9}=5+\dfrac{10}{9}=5+1\dfrac{1}{9}=6\dfrac{1}{9}$

$6\dfrac{1}{9}+2\dfrac{1}{2}=6\dfrac{2}{18}+2\dfrac{9}{18}=8\dfrac{11}{18}$

9 $1\dfrac{2}{9}+1\dfrac{11}{12}=1\dfrac{8}{36}+1\dfrac{33}{36}=2+\dfrac{41}{36}$

$\qquad\qquad =2+1\dfrac{5}{36}=3\dfrac{5}{36}$ (m)

11 ㉠ $\dfrac{8}{9}-\dfrac{5}{6}=\dfrac{16}{18}-\dfrac{15}{18}=\dfrac{1}{18}$

㉡ $\dfrac{1}{2}-\dfrac{7}{18}=\dfrac{9}{18}-\dfrac{7}{18}=\dfrac{2}{18}=\dfrac{1}{9}$

㉢ $\dfrac{5}{18}-\dfrac{2}{9}=\dfrac{5}{18}-\dfrac{4}{18}=\dfrac{1}{18}$

12 $\square=\dfrac{6}{7}-\dfrac{1}{2}=\dfrac{12}{14}-\dfrac{7}{14}=\dfrac{5}{14}$

13 ⑩ 나머지 한 수는 $\dfrac{27}{35}-\dfrac{4}{7}=\dfrac{27}{35}-\dfrac{20}{35}=\dfrac{7}{35}$

$=\dfrac{1}{5}$ 입니다. 따라서 두 수의 차는

$\dfrac{4}{7}-\dfrac{1}{5}=\dfrac{20}{35}-\dfrac{7}{35}=\dfrac{13}{35}$ 입니다.

14 $4\dfrac{2}{3}-1\dfrac{3}{8}=4\dfrac{16}{24}-1\dfrac{9}{24}=3\dfrac{7}{24}$

15 (1) $3\dfrac{7}{12}+1\dfrac{5}{6}=3\dfrac{7}{12}+1\dfrac{10}{12}=4+\dfrac{17}{12}$

$=4+1\dfrac{5}{12}=5\dfrac{5}{12}$

(2) $4\dfrac{1}{8}-1\dfrac{5}{12}=4\dfrac{3}{24}-1\dfrac{10}{24}=3\dfrac{27}{24}-1\dfrac{10}{24}$

$=2\dfrac{17}{24}$

16 $3\dfrac{2}{7}-1\dfrac{3}{4}=3\dfrac{8}{28}-1\dfrac{21}{28}=2\dfrac{36}{28}-1\dfrac{21}{28}=1\dfrac{15}{28}$

17 (재호와 정원이가 마신 우유의 양)

$=\dfrac{7}{10}+\dfrac{1}{3}=\dfrac{21}{30}+\dfrac{10}{30}=\dfrac{31}{30}=1\dfrac{1}{30}$ (L)이므로

남은 우유는 $1\dfrac{2}{3}-1\dfrac{1}{30}=1\dfrac{20}{30}-1\dfrac{1}{30}=\dfrac{19}{30}$ (L)

18 가장 큰 수는 $2\dfrac{7}{8}$, 가장 작은 수는 $1\dfrac{11}{12}$이므로 그 차는

$2\dfrac{7}{8}-1\dfrac{11}{12}=2\dfrac{21}{24}-1\dfrac{22}{24}=1\dfrac{45}{24}-1\dfrac{22}{24}=\dfrac{23}{24}$

19 ⑩ (세로)$=7\dfrac{5}{12}-4\dfrac{3}{4}=7\dfrac{5}{12}-4\dfrac{9}{12}$

$=6\dfrac{17}{12}-4\dfrac{9}{12}=2\dfrac{8}{12}=2\dfrac{2}{3}$ (cm)입니다.

따라서 가로와 세로의 차는

$4\dfrac{3}{4}-2\dfrac{2}{3}=4\dfrac{9}{12}-2\dfrac{8}{12}=2\dfrac{1}{12}$ (cm)입니다.

20 $5\dfrac{3}{4}+6\dfrac{3}{8}-1\dfrac{1}{2}=5\dfrac{6}{8}+6\dfrac{3}{8}-1\dfrac{1}{2}$

$=11\dfrac{9}{8}-1\dfrac{1}{2}=12\dfrac{1}{8}-1\dfrac{1}{2}$

$=11\dfrac{9}{8}-1\dfrac{4}{8}=10\dfrac{5}{8}$ (km)

3회 단원평가 기출
106~108쪽

1 $\dfrac{19}{35}$ m **2** $9,\,4\,;\,13,\,1,\,1$ **3** $1\dfrac{5}{24}$ **4** $1\dfrac{11}{18}$ L

5 $1,\,12,\,2,\,10\,;\,22,\,4,\,7$ **6** (위에서부터)

$13\dfrac{5}{12},\,7\dfrac{29}{30},\,3\dfrac{7}{12},\,1\dfrac{13}{15}$ **7** $7\dfrac{15}{28}$ cm

8 $5\dfrac{7}{12}$ **9** 풀이 참조 ; $4\dfrac{7}{15}$ **10** $5,\,3,\,2,\,1$

11 ⑩ 분모의 곱을 이용하여 통분한 후 계산했습니다.

12 ⑩ 분모의 최소공배수를 이용하여 통분한 후 계산

했습니다. **13** $\dfrac{7}{45}$ **14** $3\dfrac{8}{21}$ **15** $2\dfrac{17}{30}$ L

16 (1) $4\dfrac{1}{6}$ (2) $1\dfrac{13}{24}$ **17** 풀이 참조 ; $3\dfrac{5}{36}$

18 $\dfrac{3}{4}$ kg **19** $5\dfrac{6}{4}$; 풀이 참조 **20** 풀이 참조 ;

$1\dfrac{5}{12}$ km

풀이

1 (선분 ㄱㄷ의 길이)$=\dfrac{2}{5}+\dfrac{1}{7}=\dfrac{14}{35}+\dfrac{5}{35}=\dfrac{19}{35}$ (m)

2 분모의 최소공배수를 이용하여 통분한 후 계산합니다.

3 $\dfrac{7}{12}+\dfrac{5}{8}=\dfrac{14}{24}+\dfrac{15}{24}=\dfrac{29}{24}=1\dfrac{5}{24}$

4 $\dfrac{5}{6}+\dfrac{7}{9}=\dfrac{15}{18}+\dfrac{14}{18}=\dfrac{29}{18}=1\dfrac{11}{18}$ (L)

5 자연수는 자연수끼리, 분수는 분수끼리 계산합니다.

6 $5\dfrac{3}{4}+7\dfrac{2}{3}=13\dfrac{5}{12}$, $2\dfrac{1}{6}+5\dfrac{4}{5}=7\dfrac{29}{30}$

$5\dfrac{3}{4}-2\dfrac{1}{6}=3\dfrac{7}{12}$, $7\dfrac{2}{3}-5\dfrac{4}{5}=1\dfrac{13}{15}$

7 $4\dfrac{1}{4}+3\dfrac{2}{7}=4\dfrac{7}{28}+3\dfrac{8}{28}=7\dfrac{15}{28}\,(\text{cm})$

8 $1\dfrac{1}{6}+1\dfrac{11}{12}=1\dfrac{2}{12}+1\dfrac{11}{12}=2+\dfrac{13}{12}$
$=2+1\dfrac{1}{12}=3\dfrac{1}{12}$이므로

$\square-2\dfrac{1}{2}=3\dfrac{1}{12}$,

$\square=3\dfrac{1}{12}+2\dfrac{1}{2}=3\dfrac{1}{12}+2\dfrac{6}{12}=5\dfrac{7}{12}$입니다.

9 ㉠ 합이 가장 작은 덧셈식을 만들려면 가장 작은 수와 두 번째로 작은 수를 더해야 합니다.
따라서 두 수의 합은
$1\dfrac{4}{5}+2\dfrac{2}{3}=1\dfrac{12}{15}+2\dfrac{10}{15}=3+\dfrac{22}{15}$
$=3+1\dfrac{7}{15}=4\dfrac{7}{15}$입니다.

10 분모의 최소공배수를 이용하여 통분한 후 계산합니다.

13 $\dfrac{5}{9}-\dfrac{2}{5}=\dfrac{25}{45}-\dfrac{18}{45}=\dfrac{7}{45}$

14 $4\dfrac{2}{3}-\square=1\dfrac{2}{7}$, $4\dfrac{2}{3}-1\dfrac{2}{7}=\square$, $\square=3\dfrac{8}{21}$

15 $2\dfrac{7}{10}-\dfrac{2}{15}=2\dfrac{21}{30}-\dfrac{4}{30}=2\dfrac{17}{30}\,(\text{L})$

16 (1) $5\dfrac{2}{3}-1\dfrac{1}{2}=5\dfrac{4}{6}-1\dfrac{3}{6}=4\dfrac{1}{6}$

(2) $4\dfrac{5}{12}-2\dfrac{7}{8}=4\dfrac{10}{24}-2\dfrac{21}{24}=1\dfrac{13}{24}$

17 ㉠ 세 변 중 두 변의 길이의 합이
$1\dfrac{5}{12}+2\dfrac{5}{6}=1\dfrac{5}{12}+2\dfrac{10}{12}=3+\dfrac{15}{12}$
$=3+1\dfrac{3}{12}=4\dfrac{3}{12}=4\dfrac{1}{4}\,(\text{cm})$이므로

$\square=7\dfrac{7}{18}-4\dfrac{1}{4}=7\dfrac{14}{36}-4\dfrac{9}{36}=3\dfrac{5}{36}$입니다.

18 $2-1\dfrac{1}{4}=1\dfrac{4}{4}-1\dfrac{1}{4}=\dfrac{3}{4}\,(\text{kg})$

19 $5\dfrac{1}{2}-2\dfrac{3}{4}=5\dfrac{2}{4}-2\dfrac{3}{4}=4\dfrac{6}{4}-2\dfrac{3}{4}$
$=(4-2)+\left(\dfrac{6}{4}-\dfrac{3}{4}\right)=2+\dfrac{3}{4}=2\dfrac{3}{4}$

$5\dfrac{2}{4}$에서 $2\dfrac{3}{4}$을 뺄 때 $\dfrac{2}{4}$가 $\dfrac{3}{4}$보다 작아서 뺄 수 없으므로 자연수 부분에서 1을 분수 부분으로 바꾸어 $4\dfrac{6}{4}$으로 계산합니다.

20 ㉠ 가 마을에서 나 마을을 거쳐 다 마을까지 가는 거리는 $3\dfrac{1}{6}+4\dfrac{3}{4}=3\dfrac{2}{12}+4\dfrac{9}{12}=7\dfrac{11}{12}\,(\text{km})$이므로 $7\dfrac{11}{12}-6\dfrac{1}{2}=7\dfrac{11}{12}-6\dfrac{6}{12}=1\dfrac{5}{12}\,(\text{km})$ 가까워졌습니다.

4회 단원평가 실전

109~111쪽

1 5, 2, 7 　**2** (위에서부터) $1\dfrac{13}{30}$; $\dfrac{11}{15}$, $\dfrac{7}{10}$

3 ㉠ $\dfrac{5}{12}+\dfrac{7}{15}=\dfrac{25}{60}+\dfrac{28}{60}=\dfrac{53}{60}\,(\text{km})$입니다. 효주네 집에서 도서관까지의 거리가 1 km보다 가까우므로 걸어가는 것이 좋습니다. ; 걸어가는 방법

4 (　)(◯) 　**5** $1\dfrac{11}{20}$ kg 　**6** ㉠ 자연수는 자연수끼리, 분수는 분수끼리 더해서 계산했습니다.

7 ㉠ 대분수를 가분수로 고쳐서 계산했습니다. 　**8** ㉠ 만들 수 있는 대분수 중에서 가장 큰 수는 $8\dfrac{2}{3}$, 가장 작은 수는 $2\dfrac{3}{8}$이므로 그 합은 $8\dfrac{2}{3}+2\dfrac{3}{8}=8\dfrac{16}{24}+2\dfrac{9}{24}=10+\dfrac{25}{24}=10+1\dfrac{1}{24}=11\dfrac{1}{24}$입니다. ; $11\dfrac{1}{24}$

9 $\dfrac{5\times2}{6\times2}-\dfrac{3\times3}{4\times3}=\dfrac{10}{12}-\dfrac{9}{12}=\dfrac{1}{12}$

10 $\dfrac{1}{42}$ 　**11** ㉡, $\dfrac{1}{30}$ 　**12** 공원, $\dfrac{1}{30}$ km

13 (1) $1\dfrac{7}{40}$ 　(2) $2\dfrac{13}{36}$ 　**14** 고양이, $\dfrac{3}{20}$ kg

15 (위에서부터) 2, 7, 2 ; 7, 2 ; 1, 5 　**16** (1) ㉢ (2) ㉠ (3) ㉡ 　**17** $2\dfrac{7}{12}$ 　**18** $\dfrac{11}{12}$ 　**19** 풀이 참조 ; $1\dfrac{11}{18}$ km 　**20** 풀이 참조 ; $9\dfrac{8}{15}$ m

정답과 풀이

풀이

1 분모의 최소공배수를 이용하여 통분한 후 계산합니다.

2 $\dfrac{1}{3}+\dfrac{2}{5}=\dfrac{11}{15}$

$\dfrac{1}{5}+\dfrac{1}{2}=\dfrac{7}{10}$

$\dfrac{11}{15}+\dfrac{7}{10}=1\dfrac{13}{30}$

4 $\dfrac{1}{6}+\dfrac{7}{8}=\dfrac{4}{24}+\dfrac{21}{24}=\dfrac{25}{24}=1\dfrac{1}{24}$

$\dfrac{5}{8}+\dfrac{7}{12}=\dfrac{15}{24}+\dfrac{14}{24}=\dfrac{29}{24}=1\dfrac{5}{24}$

5 $\dfrac{3}{4}+\dfrac{4}{5}=\dfrac{15}{20}+\dfrac{16}{20}=\dfrac{31}{20}=1\dfrac{11}{20}$ (kg)

9 분모의 최소공배수를 이용하여 통분한 후 계산합니다.

10 $\dfrac{5}{6}=\dfrac{35}{42}$, $\dfrac{6}{7}=\dfrac{36}{42}$이므로 두 수의 차를 구하면

$\dfrac{6}{7}-\dfrac{5}{6}=\dfrac{36}{42}-\dfrac{35}{42}=\dfrac{1}{42}$입니다.

11 ㉠ $\dfrac{3}{5}-\dfrac{1}{3}=\dfrac{9}{15}-\dfrac{5}{15}=\dfrac{4}{15}$,

㉡ $\dfrac{4}{5}-\dfrac{1}{2}=\dfrac{8}{10}-\dfrac{5}{10}=\dfrac{3}{10}$

$\dfrac{4}{15}=\dfrac{8}{30}$, $\dfrac{3}{10}=\dfrac{9}{30}$이므로

㉡이 $\dfrac{3}{10}-\dfrac{4}{15}=\dfrac{9}{30}-\dfrac{8}{30}=\dfrac{1}{30}$만큼 더 큽니다.

12 $\dfrac{7}{10}=\dfrac{21}{30}$, $\dfrac{2}{3}=\dfrac{20}{30}$이므로

공원이 $\dfrac{21}{30}-\dfrac{20}{30}=\dfrac{1}{30}$(km)만큼 더 멉니다.

13 (1) $\dfrac{3}{10}+\dfrac{7}{8}=\dfrac{12}{40}+\dfrac{35}{40}=\dfrac{47}{40}=1\dfrac{7}{40}$

(2) $2\dfrac{7}{9}-\dfrac{5}{12}=2\dfrac{28}{36}-\dfrac{15}{36}=2\dfrac{13}{36}$

14 $2\dfrac{1}{4}=2\dfrac{5}{20}$, $2\dfrac{2}{5}=2\dfrac{8}{20}$이므로 $2\dfrac{1}{4}<2\dfrac{2}{5}$입니다. 따라서 고양이의 무게가

$2\dfrac{2}{5}-2\dfrac{1}{4}=2\dfrac{8}{20}-2\dfrac{5}{20}=\dfrac{3}{20}$(kg) 더 무겁습니다.

15 분수 부분끼리 뺄 수 없으면 자연수 부분의 1을 1과 크기가 같은 분수로 만들어 계산합니다.

16 (1) $7\dfrac{5}{12}-6\dfrac{3}{8}=7\dfrac{10}{24}-6\dfrac{9}{24}=1\dfrac{1}{24}$

(2) $1\dfrac{1}{2}-\dfrac{1}{8}=1\dfrac{4}{8}-\dfrac{1}{8}=1\dfrac{3}{8}$

(3) $\dfrac{5}{8}+\dfrac{7}{12}=\dfrac{15}{24}+\dfrac{14}{24}=\dfrac{29}{24}=1\dfrac{5}{24}$

17 ㉠$+5\dfrac{3}{4}=8\dfrac{1}{3}$, $8\dfrac{1}{3}-5\dfrac{3}{4}=$㉠,

$8\dfrac{1}{3}-5\dfrac{3}{4}=8\dfrac{4}{12}-5\dfrac{9}{12}=7\dfrac{16}{12}-5\dfrac{9}{12}=2\dfrac{7}{12}$

이므로 ㉠$=2\dfrac{7}{12}$입니다.

18 어떤 수를 $\square$라고 하면 $2\dfrac{1}{2}+\square=5\dfrac{1}{6}-1\dfrac{3}{4}$입니다.

$5\dfrac{1}{6}-1\dfrac{3}{4}=5\dfrac{2}{12}-1\dfrac{9}{12}=4\dfrac{14}{12}-1\dfrac{9}{12}=3\dfrac{5}{12}$

이므로 $2\dfrac{1}{2}+\square=3\dfrac{5}{12}$,

$\square=3\dfrac{5}{12}-2\dfrac{1}{2}=3\dfrac{5}{12}-2\dfrac{6}{12}$

$=2\dfrac{17}{12}-2\dfrac{6}{12}=\dfrac{11}{12}$

19 예 (㉡에서 ㉢까지의 거리)=(㉠에서 ㉢까지의 거리)+(㉡에서 ㉣까지의 거리)−(㉠에서 ㉣까지의 거리)$=2\dfrac{5}{6}+3\dfrac{1}{9}-4\dfrac{1}{3}=5\dfrac{17}{18}-4\dfrac{1}{3}=1\dfrac{11}{18}$ (km)입니다.

20 예 (이은 색 테이프의 길이)=(색 테이프 3개의 길이의 합)−(겹쳐진 부분의 길이의 합)

$=\left(3\dfrac{2}{5}+3\dfrac{2}{5}+3\dfrac{2}{5}\right)-\left(\dfrac{1}{3}+\dfrac{1}{3}\right)$

$=9\dfrac{6}{5}-\dfrac{2}{3}=9\dfrac{18}{15}-\dfrac{10}{15}=9\dfrac{8}{15}$ (m)입니다.

탐구 서술형 평가

112~115쪽

1 **1단계** 가장 큰 수와 가장 작은 수 **2단계** $\dfrac{5}{6}$, $\dfrac{1}{15}$

3단계 $\dfrac{5}{6}-\dfrac{1}{15}=\dfrac{23}{30}$; $\dfrac{23}{30}$

1-1 ㉠ 두 분수의 합이 가장 크려면 가장 큰 수와 두 번째로 큰 수를 찾아 합을 구해야 합니다. 네 분수를 앞에서부터 차례로 통분하면 $2\frac{18}{36}$, $2\frac{20}{36}$, $2\frac{27}{36}$, $2\frac{30}{36}$이므로 가장 큰 수는 $2\frac{5}{6}$, 두 번째로 큰 수는 $2\frac{3}{4}$입니다. 따라서 두 분수의 합이 가장 크게 되는 식은

$$2\frac{5}{6}+2\frac{3}{4}=2\frac{10}{12}+2\frac{9}{12}=4+\frac{19}{12}=4+1\frac{7}{12}$$
$$=5\frac{7}{12}$$입니다. ; $2\frac{5}{6}+2\frac{3}{4}=5\frac{7}{12}$; $5\frac{7}{12}$

2 1단계 $\frac{5}{6}$, $\frac{5}{7}$, $\frac{6}{7}$ 2단계 $\frac{6}{7}$

3단계 $\frac{3}{28}$

2-1 ㉠ 만들 수 있는 진분수는 $\frac{1}{4}$, $\frac{1}{7}$, $\frac{4}{7}$입니다. $\left(\frac{1}{4},\ \frac{1}{7},\ \frac{4}{7}\right)$를 통분하면 $\left(\frac{7}{28},\ \frac{4}{28},\ \frac{16}{28}\right)$이므로 가장 작은 진분수는 $\frac{1}{7}$입니다. 따라서 $\frac{1}{7}$보다 $\frac{3}{4}$만큼 더 큰 수는 $\frac{1}{7}+\frac{3}{4}=\frac{4}{28}+\frac{21}{28}=\frac{25}{28}$입니다. ; $\frac{25}{28}$

3 1단계 $1\frac{7}{15}$ kg 2단계 $\frac{13}{15}$ kg

3-1 ㉠ 꿀차를 만드는 데 사용한 꿀의 무게는 $5\frac{1}{3}-3\frac{2}{5}=5\frac{5}{15}-3\frac{6}{15}=4\frac{20}{15}-3\frac{6}{15}=1\frac{14}{15}$ (kg)입니다. 따라서 (항아리만의 무게)=(의란이가 꿀의 반을 꿀차를 만드는 데 사용한 후의 꿀이 들어 있는 항아리의 무게)−(꿀차를 만드는 데 사용한 꿀의 무게)$=3\frac{2}{5}-1\frac{14}{15}$
$$=3\frac{6}{15}-1\frac{14}{15}=2\frac{21}{15}-1\frac{14}{15}=1\frac{7}{15}$$ (kg)입니다. ; $1\frac{7}{15}$ kg

4 ㉠ 두 분수의 차가 가장 크려면 가장 큰 수와 가장 작은 수를 찾아 차를 구해야 합니다. 네 분수를 앞에서부터 차례로 통분하면 $4\frac{9}{24}$, $2\frac{22}{24}$, $4\frac{8}{24}$, $2\frac{20}{24}$이

므로 가장 큰 수는 $4\frac{3}{8}$, 가장 작은 수는 $2\frac{5}{6}$입니다. 따라서 두 분수의 차가 가장 크게 되는 식은 $4\frac{3}{8}-2\frac{5}{6}$

$$=4\frac{9}{24}-2\frac{20}{24}=3\frac{33}{24}-2\frac{20}{24}=1\frac{13}{24}$$입니다. ;
$$4\frac{3}{8}-2\frac{5}{6}=1\frac{13}{24}\ ;\ 1\frac{13}{24}$$

5 ㉠ 만들 수 있는 진분수는 $\frac{3}{5}$, $\frac{3}{8}$, $\frac{5}{8}$입니다. $\left(\frac{3}{5},\ \frac{3}{8},\ \frac{5}{8}\right)$를 통분하면 $\left(\frac{24}{40},\ \frac{15}{40},\ \frac{25}{40}\right)$이므로 가장 큰 진분수는 $\frac{5}{8}$입니다. 따라서 $\frac{5}{8}$보다 $2\frac{2}{3}$만큼 더 큰 수는 $\frac{5}{8}+2\frac{2}{3}=\frac{15}{24}+2\frac{16}{24}=2+\frac{31}{24}=2+1\frac{7}{24}$

$$=3\frac{7}{24}$$입니다. ; $3\frac{7}{24}$

1 2단계 네 분수를 앞에서부터 차례로 통분하면 $\frac{50}{60}$, $\frac{20}{60}$, $\frac{4}{60}$, $\frac{45}{60}$이므로 가장 큰 수는 $\frac{5}{6}$, 가장 작은 수는 $\frac{1}{15}$입니다.

2 1단계 진분수는 분자가 분모보다 작은 분수이므로 만들 수 있는 진분수는 $\frac{5}{6}$, $\frac{5}{7}$, $\frac{6}{7}$입니다.

2단계 $\left(\frac{5}{6},\ \frac{5}{7},\ \frac{6}{7}\right)$을 통분하면 $\left(\frac{35}{42},\ \frac{30}{42},\ \frac{36}{42}\right)$이므로 가장 큰 진분수는 $\frac{6}{7}$입니다.

3단계 $\frac{6}{7}-\frac{3}{4}=\frac{24}{28}-\frac{21}{28}=\frac{3}{28}$

3 1단계 $3\frac{4}{5}-2\frac{1}{3}=3\frac{12}{15}-2\frac{5}{15}=1\frac{7}{15}$ (kg)

2단계 (병만의 무게)=(효주가 주스의 반을 마신 후의 주스가 들어 있는 병의 무게)−(효주가 마신 주스의 무게)
$$=2\frac{1}{3}-1\frac{7}{15}=2\frac{5}{15}-1\frac{7}{15}$$
$$=1\frac{20}{15}-1\frac{7}{15}=\frac{13}{15}$$ (kg)입니다.

6 다각형의 둘레와 넓이

수학 익힘 풀기 117쪽

1 3, 3, 15 ; 3, 5, 15 **2** 8 **3** 60 cm **4** 7, 5(또는 5, 7) ; 7, 5(또는 5, 7) ; 24 **5** (1) 16 cm (2) 16 cm **6** 풀이 참조

풀이

1 정다각형은 변의 길이가 모두 같으므로 한 변의 길이에 변의 수를 곱하면 둘레를 구할 수 있습니다.

2 한 변의 길이를 □ cm라 하면,
□×6=48, □=8(cm)

3 15+15+15+15=60(cm)
또는 15×4=60(cm)

4 (평행사변형의 둘레)
=(한 변의 길이)×2+(다른 한 변의 길이)×2
={(한 변의 길이)+(다른 한 변의 길이)}×2

5 마름모와 정사각형은 네 변의 길이가 같기 때문에 한 변의 길이를 4배 하면 됩니다.

6 예

가로가 8 cm, 세로가 3 cm인 직사각형의 둘레는 22 cm입니다.

수학 익힘 풀기 119쪽

1 3 제곱센티미터 ; 3 cm^2 **2** 가
3 가: 10 cm², 나: 10 cm² **4** 3, 7(또는 7, 3)
5 ㉠ 240 ㉡ 966 ㉢ 3416 **6** 256 cm²

풀이

1 cm는 중심선과 세 번째 선 사이에 크게 쓰고, 2는 첫 번째 선과 중심선 사이에 작게 씁니다.

2 가: 8 cm², 나: 6 cm², 다: 6 cm²

3 모눈종이 한 칸의 넓이가 1 cm²이고 가와 나는 모눈종이 10칸이므로 10 cm²입니다.

4 (직사각형의 넓이)=(가로)×(세로)이므로
3×7=21(cm²)입니다.

5 ㉠ 15×16=240(cm²)
㉡ 42×23=966(cm²)
㉢ 61×56=3416(cm²)

6 (정사각형의 넓이)=(한 변의 길이)×(한 변의 길이)이므로 16×16=256(cm²)입니다.

수학 익힘 풀기 121쪽

1 5 제곱킬로미터 ; 5 km^2 **2** (1) 12
(2) 35 **3** (1) 20000 (2) 4 (3) 6000000 (4) 30000000000 **4** 3 cm **5** 48 cm² **6** 풀이 참조

풀이

2 (1) 4000 m×3000 m=12000000 m²=12 km²
(2) 5 km×7 km=35 km²

3 1 m²=10000 cm²
1 km²=1000000 m²
1 km²=10000000000 cm²

4 마주 보는 두 밑변 사이에 수직이 되도록 높이를 나타낸 후, 자로 재어 보면 3 cm입니다.

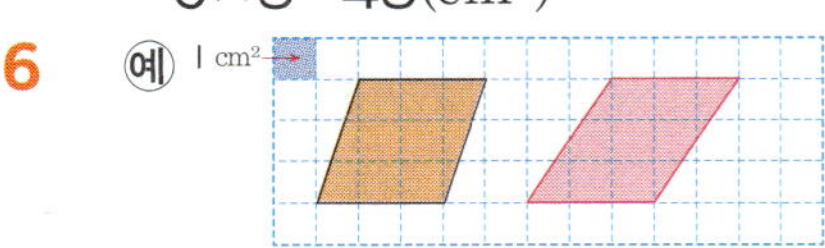

5 (평행사변형의 넓이)
=(밑변의 길이)×(높이)
=6×8=48(cm²)

6 예

밑변의 길이가 3 cm, 높이가 3 cm인 평행사변형을 그립니다.

수학 익힘 풀기 123쪽

1 3, 4, 2 ; 6 **2** 12 m² **3** 55 cm² **4** 14
5 윗변, 아랫변, 2 **6** 56 cm²

풀이

1 삼각형의 넓이는 평행사변형의 넓이의 $\dfrac{1}{2}$이 됩니다.

2 (삼각형의 넓이)=(밑변의 길이)×(높이)÷2
$$=4×6÷2=12(\text{m}^2)$$

3 (마름모의 넓이)
=(한 대각선의 길이)×(다른 대각선의 길이)÷2
$$=11×10÷2=55(\text{cm}^2)$$

4 다른 대각선의 길이를 $\square$ m라고 하면,
(마름모의 넓이)=(한 대각선의 길이)×$\square$÷2
$$=8×\square÷2=56(\text{m}^2)$$
$8×\square=56×2$, $\square=112÷8=14(\text{m})$

5 (사다리꼴의 넓이)
={(윗변의 길이)+(아랫변의 길이)}×(높이)÷2

6 (사다리꼴의 넓이)
={(윗변의 길이)+(아랫변의 길이)}×(높이)÷2
$$=(8+6)×8÷2=14×8÷2$$
$$=112÷2=56(\text{cm}^2)$$

1회 단원평가  연습
124~126쪽

1 27 cm **2** 32 cm **3 예** (정사각형의 둘레)=
(한 변의 길이)×4이므로 (한 변의 길이)=(정사각형
의 둘레)÷4입니다. 따라서 정사각형의 한 변의 길이는
144÷4=36(cm)입니다. ; 36 cm **4** 24, 24
5 (1) 480 (2) 3 **6** (1) 40 (2) 2 **7** (1) m^2 (2) km^2
8 441 cm^2 **9** 24 cm^2 **10** 80 cm^2 **11** 8
12 15 cm^2 **13** 5 **14** 12개 **15** 24 cm^2
16 예 마름모의 넓이가 70 cm^2이므로 $\square×7÷2=$
70입니다. ➡ $\square×7÷2=70$, $\square×7=140$, $\square$
=20 ; 20 **17** 36 cm^2 **18** 16 cm^2 **19** =
20 95 cm^2

풀이

1 (정삼각형의 둘레)=(한 변의 길이)×(변의 수)
$$=9×3=27(\text{cm})$$

2 (직사각형의 둘레)={(가로)+(세로)}×2
$$=(11+5)×2=32(\text{cm})$$

4 600 cm=6 m, 400 cm=4 m이므로 두 직사각형
은 모양과 크기가 같습니다.

1 m^2는 직사각형의 안쪽에 가로로 6번, 세로로 4번
놓이므로 6×4=24(번) 들어갑니다.

5 (1) (직사각형의 넓이)=(가로)×(세로)
$$=20×24=480(\text{cm}^2)$$
(2) $5×\square=15$, $\square=15÷5=3(\text{cm})$

8 정사각형의 한 변의 길이를 $\square$ cm라 하면
$\square×4=84$, $\square=84÷4=21(\text{cm})$
따라서 정사각형의 넓이는 21×21=441(cm^2)입니다.

9 $6×6-3×4=36-12=24(\text{cm}^2)$

10 (평행사변형의 넓이)=(밑변의 길이)×(높이)
$$=8×10=80(\text{cm}^2)$$

11 (평행사변형의 넓이)=(밑변의 길이)×(높이)이므로
(높이)=(평행사변형의 넓이)÷(밑변의 길이)
$$=112÷14=8(\text{m})$$

12 (삼각형의 넓이)=(밑변의 길이)×(높이)÷2
$$=6×5÷2=15(\text{cm}^2)$$

13 (삼각형의 넓이)=(밑변의 길이)×(높이)÷2이므로
(높이)=(삼각형의 넓이)×2÷(밑변의 길이)
$$=15×2÷6=5(\text{m})$$입니다.

14 (삼각형 1개의 넓이)=6×5÷2=15(cm^2)
(이어 붙인 삼각형의 개수)=180÷15=12(개)

15 (마름모의 넓이)
=(한 대각선의 길이)×(다른 대각선의 길이)÷2
$$=8×6÷2=24(\text{cm}^2)$$

17 정사각형은 마름모이므로
(정사각형의 넓이)=12×12÷2=72(cm^2)
(색칠하지 않은 부분의 넓이)=12×6÷2
$$=36(\text{cm}^2)$$
➡ (색칠한 부분의 넓이)=72-36=36(cm^2)

19 $(6+2)×3÷2=12(\text{cm}^2)$ =
$$(5+7)×2÷2=12(\text{cm}^2)$$

20 $(8×6)+\{(8+7)×2÷2\}+(8×8÷2)$
$$=48+15+32=95(\text{cm}^2)$$
[다른 풀이]

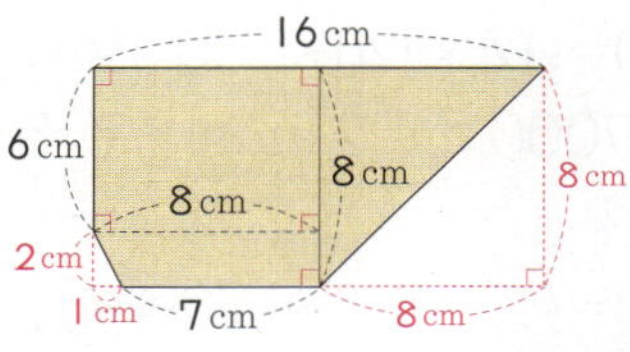

$(16×8)-(1×2÷2)-(8×8÷2)$
$$=128-1-32=95(\text{cm}^2)$$

2회 단원평가  도전

1 35 cm **2** 예 (가의 둘레)=(6+9)×2=30(cm), (나의 둘레)=8×4=32(cm), 따라서 둘레가 더 긴 도형은 나입니다. ; 나 **3** 25 cm² **4** (1) 3000 (2) 0.7 (3) 6000000 (4) 4.9 **5** 414 cm² **6** 143 cm² **7** 96 cm² **8** 가: 35, 나: 35 **9** 15 cm² **10** 예 (왼쪽 평행사변형의 넓이)=4×9=36(cm²), (오른쪽 평행사변형의 넓이)=10×8=80(cm²) ➡ (넓이의 차)=80−36=44(cm²) ; 44 cm² **11** 52 cm² **12** 풀이 참조 **13** 12 **14** 12 cm **15** 475 cm² **16** 2, 18, 16, 2, 144 **17** 가 **18** 36 cm² **19** 예 (사다리꼴 ㄱㄴㄷㄹ의 넓이)=(9+13)×10÷2=110(cm²), 사다리꼴 ㄱㅁㄷㄹ에서 변 ㅁㄷ의 길이를 □ cm라 하면 (9+□)×10÷2=110÷2, (9+□)×10÷2=55, (9+□)×10=110, 9+□=11, □=2입니다. ; 2 cm **20** 42 cm²

풀이 ▶

1 (정오각형의 둘레)=(한 변의 길이)×(변의 수) =7×5=35(cm)

3 가: 4×3=12(cm²), 나: 2×5=10(cm²), 다: 3×1=3(cm²) ➡ 12+10+3=25(cm²)

4 1 m²=10000 cm², 1 km²=1000000 m²

5 (공책의 넓이)=18×23=414(cm²)

6 (늘어난 넓이) =(늘인 후 직사각형의 넓이)−(처음 정사각형의 넓이) =(9+7)×(9+5)−(9×9)=224−81=143(cm²)

7 정사각형 모양의 노란색 종이의 넓이가 100 cm²이고, 100=10×10이므로 종이의 한 변의 길이는 10 cm 입니다. (파란색 종이를 포함한 종이의 한 변) =10+2+2=14(cm) (파란색 종이의 넓이)=(14×14)−100=96(cm²)

8 5000 m=5 km, 7000 m=7 km이므로 두 직사각형의 크기는 같습니다.

9 (평행사변형의 넓이)=(밑변의 길이)×(높이)입니다. 평행사변형의 밑변의 길이가 5 cm, 높이가 3 cm이므로 5×3=15(cm²)입니다.

---

11 (삼각형의 넓이)=(밑변의 길이)×(높이)÷2 =13×8÷2=52(cm²)

12 예

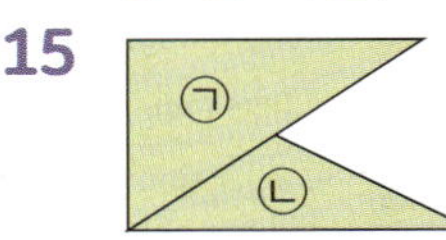

(삼각형의 넓이)=(밑변의 길이)×(높이)÷2입니다. 밑변이 5칸, 높이가 3칸인 삼각형이나 밑변이 3칸, 높이가 5칸인 삼각형을 그리면 모양이 달라도 넓이는 같습니다.

13 밑변의 길이를 8 cm, 높이를 6 cm로 하여 삼각형의 넓이를 구하면 8×6÷2=24(cm²)입니다. 이 넓이는 밑변의 길이를 □ cm, 높이를 4 cm로 한 삼각형의 넓이와 같으므로 □×4÷2=24, □=24×2÷4, □=12입니다.

14 평행사변형과 삼각형의 넓이가 같을 때 높이가 같으면 삼각형의 밑변의 길이는 평행사변형의 밑변의 길이의 2배입니다. 따라서 삼각형의 밑변의 길이는 6×2=12(cm)입니다.

15 ㉠ 30×20÷2=300(cm²) ㉡ 35×10÷2=175(cm²) ➡ ㉠+㉡=300+175=475(cm²)

17 (가의 넓이)=16×16−(16×16÷2)=128(cm²) (나의 넓이)=20×12÷2=120(cm²) ➡ 128>120

18 (사다리꼴의 넓이) ={(윗변의 길이)+(아랫변의 길이)}×(높이)÷2 =(5+7)×6÷2=12×6÷2=36(cm²)

20 (색칠한 부분의 넓이) =(사다리꼴의 넓이)−(삼각형의 넓이) =(7+14)×6÷2−14×3÷2=63−21=42(cm²)

3회 단원평가  기출

1 28 cm **2** 48 cm **3** 9 **4** 560개 **5** 예 4 m=400 cm이므로 400×250=100000(cm²)입니다. 10000 cm²는 1 m²이므로 100000 cm²는 10 m²입니다. ; 10 m² **6** 25 cm² **7** 266 cm² **8** 예 7000 m=7 km이므로 (직사각형의 넓이)=(가로)×(세로)=7×4=28(km²)입니다. ; 28 km²

9 라 **10** 4 **11** ⑩ (한 변의 길이가 8 cm인 정사각형의 넓이)=8×8=64(cm²), 평행사변형의 높이를 □ cm라 하면 16×□=64, □=64÷16=4 ; 4 cm **12** ⑴ 48 cm² ⑵ 77 cm² **13** 12 cm **14** 32 cm² **15** 20 **16** 595 cm² **17** 168 cm² **18** 13 **19** 35 cm² **20** 90 cm²

1 마름모는 네 변의 길이가 모두 같으므로 둘레는 7×4=28(cm)입니다.

2 정사각형의 한 변의 길이는 16÷4=4(cm)입니다. 전체 도형의 둘레는 정사각형의 한 변의 길이의 12배이므로 4×12=48(cm)입니다.

3 색칠한 도형의 넓이는 □의 18배입니다. 따라서 □=162÷18=9(cm²)입니다.

4 벽의 크기는 가로 14 m=1400 cm, 세로 5 m=500 cm입니다. 타일은 가로에 1400÷50=28(개), 세로에 500÷25=20(개) 들어갑니다. 따라서 필요한 타일은 28×20=560(개)입니다.

6 정사각형을 만들었을 때 넓이가 가장 넓습니다.(정사각형은 직사각형이라고 할 수 있습니다.) 둘레가 20 cm이므로 한 변의 길이는 20÷4=5(cm)입니다.
➡ (넓이)=5×5=25(cm²)

7 (테이프를 붙인 부분을 제외한 종이의 넓이)
=(20-1)×(15-1)=19×14=266(cm²)

9 높이가 같으나 밑변의 길이가 다른 평행사변형은 넓이가 같지 않습니다. 따라서 넓이가 다른 평행사변형은 라입니다.

10 (평행사변형의 넓이)=(밑변의 길이)×(높이)
➡ 10×□=5×8, □=40÷10=4

12 ⑴ 8×12÷2=48(cm²) ⑵ 22×7÷2=77(cm²)

13 (변 ㄴㄷ의 길이)=72×2÷12=12(cm)

14 (정사각형의 한 변의 길이)=32÷4=8(cm)
(마름모의 넓이)=8×8÷2=32(cm²)

15 □×5÷2×2=100, □×5=100,
□=100÷5=20

16 (평행사변형의 넓이)-(마름모의 넓이)
=(40+15)×17-40×17÷2
=935-340=595(cm²)

17 (12+16)×12÷2=168(cm²)

18 (□+7)×12÷2=120, □+7=120÷12×2,
□+7=20, □=20-7=13

19 (㉮의 넓이)=(3+7)×5÷2=25(cm²)
(㉯의 넓이)=(6+4)×2÷2=10(cm²)
➡ 25+10=35(cm²)

20 (다각형의 넓이)
=(삼각형의 넓이)+(사다리꼴의 넓이)
=(12×5÷2)+(12+8)×6÷2
=30+60=90(cm²)

4회 단원평가  실전 133~135쪽

1 8 cm **2** 38 cm **3** 가 **4** ⑩ (정사각형의 둘레)=8×4=32(cm), 직사각형의 가로를 □ cm라 하면 (직사각형의 둘레)=(□+5)×2=32, □+5=16, □=11(cm), (정사각형의 넓이)=8×8=64(cm²), (직사각형의 넓이)=11×5=55(cm²) ➡ 64-55=9(cm²) ; 9 cm² **5** 90 cm² **6** 160000 cm²
7 ⑩ 900 cm=9 m, 200 cm=2 m이고, (직사각형의 넓이)=(가로)×(세로)이므로 벽화를 그린 벽의 넓이는 9×2=18(m²)입니다. ; 18 m² **8** 가 **9** ⑴ 54 cm² ⑵ 180 cm² **10** 32 cm² **11** 풀이 참조 **12** ⑴ 35 cm² ⑵ 78 cm² **13** 63 cm²
14 ⑩ 25×□÷2=15×20÷2, 25×□÷2=150, 25×□=300, □=300÷25=12 따라서 □ 안에 알맞은 수는 12입니다. ; 12 **15** 108 cm²
16 14 **17** 28 cm² **18** ⑩ 높이를 □ cm라 하면 (7+15)×□÷2=88, 22×□÷2=88, 22×□=176, □=176÷22=8(cm), 따라서 사다리꼴의 높이는 8 cm입니다. ; 8 cm **19** 360 cm²
20 100 cm²

1 정육각형은 6개의 변의 길이가 모두 같으므로 한 변의 길이는 48÷6=8(cm)입니다.

2 평행사변형은 마주 보는 변의 길이가 같으므로 둘레는 11+11+8+8=38(cm)입니다.

3 가: 5 cm², 나: 6 cm², 다: 4 cm², 라: 7 cm²

5

(㉮+㉣+㉲의 넓이)=(㉯+㉰+㉱의 넓이)에서
(㉮의 넓이)=(㉯의 넓이), (㉲의 넓이)=(㉱의 넓이)이
므로 (㉣의 넓이)=(㉰의 넓이)입니다.
➡ (색칠한 부분의 넓이)=(㉰의 넓이)
$$=15×6=90(cm^2)$$

6 (정사각형의 넓이)=4 m×4 m
$$=400\ cm×400\ cm=160000(cm^2)$$

8 밑변의 길이와 높이가 같은 평행사변형은 모양은 달
라도 넓이는 모두 같습니다. 주어진 평행사변형은 높
이가 모두 같고 가 도형만 밑변의 길이가 다릅니다.

9 (1) $6×9=54(cm^2)$ (2) $12×15=180(cm^2)$

10 (직사각형의 세로)=96÷12=8(cm)
(평행사변형의 넓이)=4×8=32(cm²)

11

12 (1) $7×10÷2=35(cm^2)$
(2) $13×12÷2=78(cm^2)$

13 (큰 삼각형의 넓이)−(작은 삼각형의 넓이)
$$=14×(9+3)÷2-14×3÷2=84-21=63(cm^2)$$

15 마름모의 한 대각선의 길이는 9×2=18(cm),
다른 대각선의 길이는 6×2=12(cm)입니다.
(마름모의 넓이)=18×12÷2=216÷2
$$=108(cm^2)$$
[다른 풀이] (9×6÷2)×4=108(cm²)

16 (마름모의 넓이)=(한 대각선의 길이)×(다른 대각선
의 길이)÷2이므로 56=8×□÷2, 8×□=112,
□=14입니다.

17 (사다리꼴의 넓이)=(6+8)×4÷2=14×4÷2
$$=56÷2=28(cm^2)$$

19

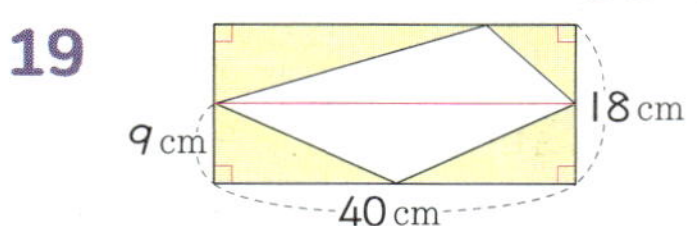

빈 곳은 가로로 선을 그어 삼각형 2개로 생각합니다.

(직사각형의 넓이)−(빈 곳의 넓이)
$$=40×18-(40×9÷2)×2$$
$$=720-360=360(cm^2)$$

20 (위의 사다리꼴의 넓이)
$$=(6+10)×(12-4)÷2=64(cm^2)$$
(아래의 사다리꼴의 넓이)
$$=(10+8)×4÷2=36(cm^2)$$
(두 사다리꼴의 넓이의 합)=64+36=100(cm²)

탐구 서술형 평가 136~139쪽

1 1단계 36 cm 2단계 36 cm 3단계 6 cm

1-1 예 (정삼각형의 둘레)=15×3=45(cm), 정오각
형의 둘레는 정삼각형의 둘레와 같으므로 45 cm입니
다. 정오각형은 다섯 변의 길이가 모두 같으므로 한 변
의 길이는 45÷5=9(cm)입니다. ; 9 cm

2 1단계 6 m 2단계 66 m²

2-1 예 직사각형의 가로를 □ cm라 하면 (□+8)×
2=42이므로 □+8=21, □=13(cm)입니다. (직사
각형의 넓이)=(가로)×(세로)=13×8=104(cm²) ;
104 cm²

3 1단계 110 m² 2단계 35 m² 3단계 75 m²

3-1 예 (사다리꼴 ㄱㄴㄷㄹ의 넓이)=(6+12)×12
÷2=108(m²), (삼각형 ㄱㅁㄹ의 넓이)=6×(12-
6)÷2=18(m²), (색칠한 부분의 넓이)=(사다리꼴 ㄱ
ㄴㄷㄹ의 넓이)−(삼각형 ㄱㅁㄹ의 넓이)=108-
18=90(m²) ; 90 m²

4 예 삼각형 ㄱㄴㅁ의 높이를 □ cm라 하면 (삼각형
의 넓이)=(밑변의 길이)×(높이)÷2, 20=4×□÷2,
40=4×□, □=10(cm), 삼각형 ㄱㄴㅁ과 평행사변
형 ㄱㄴㄷㄹ의 높이는 같습니다. ➡ (평행사변형
ㄱㄴㄷㄹ의 넓이)=13×10=130(cm²) ; 130 cm²

5 예 색칠한 부분에 대각선
방향으로 보조선을 그으면
삼각형 2개로 나누어집니다.
(㉠의 넓이)=10×26÷2
=130(cm²), (㉡의 넓이)
=19×16÷2=152(cm²), (색칠한 부분의 넓이)
=130+152=282(cm²) ; 282 cm²

1
1단계 (정사각형의 둘레)=$9×4=36$(cm)
2단계 정사각형의 둘레와 같으므로 36 cm입니다.
3단계 정육각형은 여섯 변의 길이가 모두 같으므로 한 변의 길이는 $36÷6=6$(cm)입니다.

2
1단계 직사각형의 세로를 □ m라 하면
$(11+□)×2=34$이므로 $11+□=17$,
$□=6$(m)입니다.
2단계 (직사각형의 넓이)=(가로)×(세로)
$=11×6=66$(m²)

3
1단계 (사다리꼴 ㄱㄴㄷㄹ의 넓이)
$=(8+14)×10÷2=110$(m²)
2단계 (삼각형 ㅁㄴㄷ의 넓이)
$=14×(10-5)÷2=35$(m²)
3단계 (색칠한 부분의 넓이)
=(사다리꼴 ㄱㄴㄷㄹ의 넓이)
$-$(삼각형 ㅁㄴㄷ의 넓이)
$=110-35=75$(m²)

1회 100점 예상문제

142~144쪽

1 풀이 참조　**2** $90÷(5×6)=3$; 3시간　**3** 예 $6◎5=6×5-6=30-6=24$이므로 $(6◎5)◎4=24◎4=24×4-24=72$입니다. ; 72　**4** $=18+5-7=23-7=16$　**5** ㉠ (○)　**6** $100-6×(3+9)=46$　**7** 45　**8** $15×7+20×(7-2)=205$; 205쪽　**9** ④　**10** 48　**11** ①, ③　**12** 10　**13** 예 어떤 두 수의 공배수는 두 수의 최소공배수의 배수이므로 $36, 72, 108……$입니다. 따라서 두 수의 공배수 중에서 가장 큰 두 자리 수는 72입니다. ; 72　**14** 8자루　**15** 20, 40　**16** 예 사각형의 수를 2배 하면 삼각형의 수이므로 (사각형의 수)$×2=100$, (사각형의 수)$=100÷2=50$(개)입니다. ; 50개　**17** 예 사각형의 수를 2배 하면 삼각형의 수와 같습니다.　**18** 12, 18, 24　**19** ■$×6=$▲ (또는 ▲$÷6=$■)　**20** 13, 15 ; ■$-9=$● (또는 ●$+9=$■)

1　$49-(16+7)=49-23=26$

덧셈과 뺄셈이 섞여 있고, ( )가 있는 식에서는 ( ) 안을 먼저 계산합니다.

2　5사람이 한 시간에 접을 수 있는 종이학은 $5×6=30$(마리)입니다. 한 시간에 30마리를 접을 수 있으므로 90마리를 접는 데 걸리는 시간은 $90÷(5×6)=90÷30=3$(시간)입니다.

4　덧셈, 뺄셈, 나눗셈이 섞여 있는 식은 나눗셈을 먼저 계산합니다.

5　$4×(5+8)÷2=4×13÷2=52÷2=26$
$4×5+8÷2=20+4=24$

6　$(100-6)×3+6=288$(×)
$100-6×(3+9)=46$(○)
$100-(6×3+6)=76$(×)

7　$63-18÷(3+3)×6=63-18÷6×6$
$=63-3×6$
$=63-18=45$

8　$15×7+20×(7-2)=15×7+20×5$
$=105+100$
$=205$(쪽)

9　24의 약수: 1, 2, 3, 4, 6, 8, 12, 24

10　8의 배수: 8, 16, 24, 32, 40, 48, 56……
따라서 50에 가장 가까운 8의 배수는 48입니다.

11　큰 수를 작은 수로 나누었을 때 나누어떨어지면 두 수는 약수와 배수의 관계입니다.

12　㉮$=2×3×5$, ㉯$=2×5×7$
공통인 수를 찾으면 $2×5$이므로 최대공약수는 10입니다.

14　32와 28의 최대공약수는 4이므로 학생 4명에게 나누어 줄 수 있습니다. 따라서 학생 한 명이 받을 수 있는 연필은 $32÷4=8$(자루)입니다.

15　삼각형의 수는 사각형의 수의 2배입니다.

17　예 삼각형의 수를 2로 나누면 사각형의 수와 같습니다.

18　모둠 수가 1개씩 많아질 때마다 학생 수는 6명씩 많아집니다.

20　■는 ●보다 9만큼 더 큽니다.

정답과 풀이

2회 100점 예상문제

1 $\dfrac{3}{4}$, $\dfrac{18}{24}$　**2** (1) $\dfrac{9}{10}$　(2) $\dfrac{3}{7}$　**3** (왼쪽에서부터) 8, 63　**4** 1, 5, 7, 11　**5** (예) $\dfrac{7}{18}=\dfrac{7\times7}{18\times7}=\dfrac{49}{126}$, $\dfrac{\square}{14}=\dfrac{\square\times9}{14\times9}=\dfrac{\square\times9}{126}$, $49>\square\times9$를 만족하는 $\square$는 1, 2, 3, 4, 5입니다. ➡ $1+2+3+4+5=15$; 15

6 1.5, $1\dfrac{1}{4}$, 0.98, $\dfrac{17}{20}$　**7** 풀이 참조　**8** 합: $\dfrac{31}{30}\left(=1\dfrac{1}{30}\right)$, 차: $\dfrac{13}{30}$　**9** ㉡　**10** $3\dfrac{7}{24}$

11 $1\dfrac{13}{30}$　**12** (예) 색 테이프의 길이의 합은 $2\dfrac{7}{10}+3\dfrac{1}{4}=2\dfrac{14}{20}+3\dfrac{5}{20}=5\dfrac{19}{20}$ (m)이므로 겹쳐진 부분의 길이는 $5\dfrac{19}{20}-4\dfrac{1}{2}=5\dfrac{19}{20}-4\dfrac{10}{20}=1\dfrac{9}{20}$ (m)입니다. ; $1\dfrac{9}{20}$ m　**13** 11 cm　**14** 1 cm², 1 제곱센티미터　**15** 60 m², 600000 cm²

16 121 m²　**17** 240 cm²　**18** 52 m²

19 (예) (사다리꼴의 높이)$=48-(9+13+14)=12$(cm), (사다리꼴의 넓이)$=(9+14)\times12\div2=138$(cm²) ; 138 cm²　**20** 14

풀이

1 $\dfrac{9}{12}=\dfrac{9\div3}{12\div3}=\dfrac{3}{4}$, $\dfrac{9}{12}=\dfrac{9\times2}{12\times2}=\dfrac{18}{24}$

2 (1) $\dfrac{27}{30}=\dfrac{27\div3}{30\div3}=\dfrac{9}{10}$　(2) $\dfrac{24}{56}=\dfrac{24\div8}{56\div8}=\dfrac{3}{7}$

3 $\dfrac{\square}{9}=\dfrac{56}{63}$에서 $9\times7=63$이므로 $\square\times7=56$ ➡ $\square=8$, $\dfrac{4}{7}=\dfrac{36}{\square}$에서 $4\times9=36$이므로 $7\times9=\square$ ➡ $\square=63$

4 기약분수는 분모와 분자의 공약수가 1뿐인 분수이므로 $\square$ 안에 들어갈 수 있는 수는 1, 5, 7, 11입니다.

6 분수를 소수로 고쳐서 크기를 비교합니다.

$\dfrac{17}{20}=\dfrac{85}{100}=0.85$, $1\dfrac{1}{4}=1\dfrac{25}{100}=1.25$이므로 큰 수부터 차례로 쓰면 1.5, $1\dfrac{1}{4}$, 0.98, $\dfrac{17}{20}$입니다.

7 $\dfrac{11}{12}-\dfrac{5}{20}=\dfrac{11\times5}{12\times5}-\dfrac{5\times3}{20\times3}$
$=\dfrac{55}{60}-\dfrac{15}{60}=\dfrac{40}{60}=\dfrac{2}{3}$
분모가 60이 되도록 통분하여 계산합니다.

8 합: $\dfrac{3}{10}+\dfrac{11}{15}=\dfrac{9}{30}+\dfrac{22}{30}=\dfrac{31}{30}=1\dfrac{1}{30}$
차: $\dfrac{11}{15}-\dfrac{3}{10}=\dfrac{22}{30}-\dfrac{9}{30}=\dfrac{13}{30}$

9 ㉡ $\dfrac{2}{3}+\dfrac{3}{4}=\dfrac{8}{12}+\dfrac{9}{12}=\dfrac{17}{12}=1\dfrac{5}{12}$

10 $\dfrac{1}{8}+\dfrac{5}{6}=㉠$, $㉠=\dfrac{23}{24}$, $\dfrac{23}{24}+1\dfrac{3}{8}=㉡$, $㉡=2\dfrac{1}{3}$ ➡ $㉠+㉡=\dfrac{23}{24}+2\dfrac{1}{3}=3\dfrac{7}{24}$

11 어떤 수를 $\square$라고 하면 $\square-1\dfrac{1}{3}=1\dfrac{3}{5}$, $\square=1\dfrac{3}{5}+1\dfrac{1}{3}=1\dfrac{9}{15}+1\dfrac{5}{15}=2\dfrac{14}{15}$입니다. 따라서 $2\dfrac{14}{15}$보다 $1\dfrac{1}{2}$ 작은 수는 $2\dfrac{14}{15}-1\dfrac{1}{2}=2\dfrac{28}{30}-1\dfrac{15}{30}=1\dfrac{13}{30}$입니다.

13 정다각형은 변의 길이가 모두 같으므로 정오각형의 한 변의 길이는 $55\div5=11$(cm)입니다.

14 한 변의 길이가 1 cm인 정사각형의 넓이를 1 cm²라 하고 1 제곱센티미터라고 읽습니다.

15 500 cm는 5 m이므로 $12\times5=60$(m²)입니다. 1 m²$=10000$ cm²이므로 60 m²$=600000$ cm²입니다.

16 (정사각형의 한 변의 길이)$=44\div4=11$(m) (정사각형의 넓이)$=11\times11=121$(m²)

17 $(7+6+7)\times15-(6\times5)\times2$ $=300-60=240$(cm²)

18 (삼각형의 넓이)$=$(밑변의 길이)$\times$(높이)$\div2$ $=13\times8\div2=52$(m²)

20 직사각형의 넓이는 마름모의 넓이의 2배이므로 $\square\times8=56\times2$, $\square\times8=112$, $\square=112\div8=14$입니다.

3회 100점 예상문제

1 (1) 12 (2) 6 (3) 24 **2** 24 **3** 풀이 참조
4 $75÷(5×5)=3$; 3권 **5** 배수, 약수 **6** 16,
32, 48 **7** 예 7의 배수는 7, 14, 21, 28, 35, 42,
49, 56……입니다. 이 중에서 20보다 크고 50보다
작은 짝수는 28, 42로 모두 2개입니다. ; 2개 **8** 5,
10, 15, 20, 25 **9** 50개 **10** ■$×5=$▲(또는
▲$÷5=$■) **11** $\dfrac{3}{7}$, $\dfrac{8}{15}$ **12** (1) $>$ (2) $>$

13 예 $\left(\dfrac{3}{8},\ \dfrac{11}{20}\right)$을 공통분모를 40으로 하여 통분하면

$\left(\dfrac{15}{40},\ \dfrac{22}{40}\right)$입니다. 따라서 $\dfrac{15}{40}$보다 크고 $\dfrac{22}{40}$보다

작은 분모가 40인 분수는 $\dfrac{16}{40}$, $\dfrac{17}{40}$, $\dfrac{18}{40}$, $\dfrac{19}{40}$,

$\dfrac{20}{40}$, $\dfrac{21}{40}$로 모두 6개입니다. ; 6개 **14** (1) $1\dfrac{7}{30}$

(2) $\dfrac{1}{30}$ **15** (1) ㉢ (2) ㉡ (3) ㉠ **16** $3\dfrac{1}{12}$ m

17 26 cm **18** 360 m² **19** 9 cm **20** 예 색
칠한 부분을 모으면 윗변이 5 cm, 아랫변이 9 cm, 높
이가 7 cm인 사다리꼴이 됩니다. $(5+9)×7÷2=$
$98÷2=49(cm²)$; 49 cm²

풀이

1 (1) $16+8-12=24-12=12$
　(2) $8×9÷12=72÷12=6$
　(3) $96÷(5+3)×2=96÷8×2=12×2=24$
2 □$-(8+13)=3$, □$-21=3$, □$=3+21$, □$=24$
3 $27-80÷(4×5)×3+5=27-80÷20×3+5$
　　　　　　　　　　　　$=27-4×3+5$
　　　　　　　　　　　　$=27-12+5$
　　　　　　　　　　　　$=15+5$
　　　　　　　　　　　　$=20$
4 (한 사람에게 나누어 주는 공책 수)
　$=$(전체 공책 수)$÷$(학생 수)
　$=75÷(5×5)$
　$=75÷25=3$(권)
6 두 수의 공배수는 두 수의 최소공배수의 배수와 같습
　니다. 따라서 두 수의 공배수는 16, 32, 48입니다.

9 성냥개비의 수는 오각형의 수를 5배 하면 되므로
$10×5=50$(개)가 필요합니다.

10 오각형의 수에 5를 곱하면 성냥개비의 수가 됩니다.
또는 성냥개비의 수를 5로 나누면 오각형의 수가 됩
니다.

11 기약분수는 분모와 분자의 공약수가 1뿐인 분수이므
로 $\dfrac{3}{7}$과 $\dfrac{8}{15}$입니다.

$\dfrac{9}{12}=\dfrac{3}{4}$, $\dfrac{27}{54}=\dfrac{1}{2}$로 약분할 수 있습니다.

12 (1) $\dfrac{5}{8}=\dfrac{15}{24}$, $\dfrac{7}{12}=\dfrac{14}{24}$이므로 $\dfrac{5}{8}>\dfrac{7}{12}$입니다.

(2) $\dfrac{3}{5}=\dfrac{6}{10}=0.6$이므로 $0.65>\dfrac{3}{5}$입니다.

14 (1) $\dfrac{5}{6}+\dfrac{2}{5}=\dfrac{25}{30}+\dfrac{12}{30}=\dfrac{37}{30}=1\dfrac{7}{30}$

(2) $\dfrac{11}{15}-\dfrac{7}{10}=\dfrac{22}{30}-\dfrac{21}{30}=\dfrac{1}{30}$

15 (1) $1\dfrac{2}{3}+1\dfrac{3}{4}=1\dfrac{8}{12}+1\dfrac{9}{12}=2+\dfrac{17}{12}$

　　　$=2+1\dfrac{5}{12}=3\dfrac{5}{12}$

(2) $3\dfrac{3}{4}-\dfrac{5}{6}=3\dfrac{9}{12}-\dfrac{10}{12}=2\dfrac{21}{12}-\dfrac{10}{12}=2\dfrac{11}{12}$

(3) $3\dfrac{2}{3}-1\dfrac{3}{4}=3\dfrac{8}{12}-1\dfrac{9}{12}=2\dfrac{20}{12}-1\dfrac{9}{12}=1\dfrac{11}{12}$

16 $1\dfrac{3}{4}+1\dfrac{1}{3}=1\dfrac{9}{12}+1\dfrac{4}{12}=2+1\dfrac{1}{12}=3\dfrac{1}{12}$

17 평행사변형은 마주 보는 변의 길이가 같습니다.
(평행사변형의 둘레)$=8+5+8+5=26$(cm)

18 (직사각형의 넓이)$=$(가로)$×$(세로)$=24×15$
　　　　　　　　　　　$=360$(m²)

19 $12×$(높이)$÷2=54$, (높이)$=54×2÷12=9$(cm)

4회 100점 예상문제

1 (위에서부터) 32, 15, 32 **2** ㉡, ㉠, ㉢ **3** 예
$49-3×6÷2+8=49-18÷2+8=49-9+8$
$=40+8=48$입니다. 따라서 $48=$□$-3×4$,
$48=$□-12, $48+12=$□, □$=60$입니다. ; 60
4 $26-9×2+13=21$; 21명 **5** 18

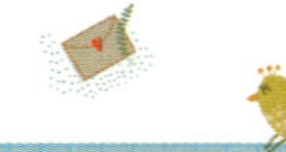

6 7, 21, 35, 49, 63, 77, 91   **7** 토요일

8 18, 24, 30, 36   **9** $\triangle \times 6 = \bigstar$ (또는 $\bigstar \div 6 = \triangle$)

10 42000원   **11** $\dfrac{3}{4}$, $\dfrac{12}{16}$, $\dfrac{18}{24}$ **12** ⑩ 거꾸로

생각하여 문제를 해결합니다. 분모와 분자에 각각 12

를 곱합니다. $\Rightarrow \dfrac{5\times12}{6\times12}=\dfrac{60}{72}$, 분모와 분자에서 각각

5를 뺍니다. $\Rightarrow \dfrac{60-5}{72-5}=\dfrac{55}{67}$, 따라서 처음 분수는

$\dfrac{55}{67}$입니다. ; $\dfrac{55}{67}$ **13** $<$ **14** $<$ **15** $1\dfrac{1}{18}$

16 $2\dfrac{1}{3}+1\dfrac{4}{5}=4\dfrac{2}{15}$; $4\dfrac{2}{15}$ 컵   **17** 70 m²

18 ㉡   **19** 12 cm²   **20** ⑩ (가의 넓이)$=(7+10)$
$\times8\div2=68(\mathrm{cm^2})$, (나의 넓이)$=15\times6\div2$
$=45(\mathrm{cm^2})$ $\Rightarrow 68+45=113(\mathrm{cm^2})$; 113 cm²

풀이

2 ㉠ $25-2\times3+5=25-6+5=19+5=24$
㉡ $(25-2)\times3+5=23\times3+5=69+5=74$
㉢ $25-2\times(3+5)=25-2\times8=25-16=9$

4 지솔이네 반 학생 중 피구를 한 학생의 수는 9×2이므로 축구를 한 학생의 수는 $26-9\times2$이고 남은 학생은 다른 반 학생 13명과 함께 축구를 하였으므로 축구를 한 학생의 수는 $26-9\times2+13=26-18+13$ $=8+13=21$(명)입니다.

5 8의 약수: 1, 2, 4, 8 $\Rightarrow$ 4개,
18의 약수: 1, 2, 3, 6, 9, 18 $\Rightarrow$ 6개,
27의 약수: 1, 3, 9, 27 $\Rightarrow$ 4개

6 7에 홀수를 곱해야만 다시 홀수가 됩니다.
$7\times1=7$, $7\times3=21$, $7\times5=35$, $7\times7=49$,
$7\times9=63$, $7\times11=77$, $7\times13=91$

7 8과 6의 최소공배수: 24
$24\div7=3\cdots3$
따라서 3주일 3일 후인 토요일에 다시 만납니다.

9 빵의 수는 빵 봉지의 수의 6배입니다.

10 빵 90개로 만들 수 있는 빵 봉지의 수는
$90\div6=15$(봉지)입니다.
따라서 빵을 팔아 벌 수 있는 금액은
$2800\times15=42000$(원)입니다.

11 $\dfrac{3}{4}=\dfrac{3\times4}{4\times4}=\dfrac{12}{16}$, $\dfrac{3}{4}=\dfrac{3\times6}{4\times6}=\dfrac{18}{24}$

13 분수의 크기를 비교할 때에는 두 분수를 통분하여 분자의 크기를 비교합니다.
$$\left(\dfrac{5}{12}, \dfrac{7}{15}\right) \Rightarrow \left(\dfrac{5\times5}{12\times5}, \dfrac{7\times4}{15\times4}\right) \Rightarrow \dfrac{25}{60}<\dfrac{28}{60}$$
따라서 $\dfrac{5}{12}<\dfrac{7}{15}$입니다.

14 $2\dfrac{5}{6}+1\dfrac{3}{4}=2\dfrac{10}{12}+1\dfrac{9}{12}$
$\qquad\quad =3+\dfrac{19}{12}=3+1\dfrac{7}{12}$
$\qquad\quad =4\dfrac{7}{12}=4\dfrac{14}{24}$

$6\dfrac{1}{3}-1\dfrac{5}{8}=6\dfrac{8}{24}-1\dfrac{15}{24}$
$\qquad\quad =5\dfrac{32}{24}-1\dfrac{15}{24}=4\dfrac{17}{24}$

15 $\dfrac{5}{6}+\dfrac{4}{9}=\dfrac{15}{18}+\dfrac{8}{18}=\dfrac{23}{18}=1\dfrac{5}{18}$

$2\dfrac{1}{3}-\bullet=1\dfrac{5}{18}$이므로

$\bullet=2\dfrac{1}{3}-1\dfrac{5}{18}=2\dfrac{6}{18}-1\dfrac{5}{18}=1\dfrac{1}{18}$입니다.

16 $2\dfrac{1}{3}+1\dfrac{4}{5}=2\dfrac{5}{15}+1\dfrac{12}{15}=3+\dfrac{17}{15}$
$\qquad\quad =3+1\dfrac{2}{15}=4\dfrac{2}{15}$(컵)

17 (평행사변형의 넓이)
$=$(밑변의 길이)$\times$(높이)$=1000\times700$
$=700000(\mathrm{cm^2})$ $\Rightarrow$ 70 m²
[다른 풀이]
1000 cm$=$10 m, 700 cm$=$7 m이므로 평행사변형의 넓이는 $10\times7=70(\mathrm{m^2})$입니다.

18 ㉡ 삼각형은 왼쪽 삼각형과 밑변의 길이와 높이가 각각 같으므로 넓이가 같습니다.

19 (색칠한 부분의 넓이)
$=$(사다리꼴의 넓이)$-$(삼각형의 넓이)
$=(10+4)\times6\div2-10\times6\div2$
$=42-30$
$=12(\mathrm{cm^2})$

5회 100점 예상문제

1 ㉡　**2** 38　**3** ㉢, ㉣, ㉤, ㉠, ㉣　**4** 150×4+960÷4×3=1320 ; 1320원　**5** (1) 1, 2, 4, 8 (2) 배수　**6** (예) 48과 36의 최대공약수가 가장 큰 정사각형의 한 변의 길이가 됩니다. 48과 36의 최대공약수가 12이므로 가장 큰 정사각형의 한 변은 12 cm입니다. ; 12 cm　**7** 78　**8** 2, 3, 4, 5, 6 ; 1　**9** (1) ◆+4=▲(또는 ▲−4=◆) (2) ♥−6=◆(또는 ◆+6=♥)　**10** 69살, 71살

11 (1) $\dfrac{3}{4}$ (2) $\dfrac{5}{6}$　**12** ㉡　**13** 4개　**14** ㉠, ㉢

15 $\dfrac{15}{2}-\dfrac{12}{5}=\dfrac{75}{10}-\dfrac{24}{10}=\dfrac{51}{10}=5\dfrac{1}{10}$

16 $1\dfrac{29}{36}$ km　**17** 나　**18** 44 cm²　**19** (예) 직사각형의 각 변을 똑같이 나눈 점을 이어서 만든 도형은 마름모이므로 넓이는 17×8÷2=136÷2=68(cm²)입니다. ; 68 cm²　**20** 10

풀이

2 ㉠ 5+27−12=32−12=20
㉡ 5×(4+6)÷2−7=5×10÷2−7
　　　　　　　　　　=50÷2−7
　　　　　　　　　　=25−7=18
➡ ㉠+㉡=20+18=38

3 3+12×(8÷2)÷4−5

4 150×4+960÷4×3=600+240×3
　　　　　　　　　　=600+720=1320(원)

5 (1) 8은 1, 2, 4, 8로 나누어떨어지므로 1, 2, 4, 8은 8의 약수입니다.
(2) 8=1×8, 8=2×4이므로 8은 1, 2, 4, 8의 배수입니다.

6

```
2 ) 48  36
2 ) 24  18      ➡ 최대공약수: 2×2×3=12
3 ) 12   9
     4   3
```

7 24=2×2×2×3, 18=2×3×3이므로
최대공약수는 2×3=6,
최소공배수는 2×3×2×2×3=72입니다.
➡ 6+72=78

10 정환이의 나이는 동생의 나이보다 4만큼 더 큰 수이므로 65+4=69(살), 누나의 나이는 동생의 나이보다 6만큼 더 큰 수이므로 65+6=71(살)입니다.

11 분모와 분자의 공약수로 나누어 간단히 하는 것을 약분한다고 합니다.

(1) $\dfrac{9}{12}=\dfrac{9÷3}{12÷3}=\dfrac{3}{4}$　(2) $\dfrac{25}{30}=\dfrac{25÷5}{30÷5}=\dfrac{5}{6}$

12 두 분모의 곱이나 최소공배수를 공통분모로 하여 통분합니다. 두 분모의 최소공배수 24를 공통분모로 하면

$\left(\dfrac{5×2}{12×2},\ \dfrac{3×3}{8×3}\right)$ ➡ $\left(\dfrac{10}{24},\ \dfrac{9}{24}\right)$입니다.

13 분모가 36인 분수로 통분하면 $\dfrac{27}{36}<\dfrac{\square}{36}<\dfrac{32}{36}$이므로 $\square$=28, 29, 30, 31입니다.

14 ㉠ $\dfrac{1}{2}+\dfrac{2}{3}=\dfrac{3}{6}+\dfrac{4}{6}=\dfrac{7}{6}=1\dfrac{1}{6}$

㉡ $\dfrac{2}{7}+\dfrac{5}{9}=\dfrac{18}{63}+\dfrac{35}{63}=\dfrac{53}{63}$

㉢ $\dfrac{3}{4}+\dfrac{2}{5}=\dfrac{15}{20}+\dfrac{8}{20}=\dfrac{23}{20}=1\dfrac{3}{20}$

㉣ $\dfrac{5}{6}+\dfrac{2}{15}=\dfrac{25}{30}+\dfrac{4}{30}=\dfrac{29}{30}$

16 $3\dfrac{5}{9}-1\dfrac{3}{4}=3\dfrac{20}{36}-1\dfrac{27}{36}=2\dfrac{56}{36}-1\dfrac{27}{36}$
　　　　　　$=1\dfrac{29}{36}$(km)

17 (가 평행사변형의 넓이)=8×8=64(cm²)
(나 평행사변형의 넓이)=10×8=80(cm²)
따라서 나 평행사변형이 더 넓습니다.

18 (색칠한 부분의 넓이)=22×8÷2−22×4÷2
　　　　　　　　　　　=44(cm²)

20 (사다리꼴의 넓이)
={(윗변의 길이)+(아랫변의 길이)}×(높이)÷2
➡ (6+□)×6÷2=48,
　(6+□)×6=96,
　6+□=16, □=10

6회 100점 예상문제 157~159쪽

1 > **2** $39 \div 13$ **3** 8, 40, 10, 38 **4** 5000 $-(800 \times 2 + 3000 \div 12 \times 4) = 2400$; 2400원
5 9, 18, 27, 45, 54, 90, 135, 270 **6** ③ **7** ⓔ 2와 3의 최소공배수: $2 \times 3 = 6$, 따라서 한 변의 길이가 6 cm인 정사각형 안에는 직각삼각형이 12개 필요합니다. ; 12개 **8** 4, 6, 8, 10, 12 **9** ⓔ 케이크의 조각 수는 케이크를 자른 횟수의 2배입니다.
10 $■ \times 15 = ▲$ (또는 $▲ \div 15 = ■$) **11** (왼쪽에서부터) 42, 16 **12** $\dfrac{3}{4}$, $\dfrac{1}{5}$; $\dfrac{30}{40}$, 8 **13** ⓔ 분수를 소수로 고쳐서 크기를 비교합니다. $\dfrac{3}{5} = \dfrac{6}{10} = 0.6$이므로 $0.65 > \dfrac{3}{5}$입니다. 따라서 우유가 주스보다 더 많습니다. ; 우유 **14** 16, 15, 31, 1, 11, 4, 11
15 ㉠ **16** $1\dfrac{11}{14}$ cm **17** ⓔ (땅의 넓이) $= 320 \times 250 = 80000$(cm²) ➡ 8 m², 따라서 꽃 한 종류를 1 m²씩 심으면 모두 8종류를 심을 수 있습니다. ; 8종류 **18** 4 **19** 39 cm² **20** 6 cm

풀이

1 $5 \times 4 - 12 = 20 - 12 = 8$
$81 \div (3 \times 9) = 81 \div 27 = 3$

4 공책 2권의 값은 800×2이고 연필 4자루의 값은 $3000 \div 12 \times 4$이므로 효주가 산 물건의 값은 $800 \times 2 + 3000 \div 12 \times 4$이고 거스름돈은
$5000 - (800 \times 2 + 3000 \div 12 \times 4)$
$= 5000 - (1600 + 250 \times 4)$
$= 5000 - (1600 + 1000) = 5000 - 2600$
$= 2400$(원)입니다.

5 $270 = 9 \times 30$이므로 30의 약수를 구한 후, 9를 곱하면 9의 배수이면서 270의 약수인 수들을 구할 수 있습니다. $30 = 1 \times 30 = 2 \times 15 = 3 \times 10 = 5 \times 6$이므로 30의 약수는 1, 2, 3, 5, 6, 10, 15, 30입니다. 따라서 9의 배수이면서 270의 약수인 수는 9, 18, 27, 45, 54, 90, 135, 270입니다.

6 두 수의 최대공약수의 약수는 두 수의 공약수와 같습니다. 따라서 32의 약수 1, 2, 4, 8, 16, 32가 두 수의 공약수입니다.

7

8 1번 자를 때마다 2조각씩 많아집니다.

9 '케이크를 자른 횟수는 케이크의 조각 수를 2로 나눈 몫입니다.'로 설명할 수도 있습니다.

10

■	1	2	3	……
▲	15	30	45	……

▲는 ■의 15배이므로 식으로 나타내면 $■ \times 15 = ▲$ 또는 $▲ \div 15 = ■$ 입니다.

11 $\dfrac{30}{□} = \dfrac{5}{7}$이므로 $\dfrac{5 \times 6}{7 \times 6} = \dfrac{30}{42} = \dfrac{30}{□}$ ➡ $□ = 42$
$\dfrac{□}{42} = \dfrac{8}{21}$이므로 $\dfrac{8 \times 2}{21 \times 2} = \dfrac{16}{42} = \dfrac{□}{42}$ ➡ $□ = 16$

12 $\left(\dfrac{6}{8}, \dfrac{2}{10}\right)$ ➡ $\left(\dfrac{6 \div 2}{8 \div 2}, \dfrac{2 \div 2}{10 \div 2}\right)$ ➡ $\left(\dfrac{3}{4}, \dfrac{1}{5}\right)$
$\left(\dfrac{6}{8}, \dfrac{2}{10}\right)$ ➡ $\left(\dfrac{6 \times 5}{8 \times 5}, \dfrac{2 \times 4}{10 \times 4}\right)$ ➡ $\left(\dfrac{30}{40}, \dfrac{8}{40}\right)$

14 자연수는 자연수끼리, 분수는 분수끼리 계산합니다.

15 ㉠ $\dfrac{3}{8} + \dfrac{7}{12} = \dfrac{9}{24} + \dfrac{14}{24} = \dfrac{23}{24}$
㉡ $1\dfrac{1}{6} - \dfrac{1}{3} = \dfrac{7}{6} - \dfrac{2}{6} = \dfrac{5}{6} = \dfrac{20}{24}$ ➡ ㉠ > ㉡

16 두 변의 길이의 합이 $1\dfrac{1}{2} + 2\dfrac{1}{7} = 1\dfrac{7}{14} + 2\dfrac{2}{14} = 3\dfrac{9}{14}$ (cm)이므로 나머지 한 변인 변 ㄱㄷ의 길이는
$5\dfrac{3}{7} - 3\dfrac{9}{14} = 5\dfrac{6}{14} - 3\dfrac{9}{14} = 4\dfrac{20}{14} - 3\dfrac{9}{14}$
$= 1\dfrac{11}{14}$(cm)입니다.

18 밑변의 길이를 12 cm, 높이를 5 cm로 하였을 때의 삼각형의 넓이와 밑변의 길이를 15 cm, 높이를 □ cm로 하였을 때의 삼각형의 넓이는 같습니다.
➡ $15 \times □ \div 2 = 12 \times 5 \div 2$, $15 \times □ \div 2 = 30$,
$15 \times □ = 60$, $□ = 60 \div 15 = 4$(cm)

19 (마름모의 넓이)
$=$ (한 대각선의 길이) $\times$ (다른 대각선의 길이) $\div 2$
$= 13 \times 6 \div 2 = 39$(cm²)

20 높이를 □ cm라고 하면 $(6 + 15) \times □ \div 2 = 63$,
$21 \times □ = 126$, $□ = 126 \div 21 = 6$(cm)
따라서 사다리꼴의 높이는 6 cm입니다.

정답과
풀이

정답과 풀이